国家自然基金资助项目

低温快速冶金理论及技术

Theory and Technology for Fast Metallurgy at Low Temperature

郭培民 赵 沛 著

北 京
冶 金 工 业 出 版 社
2020

内 容 提 要

　　本书系统介绍了作者在铁矿低温还原领域的理论研究成果，包括铁矿低温冶金热力学、动力学、传输理论，新型冶金反应器研制等。在此基础上，介绍了低温还原制备粉末冶金铁粉和低温还原+熔分生产铁水等冶金新流程、新技术和新装备。

　　本书可供钢铁冶金领域的科研、教学、设计、管理人员阅读。

图书在版编目（CIP）数据

　　低温快速冶金理论及技术/郭培民，赵沛著 . —北京：冶金工业出版社，2020. 3

　　ISBN 978-7-5024-8399-9

　　Ⅰ.①低…　Ⅱ.①郭…　②赵…　Ⅲ.①低温技术—冶金—研究　Ⅳ.①TF19

　　中国版本图书馆 CIP 数据核字（2020）第 024310 号

出 版 人　陈玉千
地　　　址　北京市东城区嵩祝院北巷 39 号　邮编　100009　电话　（010）64027926
网　　　址　www.cnmip.com.cn　电子信箱　yjcbs@cnmip.com.cn
责任编辑　刘小峰　雷晶晶　美术编辑　郑小利　版式设计　孙跃红
责任校对　李　娜　责任印制　李玉山
ISBN 978-7-5024-8399-9
冶金工业出版社出版发行；各地新华书店经销；北京捷迅佳彩印刷有限公司印刷
2020 年 3 月第 1 版，2020 年 3 月第 1 次印刷
169mm×239mm；26 印张；24 彩页；564 千字；445 页
180. 00 元

冶金工业出版社　投稿电话　（010）64027932　投稿信箱　tougao@cnmip. com. cn
冶金工业出版社营销中心　电话　（010）64044283　传真　（010）64027893
冶金工业出版社天猫旗舰店　yjgycbs. tmall. com
（本书如有印装质量问题，本社营销中心负责退换）

前　言

钢铁行业是我国国民经济发展的基础行业之一，其制造过程环境负荷大。我国钢铁生产以高炉—转炉长流程为主，这种局面估计还要持续很长一段时间。非高炉炼铁作为一个技术发展方向，已经有数十年历史了。国内外不少单位都在开展与其相关的理论及技术开发研究。最近十年，我国掀起了新一轮的非高炉炼铁技术开发热潮，既有宝钢、首钢等大型国有企业参与，也有钢铁研究总院、中科院、北京科技大学等科研院所。感到欣慰的是，还有不少民营企业也参与其中。大家共同努力，推进非高炉炼铁技术的进步。

著者于 2003 年提出了低温快速还原理念，期望通过改善铁矿在低温（或固态）反应条件，解决低温反应慢的难题。经过十余年的低温快速冶金理论研究和技术开发，已在微观反应、宏观反应、反应器改进与设计等多方面有所收获，并利用取得的理论成果改进与开发新型的基于低温快速冶金的炼铁工艺。

所谓低温快速冶金理论及技术，就是研究在固态条件下将铁矿快速、高效地从氧化铁转变为金属铁的冶金原理及工艺，包括铁矿低温快速冶金的热力学、动力学、传输原理、新型冶金反应器研制和冶炼工艺及流程开发等。编写本书旨在为低成本、低能耗、生态化炼铁生产提供理论和技术支撑。

本书的具体内容包括：

（1）在铁矿微观反应机理方面，围绕如何提高铁矿低温冶金性能展开研究。促进铁矿快速反应的因素包括矿粉粒度、催化反应、优质还原介质、反应温度等。在矿粉细化加快反应方向，研究了矿粉、还原剂的性能表征、储能还原热力学、煤基低温还原动力学及低品质铁矿晶粒聚集长大等理论；在催化加快反应方向，研究了碳的气化、铁矿气基还原及煤基还原等催化机理以及催化反应动力学；在还原性气体改善反应方向，研究了煤气重整制氢、煤气析炭等煤气改质以及氢冶金及富氢气体冶金等热力学及动力学。通过这些研究，可以根据铁矿、燃料、还原剂等实际条件，合理地选择加速铁矿低温快速反应的热力学及动力学等基础条件。

（2）在反应工程学领域，主要从动量、热量、质量传输等角度改善铁矿低温快速反应的外围条件（工艺参数）。在煤基及气基还原方向，分别研究了煤基传热与还原动力学的耦合、铁矿还原及气体氧化动力学耦合等，建立了新的铁矿反应工程学耦合模型，将微观反应动力学参数与反应器参数及过程工艺参数联系起来，为研制新型反应器及工艺流程设计奠定了基础。在铁矿粉气基还原反应工程学方向，研究了循环流化床、混合流化床等反应器内的气固两相流及还原规律、两级流化床之间的物料及反应气体的物理与化学移动运行规律，为研发各种铁矿粉还原流化床提供了基础。

（3）在低温冶金技术开发领域，开发了超细金属铁粉碳热及氢气低温双联还原技术，充分利用超细铁矿粉的优良还原性能，将氧化铁的碳热还原温度从1000℃以上降低到850℃水平，得到了高品质的超细金属铁粉，实现批量化、连续生产。在此基础上，又开发了普通粒度粉末冶金金属铁粉碳热还原新技术，与现有的隧道窑还原铁粉相比，一吨金属铁粉煤耗降低50%以上。上述技术开发可以改变现有粉末冶金金属铁粉制备工艺流程，实现高效、低碳、大规模制备粉末冶金用金属粉体。除了粉末冶金以外，还提出或开发了基于循环流化床的矿粉低温预还原+熔融气化新工艺、焦炉煤气自重整还原直接还原铁、基于熔融还原炉煤气改性的还原新工艺、低温碳热还原+熔分冶炼半钢水等新型炼铁流程，为因地制宜选择低碳、低排放、低成本炼铁生产流程提供新的冶炼途径。

在我们的研究和技术开发过程中，得到了海内外不少单位和同仁的帮助。感谢国家自然基金委及国家科技部，在国家项目的多年资助下，低温快速冶金理论得以深入、系统研究。感谢泰国新科原钢铁有限公司，在其持续资助和合作下，得以开展大规模的新型流程装备研制、运行和持续改进。感谢钢铁研究总院科技创新基金、先进钢铁流程及材料国家重点实验室建设基金以及多个合作单位开发项目的大力资助。感谢所有参与和关心低温冶金理论和技术开发的领导和研发团队以及所指导的研究生及博士后所做的研究工作。

由于作者水平所限，书中不妥之处，欢迎读者批评指正。

郭培民　赵　沛

2019 年 10 月于钢铁研究总院

目　录

1 非高炉炼铁技术进展

<<<<<<<<<<<<<<<<<<<<<<<<<<<<<<<<<<<<<<<<<<<<<<<<<<<<<<<<<<<<<<<<<<<<<<<

1.1 高炉炼铁

高炉炼铁是我国钢铁工业的重要组成部分[1~3]，其组成部分包括烧结（氧化球团）、焦化、煤粉制备与喷粉、热风炉、高炉主体、鼓风机、尾气除尘、换热、余压发电、高炉渣处理等，其资源消耗、能源消耗及污染物排放量约占整个钢铁企业的 2/3。尽管如此，数百年的现代高炉炼铁技术的发展，使其在炼铁中的地位不可动摇。

1.1.1 高炉炼铁的原燃料

现代高炉炼铁设计原则是以精料为基础，采用喷煤、高风温、高压、富氧、低硅冶炼等炼铁技术，贯彻高效、优质、低耗、长寿、环保的炼铁方针。

精料是现代高炉炼铁的基础，它对矿石原料、燃料提出了苛刻要求，可以说高炉炼铁的效率、能耗高低取决于原燃料的水平。对于矿石原料，则以高品位、高质量的熟料为基础，在我国主要以烧结矿为主，球团矿为辅。对于燃料，则需要高质量的焦炭与煤粉。冶炼流程再采用高风温、富氧、高压等技术，使得高炉效率逐步提高、高炉容积逐步变大、高炉能耗逐步下降。因此，精料是现代化大型高炉炼铁的基础保障。

为了获得精料，需要在原燃料上下功夫。选矿是我国铁矿资源需要的工序，由于我国铁矿品位低，不能满足现代高炉炼铁的要求。对于磁铁矿类型，需要破碎、细磨、磁选等多道工序，对于低品位的赤铁矿、褐铁矿类型矿种，选矿难度加大，能耗加大。好在国外的优质铁矿保障了我国炼铁事业的迅猛发展。随着国外优质矿的大力开采，目前国外矿的品质也呈现下降趋势。

除了选择优质矿外，高炉炼铁还要求矿石具有熟料、反应性好等特点，因此发展了原料烧结技术和氧化球团技术。

高炉燃料也要做到精料。焦炭是现代高炉炼铁顺行、高效化的保障，它在高炉中起到炉料骨架、燃料和还原剂的作用。除此之外，焦炭在高炉上部还起到热交换作用，将更多的热量留在高炉内。通过喷吹煤粉，可以降低焦炭的使用量，其作用是作为燃料和还原剂，而焦炭的骨架作用与换热作用，煤粉无法替代。随着高炉的大型化，对焦炭的质量要求也在加强。

因此，在高炉高效节能的同时，更应从全流程考虑能耗和效率。随着矿石和煤的质量日益恶化，炼铁流程分析能量消耗时，不仅要考虑高炉工序、烧结、焦化、氧化球团、制氧、动力等工序，还应考虑选矿、选煤的能量消耗。

1.1.2　高炉炼铁流程的能耗与排放

1.1.2.1　能耗

高炉炼铁的原燃料以及动力等消耗情况，见表 1.1[1]。高炉炼铁的燃料比为焦炭与煤粉之和，为 518kg/t 铁水。高炉炼铁的吨铁净能耗是指消耗的燃料和动力等能源减去回收的二次能源。高炉炼铁的吨铁净能耗为 12.47GJ，相当于 425.7kg 标准煤。

表 1.1　某重点企业大型高炉吨铁原燃料等消耗数据

矿石	焦炭（干基）	煤粉	鼓风	氧气	氮气	蒸汽	压缩空气	高炉煤气	转炉煤气	天然气	高炉能源产出	
											高炉煤气	余压发电
1.609t	343kg	175kg	1294m³	17.5m³	35.7m³	39kg	32.2m³	893m³	2.4m³	0.15m³	1475m³	30.8kWh

上述计算吨铁净能耗时，并未考虑原燃料以及电力加工过程的能耗。考虑到矿石、焦炭、电力的加工能耗，则吨铁的净能耗为 18.1GJ，相当于 616kg 标准煤。

还有一种能耗指标，就是炼铁过程的一次能耗，即冶炼 1t 铁水的原燃料以及电力加工过程的能耗。一次能耗也就决定了吨铁的最终 CO_2 排放量。冶炼 1t 铁水的一次能耗为 23.3GJ，相当于 797kg 标准煤。由于一次能耗中包括了自身循环使用的高炉煤气，当扣除自身循环使用的高炉煤气外，吨铁一次能耗为 20.4GJ，相当于 695kg 标准煤。

随着原料条件的恶化，矿粉、煤粉所需的加工能耗也应纳进炼铁的能耗范畴。

1.1.2.2　排放

1kg 标煤 CO_2 排放量为 2.277kg CO_2，每年 8 亿吨铁水 CO_2 排放量达到 18.22 亿吨。在所有行业中，钢铁工业 CO_2 排放量仅次于电力。

温室气体特别是 CO_2 的大量排放是气候变暖的主要因素。控制和减少 CO_2 排放是人类社会面临的紧迫任务。在《京都议定书》受控的六种温室气体中，虽然 CO_2 温室效应最低，但人类社会活动所产生的数量最大，且降解时间长，约占温室效应的 60%。迄今为止，最大的 CO_2 排放源是化石燃料燃烧时的碳氧化，约占人为 CO_2 排放总量的 70%~90%。中国 CO_2 排放总量仅次于美国，居世界第二位。

除了 CO_2 排放外,炼铁过程还产生大量有害气体,烧结工艺 SO_2、NO_x 排放是个难题,焦化工艺不仅产生 SO_2,还产生有机有害气体(如苯、酚等)。

从上分析可知,高炉炼铁流程是高能耗、高排放的生产单元,降低炼铁过程能耗与污染排放一直是人们追求的方向。

1.1.3 值得熔融还原借鉴的特点

1.1.3.1 高效的换热反应器

高炉在风口区形成燃烧区,但高温气体与上部的炉料能够充分换热,保证了炉顶高炉煤气在200℃左右,极大地减少了热量带出造成的热损失。目前的气基直接还原铁、转底炉、回转窑、COREX 预还原、FINEX 流化床、HIsmelt 等[4~9]尾气的温度均高于高炉煤气的出口温度,特别是转底炉、HIsmelt 等,煤气出口温度超过1000℃,这部分带出的物理热是相当可观的。同时高温粉尘夹带也影响其他工序装备的顺行(如高温粉体黏结到设备的内壁,时间长了,就会结瘤)。

1.1.3.2 高效的间接还原

高炉特殊的反应器,保证了间接还原充分发展,煤气中 $CO+H_2$ 的利用率超过了40%,甚至接近50%。这就大大降低了直接还原所需要吸收的大量物理热。而目前的熔融还原工艺的间接还原没有充分发展,这也直接造成了化学热能利用不高。

1.1.3.3 反应器尾气的高效利用

高炉煤气直接作为热风炉的燃料加热空气得到高温热风返回高炉内,降低了冶炼体系需要补充的热量。目前所设想的全氧冶炼熔融还原,尾气不易返回流程消耗,只能通过非主体流程利用,如发电等。FINEX 虽能利用部分还原尾气,但要额外添加脱碳、增压等工序,循环利用的复杂性、安全性、固定投资与成本远高于高炉煤气的返回利用。

充分利用好高炉的优势对发展少于焦炭或无焦炭的熔融还原炼铁工艺是非常重要的。

1.2 熔融还原流程

1.2.1 COREX 流程

1.2.1.1 概述

20 世纪70 年代末形成该工艺的概念流程,由德国 Korf 公司和奥钢联(VAI)合作开发,1981 年在德国克尔(Kehl/Rhine)建成了年产6 万吨铁水的半工业性试验装置（即 KR 法），先后进行了 6000 小时的各种试验，证明了工艺的可行性。1985 年 4 月 VAI 与南非依斯科尔公司签约决定在 Pretoria 厂建造一座 C-1000 型的 COREX 装置，年产铁水 30 万吨，1989 年 11 月 10 日正式投产。这是世界上第一套 COREX 熔融还原生产装置。经过约一年半实践，生产渐趋稳定，从 1991 年 3 月起已经可以高于设计能力 10% 稳定地运行。接着这一技术在世界上进一步推广：第二套 C-2000 型 COREX 装置于 1995 年 11 月在韩国浦项（POSCO）建成投产；第三套 C-2000 型于 1998 年 12 月在南非萨尔达纳建成投产；第四、第五套 C-2000 型分别于 1999 年 8 月和 2001 年 4 月在印度京德尔公司建成投产。2005 年宝钢向奥钢联引进 COREX 技术并进一步扩容为 C-3000，将其设计产能从 80 万吨扩大到 150 万吨，已于 2007 年 11 月出铁，这是世界上第一座大型的 COREX 炼铁炉。

1.2.1.2　工艺流程

COREX[10~16]技术发展至今移植大型高炉的成熟技术逐渐增多，如耐材配置、冷却装置、局部的炉型、布料方式等，使其生产的稳定性大为提高，炉龄也有明显延长，产能进一步扩大，技术正逐步走向成熟。COREX 工艺流程见图 1.1。COREX 工艺就是将矿石的还原和熔融分开在两个炉子中进行，采用预还原竖炉及熔融气化炉分别对铁矿石进行还原和熔化。熔融气化炉产生的高温还原煤气送入预还原竖炉，逆流穿过下降的矿石层。从还原竖炉排出的预还原矿石的还原率平均为 60%~85%，含碳 0.15%，料温为 800~900℃。熔融气化炉的任务是熔化预还原矿石及生产还原所需煤气。

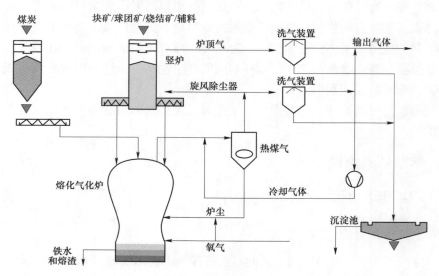

图 1.1　COREX 流程图

COREX 工艺的优点是：以非焦煤为能源，摆脱了高炉炼铁对优质冶金焦的依赖；对原、燃料适应性较强；生产的铁水可用于氧气转炉炼钢；生产灵活，必要时可生产高热值煤气以解决钢铁企业的煤气平衡问题；直接使用煤和氧，不需要焦炉及热风炉等设备，减少污染等。

1.2.1.3 运行情况分析

我国宝钢 2007 年引进投产了 C-3000 工艺，除了产量达到设计指标外（表1.2、表 1.3），重要的指标完成不太理想[17~19]。

表 1.2　COREX-3000 的主要设计指标

项目	年产能力	熔炼率	作业率	燃料比	焦炭比例	[Si]	[S]	铁水温度	氧气消耗
单位	万吨	t/h	%	kg/t	%	%	%	℃	Nm³/t
数值	150	180	95.89	980	5	0.55	0.05	1480	528

表 1.3　投产至 2008 年 10 月的 COREX-3000 的运行效果

项目	7 个月产量	熔炼率	作业率	燃料比	焦炭比例	[Si]	[S]	铁水温度	氧气消耗
单位	万吨	t/h	%	kg/t	%	%	%	℃	Nm³/t
数值	61.77	126.8	85.95	1037	26.45	0.585	0.067	1508	550

（1）COREX 离不开焦炭。目前已投产的几座 COREX 流程其生产操作依然离不开焦炭（占煤耗的 15%~30%），见图 1.2。熔融气化炉内存在明显的焦床，不仅在熔融气化炉中要加入焦炭，在还原竖炉中也需要配加焦炭，以提高竖炉的物料顺行。宝钢 C-3000 的焦炭加入量达到 260kg/t 铁，而且还使用了优质焦炭。

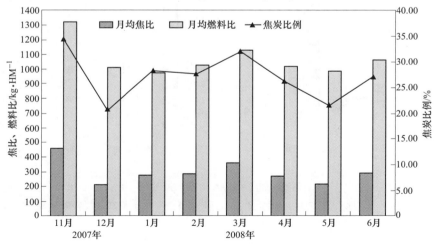

图 1.2　C-3000 运行数月的燃料比变化

（2）COREX 工艺对矿石的质量要求严格。粉末大量入炉或粒度不均匀会造成竖炉料柱透气性恶化以及煤炭流化床粉尘量过高，粒度太大则影响还原和加热速度。因此入炉矿以中等的均匀粒度为佳（8~30mm），由于优质天然矿很少，实际上 COREX 还是在使用熟料。目前主要使用氧化球团矿，部分使用烧结矿。

（3）COREX 对煤种的要求较高。COREX 对煤种的要求较高，我国很多煤种不宜使用，另外 COREX 存在粉煤如何利用的问题。由于当今采煤多已机械化，原煤中含粉率较高，COREX 要求使用块煤将是一个潜在问题，且块煤在储运过程中，产生粉末是不可避免的。

（4）预还原竖炉效率低。由于预还原竖炉采用块矿，气固接触面积较小，反应速度慢，而熔融气化炉的反应速度很快，造成预还原炉和终还原炉的生产效率很难匹配。COREX 流程的设备综合利用系数仅为 0.9 t/(m³·d)，大大低于高炉的利用系数，引起固定投资增加。

（5）COREX 煤耗（约 1000kg/t 铁水）远高于高炉流程，在能耗、排放等多方面，目前还无法与高炉流程竞争。

（6）COREX 的环保性。COREX 在宣传环保优势时，忽略了自身需要的焦炭、烧结矿、氧化球团的污染情况。炼铁环保中，焦化、烧结（球团）是废气、粉尘排放的主要源泉。如果单拿 COREX 与高炉主体相比，在 SO_x、NO_x 上 COREX 并不占优势，相反 COREX 的燃料比高于高炉，CO_2 排放（3000kg/t）也将高于高炉（1600kg/t）。也就是，COREX 炼铁流程在环保上并无优势，相反在 CO_2 排放上将高于高炉炼铁流程，见图 1.3 和图 1.4。

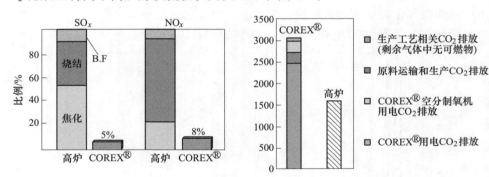

图 1.3　COREX 与高炉环保比较　　　图 1.4　COREX 与高炉流程的 CO_2 排放比较

（7）COREX 的作业率较低。自 2007 年 11 月出铁以来，C-3000 的作业率一直不高，离设计指标 95.89% 相差甚远，见图 1.5。除了新设备熟悉需要一个过程外，C-3000 的还原竖炉事故率最高。

（8）COREX 的经济性。过大的固定投资也令人却步：C-3000 设备的利用系数低，吨铁固定投资相当高昂，还有包括大型制氧机、煤气增压机等。

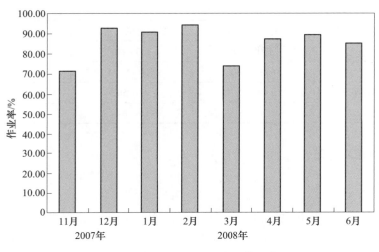

图 1.5 C-3000 开炉以来的作业率

C-3000 的操作成本也是相当高昂的：燃料比过高，并且都为价格高昂的优质焦炭与块煤，另外，还要消耗 550Nm³/t 铁水的氧气。

C-3000 产生大量优质煤气，可以发电或用于其他用途。但是其发电效益不高。正常火力发电使用的质量一般的电煤，而用 C-3000 的尾气发电，用的是价格高昂的焦炭和优质块煤。

为什么 COREX 的冶炼指标存在问题？主要原因为：

熔融气化炉出来的高温煤气（约 1150℃），进竖炉温度约 850℃，气基还原最快的阶段被浪费，反应动力学条件变差，其竖炉预还原效率不足 1t/(m³·d)，是流程的速度瓶颈。进气温度过高，则容易引起竖炉黏结，物料顺行困难；进气温度过低，则还原动力学还有进一步恶化。

目前 C-3000 竖炉在添加焦炭情况下，球团金属化率只能维持在 60% 左右，与宝钢大高炉软熔带上部的金属化率相当。低的球团金属化率，则在熔融气化炉形成过厚的软熔带，焦炭加入量只能提高用于改善透气性与物料顺行。

C-3000 设备从宝钢罗泾搬迁到新疆八一钢厂后，进行了原料及工艺调整，一种大的思维调整就是使用质量一般的焦炭替代优质块煤冶炼[19]。但总的来说，吨铁燃料比过高。八钢 COREX 生产数据见表 1.4。

表 1.4 八钢 COREX 生产数据

影响因素	数据范围（宽）	数据范围（中）	数据范围（窄）
熔炼率/t·h⁻¹	85~140	90~120	100~150
焦比	480~820	600~800	650~750

影响因素	数据范围（宽）	数据范围（中）	数据范围（窄）
煤比/kg·t^{-1}	140~280	160~240	190~210
燃料比/kg·t^{-1}	660~1080	700~1000	800~900
竖炉金属化率/%	10~60	20~50	25~40
竖炉煤气还原势/%	76~86	78~84	79~82

1.2.2　FINEX 工艺

1.2.2.1　工艺流程

因为 COREX 使用的矿石粒度为 8~30mm 的块矿，大量廉价的粉矿不能直接利用，所以浦项钢铁公司和奥钢联共同开发了 FINEX 流程（见图 1.6），用于粒度 1~10mm 的粉矿。FINEX[20~22] 的特点是采用多级流化床反应器代替 COREX 的竖炉对铁矿进行预还原。在流化床反应器中利用熔融气化炉提供的热还原气体对配合添加剂的铁粉矿进行还原。采用适当的气流速度，使炉料在流态化状态下进行还原。因此不存在炉料的透气性问题，可全部使用铁矿粉为原料。目前韩国浦项钢铁公司的 FINEX 演示设备已于 2003 年 5 月底投入中试生产，2007 年 4 月年产 150 万吨的工业化装备投入试生产阶段。

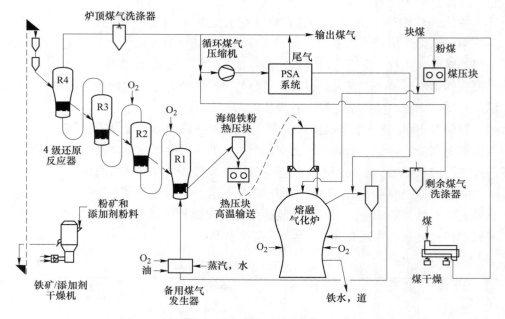

图 1.6　FINEX 基本流程图

FINEX 流程由流化床预还原工艺和 COREX 的熔融气化炉工艺组成。其特点是：（1）不需要建炼焦厂和烧结厂，从而节省设备投资和减少环境污染；（2）可使用粉状铁矿石和普通煤作为炼铁原料。从生产成本上看，粉矿的价格要比块矿低 20% 左右，普通煤比炼焦煤价格低约 25%，因此其原料成本比较低廉。

1.2.2.2 技术分析

但是 FINEX 工艺也存在一些不足：

（1）FINEX 工艺预还原流化床反应器过于复杂。早期的 FINEX 为 3 个流化床串联而成的，其中一个为换热用的，两个用于流化床还原。由于还原速度慢，不得不演变成 4 个流化床，其中一个为换热用的，3 个用于流化床还原。如此庞大的预还原装备，导致固定投资较高，比高炉方案总投资约高 20%（不包括焦化）。比高炉炼铁多的几大项包括制氧、尾气变压吸附、煤气循环增压机、热压块等。

（2）FINEX 工艺离不开焦炭。FINEX 的熔融气化炉是从 COREX 移植过来的，保留了 COREX 熔融气化炉的特点。FINEX 的熔融气化炉也存在焦床，也要使用部分焦炭，焦炭量约为 200kg/t 铁。因此，FINEX 流程也包括焦化工序，相应的固定投资、能耗指标、污染指标也应计算在 FINEX 流程内。

（3）FINEX 对煤种的要求较高。与第（2）点类似，FINEX 对煤种的要求较高，必须使用价格昂贵的优质煤。

（4）FINEX 对矿粉也有严格要求。FINEX 采用鼓泡流化床，粒度控制在 1～10mm，小于 100 目的矿粉不能使用，即我国特有的精矿粉无法用于 FINEX 流程。

（5）流化床黏结问题。还原温度较高（800～850℃），将会出现粉料的黏结问题，从而影响操作的连续性和稳定性。温度高于 850℃ 黏结问题更加严重，而低于 800℃，反应速度过慢。在目前的还原温度下，流化床设备利用率很低（约 0.3t/(m³·d)），比 COREX 工艺的设备效率还低。

（6）FINEX 的能耗、环保性。由于流化床效率低，FINEX 工艺的气体利用率不高（预还原耗气量为 2000Nm³/t，高于 COREX 预还原竖炉的 1800Nm³/t），如此高的耗气量，迫使 FINEX 采用尾气变压吸附和煤气增压方式，将尾气中的 CO、H_2 循环使用，以降低煤气消耗量。因此，FINEX 的燃料比要低于 COREX 流程，但 FINEX 存在制氧、热压块、变压吸附、煤气增压等耗电大户。

从以上分析可知，FINEX 预还原流化床效率低，气体利用率不高（2000Nm³/t），导致流化床系统庞大、固定投资加大，尾气处理复杂，较低的金属化率使得熔融气化炉增加了焦炭使用量。这些都与 800～850℃ 矿粉的还原性能较差相关。

1.2.3 HIsmelt 工艺

HIsmelt(High Intensity Smelting) 工艺[23~27]是德国 Knockner 和 CRA 公司联合

开发的。该流程采用立式铁浴炉作为熔炼造气炉，可直接使用粉矿进行全煤冶炼。流程概况见图1.7。

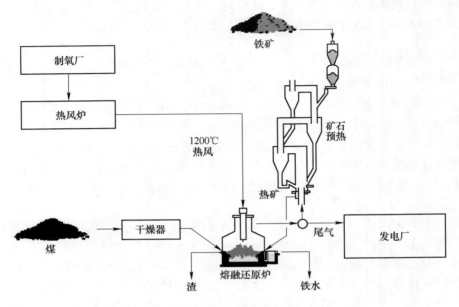

图 1.7　HIsmelt 流程图

1.2.3.1　工艺流程

　　HIsmelt 工艺起源于德国 Knockner 钢公司的顶-底复合吹炼 K-OBM 转炉炼钢工艺，它是应用底吹喷煤技术和高二次燃烧率来增加转炉熔炼废钢比例而开发的。1983 年 Knockner 公司和澳大利亚奥廷托联合锌公司（CRA）在德国 Maxhutte 工厂的 60t K-OBM 顶-底复吹转炉上做熔融还原开发试验取得成功，1984~1990 年，在德国建了一个年产 10 万~12 万吨铁水的试验厂做小试。1987 年 Knockner 钢公司取得此项课题，项目改由 CRA 接管。1989 年 Midrex 与 CRA 建立了对半股份的合资公司并于 1991 年开始在澳大利亚建设试验厂，试验厂建在西澳帕斯市以南 40km 的 Kwinana，年产 10 万吨铁水。1993 年建成卧式 HIsmelt 试验炉并开始出铁，当年 Kwinana 的建设及试验费用达 1.05 亿美元。

　　1995 年 CRA 与英国公司 RTZ 合并，1997 年更名为 Rio Tinto 公司。1996 年根据卧式炉试验中发现的问题，HIsmelt 决定将卧式炉改造成没有底吹的立式熔融还原炉。2003 年 2 月有首钢参与投资的 HIsmelt 工厂（年产 80 万吨）在澳大利亚 Kwinana 开始筹建，已于 2005 年 5 月建成，几年前被我国山东一家民营企业购买，至今仍在调试与改进中。

HIsmlet 工艺可直接使用粉矿和煤粉，其熔融还原炉中产生强烈的搅拌并且温度很高，所以铁矿粉的还原速度很快。HIsmelt 的另一个特点是可处理廉价的高磷铁矿粉。

1.2.3.2 技术分析

（1）吨铁矿比高。HIsmelt 的铁浴炉渣金反应激烈，渣中混有大量金属，虹吸式出铁使得渣金分离时间短，部分金属铁无法分离；HIsmelt 吨铁消耗矿量达到 2000kg 以上，远高于高炉所需铁矿 1500kg 水平，见图 1.8。

（2）煤耗高。铁浴炉的二次燃烧的热效率只有 50%，大量的热量被高温废气带走。加之，吨铁矿比高，导致吨铁煤耗量平均大于 1000kg，比 HIsmelt 宣传的 610kg 高出 50%，见图 1.9。

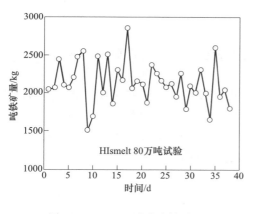

图 1.8　HIsmelt 试验吨铁矿比

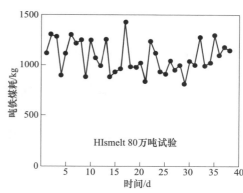

图 1.9　HIsmelt 试验吨铁煤耗量

（3）耐火材料、喷枪寿命短。铁浴炉特殊的还原与氧化气氛，使得炉衬寿命很短。设计 18 个月的炉衬，实际只使用了 2 个多月，而更换一次炉衬还要停炉 20 多天。耐材不仅影响成本，而且在生产中，造成前后生产的波动，问题非常严重。在铁浴炉内顶枪、矿粉喷吹、粉煤喷吹不仅受到激烈的高氧化性的炉渣与铁水侵蚀，内在的高温气体、矿粉摩擦也恶化喷枪工作环境。频繁更换有碍生产连续性。HIsmelt 试验期的事故排序见图 1.10。

（4）煤气质量差。铁浴炉产生 2800Nm³/t 的 1000℃ 低热值、低压力废气，无法利用。用于发电，必须添加天然气，用于预热，压力不足，必须额外添加换热器与增压机，流程复杂。

（5）流化床预热不过关。流化床预热是 HIsmelt 近几年新增的工序环节。两年来的试验表明：流化床预热的各个部分都出过问题，影响作业率。HIsmelt 厂

2005年10月	2005年12月	2006年4月	2006年7月
1. 预热器	1. 预热器	1. 喷枪	1. 热矿输送
2. 还原炉	2. 喷枪	2. 渣口	2. 渣口
3. 水冷壁	3. 热矿输送	3. 热矿输送	3. 煤制粉及喷吹
4. 热矿输送	4. 煤气洗涤	4. 预热器	4. 还原炉
5. 渣口	5. 渣口	5. 泡沫渣	5. 预热器
2006年8月	2006年9月	2006年11月	2007年2月
1. 预热器	1. 铁水处理	1. 喷枪	1. 喷枪
2. 热矿输送	2. 预热器	2. 余热回收	2. 渣口
3. 余热回收	3. 煤制粉及喷吹	3. 渣口	3. 预热器
4. 原料系统	4. 透平发电	4. 煤制粉及喷吹	4. 余热回收
5. 渣口	5. 渣口	5. 热风炉	5. 煤气冷却
2007年6~7月	前5位问题		
1. 预热器	1. 预热器		
2. 余热回收	2. 喷枪		
3. 喷枪	3. 渣口		
4. 渣口	4. 余热回收		
5. 煤气烟罩	5. 热矿输送		

图 1.10　HIsmelt 试验期的事故排序

原本直接使用铁浴炉煤气预热矿粉，但是由于铁浴炉压力很低，根本无法直接使用。

（6）铁水排放。HIsmelt 为了保证生产的连续性，采用虹吸出铁方式。采用虹吸出铁，铁水排放速度较慢，铁水的温降较大，不能保证铁水的温度，另外难以实现高压操作，铁浴炉出去的高温尾气由于压力不足，不好利用。

（7）炉渣后处理。炉渣中含有5%左右的金属铁与5%左右的FeO，炉渣金属铁还需进行球磨磁选回收。

（8）作业率低。

HIsmelt 存在诸多原因，有的属于设备使用不成熟，还较容易改进；有的问题属于它的固有问题，要想改变，将要做大的动作，甚至需要改变 HIsmelt 的初衷：直接在铁浴炉内还原熔化矿粉。

综上分析，HIsmelt 还存在不少问题。究其根本原因：由于熔融还原炉内采用二次燃烧方式，致使炉内呈现氧化性气氛，严重侵蚀炉衬。同时由于二次燃烧的出现，在一座熔炼炉内上部要求为氧化性气氛，而下部为了氧化铁的还原要求为还原性气氛，氧化气氛与还原气氛出现在同一座熔炼炉，如何协调使得上部燃烧充分而下部的氧化铁还原又要保证不会出现二次氧化问题，这对工艺控制提出了高要求。另外上部二次燃烧放出大量的热，而下部的碳热还原反应则是强吸热反应需要大量的热量补充，如何保证两者之间的热量迅速高效传递的问题需要进一步的解决。

我国山东一家企业，将力拓设备及技术购买，并加以改造。主要包括[27]：高温废烟气的处理（见图 1.11）、用回转窑替代原流化床预热矿粉以及铁浴炉耐材的冷却方式等。这些改进提高了设备的连续性及稳定性，但是尚不能支撑长期连续稳定生产，吨铁的一次能耗依然较高，需要突破。

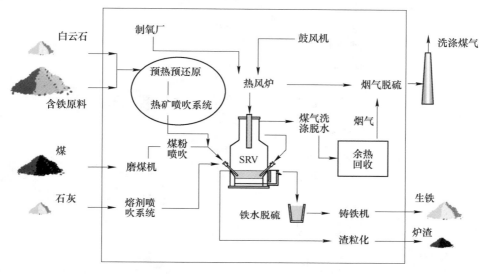

图 1.11 HIsmelt 的国内改进流程

1.2.4 DIOS 工艺

在川崎、住友、神户等大量前期工作的基础上，日本钢铁联盟组织八大钢铁公司制定了一个熔融还原 7 年（1988~1994 年）开发规划，研究目的是开发一种铁浴法熔融还原技术，定名为 DIOS(Direct Iron-Ore Smelting)，其工艺流程如图 1.12 所示。其熔融单元采用立式转炉型铁浴熔炼造气炉，还原单元采用流化床，以压低还原度的措施避免还原过程的黏结失流问题。熔炼炉采用较高的二次燃烧率，其高温高氧化度的尾气通过一个煤气改质炉利用煤粉改造成中温高还原性的还原气。与 HIsmelt 相似，目前存在的主要问题有如何保证较高的二次燃烧率、对铁浴炉中耐火材料的腐蚀严重等，已在 20 世纪 90 年代试验结束后至今没有继续研究的信息[28]。

1.2.5 AISI 工艺

AISI(American Iron and Steel Institute) 工艺是美国钢铁协会在美国能源部的支持下开发的。该流程见图 1.13，AISI 的目标是采用铁浴熔融还原法直接炼钢。AISI 熔炼炉采用两个分别位于左右两侧的氧枪吹入工业纯氧，从而在熔炼炉中形成两个高温熔炼区。在高氧化气氛中完成部分脱碳过程，形成半钢，然后再经过钢包处理，继续脱除其中的 C、S 等杂质，成为最终产品钢水[28]。

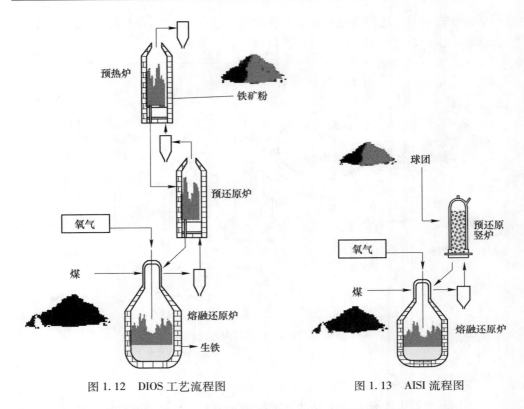

图 1.12　DIOS 工艺流程图　　　　　图 1.13　AISI 流程图

　　与 HIsmelt、DIOS 相似，但是由于其能耗过高以及耐火材料寿命短，本工艺就此中断了。

　　与此同期，国内外还尝试开发一些新的预还原（预热)+铁浴还原（熔融气化）等炼铁新工艺。由于种类较多，缺少详实、持续的试验结果，在此就不一一评述了。

1.2.6　熔融还原工艺分析

　　前面阐述了目前主要的熔融还原炼铁工艺，主要情况见表 1.5[7]。工艺能够行得通的为较高的预还原率+较低的二次燃烧率流程，而高二次燃烧率、低预还原率的流程如 DIOS、AISI、CCF 等面临的问题更多一些，目前只有 HIsmelt 工艺转移到国内继续进行改造和发展。原因为：温度越高，对反应器的要求越高，而温度越低，反应器的负荷越小，将反应集中在高温反应器进行反应，高的燃烧率、高的氧化性炉渣严重影响设备寿命、加之还原、氧化气氛的矛盾等。因此将反应集中在高温反应器进行熔融还原注定难度大。COREX、FINEX 工艺之所以能够打通，是因为采用较高的预还原率，较低的二次燃烧率，熔融气化炉负荷小。COREX 也带来了另外一个问题，为了提高预还原竖炉的金属化率，吨铁耗气量非常大，随着反应器的加大，富余煤气量过大问题暴露出来。虽然发电等能够处理这些煤气，但是 COREX 所使用的优质煤，发电成本过于昂贵；为了降低气耗，不得不降低竖炉的金属化率，从 C-1000 到 C-3000，金属化率从 90% 降低到 60%~70%，焦炭使用量也从 50kg/t 提高到 250kg/t。COREX 的初衷不用焦炭的熔融还原就此终结，改为少用焦炭的熔融还原炼铁工艺。FINEX 也存在 COREX 相似的问题，为了降低煤气输出量，对尾气进行脱除 CO_2，再循环使用的方法。

表 1.5　各种熔融还原的指标与状态

项目	C-3000	FINEX	HIsmelt	日本 DIOS	美国 AISI	荷兰 CCF	俄罗斯 Romelt
处理原料	块矿、球团、烧结矿	粉矿	<6mm 粉矿	粉矿	球团	粉矿	粉矿、块矿
预还原形式	竖炉	多级流化床	流化床与循环混合床	流化床	竖炉	旋风反应器	—
预还原温度/℃	800~850	800~850	950	800~850	850	>1300	—
目标预还原率/%	60~85	60~85	<10	20~30	30	25	
预还原尾气	发电、蒸汽等	经过变压吸附脱除 CO_2，返回流化床	排放	排放	排放	排放	
终还原反应器	熔融气化炉	熔融气化炉	铁浴炉	铁浴炉	铁浴炉	铁浴炉	卧式炉
高温煤气氧化度/%	5~10	10~15	50~60	40~60	40~60	70~90	70~90
进行程度	工业化生产，遇到困难	正在工业化试验，遇到挑战	中试，仍在进行攻关，遇到挑战	中试，停止试验	中试，停止试验	中试，停止试验	中试，停止试验
吨铁燃料消耗	1000~1100kg，其中焦炭 250kg	750~850kg，其中焦炭 200kg（不详，为估计值）	1000kg	—	—	—	—

采用较高的预还原工艺是非高炉炼铁成功的关键所在，而目前 C-3000 和 FINEX 所遇到的问题是铁矿在低温下的反应性能差，导致反应过慢、气体利用率下降。在不想加大煤气输出情况下，只能降低预还原反应器的金属化率，最终又加重了终还原反应器的负担，只得提高焦炭加入量。

因此，低温下铁矿的反应性能差是熔融还原炼铁的痼疾所在，提高铁矿的低温反应性能是熔融还原炼铁走向成功、高效、环保的关键所在之一。

1.3　气基直接还原技术的发展现状

目前投入工业规模生产的主要有气基竖炉法（MIDREX、HYLⅢ）及气基流态化法（FINMET）等[29~35]。随着经济和技术的发展，对钢铁产品的质量和品种要求日益提高，尤其是电炉钢比例的增加、冶金短流程工艺的发展与成熟等，形成了对 DRI 的强劲需求，从而推动了直接还原的发展。2006 年，随着电炉钢比例的增加，海绵铁的市场需求达到 7500 万吨以上，而实际产量仅为 5980 万吨。表 1.6 为各种直接还原工艺海绵铁产量所占比例。

表 1.6　各种工艺产量所占比例

MIDREX（竖炉）	66.7%
HYⅢ（竖炉）	18.4%
HYⅠ（竖炉）	1.3%
FINMET（流态化）	3.6%
煤基工艺（回转窑）	9.8%
其他气基工艺	0.3%

世界上的直接还原铁 90% 以上是由气基直接还原工艺生产的，其中气基竖炉工艺占主要部分。它的主要优点是工艺成熟、操作简单、能耗较低、产品质量好、生产效率较高。气基直接还原工艺都是以天然气、石油裂解产生的低氧化度还原气为还原剂，受到地域的限制和不断上涨的天然气价格的影响（据 Midrex 公司报道近十年天然气价格几乎上涨了 10 倍），其生产成本越来越高。因此，开发新的气源及还原气制备技术已越来越受到重视，特别是在我国发展直接还原技术尤为重要。

1.3.1　MIDREX 工艺

MIDREX 直接还原工艺是 MIDREX 公司开发成功的，其基本工艺流程如图 1.14 所示。它以天然气经催化裂解后得到的以 H_2 和 CO 为主要成分的气体为还原剂，在 800~900℃ 还原铁矿得到海绵铁：金属化率为 92%~95%，碳含量为 0.7%~2%。MIDREX 工艺具有工艺成熟、操作简单、生产率高、热耗低、产品质量高等优点，因此在直接还原工艺中占统治地位。

MIDREX 也存在一定的局限性：

（1）它要求有丰富的、低廉价格的天然气资源做保障。

（2）MIDREX 工艺要求铁矿石粒度适宜且均匀，粒度过大会影响 CO 和 H_2 的扩散使反应速度降低；粒度过小，透气性差，还原气分布不均匀，一般小于

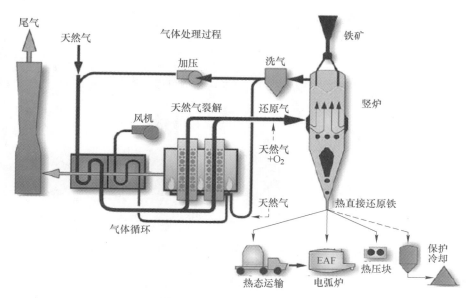

图 1.14 MIDREX 基本流程图

5mm 的粉末含量不能大于 5%。

由于使用块矿或球团，生产力相对较低。为了提高气基竖炉流程的生产力，MIDREX 最近在竖炉中吹入少量氧气来提高还原气体及炉料的温度，研究表明：将料温从 789℃提高到 898℃，竖炉的生产力提高了 50%。

MIDREX 竖炉直径可达 7.5m，产量可达 136 万~180 万吨/年。COREX 所采用的竖炉原本来自 MIDREX 竖炉，却产生如此大的反差：MIDREX 金属化率与生产效率高，而 COREX 竖炉的金属化率与生产效率低，这些都源于反应的气氛不一样，MIDREX 采用天然气蒸汽重整的富氢气体，而 COREX 预还原竖炉用的富 CO 气体。可见，还原气氛影响铁矿的低温还原性能。

MIDREX 的吨铁天然气消耗量在 300m³（10.6GJ）左右，消耗量不高的重要原因，在于富热值气体循环利用。如果煤气不循环利用，MIDREX 的吨铁一次天然气消耗量将在 500m³（17.8GJ）。

1.3.2 HYL 工艺

希尔法（HYL）海绵铁生产技术属墨西哥希尔萨公司所有，它是用天然气和水蒸气制取还原气，然后在竖炉中将铁矿石还原成海绵铁（见图 1.15）。最初的希尔萨海绵铁生产技术称为 HYL Ⅰ 工艺，是固定床直接还原设备的典型代表。20世纪 70 年代，希尔萨公司在 HYL Ⅰ 工艺的基础上开发出高压逆流式移动床直接还原反应器，即 HYL Ⅲ 竖炉。1980 年希尔萨公司在蒙特雷建成第一套工业规模的 HYLⅢ工艺装置并投入生产。目前已发展到 HYL-ZR，即天然气自重整生产高碳海绵铁技术（图 1.16）。

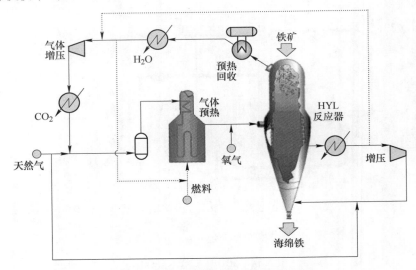

图 1.15　HYLⅢ海绵铁生产工艺流程图

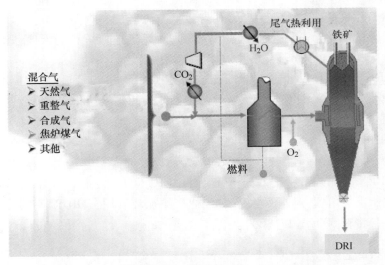

图 1.16　使用其他气源的直接还原铁概念流程图

HYL-Ⅲ海绵铁生产工艺流程可以分成两个部分：制气部分和还原部分。制气部分包括还原气的产生和净化，水蒸气和天然气混合后在重整炉中催化裂解，产生以氢气、一氧化碳为主的合成气，经脱水后送进还原部分。还原部分包括还原气的加热和铁矿石的还原，竖炉炉顶气经脱水和脱二氧化碳后，与来自制气部分的气体混合形成还原气，共同进入还原气加热炉。加热后的还原气从竖炉还原段底部进入炉内，自下而上流动；铁矿石从竖炉炉顶加入，自上而下运动。还原气和铁矿石在逆向运动中发生化学反应，产生海绵铁。反应温度在900℃左右。

HYL-Ⅲ法与MIDREX是相似的，HYL-Ⅲ法竖炉内压力高达0.6MPa，是MIDREX法的2倍，因此它的生产效率高于MIDREX，但是该工艺是在高温高压下进行操作的，对于设备安全要求较高，因此设备投资也较高，操作的安全性等级提高。

与MIDREX相似的成功之处，HYL-Ⅲ也实现尾气的循环利用。

HYL-Ⅲ也是用天然气作为还原气来源，其推广应用受到影响。HYL-Ⅲ与MIDREX也提出了用气体气源作为还原剂的概念流程，如焦炉煤气、煤制气等，尚没有应用的范例。

1.3.3 FIOR（FINMET）工艺

FIOR（Fluid Iron Ore Reduction）是Exxon研究与工程公司开发成功的。在1976年，FIOR工艺被提出，它是利用流化床还原铁矿粉生产热压块铁的方法。1991年，FIOR工艺得到了进一步的发展。VAI和Exxon公司在FIOR的基础上联合开发出了一种炼铁工艺流程FINMET®（工艺流程见图1.17）。

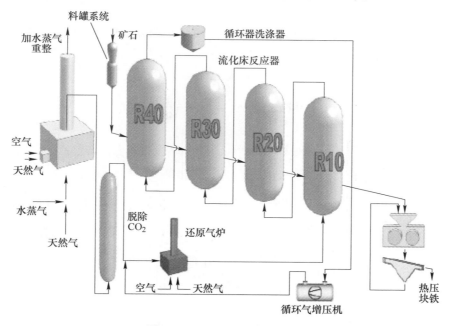

图1.17 FINMET工艺流程图

FINMET 采用四级流化床反应器，第一级流化床里温度为 500℃，压力为 1.1MPa；到最后一级流化床中温度为 800℃，压力为 1.4MPa。所得直接还原铁粉中碳含量在 0.5%~3.0% 之间，还原率可达到 90% 以上。

FINMET 主要问题：

（1）气体利用率低下。矿粉粒度大，气体利用率低，一级流化床的煤气利用率低于 15%，因此需要多级流化床。

（2）黏结问题。海绵铁金属化率高，容易产生黏结。

（3）技术问题多，故障率高。高压操作对设备及操作要求极高，经常出现故障，作业率低，达产困难。

（4）固定投资大。四级高压流化床、天然气蒸汽重整、脱除 CO_2、增压机等，设备庞大，投资高，大修费用高。

（5）FINMET 的净能耗高。FINMET 生产 1t 海绵铁，消耗天然气 15GJ，电力 175kWh，总能耗达到 580kg 标准煤。

FINMET 厂一直处于亏损状态；只有在天然气价格低廉的地区才可能应用。

FINEX 的流化床起源于 FINMET，FINMET 流化床的气氛与压力远差于 FINMET，因此，在 FINMET 流化床中实现高的金属化率与高的生产效率是不现实的，这就注定 FINEX 流化床要走低的金属化率路线。

1.3.4　H-Iron 工艺

H-Iron 工艺是由 Hydrocarbon Research Inc. 和 Bethlehem Steel Co. 联合开发的。该工艺采用高压低温流化还原技术，作业压力为 2.75MPa，温度为 540℃。还原反应器是一个三层流化床。H-Iron 工艺见图 1.18。

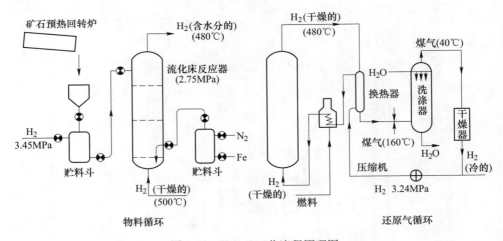

图 1.18　H-Iron 工艺流程原理图

还原气中含 H_2 约 96%，其余大部分为 N_2。因此还原尾气经洗涤干燥后，除 N_2 含量略有提高外，差不多可恢复原有成分。这一点对大量使用循环气十分有利。氢气用天然气或焦炉煤气为原料制取。

预热后的还原气依次通过三层流化床，对铁矿粉进行还原。还原气的一次利用率约为 5%，矿粉最终的还原率为 98% 左右。

H-Iron 工艺生产海绵铁，经济效益差，因此已停产多年，趋于淘汰。

1.3.5 气基直接还原铁工艺分析

从上面的各种气基流程可知，目前的气基直接还原使用天然气作为气源，是因为从天然气转成还原气体氢气相对比较容易。天然气转成的还原性气体氢含量高，随之发展应用的 COREX 预还原竖炉、FINEX 预还原流化床，采用富 CO 还原煤气，因此，气体直接还原铁的效率要高于 COREX 预还原竖炉、FINEX 预还原流化床，直接体现在金属化率高、生产效率高、气体利用率更高。可见，熔融还原要想发展，必须借鉴气基直接还原铁的成功之处——好的还原性气体。

总的来说，基于球团的气基直接还原铁更加成熟，效率更高。流化床还原，可以省去氧化球团工序，但是目前的气基流化床工艺并不成熟，其根本原因是低温下矿粉的还原动力学条件差，温度提高黏结几率加大。

通过焦炉煤气或合成气生产直接还原铁目前尚在开发之中。焦炉煤气虽然理论含氢、CH_4 量高，但是我国的焦炉煤气含硫高、有害杂质高，在进入气基直接还原流程前，首先必须脱除这些有害气体。此外，焦炉煤气中的甲烷不好处理。焦炉煤气有三种处理甲烷途径：（1）通过变压吸附直接制氢，剩余气体中甲烷浓度加大，可以作为燃料使用，而氢气有更好的利用价值；（2）通过蒸汽重整，由于焦炉煤气中甲烷只有 25% 左右，重整效率差一些；（3）通过焦炉煤气自重整方式，这是希尔公司提出的方案，但是焦炉煤气自重整效率低于天然气的自重整效率。

其实更重要的，我们提非高炉炼铁的根本原因就是为了免去焦化工艺，免去焦化过程的污染。因此注定焦炉煤气直接还原工艺不会成为主流程。当然，对于独立焦化厂——焦炉煤气放散的单位，利用焦炉煤气生产直接还原铁可以节能、减排。可见，焦炉煤气直接还原铁流程，只能作为辅助炼铁流程，并且还需进一步研究。焦炉煤气生产直接还原铁国内外不少公司、大学、研究院提出概念流程，目前山西一家企业建设了一条示范生产线，尚未进行设备调试及运行测试。

利用合成气生产直接还原铁，也仅停留在概念流程。由于煤的主要成分是碳，氢含量少，通过水煤气也只能制得含 CO、H_2、CO_2 等混合气体，氢气含量不高，还需通过水煤气变换，脱硫、脱除 CO_2 等多道工序，才能制得直接还原铁所需的富氢气体（见图 1.19）。如此复杂流程，合成气成本过于昂贵，这也是目

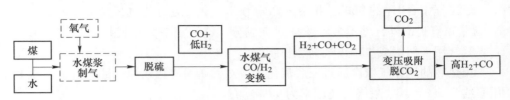

图 1.19　煤制氢富氢气体示意图

前合成气生产直接还原铁的限制性环节。打通高效率、低能耗、低成本与环保的合成富氢气体任重而道远。

1.4　煤基直接还原铁

　　煤基直接还原铁采用煤作为还原剂，主要工艺装备包括回转窑、转底炉、煤基竖炉等[36~42]。最主要流程为回转窑法，可以生产高品位的海绵铁，隧道窑也可生产高品位的海绵铁。由于煤基海绵铁的还原温度在 1200℃ 以下，还原速度慢、过程能耗高，因此发展非常缓慢，占直接还原铁的份额不足 10%。近年来，用以处理含锌粉尘的转底炉工艺成为热点工艺，在处理钢铁厂粉尘、含铁废弃物等综合利用领域有特色。

1.4.1　回转窑工艺

　　目前，在全世界的煤基直接还原工艺中，回转窑流程约占煤基直接还原铁总产量的 95% 以上。回转窑工艺有三种，分为一步法、二步法和冷固结球团法。"一步法"是指把细磨铁精矿造球，在链算机上经干燥、900℃ 预热，直接送入回转窑进行固结和还原，所有工序在一条流水线上连续完成。"二步法"是将上述工艺过程分两步来完成，即先把铁精矿造球，经 1300℃ 高温氧化焙烧，制成氧化球团；然后再将氧化球团送入回转窑进行还原；两个工艺可以分别在两地独立进行，故称"二步法"。冷固结球团法是在磁铁矿精粉中加入少量特制的复合型黏合剂造球，在 200℃ 左右干燥固结，然后送入回转窑进行还原，省去了高温焙烧氧化固结过程。

　　SL-RN 流程是由 SL 流程和 RN 流程结合而成的，属于回转窑流程。开发者为加拿大的 Steel Co., Ltd.、德国的 Lurgi A. G.、美国的 Republic Steel 有限公司和 National Lead 公司，S、L、R、N 即这四个开发者的首字母。该流程于 1954 年开发完成，在 1969 年实现工业化，在澳大利亚建成第一座 30mSL-RN 工业回转窑，之后得到了较快的发展。

　　图 1.20 为南非 Iscor 公司的 SL-RN 工艺流程示意图。它使用非焦煤来生产高金属化率的海绵铁。它对铁矿石的入窑粒度有较高要求（5~15mm），对煤的品质也有一定的要求。其还原温度为 1000℃ 左右，物料在回转窑中的停留时间为

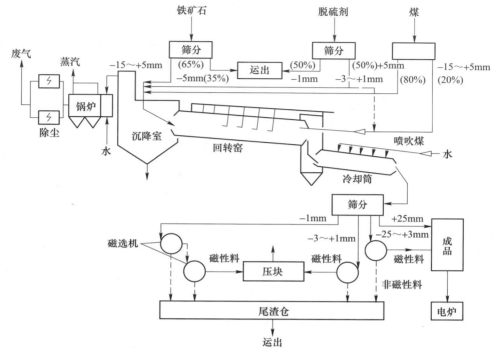

图 1.20 SL-RN 工艺流程图

10~20h。

对于 SL-RN 工艺来说，它可以利用煤为还原剂，能够得到金属化率在 93% 左右的海绵铁，但是它也有很多问题，首先是它的结圈问题一直以来都困扰着 SL-RN 的发展。另外就是它的效率很低，还原速度过慢也会影响它的进一步发展，能耗高是它的另一问题：一次煤耗 1000kg/t 海绵铁。

国内有一些研究单位想尝试用回转窑还原低品位铁矿，通过磁选分离得到金属铁粉。据经验，回转窑处理 1t 铁矿，大约需要煤耗 600kg，可根据铁矿的品位近似计算吨铁的一次煤耗。

1.4.2 隧道窑工艺

该法是由 E. Sieurin 于 1908 年发明的。它使用外热式反应罐和隧道窑，窑体可分为加热、还原和冷却三个区域。

在还原段装有燃烧器，以液体或气体燃料为能源使还原段温度保持在 1200℃ 左右，还原段高温炉气向加热段流动，对反应罐进行预热，使其温度随着向还原段的接近而逐步提高。台车进入还原段后，煤气化反应放出大量 CO，使矿粉得到还原，生成海绵铁。还原完成后，台车进入冷却段，冷却段中有一股由吸入的冷空气形成的气流，在气流中，密封的反应罐逐步冷却至常温。出窑后，将海绵铁取出，去掉残煤和灰分即可得到产品。该工艺可用于生产粉末冶金用铁粉和海绵铁。反应罐的材质多为 SiC 或黏土，SiC 罐耐用，导热性好，成本较高；黏土罐造价低，但性能较差。反应罐内矿粉和还原剂分层装入罐内，还原剂采用煤粉，混入石灰石粉作为脱硫剂。

隧道窑生产工艺的特点：

（1）原料、还原剂、燃料容易解决；

（2）生产工艺容易掌握，生产过程容易控制；

（3）设备运行稳定，产品质量均匀。

窑炉是海绵铁生产的关键设备。2004 年之前，我国部分海绵铁生产厂家从倒焰窑改为煤烧隧道窑，使还原工段设备档次上升了一个台阶。但煤烧隧道窑存在环境污染、能耗高等问题，根据国家的环保政策，隧道窑煤气化已势在必行，2005 年开始，我国新上的海绵铁项目绝大部分采用了煤气，加之国家行业管理部门提倡鼓励新上长窑、大窑，以形成规模经济、降低能耗和提高经济效益，在这种背景下，新一代大型煤气隧道窑应运而生（见图 1.21）。

图 1.21　隧道窑照片

煤基隧道窑还原主要用于生产高纯粉末冶金用铁粉，金属化率要求大于 95%。因此造成特殊的布料方式（环行布料），传统煤基隧道窑还原窑内温度控制在 1180~1200℃，吨铁一次煤耗高达 1500kg，罐材寿命短、冶炼周期长（约 50~70h，包括预热、加热与冷却）。

1.4.3 转底炉技术

1.4.3.1 Fastmet

转底炉起源于环形加热炉，原用于轧钢钢坯的加热，近年来被移植用于钢铁厂粉尘的处理，进而演化成炼铁设施。转底炉可用于生产金属化球团矿，为钢铁公司处理粉尘。

Fastmet 流程的主体设备是一个转底炉（图 1.22）。转底炉呈密封的圆盘状，炉底在运行中以垂线为轴作旋转运动。两侧炉壁上设有燃烧器为炉内提供所需的热量。利用粉状还原剂和黏结剂与铁精矿混合均匀制成球团，经干燥后送入转底炉，均匀地铺放于旋转的炉底上。随着炉底的旋转，含碳球团被加热到 1250~1350℃，经过 10~20min 的还原得到海绵铁。海绵铁通过一个出料螺旋连续排出炉外，温度约为 1000℃。根据需要，可以将出炉后的海绵铁热压成块或使用圆筒冷却机冷却，也可以热装入熔炼炉处理成铁水（Fastmet 和熔炼联合被称为 Fastmelt 工艺）。燃料（天然气、油、煤）和预热空气通过烧嘴进入炉内燃烧（包

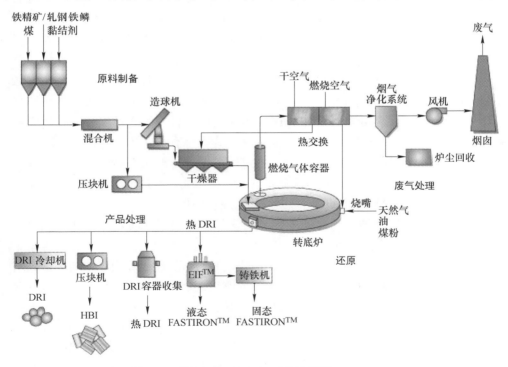

图 1.22　Fastmet 工艺流程图

括还原气相产物 CO 的燃烧），产生还原所需的足够温度和热量。燃烧废气逆向流动，最后从加料口的排气口排出，经过二次燃烧、热交换和洗涤除尘后从烟囱排出。

Fastmet 的基本还原原理是将燃烧着的火焰的高温经炉壁通过辐射传给料层，使含碳球团中的铁矿粉在高温下被其中的碳/挥发分还原。含碳球团的还原过程比较复杂，因为煤不仅作为固体还原剂，而且其挥发分具有气体还原剂的特点。挥发分中含有的少量 H_2 和 CO 可直接作为还原剂，大部分的碳氢化合物裂解后生成 H_2 和 C 也可作为还原剂。在研究含碳球团的还原时，重点都集中在了碳的还原作用上，往往忽略了挥发分的还原作用。试验结果证明，随温度的升高，含碳球团的还原应该包括三部分：挥发分的热解、铁氧化物被挥发分中 CO 和 H_2 以及其裂解产物 H_2 和 C 还原、铁氧化物被碳还原。

此方法可应用于以下几个方面：

（1）用铁精矿粉生产海绵铁（DRI）或热压块铁（HBI）。将铁精矿粉与煤粉混合压球后加入转底炉，球团在炉内受控的还原气氛中被加热。当达到反应温度时，铁氧化物被还原为金属铁。反应所需的热能全部由煤提供。从转底炉出来的海绵铁带有较多显热，可采用热压块工艺加工为热压块铁，以便运输与存储。该法生产的热压块铁 TFe 含量达 92%，金属化率高达 95%，碳含量约 4%，脉石含量约 2.4%，硫含量仅为 0.04%，可见其品质纯净，脉石与硫等杂质含量很低，可作为优质废钢的理想替代品。而且与废钢相比，其质量均匀稳定，波动小，对于炼钢生产极为有利。

（2）回收电炉除尘灰与轧钢铁鳞。电炉除尘灰与轧钢铁鳞的特点是含有较多非铁金属的氧化物，如锌、铅、镉等，被美国环保部门定为有害物质，称作 K061。在干铁法工艺处理过程中，这些非铁氧化物将以气态逸出，并在后续的烟气处理装置中予以收集，此时 K061 已转化为提炼有价值非铁金属的原料。

转底炉中 ZnO 脱除率高于 95%，生成的海绵铁金属化率高达 91%。转底炉焙烧含锌粉尘时以气态逸出的非铁金属氧化物在尾气处理过程中，由布袋除尘器收集，其成分以 ZnO 为主，可作为提炼锌的原料使用。

（3）回收传统钢铁厂废弃物。传统钢铁厂废弃物包括转炉除尘灰、轧钢铁鳞、热轧污泥、连铸氧化铁皮及高炉粉尘与污泥。这些物质总体来说碳含量很高，与电炉除尘灰相比，锌含量较低，而铅、镉等含量极少。由于原料中的铁与碳含量较高，在经过转底炉焙烧后，生成的海绵铁金属化率高于 90%，其尾气收尘富含 ZnO，可予以回收提炼，增加收入来源。

1.4.3.2　ITmk3 法

ITmk3 法（如图 1.23 所示）这是 Midrex 及其母公司神户制钢 1996 年 9 月提

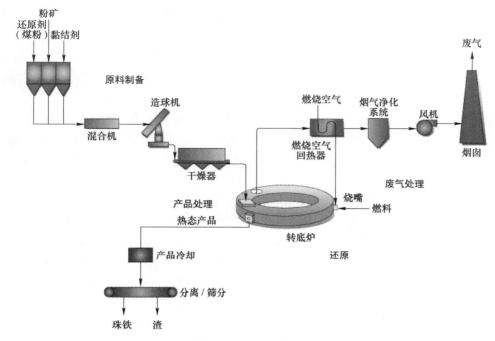

图 1.23　ITmk3 流程图

出的一种"第三代"炼铁技术。该技术基于 Fastmet 工艺,利用粉矿与煤粉制成含碳球团,然后把球团装入一个转底加热炉内,加热到 1300~1500℃;球团被还原和熔融,使珠铁与渣分开,珠铁中不含杂质。冶炼过程仅用 10min,即可生产出高纯珠铁供电炉使用。

　　ITmk3 技术适用于多种类型的铁矿和煤种,可利用铁粉矿和低等级的含铁原料(磁铁矿、赤铁矿或含铁粉尘)做原料一步处理生产出直径 10~20mm 的优质珠铁,可取消焦炉和烧结装置,使投资成本降低。

　　ITmk3 法在中试阶段,曾用多种铁氧化物生产出珠铁;可用煤粉、石油焦、焦粉或其他固体的、液体的或气体的还原剂。用 ITmk3 技术生产出的珠铁产品不会再氧化或粉化,所以比 DRI 和 HBI 产品便于管理、运输;产品中的碳的质量分数为 2.5%~3.5%,硅、锰和磷的含量取决于原材料,而硫的含量则取决于还原剂的硫含量。日本神户制钢所 2002 年宣布,该项目计划在美国明尼苏达州开工兴建一个示范工厂进行 ITmk3 法实证实验,ITmk3 法也面临解决工程问题,用长期稳定工业生产珠铁的实践证明其技术经济可行性。

1.4.3.3　转底炉用于海绵铁生产存在的问题

　　铁矿转底炉于 20 世纪 60 年代就已存在,近 50 年来,并没有发展作为煤基海绵铁生产的主要流程，而只在含锌粉尘处理上有所作为。

其原因是多样性的：

（1）海绵铁质量差，应用困难。含碳球团即使使用最好的精矿粉作为原料，煤中的灰分也会影响海绵铁质量，对于传统电炉，忌讳杂质高的海绵铁。特别是转底炉是在氧化气氛下进行铁矿的还原，更多的生产实践表明，海绵铁的金属化率控制在70%也是非常困难的，海绵铁中含有较多的 FeO，普通炼钢电炉不好使用。

对于钢厂含铁粉尘，含铁量只有50%左右，此类矿粉在转底炉中还原，脉石、FeO 含量高。如此低质量的海绵铁，脉石含量高、FeO 含量高、球团密度低（远小于炉渣密度），必须研制专门熔化它的电炉。

（2）能耗高。转底炉内热效率最高只有50%左右，高温废气温度高达1100~1200℃。后序的换热器能量转换效率不高，因此转底炉工序的能耗是高的。

除了转底炉需要较高的煤耗外，专门的熔分电炉电耗也是相当惊人的，以57%的含铁料计算，经过造渣后，渣量约为 1000kg/铁水，吨铁耗电约 1000kWh（热装电耗会低一些），以同等电煤转化，相当于 350kg 标准煤/铁水。如果只使用含铁50%的钢厂废料，能耗更高。

海绵铁的金属化率低，也就意味着铁的收得率低，80%的金属化率，意味损失了20%的铁，经济性也因此受到损失，并且加重应用的困难。

（3）投资大。在转底炉研究初期，认为转底炉不需烧结、焦化工艺，投资是不高的。但是随着研究的深入，特别要考虑节能、环保等因素，投资明显加大，目前 1 座 30 万吨海绵铁的转底炉+电炉熔分，固定投资即大于 5 亿元，比相同的高炉、熔融还原投资都要高。

综上所述，转底炉工艺在处理钢铁废弃物的能耗是相当高的，并且海绵铁产品质量差，需要专门研究特殊的熔分电炉。长期以来，日本、美国和我国等国家主要用于处理含锌粉尘，在生产海绵铁方面尚未应用。

1.4.4　竖炉直接还原法

1968 年意大利达涅利公司与瑞士蒙特福诺公司合作开始研究铁矿石直接还原，并于 1971 年成立金洛-梅托（Kinglor-Metor）矿业和冶金公司，专门研究外热式竖炉煤基直接还原炼铁。1973 年在意大利北部布特里奥（Buttrio）建立了中试厂，年生产能力为 6500t。此法简称为 KM 法。KM 竖炉煤基直接还原示意图见图 1.24。

缅甸第三矿业公司 1981~1983 年先后引进两套意大利 KM 法装置。每套能力为年产 2 万吨，近几年生产数据统计：吨铁矿耗 1.58t、煤（干）耗 510kg、燃油耗 166kg、电耗 74kWh。平均日产 52t，最高日产 62.5t，利用系数为 1.2~1.3t/（m·d）。

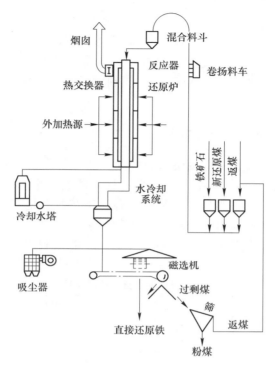

图 1.24 KM 竖炉煤基直接还原

中国湖北一家企业，也采取了类似工艺生产直接还原铁，见图 1.25。采用铁精粉压球，兰炭或半焦代替煤粉。吨铁兰炭 450kg、燃气 5GJ（如果以天然气为燃料，则消耗 150m³/tFe）、氮气 80m³、电耗 60kWh。

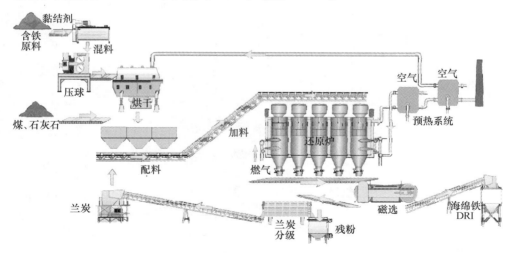

图 1.25 中国湖北外加热竖炉煤基还原流程

外热式加热,高温停留时间与隧道窑高温时间相当。由于时间长,金属化的铁矿或球团容易黏结,造成顺行困难。实际上本工艺也与隧道窑相似,虽然净消耗的煤炭在 500kg/tDRI,但实际配料中煤或兰炭加入量远大于还原所需的量,通过高温下形成的半焦来帮助物料在竖罐内下料顺行。多余的半焦则在冷却后经过磁选分离返回配料。

1.4.5　煤基直接还原铁的综合分析

表 1.7 列出了主要煤基直接还原的特点与技术参数[37]。可见目前的各种煤基直接还原铁的能耗都是相当高的,因此,目前只作为气基海绵铁的补充,全球产量不足 600 万吨。其根本原因是目前的各种工艺并不是完善的,存在不少问题。回转窑反应温度低(由于结圈等原因不能高),导致动力学条件变差,停留时间长,散热大,吨铁煤耗达到 1000kg 左右。从能量利用角度,过多的煤气还需换热加以利用。

表 1.7　各种煤基直接还原铁指标

项目	回转窑	隧道窑	外热式煤基竖炉	Fastmet/ITmk3
处理原料	球团、冷固结球团	粉矿	球团、冷固结球团或块矿	含碳球团
粉料处理设备	氧化球团工序或冷固结球团工序	无	氧化球团工序或冷固结球团工序	制备含碳球团工序
主体还原设备	回转窑	隧道窑	外加热竖罐	转底炉
气体温度/℃	1100	1180	1150~1200	1350~1450
矿温/℃	1000	1000	1050~1100	1200~1350
尾气热能利用	换热器	无	干燥	换热器
产品金属化率/%	>90	>93	>90	60~80
产品全铁/%	约 86	约 88	>80	55~70
金属铁/%	>80	>82	>70	50~60
吨铁一次煤耗(以吨铁 880kg 金属铁为标准)	1000kg	1500kg(一次煤耗)	450kg 兰炭+150m³ 天然气+多余灰分高的半焦输出	1100kg
产品用处	电炉、转炉炼钢	电炉、转炉炼钢	电炉、转炉炼钢	专门电炉、或少量加入转炉、电炉
产能	最大达 15 万吨海绵铁	目前为 2 万吨海绵铁	目前为 2 万吨海绵铁	目前最大 20 万吨矿
作业率	中	高	高	低
投资	大	小	大	大

隧道窑、外热竖炉通过罐装矿粉（或球团），罐子传热只能通过对流与传导换热方式，因此，停留时间长，热损失大，同时罐子、海绵铁的余热、废气热量尚未得到利用，导致一次煤耗高达 1500kg/t 海绵铁（部分半焦返回配料，计算净消耗应减去）。转底炉由于温度高，反应速度快，但是热能利用率差，吨铁实际煤耗居高不下。

诸多的原因导致煤基直接还原铁的发展受到挫折，发展煤基直接还原铁工艺任重而道远。

1.5　低温快速冶金提出与研究进展

1.5.1　低温快速冶金提出

从上述熔融还原、直接还原铁的技术发展来看，影响熔融还原与煤基直接还原铁的关键因素之一是固态条件下铁矿的还原反应效率。利用现有的铁矿固态还原基础理论与技术，难以提高铁矿在固态条件下的反应速度，这也就揭示了为什么熔融还原和煤基直接还原铁历经数十年的研究与实践，始终不能取得满意的工艺指标。

2003 年，著者首先提出了低温快速还原理念，通过改善铁矿在低温（或固态）反应条件，解决低温反应慢的难题。

如何提高低温下铁矿的还原速度？著者提出了细化与催化理论，加快矿粉的本征反应速度。第一篇学术论文发表在 2004 年《钢铁》杂志上[43]，同年在中日钢铁交流大会上交流[44]。除了本征化学反应，研究组还研究了传输理论、反应器等影响宏观反应速度的外围条件。在低温快速还原理论基础上提出了改进现有熔融还原及直接还原工艺与完全开发全新的低温快速还原炼铁工艺两条路线。

历经 16 年的研究发展，著者已在微观反应、宏观反应、反应器改进与设计等多方面取得成果[45~86]，并利用取得的理论成果改进与开发新型的基于低温快速冶金的炼铁工艺[87~115]。低温快速冶金就是在固态条件下铁矿快速、高效地从氧化铁转变为金属铁的冶金过程，旨在为低成本、低能耗、生态化炼铁生产提供理论和技术支撑。

低温快速冶金包括低温快速还原理论与工艺两部分，体系见图 1.26。低温快速还原理论包括微观反应机理、宏观反应机理和反应器研制组成。微观反应机理包括促进快速反应的多种因素，如细化晶粒、催化、还原介质选择等；宏观反应机理主要从动量、热量、质量传输等角度改善低温快速反应的外围条件（工艺参数）；反应器研制主要包括现有炼铁反应器改进和新型反应器的研制。低温快速冶金工艺包括原非高炉炼铁在添加低温快速还原理念后的改造工艺与完全新型的低温快速还原炼铁工艺，根据工艺种类的不同，分为熔融还原、煤基直接还原和气基直接还原等。

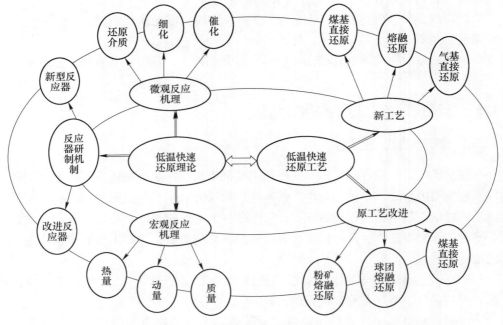

图 1.26　低温快速冶金理论与工艺体系

1.5.2　微观低温快速反应理论研究

在铁矿粉的微观反应领域，研究了矿粉物理性能随粉体粒度的变化规律，储能还原热力学规律、煤基低温快速还原动力学、气基低温快速还原动力学、碳气化催化理论、气基铁矿还原催化理论、煤基还原催化机理等。

主要结果包括：

（1）随着矿粉粒度的细化，矿粉的晶粒逐步从微米级缩小为纳米级（100nm）。

（2）热力学表明，细化后的粉体，热力学还原温度比常规粉体更低，对于煤基还原，热力学还原温度（标态下）可从 710℃ 降至 600℃，对于气基还原，表现在气体利用率提高，这就意味着储能矿粉所需的气量低于常规粉体，因此能耗降低。

（3）煤基低温还原动力学表明，在热传递不是限制性环节下，粉体粒度降低到 40μm 以下，还原温度可降低 200℃，在单加催化剂条件下，还原温度可以降低 100℃，若同时采用细化与催化，煤基还原温度可以降低 300℃ 以上。

（4）对于气基还原，在供气量不是限制性环节条件下，相同的矿粉，使用不同气氛，还原温度不同，采用全氢还原，温度要比全CO还原低150℃，采用富氢气体的还原温度要比富CO气体的还原温度低100℃；当其他条件相同时，40μm以下的矿粉还原温度，要比1mm的低150℃；而添加催化剂的要比不加催化剂的低50℃。通过合理应用低温还原手段，可使还原温度最大降低400℃范围。对于熔融还原用的预还原竖炉，通过气氛与催化剂条件，则可保证温度降低150℃，因此，预还原竖炉的低效率温度将会免除，对于预还原为流化床的熔融还原，也可通过气氛与催化方式，将温度降低50~100℃，避免黏结并可提高反应效率。

（5）提出了碳的气化反应、气基铁矿粉还原、煤基低温还原的催化机理，为选择催化剂提供了科学依据。

1.5.3 低温快速还原的传输机理研究

在研究了微观反应机理后，就必须进行放大试验，涉及传输与微观反应机理相互作用机理，研究了不同粒度矿粉的流化性能；在千克级高温流化床中研究了热态矿粉的流化性能及矿粉还原动力学和气体氧化动力学；研究了煤基传热与还原动力学的耦合关系，在万吨级冶金装备上进行验证。主要结果如下：

（1）得到不同矿粉粒度的流化性能及高温流化还原动力学规律。

（2）提出了气体氧化动力学，它与矿粉的还原动力学是统一的。可以用于气基竖炉还原、流化床还原及钢带氢气还原等反应装备的工况参数、设备参数及冶金热力学、动力学等耦合计算，为反应器研制和冶金工艺确定提供科学依据。

（3）研究了煤基传热与还原动力学的耦合关系，提出了温度梯度和矿粉还原动力学的关系；研究了矿粉预热模型、还原动力学模型与冷却动力学模型；研究了还原温度、矿粉粒度、煤粉粒度，料层厚度，煤矿比、催化剂等因素对还原动力学的影响规律，为炼铁新工艺选择参数提供了依据。

1.5.4 新型反应器研制

反应器集中在熔融还原的预还原部分和新型低温煤基反应器，研究了多级鼓泡流化床、多级混合流化床、多级循环流化床、还原竖炉和新型煤基炼铁新装置。主要结果如下：

（1）研制并实现了万吨级/年双级连续化循环流化床和鼓泡流化床。

（2）开发了双向密闭加热+煤气返回循环加热的低温煤基还原新装备，已建成2万吨金属铁/年规模新试验线。

1.5.5 现有非高炉炼铁工艺的改进

（1）低温快速还原技术改造隧道窑。隧道窑生产海绵铁工艺虽然存在能耗高、时间长、产量低等不足，但是也具有海绵铁质量高（金属化率高，杂质少）、固定投资低等优势，在我国仍然是海绵铁生产的主要工艺。

将低温快速还原理论结合到隧道窑工业实践，降低隧道窑工艺的吨铁能耗、提高产能、降低吨铁成本。从传热、反应动力学机理到隧道窑的材质与工艺各方面，进行了研究与试验，并在武汉隧道窑上进行工业试验与改造。成果如下：

1) 还原温度从传统的 1180~1200℃ 已降低到 1120℃，改造完成后窑内温度会降低到 1050℃；

2) 吨铁海绵铁（93%金属化率）煤耗已降低到 1000kg，比 1500kg/t 降低幅度达到 26.7%，与回转窑煤耗相当；

3) 产量已从 2 万吨提高到 3 万吨/年；

4) 耐火材料寿命大幅度延长。

可见提高低温还原改造传统隧道窑，显著降低了传统隧道窑的能耗、大幅度提高了生产率和延长了炉衬与罐材使用寿命。

（2）基于氢还原的粉矿流化床工作。目前流化床效率低、并容易出现黏结等问题。根据低温快速还原的基础理论，提出了使用富氢气体加快流化床效率。

1.5.6　新工艺开发

1.5.6.1　气基还原

为了提高熔融还原炼铁流程的效率，提出了基于低温快速预还原的熔融还原炼铁工艺，见图 1.27。该流程直接利用我国的精矿粉，利用两级循环流化床进行预还原，得到还原率为 70%~90% 的中间产品，将此中间产品通过喷粉和热压块两种方式导入终还原炉（熔融气化炉或铁浴炉），进行终还原和熔化，产生的高

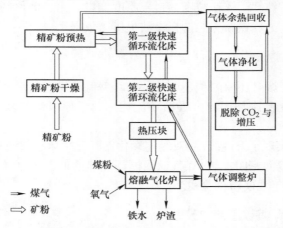

图 1.27　基于低温快速预还原与熔融气化炉的熔融还原流程

温煤气经过兑入部分冷煤气供给预还原反应器。新流程很好地解决了预还原反应器的生产效率问题，能与高效熔融造气炉相匹配，最终效果是极大地提高了炼铁流程效率、降低吨铁一次能耗和净能耗、减轻吨铁固定投资和环境污染等一系列优势。

新流程能够显著降低吨铁一次能耗（约为 600kg 煤）和净能耗（约为 350kg 标准煤），远低于目前的各种熔融还原炼铁能耗，并且可彻底免去粉矿造块和焦化工艺。

1.5.6.2　煤基还原

开发了碳热还原+氢还原双联制备粉末冶金铁粉新工艺新流程，见图 1.28。

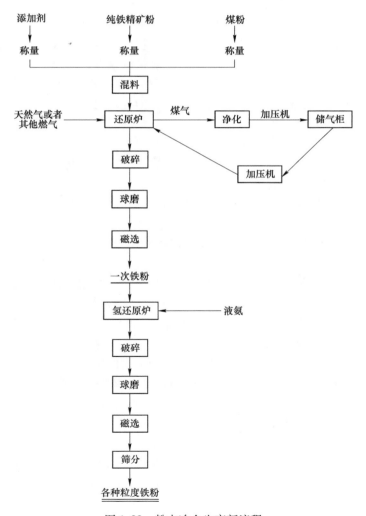

图 1.28　粉末冶金生产新流程

首先通过混料机,将原料按照一定比例混合,然后加到还原炉内还原并冷却得到铁粉,铁粉经破碎、球磨、磁选得到一次铁粉,然后在氢还原炉上进行二次处理,得到二次铁粉。再经过破碎、球磨、磁选、筛分后得到各种粒度的产品。

新工艺、新装备的特点包括:

(1) 还原炉采用上、下双向加热技术。在还原炉内物料从上、下两个方向接受热量,物料加热更均匀、更快。

(2) 还原炉内密闭、少碳还原技术。物料不与加热烟气接触,因此反应腔内始终保持还原气氛,确保了产品取得高金属化率。同时碳氧比无需过剩,反应区内产生的 CO 还原气体在运动过程中能够间接还原铁精矿粉,实现了少碳还原,降低了还原配煤量。

(3) 炉内煤气化学能充分利用技术。返回煤气中 $CO_2/(CO+CO_2)$ 达到 30% 水平。与目前的气基还原炉煤气利用率相当。将固定床的煤气利用率做到与气基竖炉相当,不仅是装备上的突破,也是学术理论的创新。

(4) 煤气简单、高效循环利用技术。与高炉工艺相似,产生的煤气经过净化后直接返回炉内燃烧,最大程度降低了能源消耗,也大大降低了煤气利用的难度和煤气处理成本。

(5) 高效的煤气燃烧技术。由于洁净煤气的保障,本还原炉废烟气采用两级换热技术,废烟气温度低于 300℃,提高了还原炉加热效率。也降低了燃料使用量,造就了冶炼的低能耗。

(6) 余热利用。还原炉产生的 300℃ 烟气正好供给煤粉和水淬渣的干燥热源,变成 100℃ 左右的废烟气排入大气。

(7) 粉矿、粉煤还原技术。本工艺直接使用铁精矿粉、无烟煤粉,省去了烧结、球团、焦化等能耗、高污染等工序,并且降低了固定投资和生产成本。

(8) 低碳、低成本工艺。对于粉末冶金生产,1t 粉末冶金铁粉需要粉煤 500kg、天然气 $50m^3$。

(9) 环保。返回煤气硫含量只有 100ppm,再采用 H_2S 脱硫技术,将它转为硫黄产品,免去了脱硫后二次污染,同时还“变废为宝”,产生了经济效益。

本工艺流程的各种先进技术,保障了低的煤粉使用量及燃料消耗量,客观上促进了本炼钢工艺的超低碳排放、超低 SO_x、NO_x 及粉尘排放。

在粉末冶金生产应用基础上,本工艺经过调整,经过热出、热装和后续的熔分,即可生产含碳 2% 左右的钢水。

参 考 文 献

[1] 周传典. 高炉炼铁生产技术手册 [M]. 北京:冶金工业出版社,2002.

［2］ 郝素菊，蒋武锋，方觉. 高炉炼铁设计原理［M］. 北京：冶金工业出版社，2003.

［3］ 宋健成. 高炉炼铁理论与操作［M］. 北京：冶金工业出版社，2005.

［4］ 方觉，等. 熔融还原与直接还原［M］. 沈阳：东北大学出版社，1996.

［5］ Fruehan R J. Critical assessment of advanced iron smelting processes［J］. I&SM，2003（2）：48~60.

［6］ 张殿伟，郭培民，赵沛. 现代炼铁技术进展［J］. 钢铁钒钛，2006，27（2）：26~32.

［7］ 郭培民，赵沛，庞建明，曹朝真. 熔融还原炼铁技术分析［J］. 钢铁钒钛，2009，30（3）：1~9.

［8］ 周渝生. 煤基熔融还原炼铁新工艺开发现状评述［J］. 钢铁，2005，40（11）：1~8.

［9］ 杨天均，黄典冰，孔令坛. 熔融还原［M］. 北京：冶金工业出版社，1998.

［10］ Joo S, Shin M K, Cho M, et al. Direct use of fine iron ore in the COREX® process［A］. Ironmaking Conference Proceedings［C］. 1998：1223~1228.

［11］ Eberle A, Siuka D, Böhm C, Schiffer W. Developments in Corex technology［J］. Steel World，2002（7）：28~32.

［12］ Gould L. 奥钢联钢铁技术创新实例［J］. 中国冶金，2005，15（8）：27~31.

［13］ 王成善. COREX 工艺分析与模拟［D］. 沈阳：东北大学，1999.

［14］ Michael Iamperle, Walter Maschlanka. COREX：Today and Tomorrow［J］. MPT，1993（4）：70~76.

［15］ Schiffer W, Böhm C. COREX：for the Chinese iron and steel industry［A］. CISA Congress［C］. Beijing，2002：1~13.

［16］ 陈茂熙. COREX 炼铁法的发展及在我国的前景［A］. 炼铁学术年会论文集［C］. 唐山：中国金属学会炼铁学会，1993：901~906.

［17］ 胡俊鸽，毛艳丽，吴美庆. COREX 技术发展与关键问题分析［J］. 冶金信息导刊，2005（5）：11~16.

［18］ 李维国. 关于 COREX-3000 生产情况和需要攻关的技术问题［A］. 2008 年非高炉炼铁年会［C］. 北京：中国金属学会，2008：209~219.

［19］ 王来信. 基于渣铁耦合反应调控的 COREX 铁水硫含量低减技术研究［D］. 北京：北京科技大学，2018.

［20］ Joo S, Kim H, Lee I O, et al. FINEX®：A new process for production of hot metal from fine ore and coal［J］. Scandinavian Journal of Metallurgy，1999，28：178~183.

［21］ 张绍贤，强文华，李前明. FINEX 熔融还原炼铁技术［J］. 炼铁，2005，24（4）：49~52.

［22］ Schenk J L, Kepplinger W L, Wallner F, et al. Development and future potential of the FINEX® process［A］. Ironmaking Conference Proceedings［C］. 1998：1549~1557.

［23］ Hardie G J, Hoffman G E, Burke P D. HISMELT®-An interim progress report［A］. Ironmaking Conference Proceedings［C］. 1995：507~512.

［24］ Dry R J, Bates C P, Price D P. Hismelt®-The future in direct ironmaking［A］. Ironmaking Conference Proceedings［C］. 1999：361~366.

［25］ 于永清. 创新的 HISMELT 熔融还原炼铁技术［A］. 2008 年非高炉炼铁年会［C］. 北京：中国金属学会，2008：209~241.

[26] 周渝生，陈宏，曹传根. HISMELT 熔融还原工艺的现状与评析 [J]. 世界钢铁，2001，1 (5)：1~9.

[27] 贾利军. 铁浴式熔池熔炼技术 HIsmelt 熔融还原熔炼技术 [A]. 2018 红土镍矿行业大会暨 APOL 年会 [C]. 成都，2018.

[28] 张殿伟. 低温快速还原炼铁新技术的基础研究 [D]. 北京：钢铁研究总院，2007.

[29] Rob Cheeley. Gasification and the Midrex® direct reduction process [A]. 1999 Gasification Technologies Conference [C]. San Francisco, California, USA, 1999：1~15.

[30] Hillisch W, Zirngast J. Status of finmet® plant operation at BHP DRI, Australia [J]. Steel Times International, 2001 (3)：21~22.

[31] Bonestell J E. Circored Trinidad Plant-status report [A]. Iron and Steel Scrap and Scrap Substitute Gorham Conference [C]. Atlanta, GA, 2000.

[32] Alberto Hassan. The finmet process—an operational and technical update [J]. Stahl und Eisen, 2004 (4)：56~58.

[33] Voest-Alpine Industrieanlagenbau. FIOR to FINMET a small step but a great leap [J]. Steel Times International, 2000 (7)：1~2.

[34] Siegfried Zeller, Johann Reidetschläger, Hanspeter Ofner, et al. Update on FINMET® Technology [J]. VATECH, 1~21.

[35] 范建峰，李维国，周渝生，李肇毅. 流化床处理粉铁矿工艺研究 [J]. 钢铁，2007，42 (11)：17~20.

[36] 胡俊鸽，吴美庆，毛艳丽. 直接还原炼铁技术的最新发展 [J]. 钢铁研究，2006，34 (2)：53~57.

[37] 庞建明，郭培民，赵沛. 煤基直接还原炼铁技术分析 [J]. 鞍钢技术，2011 (3)：1~7.

[38] J. Feinman. Direct reduction and smelting processes [J]. Iron and Steel Engineer, 1999 (7)：75~77.

[39] Yasuhiro Tanigaki, Isao Kobayashi, Shuzo Ito, et al. Direct reduced iron production processing [J]. Kobelco Technology Review, 2000, 23 (1)：3~6.

[40] Paul G Gilli. Thermal utilization of process gases from direct reduction steelmaking [J]. MPT International, 1999 (3)：46~48.

[41] Hans Bodo Lügen, Rolf Steffen. Comparison of production costs for hot metal and sponge iron [J]. MPT International, 1998 (5)：58~66.

[42] Hughes G D, Metius G E, Montague S C. Breakthrough direct reduction technologies for the new millennium [J]. I&SM, 2001 (8)：67~71.

[43] 赵沛，郭培民. 煤基低温冶金技术的研究 [J]. 钢铁，2004，39 (9)：1~6.

[44] Zhao Pei, Guo Peimin. New coal-based low-temperature metallurgy [A]. The tenth Japan-China symposium on science and technology of iron and steel [C]. 2004：67~74.

[45] 郭培民，赵沛，孔令兵，王磊. 氧化铁碳热还原过程间接还原规律研究 [J]. 钢铁钒钛，2019，40 (5)：104~109.

[46] 郭培民，董亚锋，孔令兵，王磊. 碳热 FeO 反应过程的控速环节分析 [J]. 钢铁研究学报，2020，32 (2)：111~116.

［47］ Wang Lei, Kong Lingbing, Guo Peimin, Li Jie. Kinetic study on microwave magnetizing roast of Fe_2O_3 powders ［A］. ICFMM 2019 ［C］. Osaka, Japan, 2019.

［48］ 郭培民, 赵沛, 孔令兵, 王磊. CO_2 气化反应本征反应速率常数测定计算新方法 ［J］. 钢铁研究学报, 2018, 30 (8): 606~609.

［49］ 胡晓军, 刘俊宝, 郭培民, 赵沛, 周国治. 铁酸锌气体还原的热力学分析 ［J］. 工程科学学报, 2015, 37 (4): 429~435.

［50］ 孔令兵, 郭培民, 胡晓军. 高炉共处置铜渣中 Cu、Fe 元素还原的热力学分析 ［J］. 环境工程, 2015, 33 (1): 109~112.

［51］ 王天明, 郭培民, 庞建明, 王磊, 赵沛. 微细粒贫赤铁矿碳热还原的动力学 ［J］. 钢铁研究学报, 2015, 27 (3): 5~8.

［52］ Pang Jianming, Guo Peimin, Zhao Pei. Reduction kinetics of fine iron ore powder in mixtures of H_2-N_2 and H_2-H_2O-N_2 of fluidized bed ［J］. 2015, 22 (5): 391~395.

［53］ 王天明, 郭培民, 庞建明, 王磊, 赵沛. 微细粒贫赤铁矿催化还原动力学研究 ［J］. 钢铁钒钛, 2014, 35 (5): 88~92.

［54］ 王天明, 郭培民, 庞建明, 赵沛. 某微细粒贫赤铁矿煤基直接还原试验研究 ［J］. 矿冶工程, 2014, 34 (2): 80~83.

［55］ 刘云龙, 郭培民, 庞建明, 赵沛. 高杂质钛铁矿固态催化还原动力学研究 ［J］. 钢铁钒钛, 2013, 34 (6): 1~7.

［56］ 刘云龙, 郭培民, 庞建明, 赵沛. 钛铁矿磁化焙烧分离的热力学分析 ［J］. 钢铁钒钛, 2013, 34 (3): 8~12.

［57］ 郭培民, 庞建明, 赵沛, 曹朝真, 赵定国, 王多刚. 氢气还原 1~3mm 铁矿粉的动力学研究 ［J］. 钢铁, 2010, 45 (1): 19~23.

［58］ 高建军, 郭培民. 高炉富氧喷吹焦炉煤气对 CO_2 减排规律研究 ［J］. 钢铁钒钛, 2010, 31 (3): 1~5.

［59］ 庞建明, 郭培民, 赵沛. 流化床中 CO 还原 1~3mm 铁矿粉研究 ［J］. 钢铁钒钛, 2010, 31 (3): 15~19.

［60］ 曹朝真, 郭培民, 赵沛, 庞建明. 煤基铁矿粉催化还原试验研究 ［J］. 钢铁研究学报, 2010, 22 (10): 12~15.

［61］ 庞建明, 郭培民, 赵沛, 曹朝真. 氢气还原细微氧化铁动力学的非等温热重方法研究 ［J］. 钢铁, 2009, 44 (2): 11~14.

［62］ Pang Jianming, Guo Peimin, Zhao Pei, Cao Chaozhen, Zhang Dianwei. Influence of size of hematite powder on its reduction kinetics by H_2 at low temperature ［J］. Journal of Iron and Steel Research, International, 2009, 16 (5): 7~11.

［63］ 曹朝真, 郭培民, 赵沛, 庞建明. 焦炉煤气自重整炉气成分与温度变化规律研究 ［J］. 钢铁, 2009, 44 (4): 11~15.

［64］ 张临峰, 郭培民, 赵沛. 碱金属盐对气基还原铁矿石的催化规律研究 ［J］. 钢铁钒钛, 2008, 29 (1): 1~5.

［65］ 郭培民, 张临峰, 赵沛. 碳气化反应的催化机理研究 ［J］. 钢铁, 2008, 43 (2): 26~30.

［66］ Zhao Pei, Guo Peimin. Fundamentals of fast reduction of ultrafine iron ore at low temperature ［J］. Journal of University of Science and Technology Beijing, 2008, 15 （2）: 104~109.

［67］ 庞建明, 郭培民, 赵沛, 曹朝真, 张殿伟. 低温下氢气还原氧化铁的动力学研究 ［J］. 钢铁, 2008, 43 （7）: 7~11.

［68］ 郭培民, 张殿伟, 赵沛. 氧化铁还原率及金属化率的测量新方法 ［J］. 光谱学与光谱分析, 2007, 27 （4）: 816~818.

［69］ 张殿伟, 郭培民, 赵沛. CO/CO_2 气氛对 Fe_3C 形成的影响规律 ［J］. 钢铁研究, 2007, 35 （1）: 20~22.

［70］ 张殿伟, 郭培民, 赵沛. 低温下碳气化反应的动力学研究 ［J］. 钢铁, 2007, 42 （6）: 13~16.

［71］ 张殿伟, 郭培民, 赵沛. 机械力促进炭粉气化反应 ［J］. 钢铁研究学报, 2007, 19 （11）: 10~12.

［72］ 赵沛, 郭培民, 张殿伟. 机械力促进低温快速反应的研究 ［J］. 钢铁钒钛, 2007, 28 （2）: 1~5.

［73］ 赵沛, 郭培民. 储能铁矿粉的还原热力学 ［J］. 钢铁, 2007, 42 （12）: 7~10.

［74］ 郭培民, 张殿伟, 赵沛. 低温下碳还原氧化铁的催化机理研究 ［J］. 钢铁钒钛, 2006, 27 （4）: 1~5.

［75］ 赵沛, 郭培民, 张殿伟. 低温非平衡条件下 （<570℃） 氧化铁还原顺序研究 ［J］. 钢铁, 2006, 41 （8）: 12~15.

［76］ 赵沛, 郭培民. 粉体纳米晶化促进低温冶金反应的研究 ［J］. 钢铁, 2005, 40 （6）: 6~9.

［77］ 郭培民, 王多刚, 王磊, 孔令兵. 钢带炉碳热还原制备超细铁粉的物料升温规律研究 ［J］. 粉末冶金工业, 接收.

［78］ 董亚锋, 郭培民, 赵沛, 孔令兵, 王磊. 钢带炉碳热还原制备超细铁粉的化学、传热耦合模型 ［A］. 第21届冶金反应工程学术会议 ［C］. 马鞍山, 2019.

［79］ 郭培民, 赵沛, 王磊, 孔令兵. 工艺参数对连续流化床内铁矿粉还原效果的影响 ［J］. 工程科学学报, 2018, 40 （10）: 1231~1236.

［80］ 郭培民, 赵沛, 王磊, 孔令兵. 氧化铁气基还原过程的气体氧化动力学 ［J］. 钢铁, 2017, 52 （9）: 22~26.

［81］ 郭培民, 赵沛, 孔令兵, 王磊. 料层厚度对粉末冶金用铁粉氢还原的影响 ［J］. 粉末冶金材料科学与工程, 2018, 23 （3）: 261~265.

［82］ 郭培民, 赵沛, 王磊, 孔令兵. 移动床内氧化铁还原及还原气体氧化行为分析 ［J］. 钢铁研究学报, 2018, 30 （5）: 348~353.

［83］ 郭培民, 高建军, 赵沛. 多区域约束性氧气高炉数学模型 ［J］. 北京科技大学学报, 2011, 33 （3）: 334~338.

［84］ 高建军, 郭培民, 齐渊洪, 严定鎏. 工艺参数对氧气高炉能耗的影响规律 ［J］. 钢铁研究学报, 2011, 23 （7）: 14~17.

［85］ Pang Jianming, Guo Peimin, Zhao Pei, Cao Chaozhen, Zhao Dingguo, Wang Duogang. Reduction of 1-3mm iron ore by H_2 in a fluidized bed International Journal of Minerals ［J］. Metallurgy and Materials, 2009, 16 (6): 620~625.

[86] Pang Jianming, Guo Peimin, Zhao Pei. Reduction of 1-3mm iron ore by CO in a fluidized bed [J]. Journal of Iron and Steel Research, International, 2011, 18 (3): 1~5.

[87] 孔令兵, 郭培民, 赵沛, 王磊. 碳热预还原及二次氢还原试制超细铁粉研究 [J]. 粉末冶金工业, 2020, 30 (2): 21~25.

[88] Wang Lei, Guo Peimin, Kong Lingbing. A new process of smelting laterite by low-temperature reduction and microwave irradiation [A]. JCMME2018 [C]. Wellington, New Zealand, 2018.

[89] 郭培民, 赵沛, 王磊, 孔令兵. 红土镍矿低温还原及半熔融态冶炼基础和技术探讨 [A]. 2018 红土镍矿行业大会暨 APOL 年会 [C]. 成都, 2018.

[90] 郭培民, 王磊, 孔令兵. 低碳和低成本炼铁流程的开发 [A]. 中国金属学会炼铁年会 [C]. 杭州, 2018.

[91] 郭培民, 王磊, 孔令兵. 钢厂含锌粉尘处理模式及环保探讨 [A]. 2017 年冶金固废资源利用学术会议 [C]. 马鞍山, 2017.

[92] 庞建明, 赵沛, 郭培民. 红土镍矿低温还原+微波冶炼镍铁新技术 [J]. 中国冶金, 2017, 27 (9): 70~76.

[93] 郭培民, 王磊, 孔令兵. 钢厂含锌粉尘处理方式探讨 [N]. 世界金属导报, 2017-06-27: B12~B13.

[94] 方建锋, 郭培民, 孔令兵, 庞建明, 赵志民. 超纯铁精矿粉直接还原制备超细铁粉 [J]. 粉末冶金材料科学与工程, 2016, 21 (3): 421~426.

[95] 郭培民. 印尼用高炉冶炼红土镍矿生产镍铁趋势 [A]. 2015APOL 镍冶炼峰会 [C]. 吉林, 2015.

[96] 庞建明, 郭培民, 赵沛. 回转窑处理含锌、铅高炉灰新技术实践 [J]. 中国有色金属, 2013 (3): 19~24.

[97] 庞建明, 郭培民, 赵沛. 钛铁矿高效利用新技术研究和开发 [J]. 钢铁, 2013, 48 (6): 85~89.

[98] 庞建明, 郭培民, 赵沛. 铜渣低温还原与晶粒长大新技术 [J]. 有色金属 (冶炼部分), 2013 (3): 51~53.

[99] 庞建明, 郭培民, 赵沛. 固态还原钛铁矿生产钛渣新技术 [J]. 中国有色冶金, 2013 (1): 78~82.

[100] 庞建明, 郭培民, 赵沛. 钒钛磁铁矿的低温还原冶炼新技术 [J]. 钢铁钒钛, 2012, 33 (4): 30~33.

[101] 赵沛, 郭培民. 低温冶金技术理论和技术发展 [J]. 中国冶金, 2012, 22 (5): 1~9.

[102] 郭培民, 庞建明, 赵沛. 红土镍矿冶炼镍铁合金新技术 [A]. 亚洲金属网镍业大会 [C]. 太原, 2012.

[103] 庞建明, 郭培民, 赵沛. 火法冶炼红土镍矿技术分析 [J]. 钢铁研究学报, 2011, 23 (6): 1~4.

[104] 郭培民, 赵沛, 庞建明. 高炉冶炼红土矿生产镍铁合金关键技术分析与发展方向 [J]. 有色金属冶炼部分, 2011 (5): 3~6.

[105] 赵沛, 郭培民. 低温冶金技术发展 [A]. 2011 年全国节能减排与低碳冶金技术发展研

讨会 [C]. 唐山，2011.

[106] 郭培民，庞建明，赵沛. 回转窑处理含锌铅高炉灰新技术及工业实践 [A]. 2011 年重金属污染防治技术及风险评价研讨会 [C]. 北京，2011：91~95.

[107] 曹朝真，郭培民，赵沛，庞建明. 高温熔态氢冶金技术研究 [J]. 钢铁钒钛，2009，30 (1)：1~5.

[108] 赵沛，郭培民. 基于低温快速预还原的熔融还原炼铁流程 [J]. 钢铁，2009，44 (12)：12~16.

[109] 赵沛，郭培民，庞建明，曹朝真. FROLTS 炼铁理论与技术研究进展 [A]. 2009 中国钢铁年会 [C]. 北京，2009.

[110] 曹朝真，郭培民，赵沛，庞建明. 流化床低温氢冶金技术分析 [J]. 钢铁钒钛，2008，29 (4)：1~6.

[111] 郭培民，赵沛，张殿伟. 低温快速还原炼铁新技术特点及理论研究 [J]. 炼铁，2007，26 (1)：57~60.

[112] 赵沛，郭培民. 低温气基快速还原冶金新工艺 [A]. 2007 中国钢铁年会 [C]. 成都，2007.

[113] 赵沛，郭培民. 低温还原钛铁矿生产高钛渣的新工艺 [J]. 钢铁钒钛，2005，26 (2)：1~4.

[114] 郭培民，赵沛，张殿伟. 低温快速还原炼铁新技术的理论基础及特点 [A]. 中国金属学会青年学术年会 [C]. 无锡，2016.

[115] 赵沛，郭培民. 纳米冶金技术的研究及前景 [A]. 2005 中国钢铁年会 [C]. 北京，2005.

2   矿粉的物性表征

<<<<<<<<<<<<<<<<<<<<<<<<<<<<<<<<<<<<<<<<<<<<<<<<<<<<<<<<<<<<<<

　　矿粉的理化性能是研究反应热力学、动力学、工艺流程及工况参数的基础之一。本章阐述了不同粒度矿粉的形貌、晶体结构、比表面积等的变化规律，探讨了机械力作用下的矿粉储能规律。

2.1   物性参数

2.1.1   粒度

　　有 4 个层次的粒度：颗粒（particle）、晶粒（grain）、晶籽（crystalline）和晶胞（unit cell）。颗粒的粒度与其形状有关，其粒度范围比较宽，从数百微米到几微米，甚至更细。测定颗粒粒度的方法有传统的筛分法，较为精确的测定方法有沉降法和激光法，它们能给出粒度的分布。

　　晶粒的粒度一般小于颗粒，若干个晶粒组成一个颗粒。晶粒已不能用测定颗粒的方法来测定，可以通过扫描电子显微镜（SEM）和透射电子显微镜（TEM）来观察到它的粒度，但难以精确测定。

　　晶籽的粒度更为细小，除了单晶的粒度较大外，一般情况下，多个小晶籽通过连结形成晶粒。晶籽的粒度和晶格应变可通过 X 射线衍射峰的宽化技术间接确定。通过 Scherrer 公式可以计算出晶籽的尺寸 d：

$$d = \frac{0.9\lambda}{B\cos\theta} \tag{2.1}$$

式中，λ 为所使用 X 射线的波长；B 为半峰宽；θ 为衍射角。

　　若考虑到晶格的畸变，则可通过下式求得晶籽的尺寸 d 和晶格应变 η：

$$B\cos\theta = \frac{0.9\lambda}{d} + \eta\sin\theta \tag{2.2}$$

晶胞的粒度更小，一般用晶胞参数来表达。若干个晶胞形成晶籽，通过 X 射线衍射的方式可以测定物相的晶胞参数。

　　高效球磨机的作用可以影响到颗粒、晶粒、晶籽，甚至连晶胞参数也会受到影响。

2.1.2   表面积

　　表面积也是重要的粉体表征参数，但是它的确定比较困难。一种简单的方法就是以颗粒（particle）的粒度来确定表面积。

$$A = \sum n_i \pi d_i^2 \qquad (2.3)$$

式中，d_i 为颗粒的粒度；n_i 为 d_i 的个数。

若以颗粒表面积来表示细粉体的表面积，将使得表面能的作用变得很小。例如粒度为 $1\mu m$ 的 Cu 粉，表面积为 $42.6m^2/mol$，而它的表面张力为 $1.3J/m^2$，所以表面能为 $55.4J/mol$，这个数据远比测定的小，因此建议不用颗粒的表面积来代表细粉体的表面积。由于晶粒的粒度一般比颗粒小一个数量级，若用晶粒的表面积可能更接近真实情况。细矿粉自由能的增加由晶格的畸变能和晶粒的表面能组成。

$$\Delta G(\text{milling}) = \Delta G(\text{disorder}) + \Delta G(\text{grain boundaries}) \qquad (2.4)$$

但是晶粒的粒度目前无法精确测定，用气体吸附方法测定比表面积可能是较好的方法。例如一般赤铁矿的比表面积约为 $10m^2/g$，考虑到氧化铁的表面张力为 $1J/m^2$ 左右，所以比表面能为 $1.6kJ/mol$，这个数据与 Fe_2O_3 和碳的反应焓变相比，可忽略不计，因此在炼铁学中可以不考虑铁矿的比表面能。但是超细铁矿粉的比表面积可大于 $100m^2/g$，即比表面能达到 $16kJ/mol$，这个数据将会直接影响氧化铁矿的还原反应。

2.1.3　形状系数

矿粉与煤粉往往是非球形的，这时可引入形状系数，将非球形的矿粉修正成球形的矿粉。单一颗粒的形状系数（ϕ_s）定义为：

$$\phi_s = \frac{\text{同颗粒体积相等的球体表面积}}{\text{颗粒的实际表面积}} \qquad (2.5)$$

矿粉在移动床或流化床中，相关的气固两相流运动中，经常使用形状系数。

2.1.4　休止角

当颗粒堆积时，并处于静止状态下，所形成的圆锥斜面与水平面之间的最大夹角为休止角。休止角在某种程度上可以衡量颗粒的流动性能，表现颗粒间的黏附性。休止角在料仓设计、物料输送或流化床内移动具有重要作用。

2.1.5　密度

矿粉的密度也有几种，分别为真密度、堆密度和颗粒密度。真密度是指颗粒的质量除以不包括内外孔的体积；颗粒密度是指颗粒的质量除以包括内外孔的颗粒体积；堆密度是指将颗粒填充到已知体积的容积中（非挤压等强制外力），容器中颗粒的质量除以容器的体积。

2.2 粉体晶粒度的变化规律

2.2.1 赤铁矿

2.2.1.1 40~150μm 澳矿[1~5]

利用扫描电镜对 40~150μm 澳矿颗粒的整体和局部形貌进行观察，结果见图 2.1。从图 2.1（a）中可以看出，颗粒基本在 40~150μm 的范围内，其中大颗粒较多，接近 40μm 左右的颗粒较少，这是由于制样的原因造成的：利用 SEM 观察粉体对制样要求较为严格，利用导电胶带粘上少量样品，而且还要求吹扫，由于细粉粘上的较少而且也比较容易吹掉。因此观察到的大颗粒较多。

图 2.1（b）为放大 1000 倍的 SEM 图片。从中可以看到，在大颗粒上还有很多较小的粒状结构，这些就是所谓的晶粒。可以看出这些颗粒的晶粒度基本都在微米级的范围内，还可以发现有些在 20μm 左右。

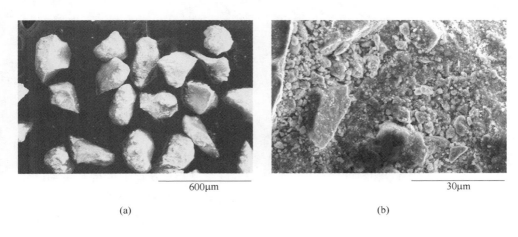

600μm　　　　　　　　　　　　　　　　30μm

（a）　　　　　　　　　　　　　　　　（b）

图 2.1　40~150μm 澳矿不同放大倍数的 SEM 照片

2.2.1.2 <40μm 澳矿

利用扫描电镜对 <40μm 澳矿粉分别放大不同倍数对其晶粒度进行研究。结果见图 2.2。

图 2.2（a）和（b）放大倍数分别为 100 倍和 1000 倍。可以看出，颗粒度都在小于 40μm 的范围内；颗粒都比较圆滑，这跟研磨方法有关；图 2.2（c）和（d）分别为在放大 5000 倍和 10000 倍下对选取的颗粒的观察结果。在整个的视域内有很多在 1μm 左右（也有少量在几百纳米左右）的颗粒状结构。与图 2.1

图 2.2　<40μm 澳矿不同放大倍数的 SEM 照片

比较可以看出，随着颗粒度的变小晶粒度也在随之减小，从前面的微米级别已经降低到了亚微米级别，而且已经出现了纳米级的晶粒。这说明经过研磨不但使得铁矿的颗粒度变细而且也同时降低了粉体的晶粒度。这些都会对矿粉的反应性能产生积极的影响。

2.2.1.3　<10μm 澳矿

图 2.3 （a） 和 （b） 分别为放大倍数为 1000 倍和 10000 倍的结果，可以看出，颗粒度都在小于 10μm 的范围内；颗粒比较圆滑。图 2.3 （c） 和 （d） 分别为在放大 15000 倍和 35000 倍下观察的结果。先从图 2.3 （c） 可以看出，该视域的颗粒粒度较小都在 2μm 以下；继续增加放大倍数，从图 2.3 （d） 可以发现该颗粒由较多的细小晶粒组成，这些晶粒在 100nm 左右甚至还有更小的晶粒。与<40μm 澳矿粉相比，<10μm 的澳矿粉出现的纳米晶粒更多更细，这说明经过更进一步的研磨使得铁矿的颗粒度变细，特别是降低了粉体的晶粒度。

图 2.3 <10μm 澳矿不同放大倍数的 SEM 照片

2.2.1.4 约 2μm 超细澳矿粉

由图 2.4 可以看出，由于该粉体较细小，无法完全分清颗粒之间的界线，结合前面的激光粒度分析结果可以知道，该粉体颗粒度应该基本上在 2μm 左右，对于一些较大的颗粒应该是由几个细颗粒吸附在一起形成的。从图 2.4（a）、（b）可以看出，粉体中细颗粒较多。将放大倍数增加，可以看出这些细颗粒也是由更细的晶粒组成的，这些晶粒比较均匀呈球状，大致晶粒度在 100nm 左右。

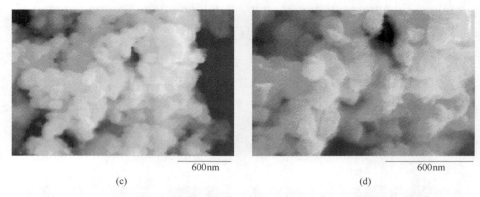

图 2.4　约 2μm 超细澳矿粉不同放大倍数的 SEM 照片

2.2.2　磁铁矿

　　由于磁铁矿有磁性，做 SEM 对仪器产生影响，所以对制样有较高的要求，因此得到的图像较少，仅有<10μm 磁铁矿粉体的 SEM 结果（见图 2.5）。

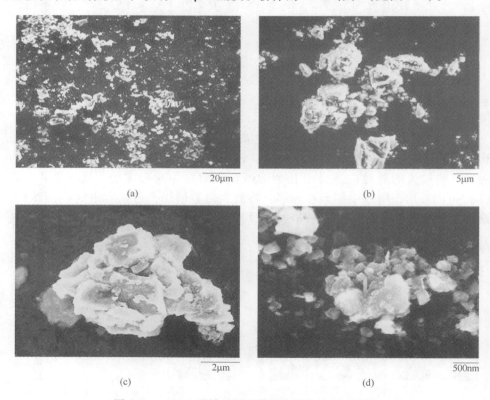

图 2.5　<10μm 磁铁矿粉不同放大倍数的 SEM 照片

可以看出，<10μm 磁铁矿粉体颗粒的变化规律与赤铁矿粉的基本一致。即在较低的放大倍数下粉体颗粒度符合激光粒度分析结果基本小于 10μm，其颗粒形状没有赤铁矿粉那样圆滑，棱角比较尖锐的颗粒较多。这是因为磁铁矿的硬度比赤铁矿高。选取一个较为圆滑的颗粒进行观察，从图 2.4（c）、（d）可以看到大颗粒也是由较多纳米尺度的晶粒组成的，由于磁铁矿的自身性质决定它的晶粒形状以较为尖锐的形状为主。

2.2.3 炭粉

对三种炭粉进行粒度分析并对研磨过程中出现的现象进行对比，发现三者研磨前后的变化情况基本一致。下面仅以不同粒度的光谱纯碳的 SEM 结果为例，研究晶粒度和颗粒粒度的关系。

2.2.3.1 40~150μm 光谱纯碳

从图 2.6（a）可以看出，颗粒度范围在 40~150μm 之内，图中椭圆形凸起为导电胶带粘在样品台上时留下的气泡。图 2.6（b）为放大 1000 倍时对某一大颗粒表面进行的观察。可以看到上面有很多小的突起。继续放大至 5000 倍得到图 2.6（c），可以看到仍然有很多颗粒状物体，这些都在 1μm 左右，有些达到 3μm。也就是说当炭粉的颗粒度在 40~150μm 时其晶粒度基本保持在 1μm 以上。

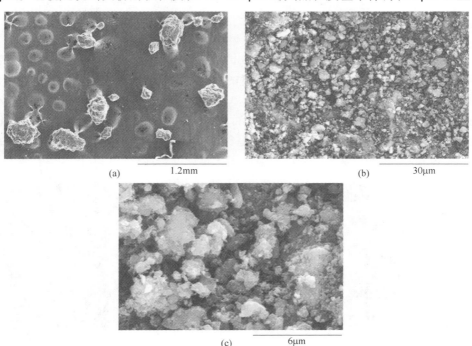

(a)　　1.2mm　　　　　　　　(b)　　30μm

(c)　　6μm

图 2.6　40~150μm 光谱纯碳不同放大倍数的 SEM 照片

2.2.3.2　<40μm 光谱纯碳

从图 2.7（a）可以看出，颗粒度范围在<40μm。图 2.7（b）为继续放大至 15000 倍得到的照片，可以看到在整个大颗粒上有很多晶粒，大部分都在 1μm 左右，出现了一些几百个纳米（亚微米）的晶粒，也有少量纳米晶粒出现。这说明当炭粉的颗粒度在<40μm 时其晶粒度基本保持在 1μm 左右，已经出现少量纳米晶粒。

　　　　　　　120μm　　　　　　　　　　　　　　　　　　1.2μm

　　　　　　　　(a)　　　　　　　　　　　　　　　　　　　(b)

图 2.7　<40μm 光谱纯碳不同放大倍数的 SEM 照片

2.2.3.3　<10μm 光谱纯碳

图 2.8（a）为放大 1000 倍的<10μm 光谱纯炭粉的 SEM 照片，可以看出颗粒度在<10μm 范围内，与前面激光粒度的结果吻合。图 2.8（b）为继续放大至 20000 倍对于一个大颗粒进行观察的结果，可以看到在整个大颗粒是由很多细小的晶粒组成的，这些晶粒大部分都在几百纳米，还有更多纳米级别的晶粒。这说明当光谱纯炭粉破碎到<10μm 以后就已经出现了较多的纳米级晶粒了。与颗粒度为<40μm 时相比，纳米晶粒的数量有了大幅度的增加。

　　　　　　　30μm　　　　　　　　　　　　　　　　　　1.2μm

　　　　　　　(a)　　　　　　　　　　　　　　　　　　　(b)

图 2.8　<10μm 光谱纯碳不同放大倍数的 SEM 照片

2.3 粉体比表面积随颗粒度的变化规律

粉体的比表面积既是动力学又是热力学的重要参数。一般比表面积大，反应面积增加，反应速度加快。

由于粉体颗粒表面的不平整性，我们只测量粉体的比表面积 $S_w(m^2/g)$ 或者 $S_v(m^2/cm^3)$。S_w 为 1g 粉体的全表面积（其外表的面积加上与外表面连通的孔所提供的内表面面积之和）；S_v 为真实体积为 $1cm^3$ 的粉体的全面积。

测定比表面积的方法很多，此处采用 BET 法测定样品的比表面积。

2.3.1 铁矿

从表 2.1[5] 可见，随着粒度的降低，赤铁矿的比表面积增大，粒度从<40μm 降低到<10μm 时，比表面积增加了 21%。

表 2.1 各种不同粒度的铁矿 BET 测试结果

编号	Fe-1	Fe-2	Fe-3	Fe-4	Fe-5	Fe-6
铁矿种类	赤铁矿	赤铁矿	赤铁矿	磁铁矿	磁铁矿	磁铁矿
颗粒度/μm	<88	<40	<10	<75	<40	<10
比表面积/$m^2 \cdot g^{-1}$	18.3	21.9	26.5	2.5	3.1	3.5

分析磁铁矿的三个试样，表现出相同的规律，即：随着粒度的减小，其比表面积不断增大。粒度从<40μm 降低到<10μm 时，比表面积增加了 12.9%，与赤铁矿试样相比随着粒度的减小其比表面积增加幅度小于赤铁矿的增加幅度。这也是磁铁矿的反应速度低于赤铁矿的一个原因。

2.3.2 炭粉

对于不同粒度的各种炭粉进行比表面积的测定，结果见表 2.2[5]。可见活性炭的比表面积远远大于石墨，这说明在活性炭中有大量的气孔存在。光谱纯的炭粉 C1～C3 粒度从 40～150μm 降低到<10μm，逐渐在变细，其比表面积逐渐增大，即粒度从 40～150μm 变到<10μm 时，其比表面积增加了 1 倍多，达到了 17.2m^2/g。

表 2.2 各种不同粒度的炭粉 BET 测试结果

编号	C1	C2	C3	C4	C5	C6
碳种类	石墨	石墨	石墨	活性炭	活性炭	活性炭
碳含量	99.99%	99.99%	99.99%	97%	97%	97%
颗粒度/μm	40～150	<40	<10	40～150	<40	<10
比表面积/$m^2 \cdot g^{-1}$	8.0	11.2	17.2	1197.7	1028.4	915.1

另外又对最细的光谱纯炭粉进行了更长时间的研磨，得到的炭粉经过测定，其比表面积达到了 $25.7m^2/g$，但是与活性炭相比仍有很大的差距。这种差距也与它们的结构有关系，单靠研磨很难达到相当的比表面积的。

对于 97% 活性炭，随着粒度的减小，其比表面积有所降低，这可能是由于粒度较大时，活性炭结构中存在很多完整的气孔，这是它表面积的主要来源，随着研磨的进行，虽然有新的表面产生，但是同时也会有很多气孔被破坏或者被封闭，成为闭合气孔，这就会使其比表面积反而有所降低。因此对于活性炭来说，其反应活性随研磨进行有所增加，但增加的幅度没有分析纯炭粉的大。这是由于随着研磨的进行会使活性炭颗粒上产生新鲜的表面以及一些位错、裂纹等缺陷的出现，这些都会起到促进反应进行的作用，然而活性炭的比表面积本身就很大，已不是其限制环节，因此反应活性增加的幅度没有分析纯炭粉的大。

选取一种常用的烟煤进行了研磨以及 BET 的测定，以考察它与前面炭粉的区别。这种烟煤经过研磨后的颗粒度约为 $7\mu m$，经 BET 测定其比表面积为 $10.6m^2/g$。可以看出，其与光谱纯炭粉的比表面积更为接近。

2.4　矿粉的堆密度与休止角随粒度的变化规律

2.4.1　堆密度

不同粒度的赤铁矿的堆密度变化见表 2.3。当粒度在 1mm 左右时，堆密度变化较小，随着矿粉粒度进一步细化，矿粉的堆密度逐步下降，这是因为，矿粉细化后，矿粉间的孔隙度增加，从而使矿粉的堆密度下降。

表 2.3　铁矿颗粒的堆密度

颗粒粒度/mm	堆密度/kg·m^{-3}	休止角/(°)
1~3	2006	35.3
0.5~1	1998	35.5
0.25~0.5	1783	35.9
0.25~0.074	1679	37.4
0.040~0.074	1584	39.8
<0.040	1510	40.5
<0.010	1353	42.3

2.4.2　休止角

从表 2.3[5] 可见，休止角的变化规律与堆密度的变化规律相反，随着矿粉粒度的下降，矿粉的休止角在增加，这是因为粉体细化后，矿粉间的黏附力增强。

2.5 球磨过程铁矿粉粒度变化规律

2.5.1 粒度变化规律

将铁矿粉放在间歇式搅拌球磨机中进行研磨，球磨参数：球粉比为 10∶1；转速 500r/min。铁矿粉球磨一段时间取样一次，进行粒度分析（GSL-101B 激光粒度分析仪）和 SEM（日立 S-4300 型冷场发射扫描电子显微镜）分析。

从图 2.9 可见，原始铁矿粉的平均粒度约为 200μm，开始球磨后，铁矿粉的粒度下降迅速，60min 后，粒度下降趋于缓和，随着铁矿粉粒度的下降，粉体的微观晶粒也在不断变细，从微米级晶粒逐步过渡到亚微米级和纳米级，见图 2.1~图 2.4。

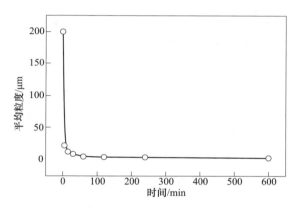

图 2.9 铁矿粉平均粒度随球磨时间变化

2.5.2 铁矿粉粒度与晶粒的细化程度

为了将铁矿粉体破碎，其供给的应力与铁矿粉的直径关系如下[6]：

$$\sigma \approx \frac{K}{2\nu}\left(\frac{\pi}{fD}\right)^{1/2} \qquad (2.6)$$

式中，σ 为最大碰撞应力，Pa；K 为粉体断裂处的临界应力强度，Pa·m$^{1/2}$；ν 为泊松比；D 为粉体直径，m；f 为粉体断裂尺寸与粉体直径比值。

Maurice 等人研究表明[7,8]，在搅拌球磨机中铁矿粉的 σ 可达到 2~6GPa，K 值约为 1~2MPa，ν 约为 0.25，f<0.5，则 D=0.5~3μm。可见，铁矿粉的粒度不是可以无限制细化的，这与图 2.9 规律相吻合。

虽然铁矿粉的颗粒度不能无限下降，但是，其晶粒确可逐步缩小，从微米晶一直可细化到纳米级，甚至无定形化[9]。

2.6　粉体的晶体结构随颗粒度的变化规律

2.6.1　氧化铁

在高能球磨机中研磨，短时间 Fe_2O_3 没有发生相变，但是数小时后，Fe_2O_3 开始分解成 Fe_3O_4，球磨时间越长，分解量越大。在氩气保护下，Fe_2O_3 的分解速度明显加快，见图 2.10。在空气中 Fe_2O_3 分解的反应为：

$$Fe_2O_3 \stackrel{}{=\!=\!=} 2/3Fe_3O_4 + 1/6O_2(g) \quad \Delta G^{\ominus} = 79113 - 48.2T \tag{2.7}$$

$$\Delta G^{\ominus} = -\frac{1}{6}RT\ln\frac{p_{O_2}}{p^{\ominus}} \tag{2.8}$$

在空气条件下，Fe_2O_3 分解成 Fe_3O_4 的理论温度为 1641K，而高能球磨机内矿粉的平均温度在 400℃ 左右，因此在高能球磨机内的 Fe_2O_3 分解反应与矿粉的储能相关。矿粉的储能大小将在下节介绍，对矿粉的还原影响将在下章介绍。

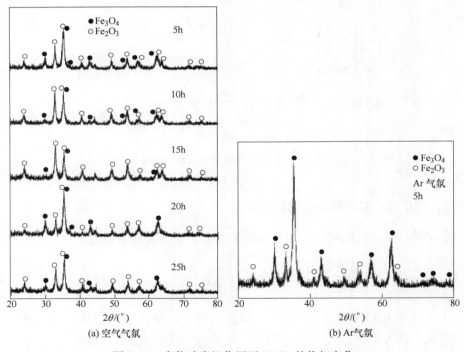

(a) 空气气氛　　　　　　　　　　(b) Ar气氛

图 2.10　高能球磨机作用下 Fe_2O_3 的物相变化

2.6.2　碳

光谱纯炭粉和活性炭粉在高能球磨机研磨前后的衍射峰见图 2.11。可见，光谱纯炭粉在球磨前，保持较为明显的结晶态，还可以区分出不同的衍射峰，在经过研磨细化到一定程度后，衍射峰明显宽化，成为一个宽的突起，而不能再分辨出衍射峰，这表明碳的晶粒变细，并进一步趋于无定形化。与光谱纯炭粉类似，从 X 射线衍射图对比可以看出，研磨前有较为明显的一些强度大的比较尖锐的衍射峰出现，而在研磨后，在粒度变细的同时，其衍射图形变得很平滑，基本看不到有尖锐突起的峰出现。这再一次说明经过研磨后能够使得粉体的晶粒受到破坏，进一步无定形化。

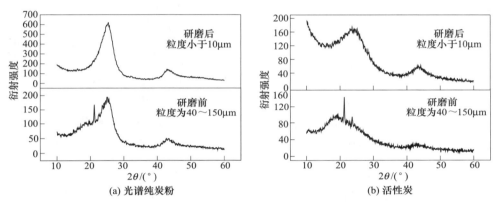

图 2.11 炭粉研磨前后的衍射图比较

2.7 机械力对铁矿粉的储能分析

机械力对于粉体的作用主要通过下面几个方面体现：（1）铁矿粉的粒度细化使得表面积增加，铁矿粉的表面能增加；（2）铁矿粉的微观晶粒细化，晶格逐步无序化，无定形化储能增加；（3）机械力作用下，晶格发生扭曲与位错，位错能增加。下面分别研究它们对储能的贡献量。

2.7.1 表面能对储能的贡献量

假定铁矿粉为球形，且粒度相同，则表面能与铁矿粉的粒度关系如下：
$$\Delta G_s = 4\gamma V_m / D \tag{2.9}$$
式中，ΔG_s 为表面能；γ 为铁矿粉的表面张力；V_m 为铁矿粉的摩尔体积；D 为铁矿粉粒度。

铁矿粉的 $\gamma = 1.2 J/m^2$，$V_m = 3 \times 10^{-5} m^3/mol$。下面就不同颗粒度引起表面积的变化进行探讨。由于粒度为一个范围，在这里以 D_{50} 为准。

从图 2.12 可以看出，粒度为 1mm（1mol 矿粉）时，前期的粉碎对粉体表面积的增加很有限；只有当粒度达到 $20\mu m$ 后粉体表面积的增加趋势才加快。图

2.13 为不同粒径矿粉（1mol）研磨成 20μm 颗粒时表面积增加与其初始粒度的关系图。从图中可以看出，当原始粒度大于 100μm 后原始粒径的增加使研磨后表面积增加的作用减小。

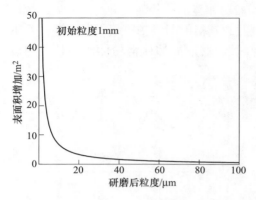

图 2.12　1mol 粒度为 1mm 的原料研磨后
粒度与表面积增加的关系

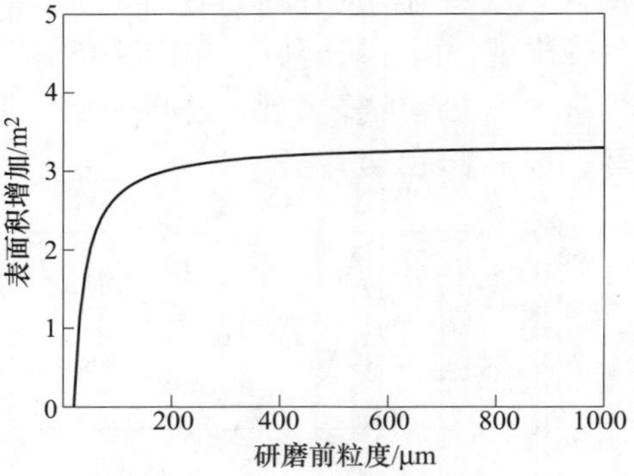

图 2.13　不同粒径 1mol 原料研磨成
20μm 颗粒造成的表面积增加

图 2.14 为 100μm 的铁矿粉（1mol）经过机械力作用后达到不同粒度后所对应的表面能。从图中可以看出，当研磨到 20μm 时 1mol 铁矿得到了 4.69J 的表面能，折合 1000kg 铁矿石则得到了约 85kJ 表面能，而且随着粒径的进一步减小有更大幅度的增加。

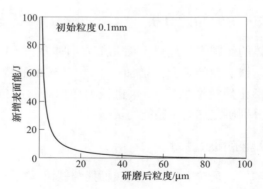

图 2.14　1mol 铁矿（0.1mm）研磨成不同粒径时得到的表面能

2.7.2　位错能对储能的贡献

机械力作用后得到的颗粒表面会形成很多缺陷——位错、裂纹等，这些缺陷的出现使得粉体得到一定的储能，用 ΔG_d 表示[6]：

$$\Delta G_d \approx \Delta H_d = \rho_d \varepsilon_0 M_V \qquad (2.10)$$

式中，ρ_d 为缺陷密度（单位体积缺陷长度）；ε_0 为单位长度缺陷的线弹性应变能；M_V 为原料的摩尔体积。

其中：

$$\varepsilon_0 = \frac{b^2 \mu_s}{4\pi} \ln\left(\frac{2\rho_d^{-\frac{1}{2}}}{b}\right) \tag{2.11}$$

式中，b 为伯格斯（Burgers）向量；μ_s 为剪切弹性模量。

在一般情况下，要使得 $\Delta G_d > 1\text{kJ/mol}$ 则要求 $\rho_d > 10^{15}\text{m}$。通常情况下 ΔG_d 在 $0.3 \sim 3\text{kJ/mol}$ 之间。

表 2.4 给出了在室温（298K）时 Fe_3O_4 的有关数据[6]。

$$\rho_d = \frac{3}{d^2} \tag{2.12}$$

$$\rho_\varepsilon = \frac{k < \varepsilon_L^2 >}{b^2} \tag{2.13}$$

$$\rho = (\rho_d \rho_\varepsilon)^{\frac{1}{2}} \tag{2.14}$$

式中，ρ_d 为与晶粒度相关的缺陷密度；ρ_ε 为与微观应变相关的缺陷密度；ρ 为真实缺陷密度；d 为晶粒度；k 为与晶体机械性能相关的系数（其值一般在 $2 \sim 25$ 之间）；$< \varepsilon_L^2 >^{\frac{1}{2}}$ 表示应变。

表 2.4　Fe_3O_4 的 M_V、b、μ_s 值（298K）

b/nm	M_V/m^3	μ_s/GPa
0.5937	4.455×10^{-5}	913

b 取决于缺陷的距离和方向，k 取值为 2。以 d 取 10nm、40nm 和 70nm、$<\varepsilon_{L=10\text{nm}}^2>^{\frac{1}{2}}$ 相应的取值 5×10^{-3}、2×10^{-3} 和 1.5×10^{-3} 为例，对粉体由于形成缺陷所得到的储能进行计算，得到 $\Delta G_d = 9.93\text{kJ/mol}$、$2.06\text{kJ/mol}$ 和 1.11kJ/mol，其数值比表面储能高得多。

2.7.3　无定形化对储能的贡献

随着机械力作用的逐渐增强，在铁矿粉颗粒度逐渐减小的同时，铁矿粉微观晶粒度也逐步细化。当颗粒度细化到一定程度后，机械力作用使得颗粒细化的同时还会使一些细颗粒互相结合，也就是所谓的焊接作用，使得颗粒度不再减小。但是晶粒度则会进一步减小，由于晶粒度的减小，其晶体结构逐步向非晶态过渡，晶界产生非稳态，最后会转变为无定形化。

2.7.3.1　完全为无定形相的储能计算

在晶体熔点 T_m 时，$(G_{cr})_{T_m} = (G_{liq})_{T_m}$[5]：

$$(G_{cr})_{T_m} = (H_{cr})_{T_m} - T_m (S_{cr})_{T_m}$$

$$= (G_{liq})_{T_m} = (H_{liq})_{T_m} - T_m (S_{liq})_{T_m}$$

$$= (H_{cr})_{T_m} + H_F - T_m (S_{liq})_{T_m} \tag{2.15}$$

式中，$H_F = (H_{liq})_{T_m} - (H_{cr})_{T_m}$；$H_F$ 为熔点 T_m 时的熔化焓。

从式（2.15）可知：

$$T_m (S_{liq})_{T_m} = T_m (S_{cr})_{T_m} + H_F \tag{2.16}$$

假定无定形相在 T_m 时的熵与 T_m 时液相的熵相等即：

$$(S_{am})_{T_m} = (S_{liq})_{T_m} \tag{2.17}$$

与式（2.17）结合可得：

$$(S_{am})_{T_m} = (S_{cr})_{T_m} + \frac{H_F}{T_m} \tag{2.18}$$

另外熵 S 与物质的热容 C_p 具有以下关系：

$$(S)_T = (S)_{T_0} + \int_{T_0}^{T} \frac{C_p}{T} dT \tag{2.19}$$

自由能与温度和热容之间具有以下关系：

$$(G)_{T_2} = (G)_{T_1} + \int_{T_1}^{T_2} C_p dT - (T_2 - T_1) S_{T_1} - T_2 \int_{T_1}^{T_2} \frac{C_p}{T} dT \tag{2.20}$$

因此对于当温度 T_m 的熵已知时：

$$(S)_T = (S)_{T_m} + \int_{T_m}^{T} \frac{C_p}{T} dT \tag{2.21}$$

将式（2.21）分别应用于温度 T 和 T_m（$T < T_m$）的无定形相和晶相时可以得到：

$$(G_{cr})_T = (G_{cr})_{T_m} + \int_{T_m}^{T} C_p dT - (T - T_m) (S_{cr})_{T_m} - T \int_{T_m}^{T} \frac{C_p}{T} dT \tag{2.22}$$

$$(G_{am})_T = (G_{am})_{T_m} + \int_{T_m}^{T} C_p dT - (T - T_m) (S_{am})_{T_m} - T \int_{T_m}^{T} \frac{C_p}{T} dT \tag{2.23}$$

当在温度 T_m 达到热力学平衡时，$(G_{cr})_{T_m} = (G_{liq})_{T_m} = (G_{am})_{T_m}$。因此，将式（2.23）减去式（2.22）可得：

$$(G_{am})_T - (G_{cr})_T = (\Delta G_{am-cr})_T = (T_m - T) \left[(S_{am})_{T_m} - (S_{cr})_{T_m} \right] \tag{2.24}$$

式中，$(\Delta G_{am-cr})_T$ 为温度 T 时无定形态与晶态之间的自由能之差，也就是无定形态与相同温度下的晶体相比所具有的储能。将式（2.18）代入式（2.24）可得：

$$(\Delta G_{am-cr})_T = (T_m - T) \left(\frac{H_F}{T_m} \right) \tag{2.25}$$

根据已知物相的熔点和熔化焓，可以估算出温度为 T 时无定形态与晶态间的自由能差别，即完全无定形态时所得到的储能。

利用式（2.25）可计算出 Fe_3O_4 在室温下完全非晶态的储能为 116kJ/mol。但是对于实际应用中的粉体能够达到完全非晶态是不大可能的，而且即使有条件能够达到，在粉体制备过程中消耗的能量也会很大。

2.7.3.2 部分无定形相时的储能计算

部分无定形化时的储能，可根据物相的无定性化程度确定，其计算公式如下[5]：

$$\Delta G_\zeta = \zeta (\Delta G_{am-cr})_T \qquad (2.26)$$

式中，ΔG_ζ 为无定形化程度为 ζ 时的储能。

无定形化程度可根据晶粒度进行计算。

$$\zeta = \frac{d_c}{d_\zeta} \qquad (2.27)$$

式中，d_c 为完全非晶态时的晶粒度，通常为 $1.5 \sim 2nm$；d_ζ 为无定形化程度为 ζ 时的晶粒度。

铁矿粉的晶粒度可通过 X 射线衍射的半峰宽估算，见式（2.1）。

根据 X 射线衍射计算出粉体晶粒度，然后利用式（2.27）可计算出粉体的无定形化程度，最后利用式（2.26）计算部分无定形化时的无定形化储能的大小，见图 2.15。

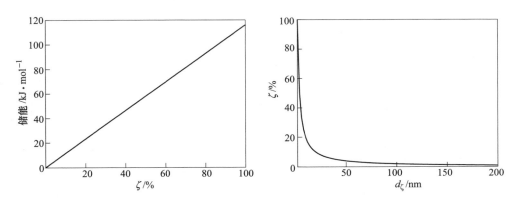

图 2.15　磁铁矿粉部分无定形化储能的关系

由前面的分析可知，在机械力造成的粉体储能中，表面能最小每摩尔粉体只有数焦耳；而缺陷储能则相对较大，达到了每摩尔几千焦；最大的储能是由无定形储能提供的，当晶粒度达到 20nm 以下时能够达到每摩尔数十千焦。储能的存在就会对后期的反应产生影响，下章就储能对气基和煤基铁矿粉还原反应的影响进行讨论。

参 考 文 献

[1] 赵沛，郭培民. 粉体纳米晶化促进低温冶金反应的研究 [J]. 钢铁，2005，40（6）：6~9.

[2] 张殿伟，郭培民，赵沛. 机械力促进炭粉气化反应 [J]. 钢铁研究学报，2007，19（11）：10~12.

[3] 赵沛，郭培民，张殿伟. 机械力促进低温快速反应的研究 [J]. 钢铁钒钛，2007，28（2）：1~5.

[4] 赵沛，郭培民. 储能铁矿粉的还原热力学 [J]. 钢铁，2007，42（12）：7~10.

[5] 张殿伟. 低温快速还原炼铁新技术的基础研究 [D]. 北京：钢铁研究总院，2007.

[6] Tromans D, Meech J A. Enhanced dissolution of minerals：stored energy, amorphism, and mechanical activation [J]. Minerals Engineering, 2001, 14（11）：1359~1377.

[7] Maurice D R, Courtney T H. The physics of mechanical alloying：A first report [J]. Metallurgical Transactions A, 1990, 21A：289~303.

[8] Shen T L, Koch C C, McCormick T L, et al. The structure and property characteristics of amorphous/nanocrystalline silicon produced by ball milling [J]. Journal of Materials Research, 1995, 10（1）：139~148.

[9] Suryanarayana C. Mechanical alloying and milling [J]. Progress in Materials Science, 2001, 46：181~184.

[10] Zdujic M, Jovalekic C, Karanovic Lj, et al. The ball milling induced transformation of α-Fe_2O_3 powder in air and oxygen atmosphere [J]. Materials Science and Engineering, 1999, A262：204~213.

3 低温还原热力学基础

《《《《《《《《《《《《《《《《《《《《《《《《《《《《《

本章重点阐述粉体的储能对冶金领域的气基间接还原、煤基直接还原、气化反应等的热力学影响，还介绍低温下冶金煤气的析炭与碳化铁形成热力学，最后对冶金煤气制取富氢气体和氢冶金进行了探讨。

3.1 储能对间接还原的热力学影响

3.1.1 传统的气基氧化铁还原

气基还原的还原剂主要为 CO 和 H_2，对于不同氧化铁的还原，从热力学上遵循逐步还原规律，即氧化铁的铁离子随着还原的进行，价位逐步降低。

3.1.1.1 H_2 还原氧化铁

H_2 与氧化铁还原的反应为[1]：

当温度高于 570℃ 时：

$$1/2Fe_2O_3 + 1/6H_2(g) =\!=\!= 1/3Fe_3O_4 + 1/6H_2O(g) \qquad \Delta G^{\ominus} = -2591 - 12.4T \tag{3.1}$$

$$1/3Fe_3O_4 + 1/3H_2(g) =\!=\!= FeO + 1/3H_2O(g) \qquad \Delta G^{\ominus} = 23980 - 24.5T \tag{3.2}$$

$$FeO + H_2(g) =\!=\!= Fe + H_2O(g) \qquad \Delta G^{\ominus} = 23430 - 16.2T \tag{3.3}$$

当温度低于 570℃ 时：

$$1/2Fe_2O_3 + 1/6H_2(g) =\!=\!= 1/3Fe_3O_4 + 1/6H_2O(g) \qquad \Delta G^{\ominus} = -2591 - 12.4T$$

$$1/4Fe_3O_4 + H_2(g) =\!=\!= 3/4Fe + H_2O(g) \qquad \Delta G^{\ominus} = 35550 - 30.4T \tag{3.4}$$

氢气的平衡常数与平衡气体成分计算公式分别为：

$$K = \exp\left(\frac{-\Delta G^{\ominus}}{RT}\right) \tag{3.5}$$

$$\%H_2 = \frac{100}{1 + \exp\left(\dfrac{-\Delta G^{\ominus}}{RT}\right)} \tag{3.6}$$

式中，$\Delta G^{\ominus}$ 为无储能铁矿粉与气体还原剂的反应标准吉布斯自由能；R 为气体常数。

根据式（3.6）可绘制温度与氢气平衡成分间的关系图，见图 3.1。

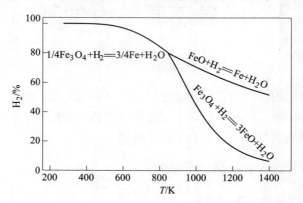

图 3.1　氢气还原氧化铁的平衡成分与温度的关系

可见，在低于 570℃ 条件下，氢气的平衡浓度超过 80%，即氢气的最大利用率将低于 20%，实际上，反应还与动力学相关，反应气体成分越接近平衡态成分，反应的驱动力下降，还原速度将大幅度下降。根据 H-Iron 工艺经验，氢气的利用率仅有 5% 左右。因此，工艺的吨铁一次氢气消耗量非常巨大。

高温段还原，氢气的平衡浓度下降，有利于反应进行，加之氢气的反应动力学优于 CO，高温段氢气的还原效果要明显由于 CO。目前，富氢气体直接还原铁工艺，提高氢气温度成为限制性环节，主要因为它要通过耐热不锈钢换热器进行换热，目前换热器材质（抗氢）和换热器的热交换效率，一般换热温度小于800℃。MIDREX、HYL-Ⅲ 等工艺实际上再换热后的气体中吹入天然气和氧气，将煤气温度提高到 950~1050℃。

3.1.1.2　CO 还原氧化铁

CO 与氧化铁还原的反应为[1]：

当温度高于 570℃ 时：

$$1/2Fe_2O_3 + 1/6CO(g) = 1/3Fe_3O_4 + 1/6CO_2(g) \qquad \Delta G^{\ominus} = -8688 - 6.8T$$
$$(3.7)$$

$$1/3Fe_3O_4 + 1/3CO(g) = FeO + 1/3CO_2(g) \qquad \Delta G^{\ominus} = 11793 - 13.4T$$
$$(3.8)$$

$$FeO + CO(g) = Fe + CO_2(g) \qquad \Delta G^{\ominus} = -13160 + 17.2T$$
$$(3.9)$$

当温度低于 570℃ 时：

$$1/2Fe_2O_3 + 1/6CO(g) = 1/3Fe_3O_4 + 1/6CO_2(g) \qquad \Delta G^{\ominus} = -8688 - 6.8T$$
$$1/4Fe_3O_4 + CO(g) = 3/4Fe + CO_2(g) \qquad \Delta G^{\ominus} = -1030 + 3.0T$$

$$(3.10)$$

CO 的平衡气体成分计算公式分别为：

$$\%CO = \frac{100}{1 + \exp\left(\dfrac{-\Delta G^{\ominus}}{RT}\right)} \qquad (3.11)$$

根据式（3.11）可绘制温度与氢气平衡成分间的关系图，见图 3.2。

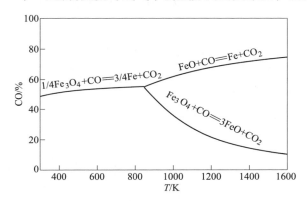

图 3.2　CO 还原氧化铁的平衡成分与温度的关系

从图可见，当温度低于 570℃时，CO 的平衡浓度在 50%左右。但是，低温下，由于 CO 析炭与碳化铁的生成，在矿粉的表面形成覆盖层，阻碍还原反应的进一步进行，实际上，温度低于 650℃以下，碳化铁就可以生成，将会减慢铁矿的还原速度，因此，CO 气体还原，有效的还原温度应高于 650℃。

CO 还原氧化铁总体上属于放热反应，考虑到球团黏结问题，一般还原温度要低于 850℃。高炉可以在高温还原，是因为高炉内存在大量焦炭，能够有效降低烧结矿或球团的黏结影响。可见，目前的二步法熔融还原，富 CO 气体的还原效率远低于高炉，这也是目前熔融还原耗气量过大的重要原因。

3.1.2　储能矿粉的气基还原

本节重点研究氧化铁最难还原的阶段[2~7]，即高于 570℃条件下，浮氏体的还原，低于 570℃时，磁铁矿的还原。

3.1.2.1　CO 还原

当温度高于 570℃时，CO 与 FeO 的反应为：

$$FeO + CO = Fe + CO_2$$

当温度低于570℃时，CO与Fe_3O_4的反应为：

$$1/4Fe_3O_4 + CO = 3/4Fe + CO_2$$

储能后铁矿粉与气基还原剂的反应平衡常数（K）与温度（T）的关系为：

$$K = \exp\left(\frac{-\Delta G^{\ominus} + \Delta G_m}{RT}\right) \tag{3.12}$$

式中，ΔG_m为矿粉的储能。

CO还原铁氧化物的平衡气体成分的计算公式为：

$$\%CO = \frac{100}{1 + \exp\left(\dfrac{-\Delta G^{\ominus} + \Delta G_m}{RT}\right)} \tag{3.13}$$

根据式（3.13）可得到储能大小对CO还原Fe_3O_4和FeO的平衡气体成分的影响规律，见图3.3。图中，实线为储能前CO还原氧化铁的平衡曲线，虚线则为不同储能条件下的还原曲线，线上的数字表示氧化铁所具有的储能，单位为kJ/mol。

从图中可以看出，储能能够使得还原反应对CO浓度要求降低：以700℃为例，没有储能时CO的平衡浓度为60.89%，也就是只有当CO

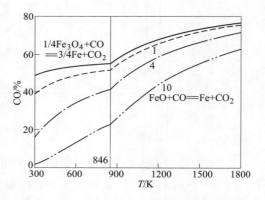

图3.3　储能对CO还原氧化铁平衡图的影响

浓度达到60.89%以上才有可能实现FeO的还原，而当储能分别为1kJ/mol、4kJ/mol、10kJ/mol时，CO的平衡浓度分别降低为57.81%、48.76%和31.26%，因此储能的存在可以使得CO在较低的浓度下就可以完成氧化铁的还原。这样就会大大提高CO气体的利用率。仍以700℃为例，在普通条件下，CO的利用率最高为39.11%，而当粉体实现储能1kJ/mol、4kJ/mol、10kJ/mol时，CO的利用率则分别可以达到42.19%、51.24%、68.74%，利用率分别提高了约8%、31%和76%。

3.1.2.2　H_2还原

当温度高于570℃时，H_2与FeO的反应为：

$$FeO + H_2 = Fe + H_2O$$

当温度低于570℃时，H_2与Fe_3O_4的反应为：

$$1/4Fe_3O_4 + H_2 \Longrightarrow 3/4Fe + H_2O$$

H_2 还原铁氧化物的平衡气体成分的计算公式为：

$$\%H_2 = \frac{100}{1 + \exp\left(\dfrac{-\Delta G^\ominus + \Delta G_m}{RT}\right)} \tag{3.14}$$

根据式（3.14）可得到储能大小对 H_2 还原 Fe_3O_4 和 FeO 的平衡气体成分的影响规律，见图 3.4。图中，实线为储能前氢气还原氧化铁的平衡曲线，虚线则为不同储能条件下的还原曲线，线上的数字表示氧化铁所具有的储能，单位为 kJ/mol。

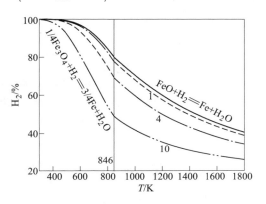

图 3.4　储能对 H_2 还原氧化铁平衡图的影响

从图 3.4 可以看出，随着氧化铁粉储能的增加，反应生成铁所要求的还原气中 H_2 的浓度不断降低，这样能够较大幅度地提高 H_2 的利用率，从而能够减少气体的循环次数，也就降低了能量的损失，提高了能源利用效率。特别是在低温下，由于 H_2 在低温下的利用率很低，提高的效果会更明显。比如 700℃ 时，在普通条件下，H_2 的平衡浓度为 72.16%，而具有 1kJ/mol、4kJ/mol、10kJ/mol 储能时，H_2 的平衡浓度分别降低为 69.55%、61.20% 和 42.91%，相应地其 H_2 的最高利用率也就分别为 30.45%、38.80% 和 57.09%，而普通条件下的利用率仅为 27.84%。也就是说，当氧化铁粉具有 1kJ/mol、4kJ/mol、10kJ/mol 储能时其 H_2 利用率可以比无储能时提高 9%、39% 和 105%。

储能对低温下氢气还原氧化铁非常重要，可以明显提高气体利用率（见图 3.5），从而大幅度降低还原所需要的气体量。分别在 573K、623K 和 673K 条件下使用氢气还原细微 Fe_3O_4，当 Fe_3O_4 完全被还原时，所需要氢气量为533Nm³/t，但是低温下氢气的利用率特别低，573K、623K 和 673K 条件下对应的最大氢气利用率为 2.18%、3.89% 和 6.31%，即还原得到 1t 铁粉需要氢气供给量分别达到 24499Nm³、13701Nm³ 和 8447Nm³，如此高的氢气使用量，使得 500℃ 以下还原氢气工艺没有经济性。通过矿粉的储能，则明显提高了氢气的利用率。例如，当储能为 10kJ/mol 时，573K、623K 和 673K 条件下氢气的利用率分别为 15.36%、21.82% 和 28.70%，对应的吨铁氢气量为 3470 Nm³、2443Nm³ 和 1857Nm³。这样就极大地降低了气体预热能耗和气体循环的电耗。

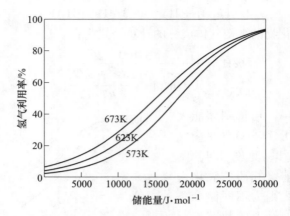

图 3.5   低温下储能对氢气利用率的影响

3.2   储能对气化反应的热力学影响

3.2.1   碳的 CO_2 气化反应

碳的 CO_2 气化反应是冶金过程的重要反应之一，其反应为[1]：

$$C + CO_2(g) \Longrightarrow 2CO(g) \quad \Delta G^{\ominus} = 172130 - 177.46T \tag{3.15}$$

反应的气相平衡成分和温度、压力有关。由式（3.15）能够得到：

$$\Delta G^{\ominus} = -RT\ln\frac{p_{CO}^2}{p_{CO_2}} = -RT\ln\frac{(\%CO)^2 p}{(\%CO_2) \times 100} = -RT\ln\frac{(\%CO)^2 p}{(100 - \%CO) \times 100}$$

$$\tag{3.16}$$

改变体系温度与压力，即可得到碳气化反应的平衡图。从图 3.6 可见，降低体系压力，有助于碳的气化反应进行。

炭粉的储能后，反应平衡时气相 CO 含量的计算公式为[7]：

$$\Delta G^{\ominus} - \Delta G_m = -RT\ln\frac{p_{CO}^2}{p_{CO_2}} = -RT\ln\frac{(\%CO)^2 p}{(100 - \%CO) \times 100} \tag{3.17}$$

在标准条件下，储能对碳气化反应的影响见图 3.7。随着储能增加，平衡曲线向左移动，表明可以在更低的温度下进行气化反应。

3.2.2   碳与水蒸气的气化反应

碳与水蒸气间的气化反应也是冶金过程的重要反应之一，其反应为[1]：

$$C + H_2O(g) \Longrightarrow H_2(g) + CO(g) \quad \Delta G^{\ominus} = 134542 - 142.28T \tag{3.18}$$

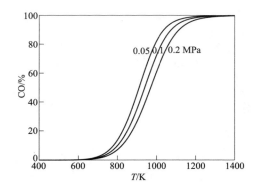

图 3.6　碳的气化反应平衡图

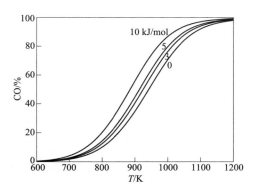

图 3.7　储能对碳的气化反应平衡图影响

反应的气相平衡成分和温度、压力有关。由式（3.18）能够得到[8]：

$$\Delta G^{\ominus} = -RT\ln\frac{p_{CO}p_{H_2}}{p_{H_2O}} = -RT\ln\frac{(\%CO)(\%H_2)p}{(\%H_2O)\times 100} \quad (3.19)$$

假定平衡态气体中 H_2 与 CO 体积浓度相等，则可计算出气体中 CO、H_2 与 CO_2 平衡浓度。从图 3.8 可见，水蒸气气化与 CO_2 气化反应平衡成分相差较大，在相同的还原气氛条件下，水蒸气气化温度要比 CO_2 气化反应温度大约低 100℃。

与 CO_2 气化反应相似，压力的增加会使水蒸气气化曲线右移（图 3.9），炭粉的储能会使气化曲线左移（图 3.10）。

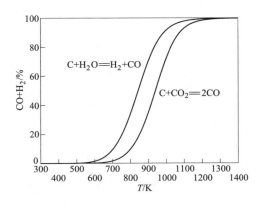

图 3.8　CO_2 与 H_2O 气化反应
平衡态比较（1atm）

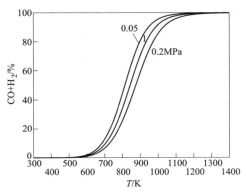

图 3.9　气体压力对水蒸气
气化反应的影响

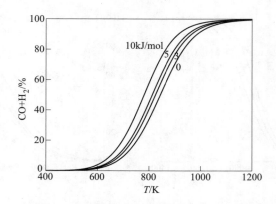

图 3.10　炭粉储能对水蒸气气化反应的影响

3.3　储能对直接还原的热力学影响

3.3.1　固体碳还原氧化铁的平衡图

碳与氧化铁的直接还原反应：

当温度高于 570℃时：

$$3Fe_2O_3 + C = 2Fe_3O_4 + CO$$
$$Fe_3O_4 + C = 3FeO + CO$$
$$FeO + C = Fe + CO$$

当温度低于 570℃时：

$$3Fe_2O_3 + C = 2Fe_3O_4 + CO$$
$$1/4Fe_3O_4 + C = 3/4Fe + CO$$

诸多研究表明，碳与氧化铁的直接还原是由气基间接还原组成，以 FeO 与 C 还原为例，可以分解成 FeO 与 CO 的气基还原以及碳的气化反应（C+CO_2 = 2CO），见图 3.11。

利用各级氧化铁的间接还原反应的平衡曲线与碳气化反应平衡曲线的组合可以得到图 3.12[2]。图中 a 点、b

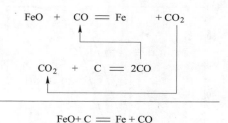

图 3.11　FeO 直接还原分解图

点分别是在 FeO 与 Fe_3O_4 的间接还原的平衡线与一定压力下碳气化反应平衡曲线交点。当压力为 0.1MPa 时，交点温度分别约为 967K 和 923K，即温度高于 967K 时，直接还原的稳定相为 Fe，温度处于 923~967K，直接还原的稳定相为 FeO，低于 923K，直接还原的稳定相为 Fe_3O_4。因此，在 0.1MPa 条件下，当温度低于

923K 时，Fe_2O_3 与碳还原，只能还原到 Fe_3O_4；温度处于 923~967K，Fe_2O_3 与碳还原，可以还原到 FeO；当温度高于 967K 时，Fe_2O_3 与碳还原，可以得到金属铁。

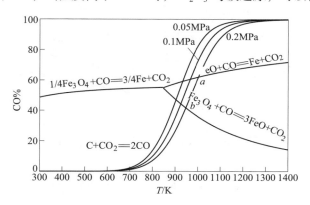

图 3.12 氧化铁直接还原的平衡

从图 3.12 可见，压力会改变碳的气化反应平衡曲线。压力低时，a、b 点温度下移；压力高时，a、b 点温度上移。由于动力学限制，目前的直接还原铁温度要高达 1000℃ 以上，因此，压力对 a、b 点的影响不会影响高温还原动力学规律。

从图 3.12 同时可见，高温区间，碳的气化反应曲线远在 FeO 间接还原曲线之上。这表明，当处于氧化气氛还原时，碳对金属铁起到保护作用。例如，转底炉操作时，火焰的氧化气氛会二次氧化已还原的金属铁，增加碳氧比，就会起到保护金属铁作用，对于追求高金属化率的转底炉工艺，应增加含碳球团的碳氧比。当还原温度降低到 900℃ 以下时，由于气化反应曲线 CO 平衡浓度小于 90%，若氧化铁直接处于还原气氛，则可适度降低碳氧比，这样就可以降低直接还原的还原配煤量。

3.3.2 储能对直接还原反应的热力学影响

3.3.2.1 矿粉储能

碳与铁矿粉的直接化学反应由碳的气化反应（$C+CO_2 = 2CO$）和气基铁矿粉的还原组成。因此，矿粉的储能大小对还原热力学的影响，可分解成储能的矿粉对间接还原的下移曲线和碳的气化反应曲线相交来确定。从图 3.13 可见，碳的气化反应与 $FeO+CO = Fe+CO_2$ 反应曲线的交点为煤基还原反应的最低温度（标准条件下）。随着铁矿粉的储能增加，煤基还原反应的温度逐渐降低，当 FeO 的储能达到 10kJ/mol 时，还原温度可降低到 865K。若考虑降低气体分压，反应温度还能进一步降低。

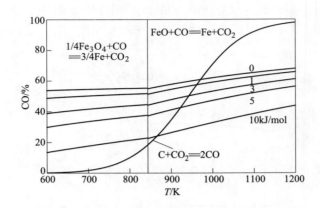

图 3.13　矿粉的储能对直接还原的影响

从图 3.13 可见，储能后铁矿粉所要求的 CO 平衡浓度明显降低，因此储能后铁矿粉还原过程的还原势不必很高，甚至在弱氧化性气氛下也能进行煤基还原，改变了传统高温煤基还原（如 Fastmet）时所需的高还原势气氛，否则容易产生二次氧化现象，而且由于燃烧不充分，造成冶炼能耗过高。

3.3.2.2　炭粉储能

单一炭粉的储能对氧化铁直接还原的影响可分解成储能的炭粉的气化曲线左移和氧化铁的气基间接还原相交来确定（标准条件下）。随着炭粉的储能增加，煤基还原反应的温度逐渐降低，当炭粉的储能达到 10kJ/mol 时，还原温度可降低到 905K（见图 3.14）。与铁矿粉的储能不同的是，炭粉的储能对氧化铁还原的 CO/CO_2 气氛没有影响。考虑到碳气化反应是煤基直接还原的限制性环节，因

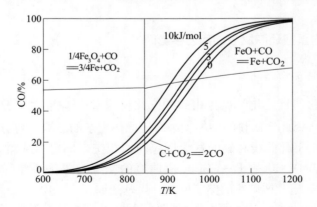

图 3.14　炭粉的储能对直接还原的影响

此，炭粉的储能可以改善碳气化反应的效果，也就会提高煤基直接还原的热力学，特别是动力学反应条件。

3.3.2.3 矿粉与炭粉同时储能

从图 3.15 可见，当矿粉与炭粉同时储能时，碳的气化反应曲线与 FeO 的间接还原曲线都会发生移动。其中，碳的气化曲线向左移动，FeO 的间接还原曲线向下移动。当碳与 FeO 的储能各为 3kJ/mol 时，直接还原起始温度约为 923K（标准大气压条件下）；若储能各为 5kJ/mol 时，直接还原起始温度约为 889K（标准大气压条件下）；若能进一步降低到 10kJ/mol，直接还原起始温度约为 806K。

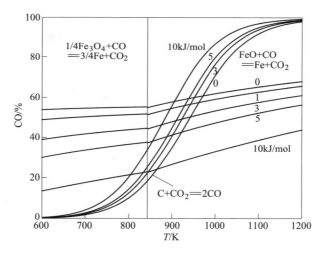

图 3.15 矿粉与炭粉同时储能对氧化铁直接还原的热力学影响

可见，矿粉与炭粉同时储能，其热力学降温效果要好于单一因素。

3.4 碳化铁生成热力学

在低温下利用 CO 还原氧化铁的过程中，当 CO 分压足够高时，就会出现析碳现象的存在，从而会进一步形成碳化铁。碳化铁具有高碳含量、低熔点、稳定等特点，成为废钢的重要替代品。在电炉中加入 Fe_3C 可以取得以下效果：降低电耗；提高金属收得率，降低炼钢原材料消耗；可以减少钢中氮的含量，提高钢的质量；降低废钢中夹杂元素的含量，钢的纯度得到提高。由于 Fe_3C 的多种优点，国内外学者对之进行了不少研究，但是关于 Fe_3C 生成热力学方面的报道很少，很难查到 Fe_3C 生成的热力学数据。目前被广泛采用的 Fe_3C 生成的气氛与温度关系曲线来自 1963 年的资料，我们的研究发现该曲线与部分实验数据有一定

出入, 同时相关的动力学反应顺序也未发现报道。针对这种情况, 本节将对
Fe_3C 的生成热力学进行了较为系统的研究[10]。

3.4.1　不同温度 Fe_3C 形成规律

在 650℃ 条件下, 样品在不同气体成分中恒温 30min, 产物的 X 射线衍射峰
见图 3.16 (a)。可见, 当通入 100%CO 时, 样品中有较多的 Fe_3C 形成。当通入
气体为 91%CO-9%CO_2 时, Fe_3C 的量明显减少; 当气体中 CO_2 含量达到 18%时
仍存在少量 Fe_3C 相。

温度升至 700℃ 时 (图 3.16 (b)), 当气体中 CO_2 含量低于 9%时, 产物中
均存在 Fe_3C, 并且 Fe_3C 的含量随着 CO 含量的增加而增加。

当温度达到 750℃ 时 (图 3.16 (c)), 气体为 100%CO 的样品中存在少量的
Fe_3C; 当气体中 CO_2 含量高于 9%时, 产物中不存在 Fe_3C 相。

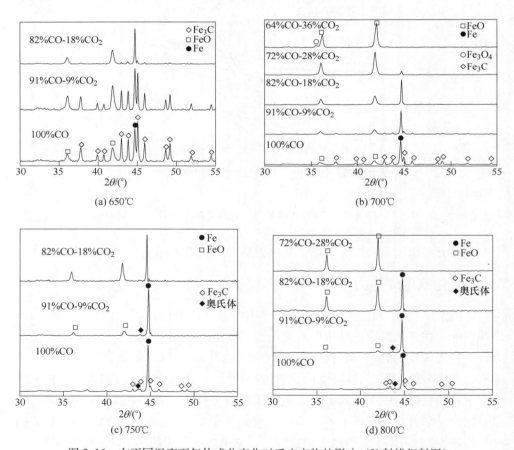

图 3.16　在不同温度下气体成分变化对反应产物的影响 (X 射线衍射图)

当温度达到 800℃ 时（图 3.16（d）），气体全为 CO 时，样品已被完全还原，并且出现了少量的 Fe_3C 相。当气体中 CO_2 含量大于 9% 时，产物中均没有 Fe_3C 相。

表 3.1 为根据 X 射线衍射数据计算得出的样品的析碳量和 Fe_3C 含量。从中可以看出，随着温度的降低（800℃→650℃），Fe_3C 的含量不断增加，同时随着气氛中 CO 浓度的提高而增加。析碳量与 Fe_3C 的变化规律基本一致，但是析碳出现的范围更广。

表 3.1　不同样品的析碳量 R_C 和 Fe_3C 含量 R_{Fe_3C}

温度/℃	气氛	R_C/%	R_{Fe_3C}/%
650	100%CO	62.0	24.1
	91%CO-9%CO$_2$	29.8	18.9
	82%CO-18%CO$_2$	27.3	3.5
700	100%CO	42.2	14.0
	91%CO-9%CO$_2$	27.3	5.6
	82%CO-18%CO$_2$	19.8	0
	73%CO-27%CO$_2$	12.4	0
	64%CO-36%CO$_2$	4.1	0
750	100%CO	39.7	6.3
	91%CO-9%CO$_2$	37.2	0
	82%CO-18%CO$_2$	17.4	0
800	100%CO	12.4	6.6
	91%CO-9%CO$_2$	14.9	0
	82%CO-18%CO$_2$	0	0
	73%CO-27%CO$_2$	0	0

3.4.2　Fe_3C 生成曲线探讨

目前采用的 Fe_3C 生成的气氛与温度关系曲线来自 1963 年的资料[15]，见图 3.17。从图中可以看出，析碳曲线和 Fe_3C 的形成曲线之间的区域很小，这意味着很难将实验数据控制在只析出炭黑而不生成 Fe_3C 的狭窄区域。然而在本实验中，很多条件下有炭黑析出却没有 Fe_3C 的生成（见表 3.1）。这说明 Fe_3C 的生成区与炭黑的析出区之间应该有较宽的区域。从图 3.17 还可发现，在较低的 CO 浓度下就有 Fe_3C 生成，而实验中在不同温度下，Fe_3C 的生成需要较高的 CO 浓度。例如在 700℃，根据图 3.17，当 CO 比例高于 70% 时就会有 Fe_3C 的生成，而在本试验中，直到 CO 浓度高达 91% 时才有 Fe_3C 相的出现。这说明图 3.17 中 Fe_3C 生成曲线有一定的误差。

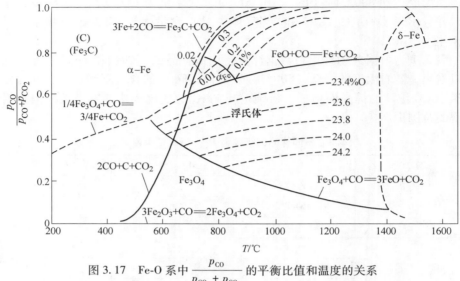

图 3.17   Fe-O 系中 $\dfrac{p_{CO}}{p_{CO}+p_{CO_2}}$ 的平衡比值和温度的关系

在各种数据手册上均未能发现 $3Fe+2CO \Longrightarrow Fe_3C+CO_2$ 的热力学数据，虽然利用其他一些反应的热力学数据，通过盖斯定律可以得出其热力学数据，但是由于各个化学反应的热力学数据都存在一定的误差，通过简单组合得到的 Fe_3C 生成热力学数据偏差会较大，难以应用。通过纯物质热化学数据手册并经过修正得到 Fe_3C 的反应热力学数据为 $\Delta G^{\ominus} = -151470 + 168.78T$，利用此公式绘图，见图 3.18。由图可看出，$Fe_3C$ 生成线与炭黑析出线存在一个较大的区域，而且与本试验数据吻合较好（实验点见图 3.18）。

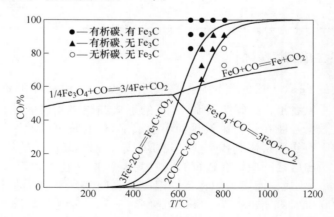

图 3.18   Fe-O 系中 CO 浓度和温度的平衡关系

3.4.3　Fe₃C 生成顺序研究

为了研究 Fe_3C 的生成顺序，将与 Fe_3C 生成有关的反应的热力学数据见图 3.19。从图中可以看出，在高温阶段（>843K）平衡态时从 Fe_2O_3 还原到 Fe_3C，还原顺序为：$Fe_2O_3 \rightarrow Fe_3O_4 \rightarrow FeO \rightarrow Fe \rightarrow Fe_3C$。在低于 843K 的温度下并且选取了多种不同的 CO%，对铁矿粉进行还原，将还原后的样品进行 XRD 检测，结果见图 3.20。从中可以看出，在含有 Fe_3C 相的样品中均有 Fe 相，而在没有 Fe 的样品中即使其条件能够满足 $3FeO+5CO = Fe_3C+4CO_2$ 的反应条件而没有满足 $Fe_3O_4+CO = 3FeO+CO_2$，也不会有 Fe_3C 相出现。

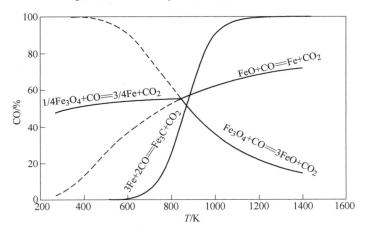

图 3.19　铁的氧化物与 CO 相关反应的 CO 平衡图

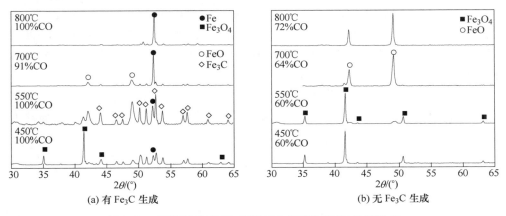

（a）有 Fe₃C 生成　　　　　　　　　（b）无 Fe₃C 生成

图 3.20　不同条件下 CO 还原氧化铁产物 XRD 检测结果

通过大量的实验发现，在用 CO-CO₂ 还原气体还原 Fe_2O_3 时，Fe_3C 总是伴随

Fe 的生成，当 Fe_2O_3 仅还原到 Fe_3O_4 和 FeO 时，并未发现碳化铁。因此，平衡态时从 Fe_2O_3 还原到 Fe_3C，还原顺序为：

当 $T<843K$ 时：　　　　　　　$Fe_2O_3 \rightarrow Fe_3O_4 \rightarrow Fe \rightarrow Fe_3C$

当 $T>843K$ 时：　　　　　　　$Fe_2O_3 \rightarrow Fe_3O_4 \rightarrow FeO \rightarrow Fe \rightarrow Fe_3C$

3.4.4　Fe_3C 生成的影响因素

　　影响 Fe_3C 生成的因素很多，如温度、还原气体浓度及压力等。从图 3.18 可见，随着反应温度的降低，Fe_3C 生成需要的 CO 浓度也在不断降低，说明在较低的温度下形成 Fe_3C 的范围更大。同时还原气体中 CO 的浓度越高越有利于 Fe_3C 的生成。另外由图 3.21 可以明显看出，随着体系压力的提高，在相同温度下，Fe_3C 形成对 CO 浓度的要求降低了很多，这说明体系压力的增加有利于 Fe_3C 的形成。

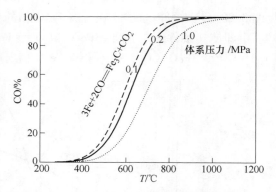

图 3.21　不同体系压力对 Fe_3C 形成的影响

3.5　析炭反应

　　析炭反应指的是 $2CO = C+CO_2$，在高炉炼铁中，高炉上部有可能存在 CO 的析炭反应，由于高炉上部气氛中含有大量的 CO_2 起到 CO 析炭的抑制剂，因此，高炉中析炭现象并不严重，因此，传统的炼铁学中很少提到析炭反应。作为非高炉炼铁，特别是以富 CO 为主的还原气，如果要从常温加热到 800～900℃就会出现析炭，以富 CO 为主的还原气的加热已成为非高炉炼铁工艺的限制性环节之一。

　　冶金煤气加热过程中的析炭反应包括三类：第一类为 CO 析炭，第二类为 H_2 与 CO 反应析炭，第三类为 CH_4 的析炭。下面将分别介绍这几种反应的析炭热力学规律。

3.5.1　CO 的析炭反应

　　CO 的析炭反应为[1]：

$$2CO(g) = C + CO_2(g) \qquad \Delta G^\ominus = -172130 + 177.46T \qquad (3.20)$$

它与气化反应为可逆反应。从图 3.22 可见，析炭区在曲线的左侧，气化区在曲线右侧。对于高 CO、低 CO_2 含量气体，低温下发生析炭是必然的。在加热过程中，CO 析炭会使换热不锈钢管析炭，长期积累会堵塞换热管，并会产生炭化现象，使不锈钢管剥露。因此，加热 CO 气体最好不要通过换热器方式，可根据情况使用高温气体兑入法（COREX 采取的方式）、蓄热加热等方式进行处理。

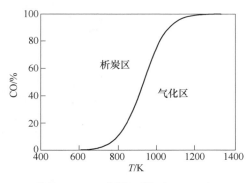

图 3.22　CO 析炭区域（0.1MPa）

3.5.2　CO 与氢气混合气析炭

CO 与氢气在加热过程中可以发生如下析炭反应[1]：

$$H_2(g) + CO(g) \rightleftharpoons H_2O(g) + C \qquad \Delta G^\ominus = -134542 + 142.28T$$

其析炭区与气化区的关系见图 3.23，析炭区在反应曲线的左侧，气化区在反应曲线的右侧。析炭区比单纯 CO 析炭反应区左移 100℃ 左右，这表明含氢还原煤气的析炭区应少于 CO 析炭区，对于减少析炭量是有帮助的。不含水的 CO、H_2 混合气加热的气氛平衡，如下式所示：

$$\frac{x_{H_2O}(1 - x_{H_2O})}{(x_{H_2} - x_{H_2O})(x_{CO} - x_{H_2O})p}$$

$$= \exp\left(\frac{-\Delta G^\ominus}{RT}\right) \qquad (3.21)$$

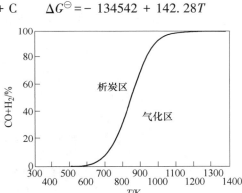

图 3.23　CO_2 与 H_2O 气化反应平衡态比较（0.1MPa）

式中，x_{H_2} 为原始气体中 H_2 摩尔量；x_{CO} 为原始气体中 CO 摩尔量；x_{H_2O} 为一定温度下产生的 H_2O 摩尔量；$x_{H_2} + x_{CO} = 1$。

不同氢含量的 CO 与氢气混合气在不同温度下的平衡成分关系见图 3.24。可见，任何氢含量的混合气体，在加热过程中都会出现析炭温度，CO 含量高的混合气析炭量也会增加。能够减少热力学析炭的方法之一是通过混合气中添加 H_2O，这与提高煤气还原度相矛盾。

3.5.3　CH_4 析炭

CH_4 析炭的反应式如下[1]：

$$CH_4(g) \rightleftharpoons C + 2H_2(g) \qquad \Delta G^\ominus = 84666 - 104.2T \qquad (3.22)$$

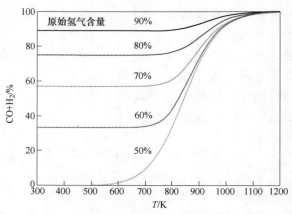

图 3.24　混合煤气在不同温度下的平衡成分关系

假定原始 CH_4 气体中不含氢气，则生成氢气的摩尔数与温度的关系为：

$$\frac{x_{H_2}^2 p}{1 - \frac{1}{4}x_{H_2}^2} = \exp\left(\frac{-\Delta G^{\ominus}}{RT}\right) \tag{3.23}$$

根据上式可以得到 CH_4 在不同温度下的 CH_4 浓度曲线图（图 3.25）。与 CO 析炭或 CO、H_2 混合煤气析炭不一样的是，CH_4 析炭是吸热反应，500K 以下几乎不析炭，但是随着温度的提高，析炭量逐步增加。另外，随着体系压力的提高，有助于抑制析炭的发生，这也与 CO 析炭或 CO、H_2 混合煤气析炭规律相反。

甲烷中添加氢气可以抑制 CH_4 析炭。假定气体中氢为 n_{H_2} mol，CH_4 为 n_{CH_4} mol，$n_{H_2} + n_{CH_4} = 1$，在一定温度下平衡时，甲烷的转换量为 Δn mol，则热力学平衡关系为：

$$\frac{(n_{H_2} + 2\Delta n)^2 p}{(1 + \Delta n)(n_{CH_4} - \Delta n)} = \exp\left(\frac{-\Delta G^{\ominus}}{RT}\right) \tag{3.24}$$

假定原始气体中氢气含量为 30%，CH_4 含量为 70%，则加热到一定温度气体中 CH_4 体积分数见图 3.26。可见，提高煤气中氢含量，可以显著提高 CH_4 分解

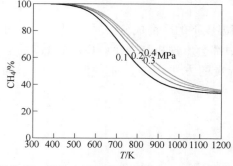

图 3.25　CH_4 在不同温度下的 CH_4 浓度曲线图

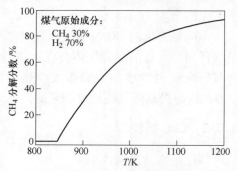

图 3.26　添加氢后 CH_4 的热分解平衡图

温度。焦炉煤气中氢气与 CH_4 含量比值高，可以顺利预热到 $600℃$ 左右。

添加水蒸气也可以提高 CH_4 分解温度，因此对于利用天然气分解制氢，添加水蒸气不仅可以提高转换氢气浓度，还可抑制天然气在加热过程中的析炭问题。

3.6 煤气重整制氢热力学

富氢煤气是气基低温快速还原的还原气体，它在直接还原铁和熔融还原的预还原中起到重要的作用。目前的富氢煤气主要来自天然气蒸汽重整工艺，可以得到 70% 左右的含氢优良还原气体，也是目前气基直接还原铁工艺发展的重要保证。可惜我国缺少天然气资源，因此本节不讨论天然气的蒸汽重整热力学。

煤制气制氢也在发展中，但是由于一次制煤气氢气浓度低，还需降温进行脱除 CO_2 和后续的水煤气变换工序，工艺较为复杂，过程热效率不高。

焦炉煤气是现代炼焦工艺的附属产品，在联合钢厂，焦炉煤气可以作为燃料，但在许多独立焦化厂，焦炉煤气放散较多，造成能源浪费和二次污染。焦炉煤气含有较高的氢气含量，可以作为直接还原铁的气源，本节将重点介绍焦炉煤气制氢热力学。

熔融还原工艺的尾气，也含有较高的氢气和 CO 含量，经过水煤气变换后，也可得到富氢气体，可以直接作为预还原的煤气。

因此，本节将重点研究焦炉煤气制氢和水煤气制氢的热力学[11,12]。

3.6.1 等温焦炉煤气重整热力学

3.6.1.1 计算过程

焦炉煤气的典型成分见表 3.2。

表 3.2 焦炉煤气经净化后的典型成分 （体积分数/%）

H_2	CO	CH_4	CO_2	N_2	C_nH_m
约 59.2	约 8.6	约 29.4	约 2.0	约 3.6	约 2.0

通过热力学平衡模拟计算，可以得到原始炉气成分、反应温度和配氧量等工艺条件对平衡产物的影响规律，从而为确定适宜的重整工艺参数提供理论依据。由于 C_nH_m 中 n、m 未确定，好在其含量很低，因此在计算过程中将 C_nH_m 等同于 CH_4 处理。

对于 CH_4-H_2-H_2O-CO-CO_2-O_2 体系，选取下面 3 个反应式作为独立反应。

$$CH_4(g) + 1/2O_2(g) \Longrightarrow CO(g) + 2H_2(g) \qquad \Delta G^{\ominus} = -23339 - 196.18T \qquad (3.25)$$

$$2H_2(g) + O_2(g) \Longrightarrow 2H_2O(g) \qquad \Delta G^{\ominus} = -497073 + 111.68T \qquad (3.26)$$

$$CO(g) + H_2O(g) \Longrightarrow CO_2(g) + H_2(g) \qquad \Delta G^{\ominus} = -33447 + 30.56T \qquad (3.27)$$

则有：

分压总和方程：

$$p_{CH_4(平)} + p_{H_2(平)} + p_{H_2O(平)} + p_{CO(平)} + p_{CO_2(平)} + p_{O_2(平)} = 1 \tag{3.28}$$

独立反应的平衡常数方程：

$$K_1 = \frac{p_{CO(平)} p_{H_2(平)}^2}{p_{CH_4(平)} p_{O_2(平)}^{\frac{1}{2}}} \tag{3.29}$$

$$K_2 = \frac{p_{H_2O(平)}^2}{p_{H_2(平)}^2 p_{O_2(平)}} \tag{3.30}$$

$$K_3 = \frac{p_{H_2(平)} p_{CO_2(平)}}{p_{H_2O(平)} p_{CO(平)}} \tag{3.31}$$

元素原子摩尔量恒定方程：

$$n_{H_2(初)} + n_{CH_4(初)} = n_{H_2(平)} + n_{H_2O(平)} + n_{CH_4(平)} \tag{3.32}$$

$$n_{CO_2(初)} + n_{CO(初)} + n_{CH_4(初)} = n_{CO_2(平)} + n_{CO(平)} + n_{CH_4(平)} \tag{3.33}$$

联立上述 5 个方程，可以对不同初始条件下的平衡态气体组分含量进行计算。

3.6.1.2　计算结果分析

A　原始炉气成分对平衡成分的影响

设定反应炉内的压力为 0.3MPa，温度为 850℃，原始炉气成分为：H_2 60mol，CO 8mol，CO_2 2mol，假定 O_2 配入量为 15mol。改变 CH_4 和 CO 的含量，热力学计算结果见图 3.27~图 3.30。

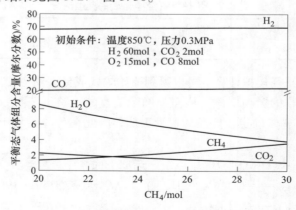

图 3.27　体系平衡成分与 CH_4 含量的关系图

由图3.27可以看出，固定体系的压力和温度以及气体的原始组分含量，改变 CH_4 含量，平衡态中 H_2 和 CO 的含量随着 CH_4 的增加而略有增加，CO_2 含量逐渐降低，H_2O 含量迅速减少，残余 CH_4 的量不断增加。若按 CH_4 初始含量为30%计算，则在850℃和0.3MPa，配 O_2 量为15%的条件下，平衡态体系中的 H_2 含量约可以增加15.7%，而 CO 的量则可以增加1.75倍；由图3.28可知，平衡态体系的还原势随 CH_4 含量的增加不断升高，当 CH_4 含量为30%时，H_2+CO/（H_2O+CO_2+H_2+CO）为94.9%；体系的总气量随 CH_4 含量的增加而显著增加。

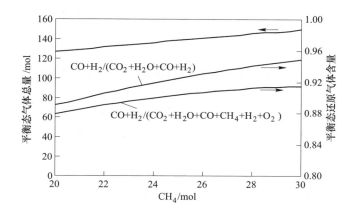

图3.28 平衡态气体总量和还原气体含量与 CH_4 含量的关系

图3.29为保持其他条件不变，改变气体原始组分中的 CO 含量，则平衡态气体中，随着 CO 含量的增加，CO、CO_2 和 CH_4 的含量略有增加，H_2O 和 H_2 逐渐降低。从图3.30可知，增加 CO 含量，平衡态体系的总气量显著增加，还原势和还原气体含量变化不明显。

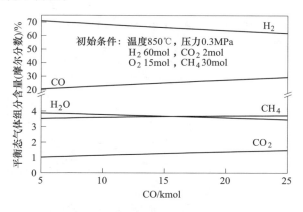

图3.29 体系平衡成分与 CO 含量的关系图

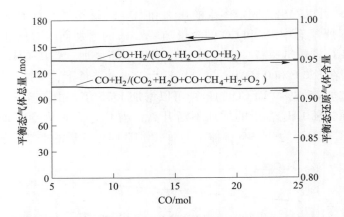

图 3.30　平衡态气体总量和还原气体含量与 CO 含量的关系

B　反应温度对平衡成分的影响

设定反应炉内的压力为 0.3MPa，原始炉气成分为：H_2 60mol，CO 8mol，CO_2 2mol，CH_4 30mol，并假定 O_2 配入量为 15mol。

图 3.31 为固定体系的压力和气体的原始组分含量以及配氧量，平衡体系中各组分含量随反应温度变化的曲线。由图中可知：在 800～1000℃内，平衡体系中 H_2 和 CO 的含量随温度的升高而不断增加，而 CO_2、CH_4 和 H_2O 的含量则不断降低。因此，提高温度有利于 CH_4 向 CO 和 H_2 的转化。在温度为 900℃，压力为 0.3MPa，配氧量为 15%的条件下，平衡体系中 H_2 和 CO 的含量约分别提高了 18.7%和 1.9 倍，体系中仍含有约 7%的 CH_4。由图 3.32 可知，在 800～1000℃之间随着温度的升高，平衡态体系的总气量明显增加，还原势和还原气体含量也有较大提高。900℃时，体系的还原气体含量为 94.9%，还原势为 96.6%。

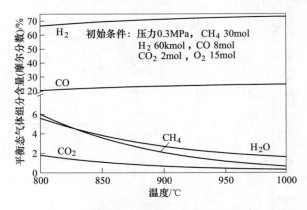

图 3.31　体系平衡成分与温度的关系图

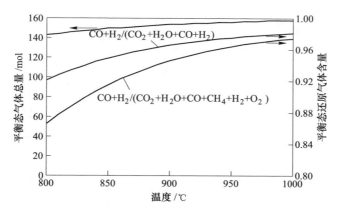

图 3.32　平衡态气体总量和还原气体含量与温度的关系

C　系统压力对平衡成分的影响

设定反应炉内的温度为 850℃，原始炉气成分为：H_2 60mol，CO 8mol，CO_2 2mol，CH_4 30mol，并假定氧气配入量为 15mol。

如图 3.33 所示，固定体系的反应温度和气体的原始组分含量以及配氧量，调整反应体系的压力，则从图中可以看出，在 850℃下，平衡体系中 H_2 和 CO 的含量随体系压力的增加而逐渐降低，CH_4 和 H_2O 的含量则迅速升高，CO_2 略有增加。可见增加压力不利于 CH_4 的分解。原始组分中的 CH_4 含量决定了平衡态时的 H_2 和 CO 含量，CH_4 的初始含量越高则 H_2 和 CO 含量也越高。由图 3.34 可知，平衡态体系的还原势和还原气体含量随压力的增加均有较大幅度的下降，体系的总气量显著降低。当体系的压力为 0.3MPa 时，$H_2+CO/(H_2O+CO_2+H_2+CO)$ 约为 95%。

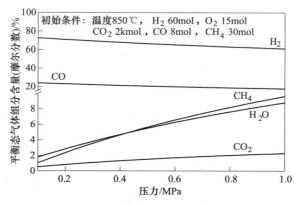

图 3.33　体系平衡成分与压力的关系图

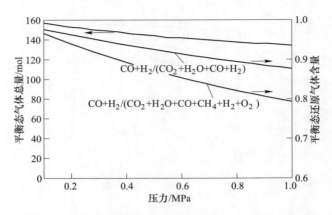

图 3.34　平衡态气体总量和还原气体含量与压力的关系

D　氧气配入量对平衡成分的影响

设定反应炉内的温度为 850℃，反应炉内的压力为 0.3MPa，原始炉气成分为：H_2 60mol，CO 8mol，CO_2 2mol，CH_4 30mol，改变氧气的配入量后的计算结果见图 3.35 和图 3.36。

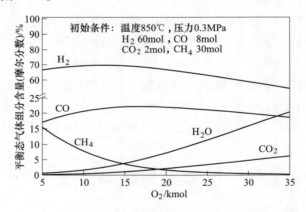

图 3.35　体系平衡成分与配氧量的关系图

如图 3.35 所示，固定体系的温度、压力以及原始组分的含量，改变体系的配氧量，则由图中可知，平衡体系中的 H_2 和 CO 含量随 O_2 配入量的增加而先升高后降低。H_2 含量在配氧量约为 13% 时达到最大值，约提高 16.2%；当 O_2 的配入量为 14%~20% 时，CO 含量达到最大，约提高 1.75 倍。体系中 CH_4 含量迅速减少，H_2O 和 CO_2 含量随 O_2 量的增加而逐渐升高。平衡体系中没有 O_2。由图 3.36 可以看出，平衡体系的总气量显著增加，约提高了 30%，还原气体含量和还原势在配氧量大于 15% 以后迅速降低。

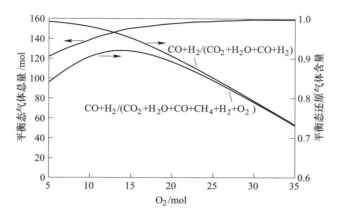

图 3.36　平衡态气体总量和还原气体含量与配氧量的关系

3.6.2　实际条件下的焦炉煤气重整热力学

　　3.6.1 节介绍了等温条件下的焦炉煤气重整热力学，实际上焦炉煤气的重整温度是不确定的，取决于进入重整反应器的原始焦炉煤气温度、成分、吹氧量、散热等多种条件，因此，等温条件下的焦炉煤气重整热力学，主要用于定性变化规律分析。本节结合反应热力学与物质、能量守恒定律求解实际条件下的焦炉煤气重整热力学。

3.6.2.1　半氧化氧气量不足

　　正常的焦炉煤气重整时，吹入的氧气量不足以将焦炉煤气中 CH_4 完全半氧化燃烧时，由于氧的活性非常高，可以认为平衡气体成分中不存在氧气。

　　首先令 O_2 完全与 CH_4 反应，然后各种气体成分根据热力学平衡进行重整。

$$CH_4 + 1/2O_2 \Longrightarrow CO + 2H_2 \qquad \Delta H_{f_1} = -27.7\text{kJ/mol}$$

式中，ΔH_{f_1} 为甲烷半氧化燃烧热。

　　氧化后，焦炉煤气成分为：

$$n'_{H_2} = n^o_{H_2} + 4n_{O_2}, \quad n'_{CH_4} = n^o_{CH_4} - 2n_{O_2}, \quad n'_{CO} = n^o_{CO} + 2n_{O_2}$$

$$n'_{CO_2} = n^o_{CO_2}, \quad n'_{H_2O} = n^o_{H_2O}, \quad n'_{N_2} = n^o_{N_2}$$

式中，n^o_i 为原始焦炉煤气组分 i 的摩尔数，i 为 CO、H_2、H_2O、CO_2、CH_4 或 N_2；n'_i 为氧气氧化焦炉煤气甲烷后气体组分 i 的摩尔数；n_{O_2} 为氧气吹入摩尔量。

　　根据独立反应方程分析，选择如下两个反应方程为平衡所需方程式：

$$CO + H_2O \Longrightarrow CO_2 + H_2 \qquad n_{H_2}n_{CO_2} = K_1 n_{CO}n_{H_2O} \qquad \Delta H_{f_2} = -38.2\text{kJ/mol}$$

$$2CO + 2H_2 \Longrightarrow CH_4 + CO_2 \qquad n_{CH_4}n_{CO_2}\left(\sum n_i\right)^2 = K_2\left(\frac{p}{p^{\ominus}}\right)^2 n^2_{CO}n^2_{H_2}$$

$$\Delta H_{f_3} = -255.5 \text{kJ/mol}$$

式中，ΔH_{f_2} 为水煤气变换反应热；ΔH_{f_3} 为煤气甲烷化反应；K_1 为水煤气变换反应平衡常数；K_2 为煤气甲烷化反应平衡常数；n_i 为平衡态时气体组分 i 的摩尔数；p 为重整后气体的压力；$p^{\ominus}$ 为标准状态压力，101.325kPa。

焦炉煤气在重整前后的元素平衡如下：

H 平衡：$n'_{H_2} + 2n'_{CH_4} + n'_{H_2O} = n_{H_2} + 2n_{CH_4} + n_{H_2O}$

C 平衡：$n'_{CH_4} + n'_{CO} + n'_{CO_2} = n_{CH_4} + n_{CO} + n_{CO_2}$

O 平衡：$n'_{CO} + 2n'_{CO_2} + n'_{H_2O} = n_{CO} + 2n_{CO_2} + n_{H_2O}$

令平衡前后 CH_4、H_2、CO、CO_2 与 H_2O 的摩尔数变化分别为 ΔCH_4、ΔH_2、ΔCO、ΔCO_2 与 ΔH_2O，平衡后总摩尔数为 $\sum n_i = \sum n'_i - 2\Delta CH_4$

则：

$$\Delta H_2 + \Delta H_2O + 2\Delta CH_4 = 0$$
$$\Delta CO + \Delta CO_2 + \Delta CH_4 = 0$$
$$\Delta CO + 2\Delta CO_2 + \Delta H_2O = 0$$
$$\Delta CO + 4\Delta CH_4 + \Delta H_2 = 0$$

代入平衡反应式可得：

$$(n'_{H_2O} - 2\Delta CH_4 - \Delta H_2)(n'_{CH_4} + \Delta CH_4)\left(\sum n'_i - 2\Delta CH_4\right)^2$$
$$= K_2\left(\frac{p}{p^{\ominus}}\right)^2(n'_{CO} - 4\Delta CH_4 - \Delta H_2)^2(n'_{H_2} - 2\Delta CH_4)^2$$
$$(n'_{H_2} + \Delta H_2)(n'_{CO_2} + 3\Delta CH_4 + \Delta H_2)$$
$$= K_1(n'_{CO} - 4\Delta CH_4 - \Delta H_2)(n'_{H_2O} - 2\Delta CH_4 - \Delta H_2)$$

热量平衡如下：

热收入：

焦炉煤气物理热：$\qquad Q_1 = V_1 c_1 t_1$

式中，V_1 为原始焦炉煤气体积；c_1 为原始焦炉煤气热容；t_1 为原始焦炉煤气温度。

甲烷部分氧化放热 $\qquad Q_2 = -n_{O_2}\Delta H_{f_1}$

水煤气变换反应：$\qquad Q_3 = -\Delta H_2O \cdot \Delta H_{f_2}$

煤气甲烷化反应：$\qquad Q_4 = -\Delta CH_4 \cdot \Delta H_{f_3}$

$$Q_{收} = Q_1 + Q_2 + Q_3 + Q_4$$

热支出：

重整煤气物理热：$\qquad Q_5 = V_2 c_2 t_2$

式中，V_2 为焦炉煤气重整后体积；c_2 为焦炉煤气重整后热容；t_2 为焦炉煤气重整后温度。

炉墙、冷却等热损失： $$Q_6 = \eta Q_{收}$$
式中，η 为散热系数。

$$Q_{支} = Q_5 + Q_6$$

当体系达到平衡态时，$Q_{收} = Q_{支}$。通过热力学平衡与能量平衡，即可求得重整后的煤气温度与成分。

甲烷转化率定义为重整前后煤气中甲烷摩尔数的变化量占原始焦炉煤气中甲烷的摩尔数的百分数。

3.6.2.2 半氧化氧气量充足

焦炉煤气重整时，吹入的氧气量能够将焦炉煤气中 CH_4 完全半氧化燃烧，并富余一定量氧气时，其求解思路为首先令 O_2 与 CH_4 发生半氧化反应，多余的氧气再与焦炉煤气中氢反应，然后各种气体成分根据热力学平衡进行重整。

$$CH_4 + 1/2O_2 =\!\!=\!\!= CO + 2H_2 \qquad \Delta H_{f_1} = -27.7kJ/mol$$
$$H_2 + 1/2O_2 =\!\!=\!\!= H_2O \qquad \Delta H_{f_4} = -245kJ/mol$$

式中，ΔH_{f_4} 为氢气燃烧热。

气体成分在氧化后的变化：

$$n'_{CH_4} = 0,\ n'_{H_2} = n^o_{H_2} - 2n_{O_2} + 3n^o_{CH_4},\ n'_{CO} = n^o_{CO} + n^o_{CH_4},\ n'_{CO_2} = n^o_{CO_2}$$
$$n'_{H_2O} = n^o_{H_2O} + 2n_{O_2} - n^o_{CH_4},\ n'_{N_2} = n^o_{N_2}$$

根据独立反应方程分析，选择如下两个反应方程为平衡所需方程式：

$$CO + H_2O =\!\!=\!\!= CO_2 + H_2 \qquad n_{H_2}n_{CO_2} = K_1 n_{CO} n_{H_2O} \qquad \Delta H_{f_2} = -38.2kJ/mol$$

$$2CO + 2H_2 =\!\!=\!\!= CH_4 + CO_2 \qquad n_{CH_4}n_{CO_2}\left(\sum n_i\right)^2 = K_2\left(\frac{p}{p^\ominus}\right)^2 n^2_{CO} n^2_{H_2}$$

$$\Delta H_{f_3} = -255.5kJ/mol$$

焦炉煤气在重整前后的元素平衡如下：

H 平衡：$n'_{H_2} + 2n'_{CH_4} + n'_{H_2O} = n_{H_2} + 2n_{CH_4} + n_{H_2O}$

C 平衡：$n'_{CH_4} + n'_{CO} + n'_{CO_2} = n_{CH_4} + n_{CO} + n_{CO_2}$

O 平衡：$n'_{CO} + 2n'_{CO_2} + n'_{H_2O} = n_{CO} + 2n_{CO_2} + n_{H_2O}$

令平衡前后 CH_4、H_2、CO、CO_2 与 H_2O 的摩尔数变化分别为 ΔCH_4、ΔH_2、ΔCO、ΔCO_2 与 ΔH_2O，平衡后总摩尔数为 $\sum n_i = \sum n'_i - 2\Delta CH_4$

则：

$$\Delta H_2 + \Delta H_2O + 2\Delta CH_4 = 0$$
$$\Delta CO + \Delta CO_2 + \Delta CH_4 = 0$$
$$\Delta CO + 2\Delta CO_2 + \Delta H_2O = 0$$
$$\Delta CO + 4\Delta CH_4 + \Delta H_2 = 0$$

代入平衡反应式可得：

$$(n'_{H_2O} - 2\Delta CH_4 - \Delta H_2)(n'_{CH_4} + \Delta CH_4)\left(\sum n'_i - 2\Delta CH_4\right)^2$$

$$= K_2 \cdot \left(\frac{p}{p^{\ominus}}\right)^2 (n'_{CO} - 4\Delta CH_4 - \Delta H_2)^2 (n'_{H_2} - 2\Delta CH_4)^2 (n'_{H_2} + \Delta H_2)$$

$$(n'_{CO_2} + 3\Delta CH_4 + \Delta H_2)$$

$$= K_1(n'_{CO} - 4\Delta CH_4 - \Delta H_2)(n'_{H_2O} - 2\Delta CH_4 - \Delta H_2)$$

热量平衡如下：

热收入：

焦炉煤气物理热：
$$Q_1 = V_1 c_1 t_1$$

式中，V_1 为原始焦炉煤气体积；c_1 为原始焦炉煤气热容；t_1 为原始焦炉煤气温度。

甲烷部分氧化放热：
$$Q_2 = - n_{O_2}\Delta H_{f_1}$$

部分氢气氧化热：
$$Q_3 = -2\left(n_{O_2} - \frac{n^o_{CH_4}}{2}\right)\Delta H_{f_4}$$

水煤气变换反应：
$$Q_4 = - \Delta H_2O\Delta H_{f_2}$$

煤气甲烷化反应：
$$Q_5 = - \Delta CH_4\Delta H_{f_3}$$

$$Q_{收} = Q_1 + Q_2 + Q_3 + Q_4 + Q_5$$

热支出：

重整煤气物理热：
$$Q_6 = V_2 c_2 t_2$$

式中，V_2 为焦炉煤气重整后体积；c_2 为焦炉煤气重整后热容；t_2 为焦炉煤气重整后温度。

炉墙、冷却等热损失：
$$Q_7 = \eta Q_{收}$$

式中，η 为散热系数。

$$Q_{支} = Q_6 + Q_7$$

当体系达到平衡态时，$Q_{收} = Q_{支}$。通过热力学平衡与能量平衡，即可求得重整后的煤气温度与成分。

3.6.2.3　计算结果分析

A　吹氧量对焦炉煤气重整效果的影响

吹氧量对煤气成分的影响显著（图 3.37），甲烷体积含量随着吹氧量的增加而下降，其中前期下降显著，后期下降较为平缓，氢气体积含量随着氧量的增加而增加，但是一定程度后，氢气体积含量又开始下降，CO 体积含量随着吹氧量的增加而增加，其中前期增加显著，后期较为平缓，煤气中 H_2O 含量在吹氧量较小时增加缓慢，随着吹氧量的增加，增加量变大，说明在甲烷分解后期，部分氢氧化显著。

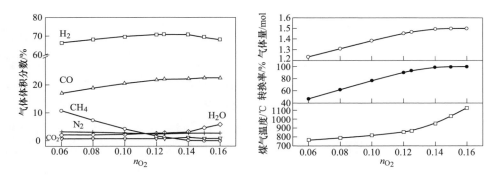

图 3.37 吹氧量对重整后煤气成分、温度、甲烷转换率和气体量的影响

($t_1 = 750℃$；原始焦炉煤气成分：$H_2 = 60\%$，$CH_4 = 25\%$，$CO = 8\%$，$CO_2 = 2\%$，$H_2O = 1\%$，$N_2 = 4\%$；

原始焦炉煤气量 1mol；重整后煤气压力 0.3MPa；重整炉散热量 5%）

从图可见，随着吹氧量的增加，煤气温度增加，在吹氧量较少时，增加温度慢，而当吹氧量较高时，煤气温度增加显著；甲烷转换率在吹氧量较低时，增加量几乎与氧量呈现正比关系，在整比半氧化量（0.125mol 时），甲烷转换率已达到 94%；重整后气体量也随吹氧量的增加而增加，在吹氧量较低时，增加量几乎与氧量呈现正比关系。这些现象表明，当吹氧量较低时，氧气几乎都用于甲烷的半氧化反应，放热量不大，因此提温幅度也较低，随着吹氧量的增加，有部分氢被氧气氧化，放热量增加，煤气温度增加迅速。

B 重整压力对焦炉煤气重整效果的影响

体系压力会影响焦炉煤气的重整效果，见图 3.38。影响较为显著的两项为煤气温度与甲烷转换率，压力提高，重整的煤气温度升高，而甲烷转换率下降。从气体成分变化来看，体系压力增加，氢气与 CO 的体积含量略有下降，而 CH_4 与 H_2O 的体积含量增加，表明随着体系压力的增加，甲烷的重整效率变低，部分氢被

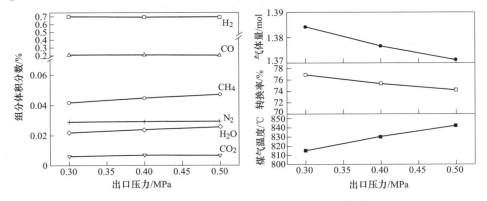

图 3.38 出口压力对重整后煤气成分、温度、甲烷转换率和气体量的影响

（$t_1 = 750℃$；原始焦炉煤气成分：$H_2 = 60\%$，$CH_4 = 25\%$，$CO = 8\%$，$CO_2 = 2\%$，

$H_2O = 1\%$，$N_2 = 4\%$；原始焦炉煤气量 1mol；重整氧气量 0.1mol；重整炉散热量 5%）

氧化成 H_2O 放热提高了体系煤气的温度。

　　C　原始焦炉煤气温度对重整效果的影响

　　原始焦炉煤气温度对焦炉煤气重整的效果影响较大，见图 3.39。随着原始焦炉煤气温度的提高，重整后煤气中的氢气与 CO 体积含量明显增加，而 CH_4 与 H_2O 的体积含量明显下降，甲烷转换率与重整煤气量也随着原始焦炉煤气温度的提高而明显增加，重整焦炉煤气的温度变化则是原始煤气温度低的重整煤气温度增加多。这是因为，原始煤气温度越低，甲烷比较稳定，更多的氧用于氢的氧化，导致煤气中 H_2O 含量升高，甲烷转换率下降，氧化的热量主要用于提高煤气温度，因此，原始煤气温度越低，吹氧提温效果明显，但是煤气重整效果变差，因此，在预热条件许可的条件下，尽量提高焦炉煤气温度。

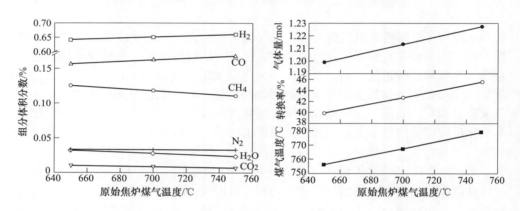

图 3.39　原始焦炉煤气温度对重整效果的影响
（原始焦炉煤气成分：$H_2 = 60\%$，$CH_4 = 25\%$，$CO = 8\%$，$CO_2 = 2\%$，$H_2O = 1\%$，$N_2 = 4\%$；
原始焦炉煤气量 1mol；重整压力 0.4MPa；重整氧气量 0.06mol；重整炉散热量 5%）

　　D　原始焦炉煤气成分对重整效果的影响

　　焦炉煤气成分也对重整效果产生明显的影响，见图 3.40。其中，A、B、C 是 3 种不同成分的焦炉煤气，其重要的区别是甲烷含量不同，A 甲烷体积含量低，氢气含量高，而 C 甲烷体积含量高、氢气含量低。从图中可见，原始焦炉煤气中甲烷含量低的重整所需氧量少，只要稍许的氧就能完成重整任务，并且重整煤气温度与甲烷转换率也可在少吹氧体积下获得较高的温度与转换率，缺点是重整后的气体量增加明显低于甲烷含量高的原始焦炉煤气。

3.6.3　水煤气变换

　　熔融还原预还原反应器、竖炉生产海绵铁等炼铁装置，都会产生大量含有

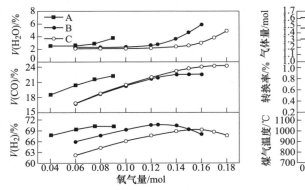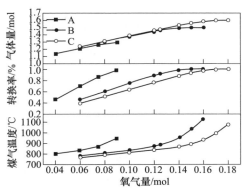

图 3.40 原始煤气成分对重整效果的影响

($t_1 = 750℃$；原始焦炉煤气量 1mol；重整后煤气压力 0.4MPa；重整炉散热量 5%）

原始焦炉煤气成分：A：$H_2 = 65\%$，$CH_4 = 15\%$，$CO = 13.5\%$，$CO_2 = 2\%$，$H_2O = 1\%$，$N_2 = 4\%$；

B：$H_2 = 60\%$，$CH_4 = 25\%$，$CO = 8\%$，$CO_2 = 2\%$，$H_2O = 1\%$，$N_2 = 4\%$；

C：$H_2 = 55\%$，$CH_4 = 30\%$，$CO = 8\%$，$CO_2 = 2\%$，$H_2O = 1\%$，$N_2 = 4\%$

CO、CO_2、H_2 等尾气，COREX 尾气的典型成分见表 3.3。通过水煤气重整，可以得到氢气，可以作为熔融还原预还原的兑入煤气，以提高还原煤气中的氢含量。变压吸附脱除 CO_2 后，可得到 CO 与 H_2 混合气体。

表 3.3 COREX 尾气成分 （%）

CO	CO_2	H_2	CH_4	N_2	H_2O
44.74	28.86	20.08	1.59	3.67	1.06

水煤气变换的反应式为[1]：

$$CO(g) + H_2O(g) \Longrightarrow CO_2(g) + H_2(g) \qquad \Delta G^{\ominus} = -33447 + 30.56T$$

其平衡常数与温度的关系见图 3.41。可见，随着反应温度的提高，平衡常数下降，对水煤气制氢不利。

忽略煤气中的 N_2 与 CH_4 含量，令原始煤气组分 CO、H_2、CO_2 和 H_2O 的摩尔量分别为 n_{CO}、n_{H_2}、n_{CO_2} 和 n_{H_2O}，水煤气转化量为 n，则热力学平衡式为：

$$\frac{(n_{CO_2} + n)(n_{H_2} + n)}{(n_{CO} - n)(n_{H_2O} - n)} = K$$

不论是从热力学，还是从动力学

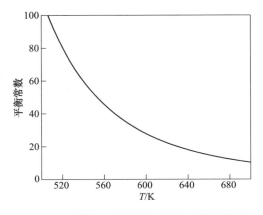

图 3.41 水煤气变换温度对平衡常数的影响

角度，水蒸气配比提高非常有利于提高水煤气转换率。但是水配加量越高，所需提供的物理热越高，即水煤气的转换成本越高，因此，有一适当的水加入量，见图 3.42。

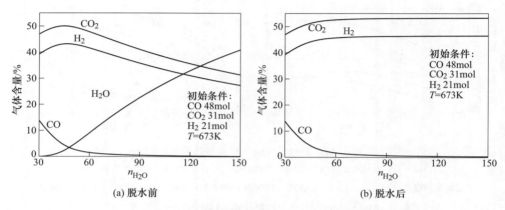

(a) 脱水前   (b) 脱水后

图 3.42   配水量对熔融还原尾气水煤气变换成分的影响

虽然反应压力对热力学没有影响，但是压力的提高，有利于提高气体密度，增加反应速度，提高反应效率。压力越高，气体的增压能耗增加，同时对反应器的要求提高。因此，有一适宜的压力范围，特别还要与熔融还原流程相匹配。

3.7   氢冶金热力学

铁矿石的氢还原工艺包括低温还原和高温熔态还原两种工艺路线。本节将介绍这两种模式的氢还原热力学[13,14]。

3.7.1   高温氢冶金

铁浴式熔融还原法可以直接使用粉矿进行全煤冶炼，它的突出好处在于可以处理廉价的高磷矿，但由于要在铁浴炉下部完成铁矿粉的还原与熔化，在铁浴炉的上部完成气体的二次燃烧，氧化气氛和还原气氛同时出现在一座熔炼炉内。如何使得上部燃烧充分而下部氧化铁的还原又不会出现二次氧化，这对生产控制的要求很高；另外，铁浴炉上部二次燃烧产生的热量要通过炉渣带入下部还原区，如何保证二者之间的热量迅速高效的传递，也是需要进一步解决的问题。因此 HIsmelt 存在氧化与还原矛盾和吸热与供热矛盾，而且高温尾气也带走了相当多的热量，至今此类流程也未完全打通。如果向铁浴炉下部喷吹氢气，能否通过控制碳的燃烧率，用还原性能优良的氢气来代替碳作为还原剂，从而减轻碳热还原所需的热负荷，达到加快还原速度和降低碳耗的目的？如果这种想法可行，将会推动 HIsmelt 等铁浴式熔融还原技术的发展。

此节以铁浴炉工艺为例，对高温熔态氢冶金技术的工艺形式进行了探讨，并通过热力学理论分析对铁浴炉中用氢气取代碳作为还原剂，用碳作为发热剂，从而实现降低热负荷和节能降耗的工艺可行性进行了研究。

3.7.1.1 高温氢还原热力学

A 高温氢还原热力学计算

矿粉在熔态条件下的还原反应为：

$$(FeO) + CO(g) \Longrightarrow [Fe] + CO_2(g) \quad \Delta G^{\ominus} = -35421 + 32.47T$$

$$(FeO) + H_2(g) \Longrightarrow [Fe] + H_2O(g) \quad \Delta G^{\ominus} = 5892 - 4.77T$$

$$(FeO) + C \Longrightarrow [Fe] + CO(g) \quad \Delta G^{\ominus} = 130336 - 138.83T$$

熔态下 H_2 和 CO 还原氧化亚铁的平衡图见图 3.43。铁矿熔态还原平衡态气氛中的 H_2 和 CO 含量，要高于固态还原。在温度为1500℃时，用 H_2 和 CO 还原熔态氧化亚铁，平衡气相中的 H_2 和 CO 含量分别为45.6%和81.8%。

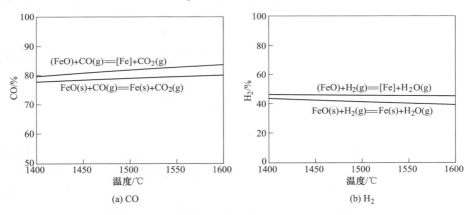

图 3.43 还原气体还原氧化亚铁平衡图

B C-H_2-O_2-H_2O-CO-CO_2 体系平衡成分计算

选取下面3个反应式作为 C-H_2-O_2-H_2O-CO-CO_2 体系的独立反应：

$$C + O_2 \Longrightarrow CO_2; \quad 2C + O_2 \Longrightarrow 2CO; \quad 2H_2 + O_2 \Longrightarrow 2H_2O$$

分压总和方程：

$$p_{H_2(平)} + p_{H_2O(平)} + p_{CO(平)} + p_{CO_2(平)} + p_{O_2(平)} = 1$$

独立反应的平衡常数方程：

$$K_1 = \frac{p_{CO_2(平)}}{p_{O_2(平)}}; \quad K_2 = \frac{p_{CO(平)}^2}{p_{O_2(平)}}; \quad K_3 = \frac{p_{H_2O(平)}^2}{p_{O_2(平)} p_{H_2(平)}^2}$$

元素原子摩尔量恒定方程：

$$n_{H_2(初)} = n_{H_2(平)} + n_{H_2O(平)}$$

联立上述方程可以对不同初始条件下的平衡态气体组分含量进行计算。

　　设定反应温度为 1500℃，体系压力为 0.1MPa，在不同初始条件下计算系统的平衡成分曲线。图 3.44 是设定初始条件为碳 500mol，氢气为 20mol 时，C-H$_2$-O$_2$-H$_2$O-CO-CO$_2$ 体系的平衡成分与氧气加入量的关系图。平衡体系中没有水和二氧化碳，一氧化碳含量随着氧气量的增加而不断增加，氢气含量则不断减少；图 3.45 为设定初始条件为氧 20mol，氢气为 20mol，C-H$_2$-O$_2$-H$_2$O-CO-CO$_2$ 体系的平衡成分与碳加入量的关系图，随着碳加入量的增加，水和二氧化碳含量逐渐减少，氢气和一氧化碳含量逐渐增加。计算表明在 1500℃，1atm 下，当 C：O$_2$ 约为 2：1 时，体系中的水和二氧化碳消失。

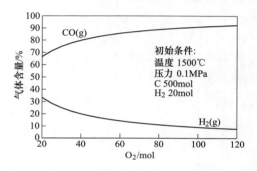

图 3.44　C-H$_2$-O$_2$-H$_2$O-CO-CO$_2$ 体系
气体平衡成分与氧含量关系

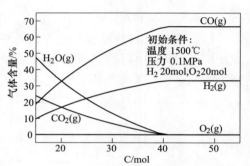

图 3.45　C-H$_2$-O$_2$-H$_2$O-CO-CO$_2$ 体系
气体平衡成分与碳含量关系

　　图 3.46 是设定初始条件为碳 25mol，氢气 20mol，氧气为 20mol 时，C-H$_2$-O$_2$-H$_2$O-CO-CO$_2$ 体系的平衡成分与温度的关系曲线。随着温度的升高，平衡体系中的 CO 和 H$_2$O 的含量略有增加，而 H$_2$ 和 CO$_2$ 的含量则略有下降。因此，提高温度有利于提高氢气的利用率；图 3.47 为设定初始条件为 O$_2$ 20mol、H$_2$ 20mol、C 30mol 时，C-H$_2$-O$_2$-H$_2$O-CO-CO$_2$ 体系的平衡成分与压力的关系曲线。在 1500℃下，体系压力的变化对平衡组分含量的影响并不显著。

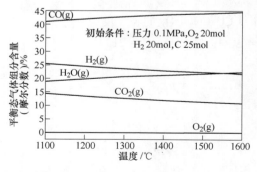

图 3.46　C-H$_2$-O$_2$-H$_2$O-CO-CO$_2$ 体系
气体平衡成分与温度关系图

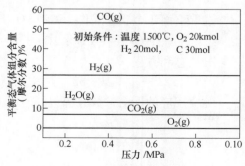

图 3.47　C-H$_2$-O$_2$-H$_2$O-CO-CO$_2$ 体系
气体平衡成分与压力关系图

3.7.1.2 高温氢冶金流程分析

向铁浴炉下部喷吹氢气，能否通过控制碳的燃烧率，用还原性能优良的氢气来代替碳作为还原剂，从而减轻碳热还原所需的热负荷，达到加快还原速度和降低碳耗的目的？如果这种想法可行，将会推动 HIsmelt 等铁浴式熔融还原技术的发展。在此可分碳过剩、碳不足和全氢还原三种情况进行讨论，见图 3.48。

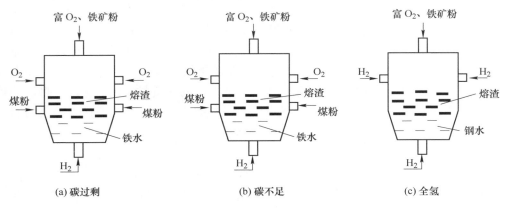

图 3.48　高温氢冶金模式

A　碳过剩

如图 3.48（a）所示，向原铁浴炉中喷吹少量氢气，控制碳的燃烧率，使 C:O>1:1。高温条件下（1500℃），喷入铁浴炉内的氢气和煤粉可以很快地与氧化铁发生还原反应，同时，高温下碳也与 H_2O 发生反应：

$$C(s) + H_2O(g) == H_2(s) + CO(g)$$

由热力学计算可知，$C-H_2-O_2-H_2O-CO-CO_2$ 体系的平衡成分中只有 CO 和 H_2，没有 H_2O 和 CO_2。因此，在碳过剩的条件下，通过向铁浴炉下部喷吹 H_2 不能降低还原反应的热负荷。这是由于通入高温区的氢气虽然能够与氧化铁反应，但同时碳也非常容易与 H_2O 发生反应，从而使 H_2O 又转变为 H_2。根据盖斯定量，铁浴炉内的氧化铁还原反应的吸热量并未发生本质改变，高温条件下，这种反应同样需要吸收大量热量。因此在碳过剩条件下，喷吹氢气不能减少下部还原区所需的热量。

B　碳不足

由图 3.48（b）可知，在 1500℃碳不足的条件下，平衡气体成分中将会出现 H_2O 和 CO_2，其含量多少与喷吹的氢气和煤粉比例有关，随着煤粉量的增加，平衡气体成分中的 H_2O 和 CO_2 不断减少，而 CO 和 H_2 含量则不断升高，当 C 和 H_2 的摩尔比大于 2:1 时，平衡气体成分中的 H_2O 和 CO_2 消失。因此，要想通过向

HIsmelt 铁浴炉中喷吹氢气，减轻氧化铁还原所需的热负荷，除非改变 HIsmelt 现有的流程工艺，使铁浴炉内的碳处于不足状态，即控制碳的燃烧率，使 C：O < 1：1。计算发现，1500℃时，$C-H_2-O_2-H_2O-CO-CO_2$ 平衡体系中的 $H_2：H_2O$ 不但与 C：O 有关，而且与 H_2：C 有关。随着 C：O 的升高，$H_2：H_2O$ 不断升高；而当 C：O 一定时，H_2：C 越高，$H_2：H_2O$ 也越高。图 3.49 为不同 H_2：C 条件下，吨铁还原能耗变化曲线。

    由图 3.49 可知，随着 H_2/H_2+C 的提高，吨铁理论还原能耗不断降低，全碳熔态还原的吨铁理论能耗约为 4GJ，而全氢熔态还原的吨铁还原理论能耗约为 0.85GJ。可见，向熔炼炉内喷吹氢气，吨铁还原能耗要明显低于全碳还原的还原理论能耗，而且 H_2：C 越高吨铁理论还原能耗越低。因此，通过尝试减少喷煤量和增加氢气喷吹量能够减轻铁浴炉下部还原所需的热负荷，但是会改变目前铁浴法熔融还原炼铁的设计与相关工艺路线，是新的炼铁技术，还有许多相关的问题尚未提出和解决，是氢冶金技术研究的新课题。

    C   全氢操作

    如果进一步减少喷煤量，直至仅喷吹氢气，则更是一种全新的钢铁流程。该流程可以直接从铁矿粉一步生产低碳、低磷、低硅、高硫铁水，这将会彻底改变现代钢铁厂的流程模式。不同温度下固态和熔态氢气还原的吨铁理论耗氢量曲线见图 3.50。可知，在 1400~1600℃的温度范围内，铁矿石固态和熔态氢气还原的理论吨铁耗氢量均随温度的升高而降低；相同温度下，熔态还原需要的氢气量要高于固态还原。与低温氢冶金工艺（700℃左右）相比，高温熔态铁矿石氢气还原的理论吨铁耗氢量大幅降低。

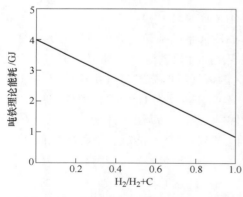
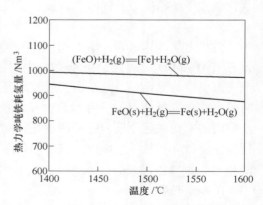

图 3.49 吨铁能耗与 H_2/H_2+C 关系图   图 3.50 热力学吨铁耗氢量随温度变化曲线

    高温全氢冶金新工艺可以降低还原热负荷，减少二氧化碳等有害气体排放，从而可以实现节能降耗和绿色冶金。但其核心问题是，如何解决低能耗低成本制氢问题，否则只是在转移问题的矛盾，根本无法解决炼铁全流程的高能耗与大排放问题。因此，高温全氢冶金工艺的实现，有赖于制氢技术的根本突破以及无碳铁水冶炼工艺的技术革命。

3.7.2 低温氢冶金

传统气基还原工艺，多以裂化天然气作为还原气，主要成分以 H_2 和 CO 为主，采用纯氢还原的很少。20 世纪 50 年代开发的 H-Iron 流程是传统全氢还原工艺的代表，该工艺采用高压、低温流化操作（2.75MPa、540℃），反应器为三层流化床，氢气纯度达到 96%，终还原金属化率为 98%，反应时间为 45h，氢气的一次利用率仅为 5%。由于追求过高的金属化率高，采用的反应温度低，矿粉粒度较大（<20 目），因此反应时间很长，生产效率低下。同时过低的氢气利用率，必然要求对氢气的循环利用，这也增加了生产的成本，目前该工艺已被淘汰。此外，Circored 工艺也属于全氢还原工艺，它是在循环流化床中采用纯氢气还原粒度小于 1mm 的铁矿粉，再将循环流化床出来的铁矿粉，进一步在普通流化床中用氢气还原 4h，金属化率达到 98%，但普通流化床还原工艺的黏结问题限制了 Circored 工艺的进一步发展。目前，开发新的有生命力的全氢还原工艺，对氢冶金技术的发展和扩大氢气在冶金领域的应用有着重要的现实意义。

3.7.2.1 全氢流程主要挑战与对策

由于气体来源问题，目前的低温气基还原主要利用 H_2、CO 混合气体来作还原剂，单纯用氢气还原很少出现。虽然使用氢气还原的速度要明显快于 CO 还原的速度，但是下面几个方面是纯氢还原的主要难题。

（1）吸热与供热问题。

$$\frac{1}{4} Fe_3O_4 + H_2 =\!=\!= \frac{3}{4} Fe + H_2O \qquad \Delta H_{H_2}^{\ominus} = 47400 J/molFe$$

由于氢气还原氧化铁为吸热反应，因此，选择快速高效的供热方式，是提高生产效率的基础。对单级流化床全氢还原工艺来说，以气体物理热供热为例，计算生产 1t 金属铁所需要的氢气量，热力学计算过程如下：

1）预热矿粉。将矿粉预先加热到反应的温度，假定反应温度为 973K，加入反应器中与氢气进行还原反应。此时，氢气的物理热只用来提供反应热，则有：

$$Q_{H_2} = \frac{n_{Fe} \Delta H_{H_2}^{\ominus}}{C_{H_2} \Delta T}$$

2）不预热矿粉。将矿粉在常温下加入反应器中与氢气进行还原反应，此时氢气的物理热既用来加热炉料，同时提供反应热。则有：

$$Q'_{H_2} = \frac{n_{Fe}(\Delta H^{\ominus}_{H_2} + \Delta H_{Fe_3O_4})}{C_{H_2}\Delta T}$$

式中，Q'_{H_2}，Q_{H_2} 分别为氢气用量；ΔT 为氢气温降；n_{Fe} 为生成金属铁的摩尔数；$\Delta H^{\ominus}_{H_2}$ 为氢气还原磁铁矿每生成 1mol 铁的反应焓；$\Delta H_{Fe_3O_4}$ 为磁铁矿的比热焓；C_{H_2} 为氢气的比热容。

图 3.51 为在矿粉预热的情况下，氢气用量随氢气温降变化的关系图，图中斜线部分为受热力学控制区域。从图 3.51（a）中可以看出，由于氢还原氧化铁为吸热反应，因此全氢还原需要的氢气量很大；氢气的换热效率对氢气用量起着决定作用，当氢气温降为 100K 时，氢气用量为 6394m^3，而氢气温降为 300K 时，氢气用量为 2100m^3；同时氢气的换热效率和氢气温度有关，当氢气温度较高时，氢气温降较高，反之则较低。因此，从热平衡的角度说，需要将氢气预热到较高的温度，但考虑到由于反应温度的提高，对使用粉料的流化床工艺来说，物料出现黏结的趋势就会越大，而且高温氢气对设备的要求也较高，综合考虑以上因素，反应温度选择 700℃为宜。图 3.51（b）为用氢气物理热同时加热炉料和提供反应热时，氢气用量与氢气温降关系图。比较图 3.51（a）、（b）可以看出，图 3.51（b）的氢气用量要明显高于图 3.51（a），当氢气温降为 300K 时氢气用量为 3709m^3，因此单纯采用氢气物理热的方式供热，消耗氢气的量很大。

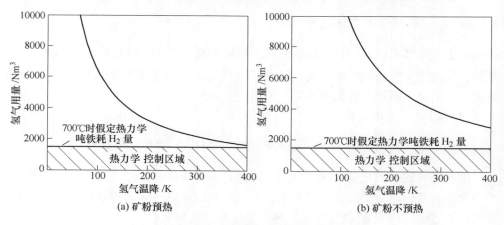

图 3.51　氢气用量与氢气温降的关系

（2）气体利用率低。用磁铁矿作原料，生产 1t 金属铁的理论氢气用量为 $Q_L = 533m^3$。

1）预热矿粉时，氢气的利用率为：

$$\eta_1 = \frac{Q_L}{Q_{H_2}}$$

2）不预热矿粉时，氢气的利用率为：

$$\eta_2 = \frac{Q_L}{Q'_{H_2}}$$

式中，η_1，η_2 分别为氢气利用率。

不同温降下氢气的利用率见图 3.52，图中斜线部分为受热力学控制区域。由图 3.52（a）可以看出全氢还原气体利用率很低，当氢气温降为 300℃ 时（矿粉预热），氢气利用率约为 25% 左右，而图 3.52（b）中氢气温降为 300℃ 时，氢气利用率只有 14%。过低的氢气利用率必然要求对氢气进行循环利用，对氢气重新进行加压、升温，由此必然造成生产能耗和成本的增加。

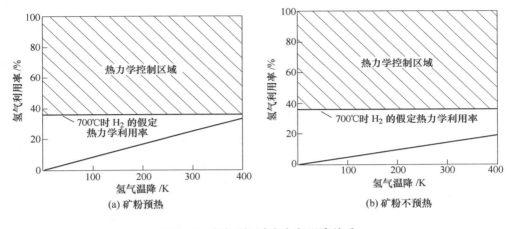

图 3.52　氢气利用率与氢气温降关系

（3）全氢流化床工艺发展对策。由以上分析可知，传统的全氢流化床工艺存在着气体利用率低、氢气消耗量大等诸多问题。其中，如何解决反应器的高效供热问题，是全氢冶金技术的关键。因此，新的全氢流程应该具有更好的供热能力和更高的生产效率，符合节能减排的技术要求。

1）矿粉预热。从上述分析可知，矿粉事先预热，将会大幅度降低一次氢气消耗量，因此，全氢流化床矿粉还原流程中矿粉预热应是重要的一道工序。H-Iron 法没有矿粉预热环节，导致吨铁一次能耗过高，已被淘汰。

2）多级还原。从上述分析可知，氢气的温降对吨铁氢气的消耗量影响很大，温降越小，氢气消耗越多，过程能耗增加。而流化床的特点是气固充分接触，床内颗粒混匀好，温度均匀，因此氢气的温降必然较低。为了弥补流化床气体温降小的缺点，可采用多级流化床来提高氢气的温降。比如，一级流化床氢气降温为 100℃，则三级流化床的氢气降温就可达到 300℃，这样就可明显降低氢气的消耗量、提高了氢气的利用率。

3.7.2.2　流化床低温富氢还原流程分析

Finmet 流程是富氢流化床直接还原工艺的代表，已实现工业化。该工艺以天然气为主体能源，采用四级流化床反应器（第一级为预热流化床，后三级为还原流化床），还原剂一般采用天然气，还原率达 90% 以上，所得直接还原铁粉中碳含量在 0.5%~3.0% 之间，对矿石的要求较高，无法处理大量的低品位矿，对过细的矿粉也无法处理，同时要求矿粉粒度小于 12mm，生产能力较低，而且容易出现黏结现象，由于采用高压操作，对设备的要求也较高，这些都限制了它的进一步发展。此外，FINEX、DIOS、AISI 和 HIsmelt 等熔融还原工艺也均采用流化床作为预还原反应器。

（1）反应供热。富氢气体中存在一定比例的 CO，因此铁矿粉的还原过程包括氢气还原氧化铁和 CO 还原氧化铁。

氢气的还原属于吸热反应，而 CO 的还原过程是微放热过程，因此使用富氢气体作为还原剂，还原气体的消耗量将有所降低。

1）预热矿粉。将矿粉预先加热到反应的温度，加入反应器中与还原气进行还原反应。此时，还原气的物理热只用来提供反应热，则有：

$$Q = \frac{n_{Fe}\left[(1 - x_{CO})\Delta H_{H_2}^{\ominus} - x_{CO}\Delta H_{CO}^{\ominus}\right]}{C_{气}\Delta T}$$

2）不预热矿粉。将矿粉在常温下加入反应器中与氢气进行还原反应，此时，还原气的物理热既用来加热炉料，同时提供反应热。假定反应温度为 973K，则有：

$$Q' = \frac{n_{Fe}(\Delta H_{H_2}^{\ominus} + \Delta H_{Fe_3O_4}^{\ominus})}{C_{气}\Delta T}$$

式中，Q'，Q 为还原气用量；$\Delta H_{CO}^{\ominus}$ 为 CO 还原磁铁矿每生成 1mol 铁的反应热熵；$C_{气}$ 为还原气的比热容；x_{CO} 为还原气中 CO 的百分含量。

图 3.53 为富氢气体用气量与成分间的关系，图中斜线部分为受热力学控制区域。由于 CO 还原的放热效应，富氢还原比全氢还原需要的还原气量明显降低，当 CO 比例为 25%，气体温降为 200K 时，富氢还原需要 2390m³，而全氢还原则需要 3160m³；当气体温降大于 300K 时，即使继续增加气体的温降，还原气用量也很难再进一步降低，这是由于此时气体用量的限制性环节，已由受供热环节控制转变为受反应热力学控制；如果不对矿粉进行预热，则气体用量将大幅度增加。此时，就必须要求还原气提供更多的物理热，并最大限度提高气体物理热的利用效率。

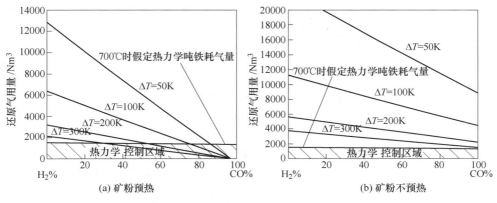

图 3.53　还原气用量与还原气成分关系图

（2）气体利用率。富氢气体的利用率也分为矿粉事先预热和不预热两种，它们随氢气成分的变化见图 3.54，图中斜线部分为热力学控制区域。在一定范围内，通过提高气体物理热的利用效率，可以明显提高气体利用率，但当气体温降大于 300K 时，气体利用率很难再进一步增加，约为 35%。总的来说富氢气体的利用率将高于全氢气体利用率。

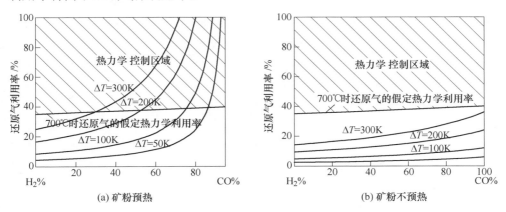

图 3.54　还原气利用率与还原气成分关系图

参 考 文 献

[1] 黄希祜. 钢铁冶金原理 [M]. 北京：冶金工业出版社，1990.

[2] 张殿伟. 低温快速还原炼铁新技术的基础研究 [D]. 北京：钢铁研究总院，2007.

[3] 赵沛，郭培民. 煤基低温冶金技术的研究 [J]. 钢铁，2004，39（9）：1~6.

[4] Zhao Pei, Guo Peimin. New coal-based low-temperature metallurgy [A]. The Tenth Japan-China Symposium on Science and Technology of Iron and Steel [C]. 2004: 67~74.

[5] 赵沛，郭培民，张殿伟. 机械力促进低温快速反应的研究 [J]. 钢铁钒钛，2007，28 (2)：1~5.

[6] 赵沛，郭培民. 纳米冶金技术的研究及前景 [A]. 2005 中国钢铁年会 [C]. 北京，2005.

[7] 赵沛，郭培民. 储能铁矿粉的还原热力学 [J]. 钢铁，2007，42 (12)：7~10.

[8] 张殿伟，郭培民，赵沛. 机械力促进炭粉气化反应 [J]. 钢铁研究学报，2007，19 (11)：10~12.

[9] 赵沛，郭培民. 粉体纳米晶化促进低温冶金反应的研究 [J]. 钢铁，2005，40 (6)：6~9.

[10] 张殿伟，郭培民，赵沛. CO/CO_2 气氛对 Fe_3C 形成的影响规律 [J]. 钢铁研究，2007，35 (1)：20~22.

[11] 曹朝真，郭培民，赵沛，庞建明. 焦炉煤气自重整炉气成分与温度变化规律研究 [J]. 钢铁，2009，44 (4)：11~15.

[12] Zhao Pei, Guo Peimin, Fundamentals of fast reduction of ultrafine iron ore at low temperature [J]. Journal of University of Science and Technology Beijing, 2008, 15 (2)：104~109.

[13] 曹朝真，郭培民，赵沛，庞建明. 高温熔态氢冶金技术研究 [J]. 钢铁钒钛，2009，30 (1)：1~5.

[14] 曹朝真，郭培民，赵沛，庞建明. 流化床低温氢冶金技术分析 [J]. 钢铁钒钛，2008，29 (4)：1~6.

[15] 陈家祥. 炼钢常用图表数据手册 [M]. 北京：冶金工业出版社，1984.

4　低温气基还原动力学基础

气基铁矿粉还原动力学是铁矿粉还原的基础。本章介绍低温下氧化铁的还原动力学基本规律，还原动力学模型及限制性环节分析，重点阐述在传统的未反应核模型基础上发展的氧化铁还原与气体氧化的耦合模型。该模型可以较好地将微观条件与真实反应体系的工况条件相联系，可以为设计相关的反应器与操作参数提供依据。

4.1　低温非平衡条件下氧化铁还原顺序

氧化铁（Fe_2O_3）的还原反应是冶金学最重要且最基本的化学反应之一。长期以来，人们认为氧化铁的还原过程分为两种情况：当温度大于 570℃ 时，Fe_2O_3 先被还原成 Fe_3O_4（磁铁矿），然后还原成 FeO（浮氏体），最后还原生成金属铁；当温度低于 570℃ 时，Fe_2O_3 先被还原成 Fe_3O_4，然后直接还原成金属铁。上述逐步还原顺序为研究者广泛采用。

我们在研究中发现：当反应温度低于 570℃ 时，用 CO、H_2 等还原性气体还原氧化铁时，产物中存在浮氏体，本节将对此现象进行系统的研究，以揭示氧化铁在低温非平衡态条件下（<570℃）逐步还原的动力学规律[1,2]。

4.1.1　纯 CO（H_2）还原时还原产物的物相分析

图 4.1 为 400~550℃ 温度范围内纯 CO 气体还原澳矿的产物物相分析。由图

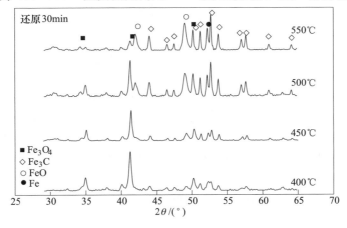

图 4.1　不同温度下用 CO 还原赤铁矿时的反应产物 X 射线衍射图

可以看出，不同反应温度下的产物中都含有金属铁、碳化铁、浮氏体和磁铁矿；随着还原温度的提高，磁铁矿的相对含量逐渐下降，而金属铁、碳化铁、浮氏体的含量逐渐增加。用 H_2 还原澳矿时，还原产物有金属铁、浮氏体和磁铁矿，而无碳化铁，见图 4.2。相比之下，用纯 CO 还原磁铁矿时，由于磁铁矿不易还原，产物中主相仍为磁铁矿，并含有金属铁和浮氏体，还未出现碳化铁。

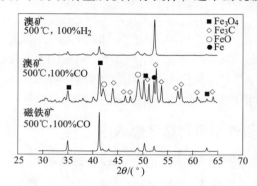

图 4.2　不同条件下产物的 X 射线衍射图

4.1.2　不同还原气氛对还原产物的影响

在 450℃ 条件下，考察了不同 CO_2 含量的还原气氛对还原产物的影响，结果见图 4.3。当用纯 CO 还原赤铁矿时，还原产物中有金属铁、碳化铁、浮氏体和磁铁矿；当还原气体中含有 18% 的 CO_2 时，还原率明显降低，浮氏体的含量也下降很多；当还原性气体中 CO_2 含量达到 36% 时，还原产物中仅有磁铁矿和金属铁相存在，浮氏体消失。

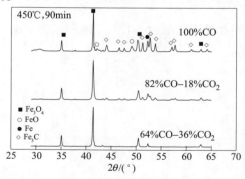

图 4.3　还原气体成分对产物物相的影响

4.1.3　低温下 Fe_2O_3 还原的热力学平衡图

用 CO（或 H_2）还原 Fe_2O_3 的平衡图见图 4.4（或图 4.5）中实线（即传统

的"叉子图")。由于 FeO 在低于 570℃条件下并不能稳定存在，因此在平衡条件下，低于 570℃时的还原产物依次为 Fe_3O_4 和 Fe。根据热力学平衡图只能得到反应平衡时的产物物相，并不能得到动力学的还原机理。但是很多文献根据平衡态时的相转变关系得到了动力学的逐步还原机理，并且还应用于动力学分析及数学模型中。

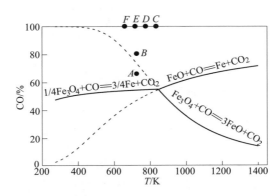

图 4.4　CO 还原氧化铁的平衡图

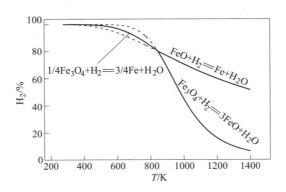

图 4.5　H_2 还原氧化铁的平衡图

在本试验中对氧化铁在 CO 中 500℃下进行了长时间的还原反应，即 10h，对还原产物进行 X 射线衍射，结果见图 4.6。由图可以看出，还原时间足够长，氧化铁完全还原成金属铁（包括碳化铁），此时产物中 FeO 和 Fe_3O_4 均消失，即氧化铁的还原已经达到平衡。

4.1.4　低温下 Fe_2O_3 还原过程真实的动力学剖析

4.1.4.1　典型成分-温度点的还原反应

上述热力学平衡图主要借助于 Fe-O 相图。相图是在平衡条件下得到的，而

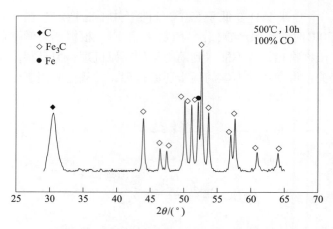

图 4.6　氧化铁长时间还原产物的 X 射线衍射图

实际的反应往往处于非平衡条件，反应过程中会出现一些非稳定的物相，当反应达到平衡时，这些非稳定物相也会消失，即所谓的稳定状态（或平衡态）。

从图 4.4 可见，当温度高于 570℃ 时，还原反应 $FeO+CO=Fe+CO_2$ 位于还原反应 $Fe_3O_4+CO=3FeO+CO_2$ 的上方，如果将这两条反应曲线延长到 570℃ 以下，它们的上下顺序就会颠倒，见图 4.4 虚线。这说明在低于 570℃ 条件下，即使发生 $Fe_3O_4+CO=3FeO+CO_2$ 还原反应，还原反应 $FeO+CO=Fe+CO_2$ 也会随之发生，因此最终的反应式仍为 $1/4Fe_3O_4+CO=3/4Fe+CO_2$。但是还原反应 $FeO+CO=Fe+CO_2$ 反应速度是有限的，只要 CO 浓度能够满足 $Fe_3O_4+CO=3FeO+CO_2$ 反应进行的要求，在 $1/4Fe_3O_4+CO=3/4Fe+CO_2$ 反应进行的同时，$Fe_3O_4+CO=3FeO+CO_2$ 反应同时进行。因此，还原过程中就会出现 Fe_3O_4、FeO、Fe 共存的现象。

选择有代表性的成分点进行分析：当用纯 CO 还原 Fe_2O_3 时（<570℃），$Fe_3O_4+CO=3FeO+CO_2$ 反应能够进行，$1/4Fe_3O_4+CO=3/4Fe+CO_2$ 和 $FeO+CO=Fe+CO_2$ 也能进行，因此反应的产物中存在 Fe_3O_4、FeO 和 Fe 相，即图 4.4 中 C、D、E、F 点。

图 4.4 中的 B 点，虽然还原气体中存在 18% 的 CO_2，但是仍能满足 $Fe_3O_4+CO=3FeO+CO_2$ 反应进行的要求，因此反应产物中依然存在 Fe_3O_4、FeO 和 Fe 相。

而图 4.4 中的 A 点，还原气体中含有 36% 的 CO_2，已不能满足 $Fe_3O_4+CO=3FeO+CO_2$ 反应进行的要求，因而反应中不能生成 FeO 相。反应产物的物相只有 Fe_3O_4 和金属铁，并不存在 FeO。

使用氢气还原也有与 CO 还原类似的规律。在纯氢气条件下（<570℃），还原产物中也含有 FeO 相。

4.1.4.2 浮氏体的稳定性

从上述分析中可知，浮氏体的稳定性直接关系低温下氧化铁的还原机理。将在 500℃下还原得到的样品放在干燥器中，在室温下放置 60 天后重新进行物相分析，它的 X 射线衍射图与当初还原后的 X 射线衍射图几乎一样（见图 4.7）。可见，室温下浮氏体是相当稳定的。

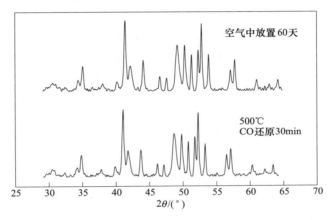

图 4.7 还原产物在空气中室温放置 60 天前后的 X 射线衍射图

将还原后的样品放在氩气中，然后在 500℃下恒温 300min，经 X 射线衍射分析样品中的浮氏体含量明显下降，而磁铁矿和金属铁的含量增加（图 4.8），由此可知，在 500℃条件下，浮氏体不能稳定存在，分解成磁铁矿和金属铁，然而 X 射线衍射中仍有部分浮氏体相存在，说明浮氏体的分解速度有限。

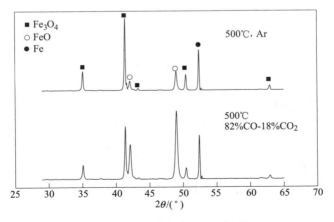

图 4.8 还原产物在氩气中 500℃恒温 300min
前后的 X 射线衍射图

因此，在氧化铁的还原过程中（<570℃），当将磁铁矿还原成浮氏体时，生成的浮氏体由于分解速度较慢，短时间内难以完全分解，从而滞留在产物中。

4.1.4.3　低温条件下 Fe_2O_3 的还原动力学顺序

根据上述实验结果与分析，可以得到低温下（<570℃） CO 或 H_2 还原 Fe_2O_3 的过程的还原机理，此过程处于非平衡状态，其还原机理比较复杂可分为两类：

（1）当还原气体成分不能满足 $Fe_3O_4 + CO(H_2) \rightarrow 3FeO + CO_2(H_2O)$ 反应时 Fe_2O_3 的还原顺序为 $Fe_2O_3 \rightarrow Fe_3O_4 \rightarrow Fe$，反应式如下：

$$3Fe_2O_3 + CO(H_2) = 2Fe_3O_4 + CO_2(H_2O)$$

$$1/4Fe_3O_4 + CO(H_2) = 3/4Fe + CO_2(H_2O)$$

（2）当还原气体成分能够满足 $Fe_3O_4 + CO(H_2) \rightarrow 3FeO + CO_2(H_2O)$ 反应：

Fe_2O_3 的还原顺序既包括 $Fe_2O_3 \rightarrow Fe_3O_4 \rightarrow Fe$，也包括 $Fe_2O_3 \rightarrow Fe_3O_4 \rightarrow FeO \rightarrow Fe$，即：

4.1.5　Fe_3C 生成顺序

由第 3 章 Fe_3C 的还原热力学，并考虑到非平衡态情况时，在低温下（<843K）Fe_3C 生成的反应顺序可分为以下几种情况：

（1）当 CO% 低于反应 $1/4Fe_3O_4 + CO = 3/4Fe + CO_2$ 的要求时，没有 Fe_3C 的生成；

（2）当 CO% 高于反应 $1/4Fe_3O_4 + CO = 3/4Fe + CO_2$ 的要求而低于 $Fe_3O_4 + CO = 3FeO + CO_2$ 的要求时，Fe_3C 的生成过程只有一种：

$$Fe_2O_3 \rightarrow Fe_3O_4 \rightarrow Fe \rightarrow Fe_3C$$

（3）当 CO% 高于反应 $Fe_3O_4 + CO = 3FeO + CO_2$ 的要求而低于 $Fe_3O_4 + 6CO = Fe_3C + 5CO_2$ 的要求时，Fe_3C 的生成过程为：

4.2 铁矿还原动力学模型

铁矿的气基还原过程实际上包括两个部分，一部分是氧化铁被还原成低价氧化铁直至金属铁，另一部分是气体还原剂被氧化成 H_2O 或 CO_2。未反应核模型是针对第一部分，即以氧化铁还原为核心，可以研究出影响氧化铁还原速度的主要因素。而气体的氧化过程研究长期被忽略，其实它也是非常重要的变量，在高炉上部、气基直接还原、熔融还原预还原，为了减少吨铁气耗，就要尽可能提高气体的氧化程度。气体的氧化和氧化铁的还原是一对矛盾体，又是统一体。传统的未反应核模型，假定气体还原剂浓度是定值，即在充分过量情况下研究动力学规律。而实际的还原过程，随着还原的进行，气体还原剂的浓度是逐渐在下降的，因此，用传统未反应核模型得到的规律将与实际还原存在较大差距。本节将系统研究铁矿的还原反应动力学。

4.2.1 矿粉还原未反应核模型

铁的氧化物有 Fe_2O_3、Fe_3O_4、FeO。当还原温度高于 570℃ 以上时，以及还原气体有一定的浓度，即可发生逐级还原反应；温度低于 570℃，虽然可以发生如 4.1 节的非平衡反应，但是 FeO 产生的还原势要高于金属铁的还原势，虽然还原过程能够产生一些 FeO，但其产生量很低，因此在建立动力学模型时，可以忽略非平衡动力学的影响。

最简单的未反应核模型为单界面模型，最适合的情况是从 $Fe_2O_3 \rightarrow Fe_3O_4$、$Fe_3O_4 \rightarrow FeO$、$FeO \rightarrow Fe$，以及从 $Fe_3O_4 \rightarrow Fe$（低于 570℃），每一种对应于一定还原剂浓度，这可从 H_2 或 CO 还原氧化铁的平衡图上获得，对于 $Fe_2O_3 \rightarrow Fe_3O_4$ 还原，如果还原剂浓度高了，就有可能产生 FeO 或金属铁。在熔融还原预还原等过程，氢气浓度足够高时，Fe_2O_3 的还原过程固态产物就有可能包括 Fe_2O_3、Fe_3O_4、FeO、Fe，即产生了多界面反应。有时为了简化过程可统一用单界面模型。

假定气体还原剂为 A（H_2 或 CO），气体产物为 P（H_2O 或 CO_2），原始固态氧化物为 B（Fe_2O_3、Fe_3O_4 或 FeO），固态产物为 Q（Fe_3O_4、FeO 或 Fe）（参见图 3.9），则反应式为：

$$A + bB \xrightarrow{\hspace{1cm}} P + qQ$$

令固体颗粒半径为 r_0（m）；气相反应物浓度为 c_0（mol/m^3）；固态颗粒的氧摩尔浓度为 ρ_0（mol/m^3）；$c_平$ 为还原反应的还原气体平衡浓度（mol/m^3）；β 为外扩散传质系数（m/s）；D_e 为有效扩散系数（m^2/s）；k 为化学反应速率常数（m/s）；K 为还原反应平衡常数；τ 为还原时间。外扩散、内扩散和界面化学组合在一起，可以推导出还原分数 f 的计算公式[3]：

$$\frac{r_0 \rho_0}{3(c_0 - c_{\text{平}})} \frac{\mathrm{d}f}{\mathrm{d}\tau} = \frac{1}{\dfrac{1}{\beta} + \dfrac{r_0}{D_e}\left[\dfrac{1}{(1-f)^{1/3}} - 1\right] + \dfrac{K}{k(1+K)} \dfrac{1}{(1-f)^{2/3}}} \qquad (4.1)$$

$$\tau = \frac{\rho_0 r_0}{c_0 - c_{\text{平}}}\left\{\frac{f}{3\beta} + \frac{r_0}{6D_e}[3 - 2f - 3(1-f)^{2/3}] + \frac{K}{k(1+K)}[1 - (1-f)^{1/3}]\right\} \qquad (4.2)$$

β 可通过下式计算：

$$\frac{2\beta r_0}{D} = 2 + 0.6 Re^{1/2} Sc^{1/3} \qquad (4.3)$$

$$Re = \frac{2r_0 u_g \rho_g}{\eta_g} \qquad (4.4)$$

$$Sc = \frac{\eta_g}{\rho_g D} \qquad (4.5)$$

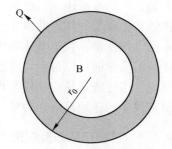

图 4.9　铁氧化物颗粒的
还原示意图

式中，Re，Sc 分别为雷诺数、施密特数；u_g、ρ_g、η_g 分别为气体的流速、密度、黏度；D 为外扩散系数。

D_e 可通过下式计算：

$$D_e = D\varepsilon\xi \qquad (4.6)$$

式中，D 为气体在自由空间内的扩散系数；ε 为固体颗粒的孔隙率；ξ 为迷宫系数。

　　未反应核模型对研究氧化铁的还原微观机理是有效的，特别在确定反应限制性环节方面有重要作用。但是上述未反应核模型前提是气相反应物浓度为 c_0 在反应前后不变，也就是反应产生的气体产物浓度很小，不足以影响气相反应物的浓度，主要是测定化学反应速率 k 和内扩散系数，因此，试验的前提是气矿比足够大，以保证 c_0 在反应前后不变。而实际的反应体系反应前后 c_0 变化很大，再用未反应核模型求解偏差将会很大。

4.2.2　还原限制环节性确定

4.2.2.1　氢气还原介质

　　氢气的扩散系数 D，在 $600 \sim 1000℃$ 之间的数值在 $0.9 \times 10^{-4} \sim 1.8 \times 10^{-4}\,\mathrm{m^2/s}$，$D$ 的计算公式可近似用[3]：

$$D_{H_2} = 0.0084\exp\left(\frac{-16187}{RT}\right) \quad (873 \sim 1273\text{K})$$

　　氢气在铁矿颗粒中的扩散系数，取决于颗粒的孔隙率与迷宫系数。烧结矿与氧化球团的孔隙率较大，而天然矿粉的孔隙率略小于烧结矿，磁铁矿较为致密。烧结矿的 $\varepsilon\xi$ 在 0.05~0.1 左右，进口赤铁矿（或褐铁矿）的 $\varepsilon\xi$ 在 0.01~0.05 之间，磁铁矿粉的 $\varepsilon\xi$ 在 0.001~0.01 之间。

氢气还原氧化铁的反应速率常数 k 为 0.001~0.03m/s 之间（600~900℃）。

在流化床或竖炉还原中，气速要高于 0.5m/s，外扩散的影响是很小的，因此，本节重点比较内扩散与界面化学反应的作用。

界面化学反应的阻力为：
$$\frac{K}{k(1+K)}\left[1-(1-f)^{1/3}\right]$$

内扩散的阻力为：
$$\frac{r_0}{6D_e}\left[3-2f-3(1-f)^{2/3}\right]$$

界面化学反应阻力占总阻力的分数见图4.10。界面化学反应阻力与粒度、矿物属性、还原温度和还原分数有关。随着还原分数的提高，化学界面阻力所占分数逐步下降；随着矿粉致密度的提高，化学界面阻力所占分数逐步下降；矿粉粒度越小，化学界面阻力所占分数上升，随着温度的提高，化学界面阻力所占分数逐步下降。

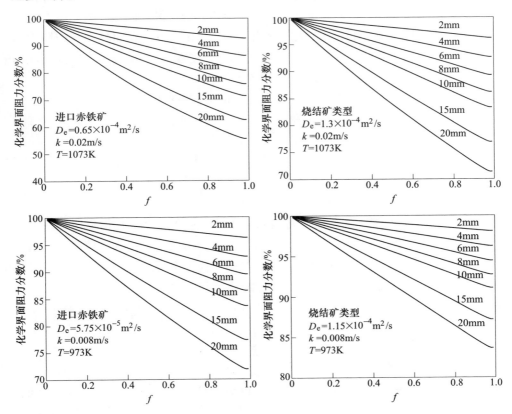

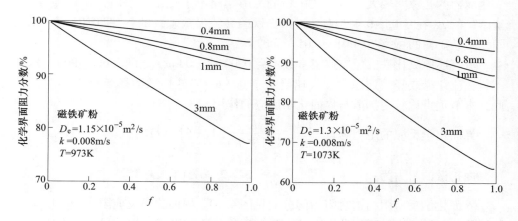

图 4.10　氢气还原不同粒度矿粉的化学界面阻力分数图

如果在流化床中使用进口赤铁矿类型矿粉，6mm 以下，化学界面阻力就可以占到 80% 以上，因此可以认为化学反应是控速环节。但在竖炉中使用的球团或烧结矿，由于粒度较大，还原过程是由化学反应和内扩散共同控制的。

对于精矿粉类型，由于矿粉比较致密，在 1mm 以下，界面化学反应阻力可达 90% 以上，对于我国的精矿粉，粒度在平均粒度在 0.5mm 以下。因此，在精矿粉的还原过程，就可以认为是化学反应控速。

因此对于氢气还原细微矿粉，未反应核模型可简化为：

$$\frac{r_0 \rho_0}{3(c_0 - c_平)} \frac{\mathrm{d}f}{\mathrm{d}\tau} = \frac{1}{\dfrac{K}{k(1+K)} \dfrac{1}{(1-f)^{2/3}}} \tag{4.7}$$

$$\tau = \frac{\rho_0 r_0}{c_0 - c_平} \frac{K}{k(1+K)} [1 - (1-f)^{1/3}] \tag{4.8}$$

从式（4.8）可见，影响还原时间的因变量包括还原率、化学反应速率、有效气体摩尔浓度和矿粉粒度。在一定的还原率下，可通过提高反应速率、提高有效气体摩尔浓度和降低矿粉粒度等手段。提高反应速率可通过适度通过反应温度或通过催化剂等实现。提高有效气体摩尔浓度，可通过提高还原气体体积分数和增压等手段实现。

4.2.2.2　CO 还原介质

CO 的扩散系数 D，在 600~1000℃ 之间的数值在 $1 \times 10^{-5} \sim 3 \times 10^{-5} \mathrm{m}^2/\mathrm{s}$，还原氧化铁的还原速率常数 0.001~0.005m/s(600~900℃)。与氢气还原氧化铁相似，界面化学反应阻力占总阻力的分数见图 4.11。可见，界面化学反应阻力分数的变

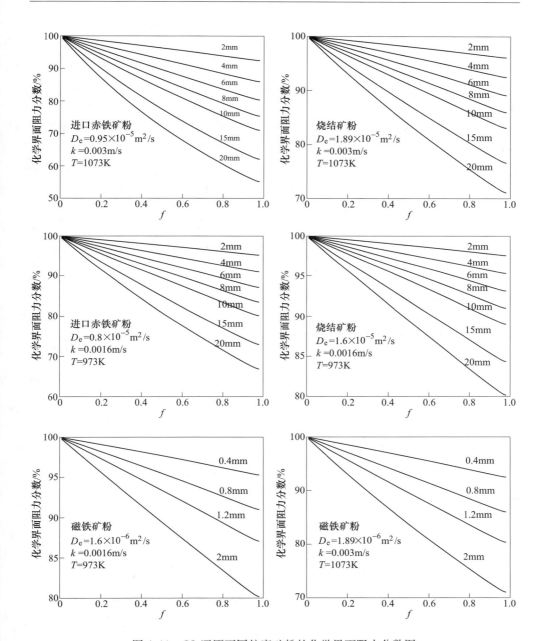

图 4.11　CO 还原不同粒度矿粉的化学界面阻力分数图

化规律与氢还原相似，对于进口的矿粉（赤铁矿、褐铁矿等）与烧结矿粉，矿粉平均粒度小于 6mm，化学反应为控速环节。对于我国的精矿粉，化学反应为控速环节。

4.2.3 分阶段未反应核模型

在诸多矿粉动力学试验中，使用高浓度的氢气与 CO 还原表现出不同的物相变化规律：使用 CO 作为还原气体，当还原率较高时，通过 X 射线衍射表明，颗粒的物相主要为金属铁和 FeO，这表明从 Fe_2O_3 到 FeO 的还原是迅速的，而从 FeO 到金属铁的还原相对较慢（见图 4.12）；使用氢气作为还原气体，通过 X 射线衍射表明，存在 Fe_3O_4、FeO 和 Fe 三相，并且 FeO 很少，可简单认为是 Fe_3O_4 和金属铁两相（见图 4.13）。若以单一的未反应核模型来表征动力学规律，将会发现会产生一定差异（在后面还将介绍）。因此，建立分阶段模型更能反映实际状况，这也是多级流化床反应器、竖炉还原动力学的需要。

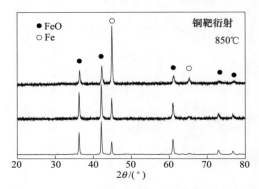

图 4.12　CO 还原矿粉的物相 X 射线衍射图

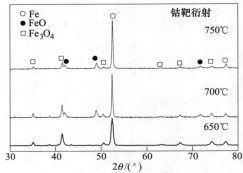

图 4.13　氢气还原矿粉的物相 X 射线衍射图

4.2.3.1 CO 还原分阶段模型

从前节分析可知，对于矿粉的还原，界面化学反应为限制性环节。根据 CO 还原的动力学特征，可以认为首先完成 Fe_2O_3 到 FeO 的还原，然后再发生 FeO 向金属铁的转变，其示意图见图 4.14。

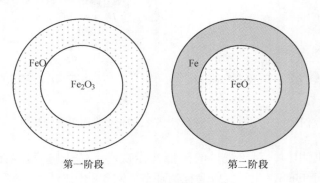

图 4.14　CO 还原氧化铁的两个阶段

A 还原反应的第一阶段：从 Fe_2O_3 到 FeO 的还原反应

$$-\frac{dn_1}{d\tau_1} = 4\pi r^2 k_1\left(1 + \frac{1}{K_1}\right)(c_0 - c_{\Psi 1}) \tag{4.9}$$

式中，$-\dfrac{dn_1}{d\tau_1}$ 为从 Fe_2O_3 到 FeO 的瞬间失氧率；k_1 为从 Fe_2O_3 到 FeO 的反应速率常数；K_1 为从 Fe_2O_3 到 FeO 的反应平衡常数；$c_{\Psi 1}$ 为从 Fe_2O_3 到 FeO 的 CO 反应平衡摩尔浓度。

将 $r = r_0(1 - f_1)^{1/3}$ 代入式（4.9）可得：

$$-\frac{dn_1}{d\tau_1} = 4\pi r_0^2 k_1\left(1 + \frac{1}{K_1}\right)(c_0 - c_{\Psi 1})(1 - f_1)^{2/3} \tag{4.10}$$

式中，f_1 为第一阶段的还原分数。

另一方面，还原分数与 r 的关系为：

$$-\frac{dn_1}{d\tau_1} = -\frac{4}{3}\pi r^2 \rho_0 \frac{dr}{d\tau} = \frac{4}{9}\pi r_0^3 \rho_0 \frac{df_1}{d\tau} \tag{4.11}$$

联立式（4.10）和式（4.11）可得：

$$\frac{df_1}{d\tau_1} = \frac{9}{r_0 \rho_0} k_1\left(1 + \frac{1}{K_1}\right)(c_0 - c_{\Psi 1})(1 - f_1)^{2/3} \tag{4.12}$$

$$\tau_1 = \frac{\rho_0 r_0}{3(c_0 - c_{\Psi 1})} \frac{K_1}{k_1(1 + K_1)}[1 - (1 - f_1)^{1/3}] \tag{4.13}$$

B 还原反应的第二阶段：从 FeO 到 Fe 的还原反应

同样也可推导出：

$$\frac{df_2}{d\tau_2} = \frac{9}{2r_0 \rho_0} k_2\left(1 + \frac{1}{K_2}\right)(c_0 - c_{\Psi 2})(1 - f_2)^{2/3} \tag{4.14}$$

$$\tau_2 = \frac{2\rho_0 r_0}{3(c_0 - c_{\Psi 2})} \frac{K_2}{k_2(1 + K_2)}[1 - (1 - f_2)^{1/3}] \tag{4.15}$$

式中，k_2 为从 FeO 到 Fe 的反应速率常数；K_2 为从 FeO 到 Fe 的反应平衡常数；$c_{\Psi 2}$ 为从 FeO 到 Fe 的 CO 反应平衡摩尔浓度；τ_2 为第二阶段的还原时间；f_2 为第二阶段的还原分数。

C 第一阶段与第二阶段的合成

当总的还原分数 $f \leqslant 1/3$ 时：

$$f = 1/3 f_1, \quad \tau = \tau_1 \tag{4.16a}$$

当总的还原分数 $f > 1/3$ 时（$f_1 = 1$）：

$$f = 1/3 f_1 + 2/3 f_2, \quad \tau = \tau_1 + \tau_2 \tag{4.16b}$$

4.2.3.2 H_2 还原分阶段模型

氢气还原与 CO 还原矿粉稍不相同，它存在 3 相——Fe_3O_4、FeO 和 Fe，并且 FeO 很少，见图 4.15。因此，可以简化为两个还原阶段：第一阶段还原，从 Fe_2O_3 到 Fe_3O_4；第二阶段还原，从 Fe_3O_4 到金属铁。

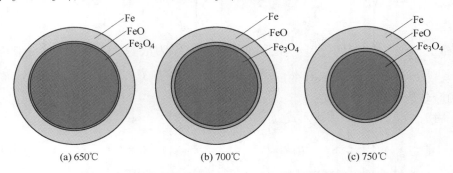

图 4.15　不同温度氢还原 Fe、FeO 与 Fe_3O_4 物相的剖析图

A　第一阶段还原

$$\frac{df_1}{d\tau_1} = \frac{27}{r_0\rho_0}k_1\left(1 + \frac{1}{K_1}\right)(c_0 - c_{\mp 1})(1 - f_1)^{2/3} \tag{4.17}$$

$$\tau_1 = \frac{\rho_0 r_0}{9(c_0 - c_{\mp 1})}\frac{K_1}{k_1(1 + K_1)}\left[1 - (1 - f_1)^{1/3}\right] \tag{4.18}$$

B　第二阶段还原

$$\frac{df_2}{d\tau_2} = \frac{27}{8r_0\rho_0}k_2\left(1 + \frac{1}{K_2}\right)(c_0 - c_{\mp 2})(1 - f_2)^{2/3} \tag{4.19}$$

$$\tau_2 = \frac{8\rho_0 r_0}{9(c_0 - c_{\mp 2})}\frac{K_2}{k_2(1 + K_2)}\left[1 - (1 - f_2)^{1/3}\right] \tag{4.20}$$

C　第一阶段与第二阶段的合成

当总的还原分数 $f \leqslant 1/3$ 时：

$$f = 1/9f_1，\quad \tau = \tau_1 \tag{4.21a}$$

当总的还原分数 $f > 1/3$ 时（$f_1 = 1$）：

$$f = 1/9f_1 + 8/9f_2，\quad \tau = \tau_1 + \tau_2 \tag{4.21b}$$

对于多级流化床还原动力学，应采用与 CO 气氛类似的动力学模型。

4.3　还原气体氧化动力学模型

　　未反应核模型反映了铁矿的还原情况，而气体的利用率也是还原过程的重要指标，作为一个还原过程，都在尽可能提高气体的利用率，以降低吨铁能耗。

　　铁矿粉的还原过程与还原气体的氧化过程是有区别的，在反应器内铁矿粉要停留一段时间，才能达到要求的还原率，在铁矿粉停留的这段时间内，始终有新的还原气体补充进来对铁矿粉进行还原，所以铁矿粉的还原过程是一个逐步积累过程；而气体的氧化过程则不同，气体在反应器内以高的速度穿过铁矿粉层，被铁矿粉氧化时间和停留时间极短，而且就气体本身而言，被铁矿粉氧化的过程是一个衰减过程，矿粉的还原与气体的氧化比较见表 4.1[4]。

表 4.1 矿粉的还原与气体的氧化比较

项　　目	矿粉还原	气体氧化
停留时间（数量级）/s	10^3	$10^{-1} \sim 10^0$
反应形式	被新进入的气体不断还原	被上面气体还原过的矿粉氧化
反应过程	逐步积累的过程	逐渐衰减的过程
物相变化	$Fe_2O_3 \rightarrow Fe_3O_4 \rightarrow FeO \rightarrow Fe$	$H_2 \rightarrow H_2 + H_2O$

所谓气体利用率，即用还原气体还原氧化铁的过程中，H_2 或 CO 转化成 H_2O 或 CO_2 的分数。

η_{H_2} 与 η_{CO} 的表达式为：

$$\eta_{H_2} = \frac{V(\%H_2O)}{V(\%H_2) + V(\%H_2O)} \times 100\% \qquad (4.22)$$

$$\eta_{CO} = \frac{V(\%CO_2)}{V(\%CO) + V(\%CO_2)} \times 100\% \qquad (4.23)$$

4.3.1 单颗粒矿粉还原

如图 4.16 所示，假定反应体系为单颗粒矿球，实际还原气体摩尔流量为 $Q(\text{mol/s})$，还原气体浓度为 $c_0(\text{mol/m}^3)$，反应速率常数为 k。由上节分析可知，化学反应为控速环节。

$$-dn = 4\pi r^2 k \left(1 + \frac{1}{K}\right)(c_0 - c_{\text{平}})d\tau \qquad (4.24)$$

则 $d\tau$ 时间内，还原气体的利用率为：

$$\eta = \frac{-dn}{Qd\tau}$$

$$= \frac{4\pi r^2 k \left(1 + \frac{1}{K}\right)(c_0 - c_{\text{平}})}{Q} \qquad (4.25)$$

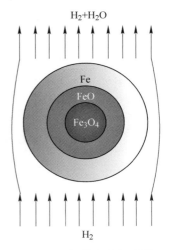

图 4.16 气体氧化与矿粉还原示意图

还原后气体的浓度为：

$$c = (1 - \eta)c_0 \qquad (4.26)$$

将 $r = r_0(1 - f_1)^{1/3}$ 代入式（4.24）和式（4.25）可得：

$$- \mathrm{d}n = 4\pi r_0^2 k \left(1 + \frac{1}{K} \right) (c_0 - c_{\Psi}) (1-f)^{2/3} \mathrm{d}\tau \tag{4.27}$$

$$\eta = \frac{4\pi r_0^2 k \left(1 + \frac{1}{K} \right) (c_0 - c_{\Psi}) (1-f)^{2/3}}{Q} \tag{4.28}$$

在传统的未反应核模型中，Q 趋于无穷大，因此，η 也趋于 0；实际的体系中，希望 Q 尽可能小一些，这时 η 会提高，也就说明还原气体在与矿粉反应前后的成分是不相同的。从式（4.25）可见，还原前期，r 较大，气体利用率高，而随着反应的进行，未反应核半径降低，气体利用率将显著下降。随着还原分数的提高，气体利用率将显著下降。

从图 4.17 可见，在还原分数较低时，气体利用率较高，并且还原时间较短；但是随着还原分数的提高，气体利用率在不断下降，还原时间明显延长。气体利用率曲线的双向切线交点，与还原时间曲线的双向切线交点几乎相交于同一点 P，还原分数约为 82% 左右，其他温度的曲线也具有相似的规律。高于 P 点，还原时间大幅度延长，并且气体利用率显著降低。因此作为预还原工艺过程，将还原率控制在 82% 是比较适宜的（相当于金属化率 75%），还原率低于 82%，可以减轻预还原反应器的负担，但是熔融还原炉的负担会加重；还原率高于 82%，熔融还原炉负担减轻，但是预还原反应器负担会加重。

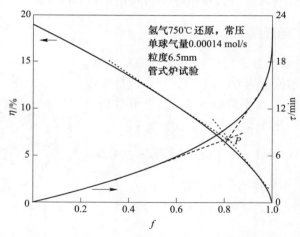

图 4.17　气体利用率和还原实际与还原分数间的关系

由于气体的氧化过程与氧化铁的还原过程既是矛盾体又是统一体，注定提高它们的措施不尽相同，凡是有利于提高气固反应的措施，如缩小颗粒粒度、提高反应速率常数（温度、还原剂、催化剂等措施）等，均有利于提高还原率和气体利用率。有些因素是矛盾的，如提高气体速度，有利于提高还原率，但是使气体利用率降低。因此，在选择参数时，应充分结合气体利用率和还原率的动力学特性。

4.3.2 单层颗粒气体利用率

单层颗粒的还原与单颗粒相似，在计算气体利用率的差异在于将总的还原气体流量 Q 平均分配给单个颗粒。令单层的颗粒总数为 N，则单个颗粒的气流流量为 Q/N，因此气体利用率的表达式为：

$$\eta = \frac{4\pi r^2 k\left(1 + \dfrac{1}{K}\right)(c_0 - c_{\Psi})}{Q/N} \qquad (4.29)$$

$$\eta = \frac{4\pi r_0^2 k\left(1 + \dfrac{1}{K}\right)(c_0 - c_{\Psi})(1-f)^{2/3}}{Q/N} \qquad (4.30)$$

可见单层球的气体利用率规律与单颗粒球是相似的。

4.3.3 颗粒粒度对气体利用率的影响

从式（4.29）和式（4.30）可见，粒度越大，气体利用率越高，其实这是一个错觉，因为分母中暗含中粒度因素。

单层反应器的直径为 D_0，则：

$$N = \frac{\pi D_0^2}{4\pi r_0^2} = \frac{D_0^2}{4r_0^2} \qquad (4.31)$$

当气体流量为 Q 时，将式（4.31）代入式（4.30）可得：

$$\eta = \frac{\pi D_0^2 k\left(1 + \dfrac{1}{K}\right)(c_0 - c_{\Psi})(1-f)^{2/3}}{Q} \qquad (4.32)$$

若以颗粒的单位质量对应的气体流量，则：

$$a_0 N \frac{4}{3}\pi r_0^3 = Q \qquad (4.33)$$

式中，a_0 为单位质量矿粉对应的还原气体流量系数（相当于气矿比）。

将式（4.33）代入式（4.30）可得：

$$\eta = \frac{3k\left(1 + \dfrac{1}{K}\right)(c_0 - c_{\Psi})(1-f)^{2/3}}{a_0 r_0} \qquad (4.34)$$

从式（4.32）可见，粒度对气体利用率没有影响，但在实际的应用中，考虑更多的是吨矿耗气比，在相同的吨矿耗气比条件下，气体利用率与粒度成反比。由于氢气与 CO 还原的热力学平衡成分的限制，降低粒度有利于提高气体利用率，但是影响程度要低于反比关系。

4.4　氧化还原耦合动力学模型

对于气基直接还原过程，总是希望追求高的还原速率和气体利用率。在前面的计算中，并不考虑反应过程中浓度对还原速率以及气体利用率的影响。根据未反应核模型，可以发现降低粉体粒度可以显著提高反应速度和气体利用率，几乎达到反比关系，即粒度从 10mm 降低到 1mm，还原速率和气体利用率可提高 10 倍，但是实际的效果远小于 10 倍，如果 10mm 矿粉的气体利用率可以达到 10%，根据热力学平衡，800℃热力学平衡的气体利用率也仅为 35%。实际上，在还原过程中，反应越快的反应产生的氧化性气体分数（H_2O 或 CO_2）越多，还原气体浓度降低，将会降低还原速率。因此，常规的未反应核模型应该进行修正，c_0 在还原过程中是变化的，这样模型才有可能更好地应用于实际还原过程。

4.4.1　多层球影响

在实际的气基还原过程中，都是采用多层球操作的，如竖炉、流化床等。对于矿粉，界面化学反应是限制性环节，对于竖炉等大颗粒，可采用综合反应速率。

多层球的还原示意图见图 4.18，第 i 层球的进气浓度为 c_0^i 时，对于矿粉的还原：

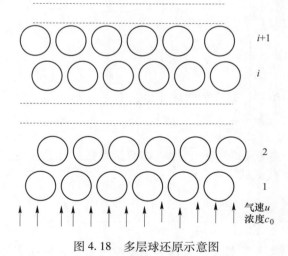

图 4.18　多层球还原示意图

$$\frac{\mathrm{d}f_i}{\mathrm{d}\tau} = \frac{3}{r_0\rho_0}k\left(1 + \frac{1}{K}\right)\left(c_0^i - c_\Psi\right)\left(1 - f_i\right)^{2/3} \tag{4.35}$$

$$\eta_i = \frac{3k\left(1 + \dfrac{1}{K}\right)(c_0^i - c_平)(1 - f_i)^{2/3}}{a_0 r_0} \quad 或 \quad \eta_i = \frac{4\pi r_0^2 k\left(1 + \dfrac{1}{K}\right)(c_0^i - c_平)(1 - f_i)^{2/3}}{Q/N}$$

$$(4.36)$$

离开单层球进入下一层颗粒的还原气体浓度为:

$$c_0^{i+1} = \left(1 - \sum_0^i \eta_i\right) c_0 \qquad (4.37)$$

下一层球气体利用率和颗粒的还原率再重复式(4.35)和式(4.36)的计算。

对于大颗粒还原,可采用综合系数 k_{eff},则相应的还原分数、气体利用率等公式为:

$$\frac{\mathrm{d}f}{\mathrm{d}\tau} = \frac{3}{r_0 \rho_0} k_{eff}(c_0^i - c_平)(1 - f_i)^{2/3} \qquad (4.38)$$

$$\eta_i = \frac{3k_{eff}(c_0^i - c_平)(1 - f_i)^{2/3}}{a_0 r_0} \quad 或 \quad \eta_i = \frac{4\pi r_0^2 k_{eff}(c_0^i - c_平)(1 - f_i)^{2/3}}{Q/N}$$

$$(4.39)$$

根据反应器的特点,应有不同的初始条件。

4.4.1.1 间段操作

实验室经常采用间段操作进行块矿(烧结矿、球团等)或粉矿还原试验,早期的工业流化床粉矿还原试验也采用。

A 固定床还原

预热后的高温气体进入高温固定床,因此计算气体利用率时,Q 采用横截面单球的流量。对于大颗粒粉矿还原,采用式(4.35)~式(4.37)。对于球团、烧结矿应采用式(4.37)~式(4.39)进行计算。注意,在进行还原试验时,应保证铁矿与还原气体的温度,通常通过管式炉试验可保证铁矿的温度,而气体不采用预热,这样会导致还原条件失真,因此,在实验室也应保证还原气体的温度(可采用预热器预热气体)。

以实验室的某条件试验说明,图 4.19 为计算结果。还原初期,还原率较低,气体利用率较高,随着时间的延长,还原分数不断提高,但是气体利用率不断下降,特别是瞬间气体利用率仅为 5% 以下;炉料的上、中、下还原分数有所差距,但是差距不大,这表明炉料高度不足,理想的固定床,上、下部还原分数应该差距比较大,这样总的气体利用率处于比较高的水平。

B 流化床还原

流化床还原,由于流化时气体对矿粉的搅动效果,可以近似地认为矿粉还原比较均匀,这时可用单颗粒还原来求解。图 4.20 是某条件下的计算值与试验值比较。当还原率较高时,气体的瞬间与平均利用率较低。

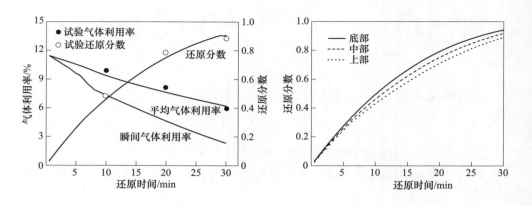

图 4.19　700℃50%N_2-50%H_2 固定床常压还原计算图

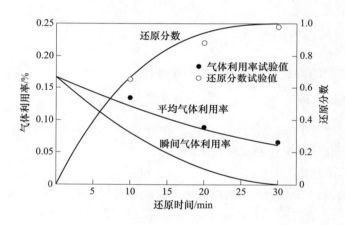

图 4.20　750℃50%N_2-50%H_2 流化床常压还原计算图

4.4.1.2　连续操作

通过间段操作，首先不利于生产连续，同时还原过程气体利用率较为低下，导致吨铁气耗过大。通过连续操作，有望使生产连续和降低过程能耗。

A　竖炉操作

高温还原性气体从竖炉中心部位进入竖炉，而球团（块矿等）从竖炉上部加入，气流与球团逆向运动，以完成矿粉还原与热量交换。本节的重点是铁矿的还原，而热交换问题将在后续章节介绍。

竖炉内，有一段近似的恒温段，约占竖炉风口到料线高度的 2/3 左右（富 CO 还原），而富氢气的恒温段较短。

按照逐层还原方式，假定竖炉恒温段为一圆柱体，还原气体的标态速度为

$u_g(m/s)$，气体中还原与氧化气体的体积含量为 ξ，还原势为 γ（$\gamma =$ $\dfrac{V(CO)}{V(CO) + V(CO_2)}$ 或 $\gamma = \dfrac{V(H_2)}{V(H_2) + V(H_2O)}$）单个球团的密度为 ρ_s，球团的堆密度为 ρ_b，恒温还原区高度为 H，面积为 A，球团的平均粒度为 $2r_0$。则：

$$Q = Au_g\xi\gamma/0.0224$$

单球质量为：

$$m = 4/3\pi r_0^3 \rho_s$$

还原区总质量为：

$$w = AH\rho_b$$

总球数为：

$$\frac{AH\rho_b}{4/3\pi r_0^3 \rho_s}$$

总层数为：

$$H/2r_0$$

$$按层分球数 = \frac{AH\rho_b}{4/3\pi r_0^3 \rho_s}\frac{2r_0}{H} = \frac{A\rho_b}{2/3\pi r_0^2 \rho_s}$$

$$\frac{Q}{N} = \frac{\pi u_g \gamma \xi r_0^2 \rho_s}{0.0336\rho_b} = \frac{\pi u_g \gamma \xi r_0^2}{0.0336\varepsilon_s}$$

第 i 层球的进气浓度为 c_0^i 时，η_i 与 Δf_i 的计算式为：

$$\eta_i = \frac{4\pi r_0^2 k\left(1 + \dfrac{1}{K}\right)(c_0^i - c_\Psi)(1 - f_i)^{2/3}0.0336\varepsilon_s}{\pi u_g \xi \gamma_i r_0^2}$$

$$= \frac{0.1344\varepsilon_s k\left(1 + \dfrac{1}{K}\right)\dfrac{p}{RT}\left(\gamma_i - \dfrac{1}{1 + K}\right)(1 - f_i)^{2/3}}{u_g \gamma_i} \qquad (4.40)$$

$$\Delta f_i = \frac{3}{r_0\rho_0}k\left(1 + \frac{1}{K}\right)(c_0^i - c_\Psi)(1 - f_i)^{2/3}\Delta\tau$$

$$= \frac{3}{r_0\rho_0}k\left(1 + \frac{1}{K}\right)\frac{\xi p}{RT}\left(\gamma_i - \frac{1}{1 + K}\right)(1 - f_i)^{2/3}\Delta\tau \qquad (4.41)$$

$$\gamma_0^{i+1} = \gamma_0 - \sum_0^i \eta_i \qquad (4.42)$$

在计算时要考虑到球团的移动，即在 τ 时，各层球的还原分数、还原势分别为 f_i^τ 与 γ_i^τ，当进入 $\tau + \Delta\tau$ 时，要令 $f_i^{\tau+\Delta\tau} = f_{i+1}^\tau$，而顶部一层球的 $f = 0$，最下面一次球的 $f_1^{\tau+\Delta\tau} = f_2^\tau$。用球团的移动速度确定 $\Delta\tau$，假定矿球的移动速度为 $u_s(m/s)$，则 $\Delta\tau = 2r_0/u_s$。如此循环计算，当参数不变时，就可达到稳定态。

B　流化床操作

流化床连续操作，反应器内的物料是连续移动的，较为复杂，可按单球还原进行处理。

$$\frac{Q}{N} = \frac{4\pi r_0^3 \xi \gamma u_g}{0.0672H} \frac{\rho_s}{\rho_b} = \frac{4\pi r_0^3 \xi \gamma u_g}{0.0672 \varepsilon_s H}$$

式中，ρ_s 为矿球密度，kg/m^3；ρ_b 为堆密度，kg/m^3；u_g 为标准气速，m/s。

$$\eta = \frac{0.0672H\rho_b k(1 + 1/K)(c_0 - c_{平})(1 - f)^{2/3}}{\xi \gamma u_g r_0 \rho_s}$$

$$= \frac{0.0672\varepsilon_s H k(1 + 1/K)\dfrac{p}{RT}\left(\gamma - \dfrac{1}{1+K}\right)(1-f)^{2/3}}{\gamma u_g r_0} \quad (4.43)$$

$$\Delta f_i = \frac{3}{r_0 \rho_0} k\left(1 + \frac{1}{K}\right)(c_0^i - c_{平})(1 - f_i)^{2/3}\Delta\tau$$

$$= \frac{3}{r_0 \rho_0} k\left(1 + \frac{1}{K}\right)\frac{\xi p}{RT}\left(\gamma_i - \frac{1}{1+K}\right)(1 - f_i)^{2/3}\Delta\tau \quad (4.44)$$

吨铁耗气量为：

$$\frac{400f}{\eta\xi\gamma} = \frac{400u_g r_0 f}{0.0672\xi\varepsilon_s H k\left(1 + \dfrac{1}{K}\right)\dfrac{p}{RT}\left(\gamma - \dfrac{1}{1+K}\right)(1-f)^{2/3}} \quad (4.45)$$

吨矿耗气量为：

$$\frac{400fw(Fe)}{\eta\xi\gamma} = \frac{400u_g r_0 fw(Fe)}{0.0672\xi\varepsilon_s H k\left(1 + \dfrac{1}{K}\right)\dfrac{p}{RT}\left(\gamma - \dfrac{1}{1+K}\right)(1-f)^{2/3}} \quad (4.46)$$

矿粉停留时间（s）为：

$$\tau = \frac{22.4\varepsilon_s \rho_s H w(Fe)}{M_{Fe}\xi\gamma u_g \eta} = \frac{1000\rho_s r_0 w(Fe)}{3M_{Fe}\xi k\left(1 + \dfrac{1}{K}\right)\dfrac{p}{RT}\left(\gamma - \dfrac{1}{1+K}\right)(1-f)^{2/3}} \quad (4.47)$$

4.4.2　单层球快速反应

前面研究了气体的还原对上一层矿粉还原的影响，其实当反应很快时，气体产物也会影响本层颗粒的还原。特别是显著影响气体利用率和还原率的矿粉粒度，与其反比效果相差较远。

4.4.2.1　单球快速反应

假定反应体系为单颗粒矿球，实际还原气体摩尔流量为 $Q(mol/s)$，还原气

体浓度为 $c_0(\mathrm{mol/m^3})$ ，反应速率常数为 k 。气体接触矿粉的时间为 τ_0 ，由于反应较快，可能在很短的时间就产生氧化性气体产物，改变还原气体成分，从而影响还原分数和气体利用率。

对于矿粉的还原，将 τ_0 分为 n 段，$\tau_0 = n\Delta\tau$ ，第 i 时间段的进气浓度为 c_0^i 时：

$$\Delta f_i = \frac{3}{r_0\rho_0}k\left(1+\frac{1}{K}\right)(c_0^i - c_{\mathrm{平}})(1-f_i)^{2/3}\Delta\tau_i \tag{4.48}$$

$$\eta_i = \frac{3k\left(1+\frac{1}{K}\right)(c_0^i - c_{\mathrm{平}})(1-f_i)^{2/3}}{na_0r_0} \quad\text{或}\quad \eta_i = \frac{4\pi r_0^2 k\left(1+\frac{1}{K}\right)(c_0^i - c_{\mathrm{平}})(1-f_i)^{2/3}}{nQ/N} \tag{4.49}$$

进入第 $i+1$ 时间段的还原气体浓度为：

$$c_0^{i+1} = \left(1 - \sum_1^i \eta_i\right)c_0 \tag{4.50}$$

依次类推，直至气体离开矿粉。

然后新的浓度为 c_0 的还原气体，与矿粉再次接触，计算过程，依然重复式（4.48）~式（4.50）。

4.4.2.2 因素分析

图 4.21 为采用矿粉还原与还原气体氧化耦合计算与不耦合计算的偏差图。可见，随着化学速率常数的不断提高，计算偏差逐步增大，不耦合计算结果要高于耦合的计算结果。这是因为，耦合时考虑到气体氧化产物对还原的不利影响。对于 CO 还原气体，k 值小，如果粒度较大，就可以采用不耦合计算。从图 4.21 同时可见，还原分数与气体利用率的偏差几乎相等。

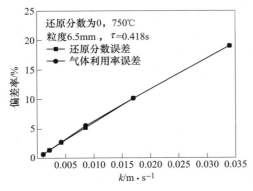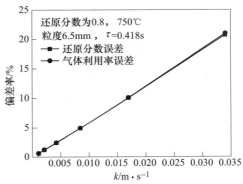

图 4.21 采用气体氧化与矿粉还原耦合与不耦合的计算偏差

各种因素的影响规律是复杂的，当矿粉粒度较大时，反应速率和气体利用率都较低，此时，提高 k 是非常有益的，但是如果粒度较小时，k 对提高反应速率和气体利用率的效果下降。当反应速率常数 k 较小时，降低粒度是非常有效的，但是当速率常数较大时，降低粒度的效果也会明显下降。

传统的矿粉还原未反应核模型，不能解释气量对还原的作用方式。通过本节的耦合模型，就可以分析气量的作用。当还原速度较快时，提高气量能够有效缩短反应时间，提高反应器效率，如果还原速度较慢，气量的增大对还原速度影响较小，并且造成气体利用率大幅度下降。

传统的矿粉还原未反应核模型，是在气量无限大情况下的结果。此时提高 k 与降低粒度是提高还原速度非常有效的手段。实际的还原体系，应根据具体情况决定所需采取的措施。判断的根据如下：如果气体利用率较低，首选的是降低气速，然后是降低粒度与提高 k；当气体利用率较高时，接近平衡值时，可以考虑增加气速提高产能。至于粒度、k 的选择应根据具体条件来确定。颗粒粒度变化、还原气体流量对还原分数及气体利用率的影响见图 4.22 和图 4.23。

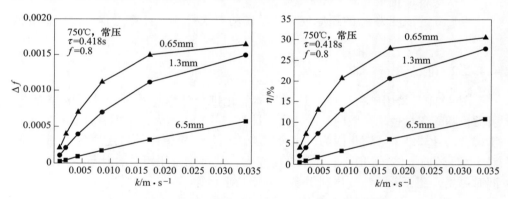

图 4.22　颗粒粒度变化对还原分数及气体利用率的影响

还原气体含有氧化物气体产物时，对矿粉的还原反应与气体的氧化均是不利的，见图 4.24。700℃时，氢气还原矿粉，氢气中水分含量提高 5%，还原速度与气体利用率下降幅度约 17%。

4.4.3　单层球与多层球反应

单层球的快速反应与单球相类似，要将气量 Q 平均分配到单个球，再利用式（4.48）～式（4.50）进行求解。

多层球移动床反应，应将层之间的耦合以及单层间的耦合同时考虑。结合 4.4.1.2 节与 4.4.2.1 节相关公式即可进行快速还原的气体氧化与矿粉还原的耦合计算。而多层连续式的快速流化床反应，可以单球或单层球的快速反应形式求解。

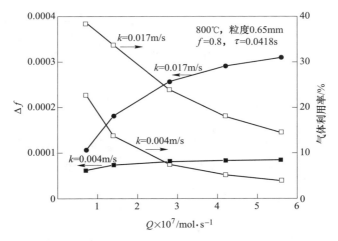

图 4.23 还原气体流量对还原分数及气体利用率的影响

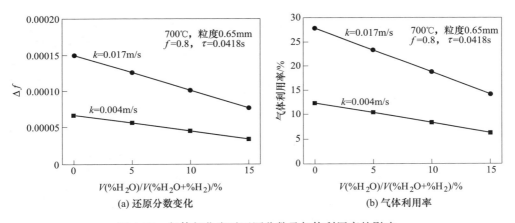

(a) 还原分数变化   (b) 气体利用率

图 4.24 气体氧化度对还原分数及气体利用率的影响

4.5 移动床内氧化还原行为

对于气基还原，氧化铁的还原率和煤气利用率是工艺中的两个重要的参数，理解各种工艺参数对它们的影响规律，对新工艺的可行性评估和基本参数的设计有着重要的作用。4.4 节已研究了氧化铁气基还原过程的气体氧化动力学，对氧化铁还原过程中的氧化铁还原及还原气体的氧化关系进行了耦合。本节在此基础上研究移动床内各种工艺参数对氧化铁的还原率和煤气利用率的影响规律[5]。本模型适合气基竖炉或以竖炉为预还原的各类物料连续移动床反应器。

4.5.1 氧化铁还原与气体氧化动力学模型

移动床相关计算公式见 4.4 节。在计算时要考虑到球团的移动，即在 τ 时，各层球的还原分数、还原势分别为 f_i^τ 与 γ_i^τ，当进入 $\tau + \Delta\tau$ 时，要令 $f_i^{\tau+\Delta\tau} = f_{i+1}^\tau$，而顶部一层球的 $f = 0$，最下面一次球的 $f_1^{\tau+\Delta\tau} = f_2^\tau$。用球团的移动速度确定 $\Delta\tau$，假定矿球的移动速度为 $u_s(\text{m/s})$，则 $\Delta\tau = 2r_0/u_s$。如此循环计算，当参数不变时，就达到稳定态。

4.5.2　典型移动床工艺参数

以宝钢 C-3000 的预还原竖炉为例，料高 20m，高温恒温段约 12m，平均直径 8.2m，平均截面积 52.8m^2。表 4.2 ~ 表 4.4 为基本数据[6,7]。

表 4.2　C-3000 预还原竖炉参数

项　　目	单　　位	C-3000 预还原竖炉
吨矿煤气消耗量	m^3/t	1079
炉顶煤气压力	kPa	317
还原煤气入口压力	kPa	394
还原煤气温度	℃	850
标况空炉煤气流速	m/s	1.28
还原煤气体积成分		
CO	%	72.8
H$_2$	%	19.9
CO$_2$	%	7.2
H$_2$O	%	微量
N$_2$	%	微量

表 4.3　C-3000 预还原竖炉的入炉料组成比例　　　　　　（%）

球团矿	块矿	烧结矿	焦炭	石灰石	白云石	筛下粉
50.45	30.69	0	6.28	3.90	6.48	2.2

表 4.4　炉料堆密度　　　　　　（kg/m^3）

球团矿	块矿	烧结矿	焦炭	石灰石	白云石	筛下粉
2360	2800	1650	513	1790	1510	2210

根据上述数据，能够计算出铁矿在还原带的停留时间大约为 261min，与文献中的 4.5h 相近。数值计算中，除了上述参数外，还有粒度要求，根据原料特点，取平均粒径 18mm。k 的取值，由于竖炉的高度长，下部球团受压大（0.2 ~

0.3MPa），从 FeO 到金属铁的还原反应主要受高温扩散限制，k_1 取 0.00063m/s，而从 Fe_2O_3 到 FeO 的还原，k_2 取 0.004m/s。ε_s 根据炉料组成及堆密度得到，为 0.31。

经计算，沿竖炉还原段高度上的还原分数、气体利用率及金属化率分布见图 4.25。气体利用率从下部向上移动逐渐提高，而还原分数从上向下逐渐提高。由于从 Fe_2O_3 到 FeO 的还原不出现金属铁，所以有一段还原时的金属化率为 0。总的金属化率为 77.7%，煤气综合利用率为 32.68%，而 C-3000 在表 4.2～表 4.4 状态下的金属化率为 74%。综合本文高温段的停留时间、金属化率及变化规律等结果与文献相符，表明本节所建移动床模型是适用的。

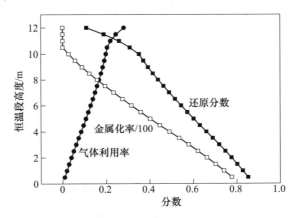

图 4.25　竖炉恒温还原段上的还原特性

4.5.3　工艺参数对氧化还原的影响

4.5.3.1　标况气速

标况气速决定了单位时间的还原气供给量。在气矿比一定的条件下，标况气速越大，则下料速度越快。在宝钢原有的参数下，小时铁水产量为 150t，如果标速从 1.28m/s 提高到 1.48m/s，则小时铁产量提高到 173t。由于气固接触时间短，导致金属化率从 77.7% 下降到 72.95%，气体利用率从 32.68% 下降到 31.51%。这样就增加了熔融气化炉的冶炼负荷。

如果将标况气速从 1.28m/s 降低到 0.88m/s，则因为气固接触时间变长，使金属化率从 77.7% 提高到 89.0%，气体利用率从 32.06% 提高到 35.64%。此时还原效果是显著的，但产量大幅度下降到 103.5t/h。如此大的竖炉（料高 20m，截面积 52.8m²），产量偏低。从图 4.26 可见，标况气速低时，金属化率变化大，而标况气速高时，金属化率变化小。因此可以允许适度提高标准气速来提高反应器产量。

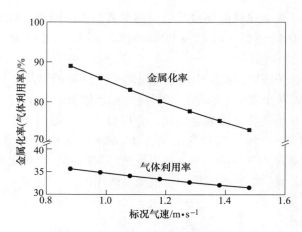

图 4.26 标况气速对还原效果的影响

4.5.3.2 气矿比

气矿比也是一个重要工艺参数，在相同的标况气速条件下，气矿比越高，则需要的物料停留时间越长，则金属化率提高，其基本变化规律与文献生产数据规律是一致的，见图 4.27。由于还原气体在竖炉内的停留时间未发生变化，增加的金属还原率不足以支撑气体利用率的上升，则气体利用率随着气矿比的增加反而下降。如果要实现 90% 的金属化率，则需要的气矿比为 1360Nm^3/t 矿，折成 1t 生铁需要煤气 2050Nm^3。要比现有条件的 1627Nm^3/t 铁水高出许多，这就意味着熔融气化炉要增加煤耗，或还原竖炉煤气要增加脱除 CO$_2$ 环节，使部分低 CO$_2$ 煤气补充回竖炉。这些都将增加成本，况且气矿比提高到 1360Nm^3/t 矿后，小时生铁产量下降到 119t/h，产量大幅度下降也是不能容忍的。

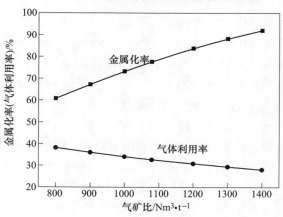

图 4.27 气矿比对还原效果的影响

4.5.3.3 煤气还原势

煤气还原势是煤气质量的一个指标，它是煤气中 $CO+H_2$ 的体积分数与 $CO+H_2+CO_2+H_2O$ 的体积分数比。它对还原动力学的影响显著。当它为 95% 时，金属化率超过了 84%；当它下降到 85% 时，金属化率迅速下降到 59%，下降幅度达到 30%。煤气利用率也随着煤气还原势的下降而下降，见图 4.28。因此，为了提高还原效果，应尽量提高煤气中的还原势，必要时，要通过除去煤气中的 CO_2，从而确保还原势超过 95% 甚至更高的水平。

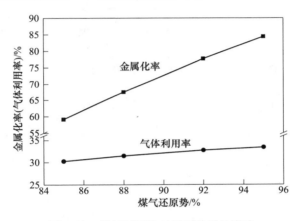

图 4.28 煤气还原势对还原效果的影响

4.5.3.4 惰性气体

煤气中氮气的影响见图 4.29，虽然它不直接影响反应动力学，但它影响 $CO+H_2$ 在煤气中所占的比例。相同的还原分数，当氮气含量较高时，则煤气中有 CO（或 H_2）转成 CO_2（或 H_2O）的体积分数增加，相当于降低了煤气的还原势，从而影响金属化率的变化。其对还原效果的影响与还原势对还原效果的影响不尽相同：随着氮气含量增加，金属化率下降，但降低幅度低于还原势的影响程度；随着氮气含量的增加，气体利用率却有所提高，这与还原势的影响恰好相反。因此，对于纯粹的富煤气还原，应设法降低煤气中惰性成分含量。

4.5.3.5 煤气平均压力

正常情况内，炉内工况流速一定时，煤气压力的提高相当于在不降低停留时间条件下增加了标况气速，从而显著提高了产量，且不降低还原效果。当标况气速一定时，煤气压力的提高，相当于在产量不变状态下，增加了气体在竖炉内的停留时间，从而提高了金属化率和煤气利用率，见图 4.30。其实 C-3000 竖炉的

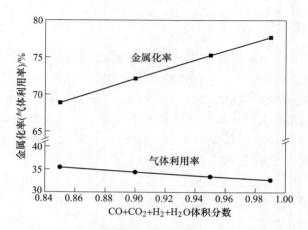

图 4.29　煤气中惰性气体含量对还原效果的影响

压力已明显高于大高炉的煤气压力，如果密封技术过关和煤气增压成本下降，则希望能提高竖炉内的平均气体压力，对还原效果的提高或提高产能是有明显作用的。

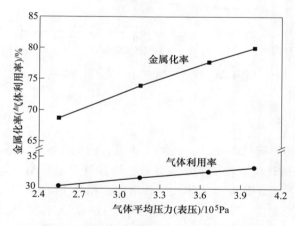

图 4.30　煤气平均压力对还原效果的影响

4.5.3.6　铁矿平均粒度

从图 4.31 可见，随着粒度降低，移动床内的金属化率及气体利用率都明显提高。适当添加球团比例有助于提高移动床内的还原效果。但粒度也不是越小越好，因为在反应器设计时还要考虑反应器内的物料流动状态。因此，在铁矿粒度满足移动床内顺行要求范围内，适度降低铁矿粒度对提高移动床还原效果、降低整体工艺流程能耗是有所帮助的。

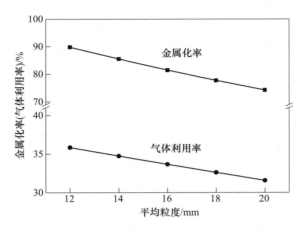

图 4.31　铁矿平均粒度对还原效果的影响

4.5.3.7　综合动力学参数

移动床内综合动力学参数对还原效果影响明显。随着 k_1 的增加，金属化率及气体利用率都有所提高（见图 4.32）。改善综合动力学参数最重要的是增加煤气中的氢含量或添加催化剂。因为当反应温度在 850℃ 左右时，无论是反应前期的界面反应还是反应后期的扩散，氢气与 FeO 的反应效果都明显优于 CO 与 FeO 反应。因此，在移动床反应器设计或改造时，可考虑厂区内或周边能否有廉价的富氢资源。如果有，可将煤气加氢作为一种优化移动床反应效果的手段。另外可适当通过添加催化剂来加速反应。

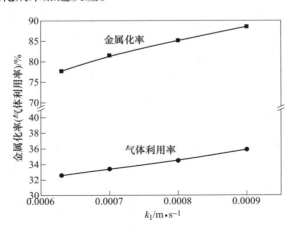

图 4.32　综合动力学参数对还原效果的影响

4.6　连续流化床氧化还原行为

4.6.1　连续流化床反应器动力学模型

4.6.1.1　连续流化床的描述

熔融还原流化床预还原反应器[1]有三级组成 R1、R2 及 R3 组成（见图 4.33），R1 级反应器将经过 R2 还原到 FeO 的矿粉还原成金属铁，还原气来自熔融气化炉以及返回煤气的混合热态煤气，还原后的气体送到 R2 作为它的还原性气体；R2 是将 R3 预热后的铁矿粉还原到 FeO，还原气来自 R2 反应器的尾气，其产生的尾气作为 R3 流化床的预热气体；R3 流化床是铁矿粉的预热器。铁矿粉的还原，主要在 R1 和 R2 进行。

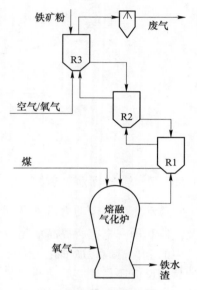

作为连续性的流化床，始终有连续性的矿粉从 R2 进入 R1 流化床，R1 流化床又有部分矿粉连续性地进入后续的热压块或气化炉内。当进、出矿粉摩尔流量达到平衡态，R1 反应器才能稳定实现。相似的，R2 流化床，其进、出反应器的铁矿粉摩尔流量也要达到平衡。

图 4.33　多级流化床示意图

铁矿粉主要来自澳洲等富产铁矿国家，其粒度不均匀，一般低于 8mm，但其中也含有部分粒度不足 0.1mm 的细矿粉。在气固反应动力学计算时通常取平均粒度，其取值在 1~4mm。矿粉细的粉体所需要的流化速度低，低于 1m/s，大于 3mm 的粗矿粉，其需要的流化速度大于 2m/s。因此对于不同粒度组成的铁矿粉，其流化速度应满足粗矿粉的要求。为了减少细矿粉的逸出，实际流化床内的截面积是不同的，流化床上部的截面积大，降低了流化气体速度，同时还添加内置旋风除尘器，进一步降低细矿粉的逸出。

4.6.1.2　反应动力学

对于 R1 流化床，进行从 FeO 到金属铁的单一反应，反应温度约为 850℃。流化床连续操作，反应器内的物料是连续移动的，较为复杂，考虑到流化床内的混匀效果好，可按单球还原进行处理。对于 R2 流化床，进行从 Fe_2O_3 到 FeO 的反应。相关动力学公式见 4.4 节。

数学模型的求解过程[8]：$\Delta\tau$ 时间内进入或流出流化床的新矿粉数量占流化

床内总矿粉数量比为 φ，则混合矿粉的还原分数为 φf。先假定一个初始还原分数 f_0，然后计算 $\Delta\tau$ 时间后的还原分数及气体利用率，再计算下一个 $\Delta\tau$ 时间后的还原分数及气体利用率。当还原分数及气体利用率不变后，则认为过程达到稳态。然后再计算吨矿耗气量等参数。

对于 R2 流化床的还原，使用的煤气是 R1 流化床反应后的煤气，其计算与 R1 反应器的区别在于反应动力学参数及初始铁矿粉氧摩尔量不同。经过两级还原后，最终离开 R1 矿粉的固态产品金属化率为 f_1，总的还原分数为 $1/3f_2 + 2/3f_1$（假定铁矿粉原料中氧化铁为 Fe_2O_3），最终离开 R2 反应器的尾气氧化度为 $\gamma - \eta_1 - \eta_2$。

4.6.2　流化床动力学计算

4.6.2.1　典型流化床

根据文献 [9]，流化床温度为 850℃，铁矿粉平均粒度 2.45mm，铁矿粉铁含量 63%，吨矿气量 1000～1500m³，停留时间 R2 流化床 20min，R1 流化床 30min，流化床平均压力 1.1atm，富 CO 煤气中惰性气体 5%，气体还原势 95%。动力学参数 k_1 取 0.0071/s，k_2 取 0.04m/s，$u_g/H = 1.44s^{-1}$。将上述参数代入模型，可以得到金属化率为 89.1%，还原率为 92.7%。吨矿耗煤气 1300Nm³。R2 反应器在 20min 可将 Fe_2O_3 充分还原成 FeO。这些计算结果与文献小实验及放大试验结果吻合。

4.6.2.2　流化床因素分析

（1）矿粉粒度。由于采用宽粒度矿粉，其中细矿粉很容易被充分还原，但粗颗粒的还原率偏低（见图 4.34）。为了维系混合矿粉的还原率，则细粉体还原

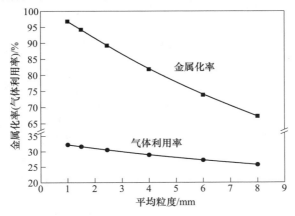

图 4.34　粒度对流化床还原效果影响

（$p = 0.3$MPa；气矿比 $= 1300$Nm³/t 矿；停留时间 R1:30min，R2:20min；煤气还原势 93%；惰性气体含量 5%）

率很高，很容易产生黏结失流。因此，可适度使矿粉粒度均匀化，如采取筛分将 3mm 以上的铁矿粉筛出，然后在进行破碎。

（2）标况气速。标况气速决定了单位时间的还原气供给量。由于细矿粉比表面积大，当标况气速较低时，矿粉的金属化率已超过 85%，随着标况气速的提高，矿粉金属化率提高幅度有限，但气体利用率下降迅速，导致气矿比增加迅速（见图 4.35）。气矿比越高表明更多过剩煤气离开流化床反应器，加重后续煤气净化负荷，同时大量的煤气需要输出或经脱除 CO_2 后重新加热返回流化床使用。无论何种方式，都将加大了吨铁能耗和生产成本。由于矿粉粒度不均匀，高气速主要满足部分粗矿粉的流化需求。如果将矿粉的最大粒度限制在 3mm 以下，则流化气速会明显降低，这样细矿粉的反应速度不会明显降低同时还能显著降低了气矿比。

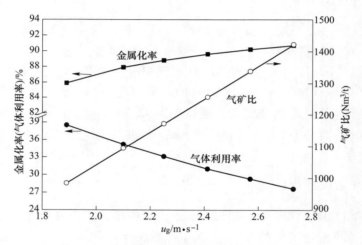

图 4.35　标况气速对流化床还原效果影响

（平均粒度 2.45mm；$p = 0.25$MPa；$H = 1.73$m；停留时间 R1：30min，
R2：20min；煤气还原势 95%；惰性气体含量 5%）

（3）静止料层高度。从图 4.36 可见，在标矿气速一定条件下，随着流化床静止料高的增加，金属化率缓慢下降，但是气体利用率则显著提高，气矿比也随之显著下降。可见流化床静止料高与标况气速起到相反效果。这也是容易理解的，因为料层加高，相当于单位矿粉所接受的煤气量降低，所以金属化率有所降低且煤气利用率提高。因此流化床设计时，可采取 u_g/H 这个参数。经过本文各个条件模拟，u_g/H 在 $1.0 \sim 1.3 s^{-1}$ 比较适宜，此时气矿比可控制在 $900 \sim 1200$Nm^3/h。有了 u_g/H 后，再根据矿粉的粒度分布，选择适宜的流化气速 u_g，即可确定流化床静止高度 H，然后根据流化床气固流化规律[1] $H/D = 0.25 \sim 0.35$，即可得到流化床反应器的内径 D。

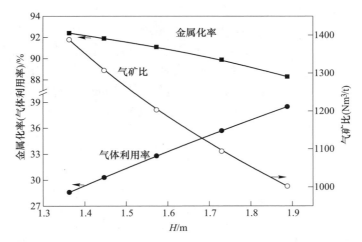

图 4.36　流化床静止料高对流化床还原效果影响
（平均粒度 2.45mm；p = 0.35MPa；u_g = 2.1m/s；停留时间 R1：30min，R2：20min；
煤气还原势 95%；惰性气体含量 5%）

（4）流化床内压力。正常情况内，炉内工况流速一定时，煤气压力的提高相当于在不降低停留时间条件下增加了标况气速，从而显著提高了产量，且不降低还原效果。当标况气速一定时，煤气压力的提高也对流化床的反应有利，金属化率及气体利用率都有所提高，见图4.37。因此，在密封技术过关和煤气增压成本不高情况下，则希望能提高流化床内的平均气体压力，对还原效果的提高或提高产能有明显作用。

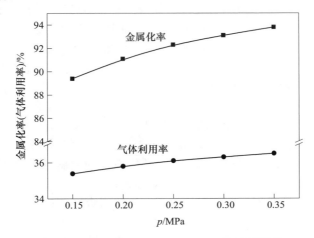

图 4.37　流化床内平均压力对还原效果的影响
（平均粒度 2.45mm；气矿比 1100Nm³/h；停留时间 R1：30min，R2：20min；
煤气还原势 95%；惰性气体含量 5%）

　　（5）平均停留时间。连续流化床的矿粉平均停留时间对流化床的还原效果影响显著。从图 4.38 可见，当平均停留时间约 15min 时，矿粉的金属化率不足 60%，随着平均停留时间延长，金属化率迅速提高，当 R1 流化床的平均停留时间在 30~35min，金属化率变化不显著，此时气体利用率则显著下降导致气矿比显著提高。因此，流化床的矿粉停留时间可控制在 30min 左右。当矿粉经过筛分变细后，则平均停留时间可进一步缩短，以提高流化床产量。

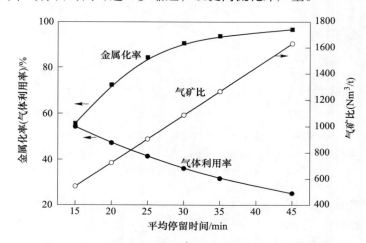

图 4.38　R1 流化床内平均停留时间对还原效果的影响
（平均粒度 2.45mm；$u_g = 2.1$m/s；$H = 1.74$m；$p = 0.40$MPa；煤气还原势 95%；惰性气体含量 5%）

　　（6）煤气还原势。煤气还原势是煤气质量的一个指标，它是煤气中 $CO + H_2$ 的体积分数与 $CO + H_2 + CO_2 + H_2O$ 的体积分数比。它对还原动力学的影响显著。当它为 95% 时，金属化率超过了 90%；当它下降到 86% 时，金属化率迅速下降到 75%。煤气利用率也随着煤气还原势的下降而明显下降，见图 4.39。因此，为了提高还原效果，应尽量提高煤气中的还原势，必要时，要通过除去煤气中的 CO_2，从而确保还原势达到还原要求。

　　（7）惰性气体含量煤气中氮气的影响，虽然它不直接影响反应动力学，但它影响 $CO + H_2$ 在煤气中所占的比例。相同的还原分数，当氮气含量较高时，则煤气中有 CO（或 H_2）转成 CO_2（或 H_2O）的体积分数增加，相当于降低了煤气的还原势，从而影响金属化率的变化。其对还原效果的影响与还原势对还原效果的影响不尽相同：随着氮气含量增加，金属化率下降，而气体利用率却有所提高，这与还原势的影响恰好相反。因此，对于纯粹的富煤气还原，应设法降低煤气中惰性成分含量。

　　经过上述多级连续流化床的工艺动力学分析、热态海绵铁粉理化性能、物料热量平衡及冶金设备特点等，以下条件可取得好的流化床反应效果：流化床温度 780~800℃（降低反应温度能够减少铁粉黏结，由此引起的综合反应速率常数变

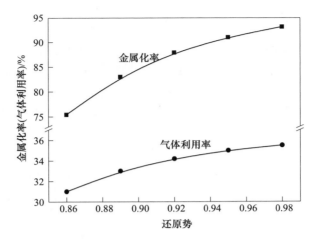

图 4.39 流化床内煤气还原势对还原效果的影响

（平均粒度 2.45mm；$p=0.20$MPa；气矿比 1100Nm³/t；停留时间 R1：30min，R2：20min；
惰性气体含量 5%）

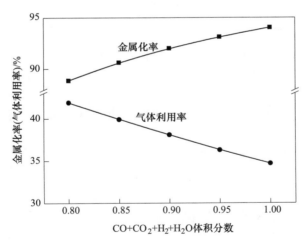

图 4.40 流化床内煤气中惰性气体含量对还原效果的影响

（平均粒度 2.45mm；$p=0.30$MPa；气矿比 1100Nm³/t；停留时间 R1：30min，R2：20min；煤气还原势 95%）

小对还原效果的负面影响，可通过矿粉细化以及其他动力学条件来弥补）、矿粉平均粒度 1.5mm 以下、煤气还原势不低于 93%、惰性气体含量小于 5%、R1 流化床内煤气平均压力 0.35~0.40MPa、$u_g/H=1.0~1.1\text{s}^{-1}$、R1 流化床矿粉平均停留时间 30min、R2 流化床矿粉平均停留时间 20min。预期还原效果为：矿粉平均金属化率不小于 85%、煤气利用率不低于 38%、气矿比 950~1050Nm³/h。

4.7　粉末冶金氢气扩散还原动力学

　　氢还原是粉末冶金铁粉还原所采取的工艺,将铁粉放在钢带上,然后在驱动下钢带进入马弗炉,氢气通入马弗炉内还原一次铁粉,铁粉冷却后经破碎、磁选处理得到最终金属铁粉。未反应尽的氢气在炉头点火燃烧。马弗炉的加热采用电加热或燃气加热。有的工艺采用推舟炉方式,原理相似。反应为 $FeO+H_2 = Fe+H_2O$。

4.7.1　动力学模型

　　多层球的还原示意图见图 4.18,第 i 层球的进气浓度为 c_0^i 时,对于矿粉的还原[10]:

$$\frac{df_i}{d\tau} = \frac{3}{r_0\rho_0} \frac{c_0^i - c_平}{\dfrac{H}{D_{eff}} + \dfrac{K}{1+K} \cdot \dfrac{1}{k}} (1-f_i)^{2/3} \qquad (4.51)$$

$$\eta_i = \frac{4\pi r_0^2(c_0^i - c_平)(1-f_i)^{2/3}}{\dfrac{H}{D_{eff}} + \dfrac{K}{1+K} \cdot \dfrac{1}{k}} \cdot \frac{N}{Q} \qquad (4.52)$$

式中,D_{eff} 为氢气扩散系数。

　　离开单层球进入下一层颗粒的还原气体浓度为:

$$c_0^{i+1} = \left(1 - \sum_0^i \eta_i\right) c_0 \qquad (4.53)$$

　　下一层球气体利用率和颗粒的还原率再重复式 (4.51) 和式 (4.52) 的计算。

　　Q 为向氢气流经面积向下扩散的总流量。

$$Q = \frac{SD_{eff}c_0}{H} \qquad (4.54)$$

式中,H 为料层厚度;S 为钢带面积。

4.7.2　模拟计算结果

　　钢带高温区长度 12m,宽 1.5m,一次铁粉还原率 98%,残氧 0.747%。铺料厚度 30mm,高温区物料停留时间 60min,吨铁液氨分解气 40Nm³/h,还原温度 900℃[10]。

　　本次还原,最终氢气利用率 9.94%,大部分氢气没有被氧化。本次还原最终分数 0.64,相当于产品残氧 0.27%。与实际生产吻合良好。

　　从图 4.41 可见,氢气穿透物料深度约为 25mm,底部 5mm 几乎没有还原。这表明,钢带氢还原炉氢气向下穿透能力有限,不宜铺厚料层。

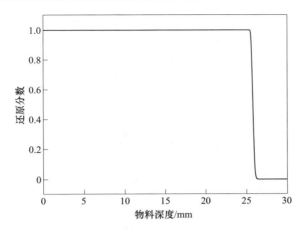

图 4.41　还原 1h 料层厚度上铁粉还原分数分布

　　稳定生产后，钢带移动方向的物料在不同位置上的还原分数及残氧分布见图 4.42。可见，由于铁粉还原分数没有达到 1，在较低的还原分数下，向下扩散的氢气参与了 $FeO+H_2 = Fe+H_2O$ 反应，且因为粒度细，反应达到了平衡态，因此，还原分数取决于渗透下去的氢气流量。残氧变化也随反应几乎呈线性关系。

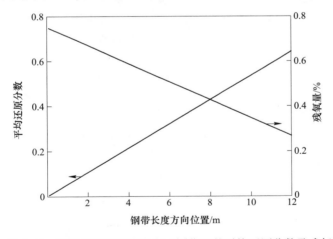

图 4.42　物料在钢带长度方向不同位置的平均还原分数及残氧

　　以下讨论铺料厚度的影响。只改变铺料厚度，氢气流量与物料厚度呈正比，即保持吨粉气量不变。其他条件固定不变，还原时间 1h，结果见图 4.43。物料厚度 4cm，最终还原分数 0.362，气体利用率 5.59%，产品残氧 0.48%；物料厚度 5cm，还原分数 0.252，气体利用率 3.58%，产品残氧 0.58%；物料厚度 2cm，还原分数 1，气体利用率 15.4%，产品残氧 0。随着铺料厚度的加大，残氧升高、还原分数及气体利用率变差。

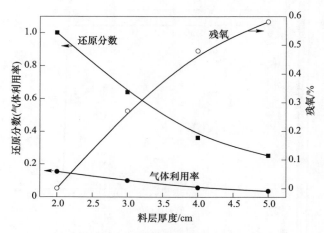

图 4.43　不同料层厚度的还原效果

（还原 1h，氢气气流为 30Nm³/（h·t 粉））

　　2cm 料层，在通气流量不变情况下，研究通气时间对还原效果影响。氢气流量为 30Nm³/（t·h），结果见图 4.44。还原 30min，产品残氧 0.223%，已满足要求。氢气利用率达到 22.3%。即处理 1t 铁粉，仅需要氢气 15Nm³。而 3cm 料层，处理 1t 铁粉，需要 30Nm³ 氢气，产品残氧 0.27%。同时，2cm 料层物料，处理时间 30min，缩短一半，与 3cm 料层相比，产量反而增加了 33.3%。

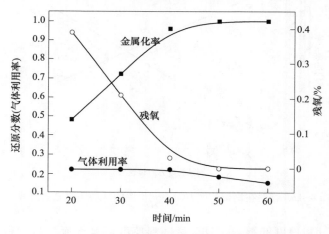

图 4.44　2cm 料层还原时间对还原效果影响

　　5cm 料层，在通气流量不变情况下，研究通气时间对还原效果影响。氢气流量为 18Nm³/（t·h），结果见图 4.45。还原 3h，产品残氧 0.23。1t 产品总耗氢气量为 54Nm³，明显高于 3cm 料层厚度的氢气消耗量。同时与 3cm 料层比，5cm 的产量下降 44.4%。

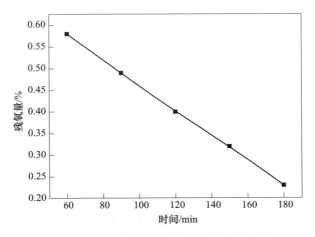

图 4.45 5cm 料层还原时间对还原效果影响

从上可见，氢二次还原炉提高产量应通过适度降低料层厚度和减少通气时间获得。

4.8 热重氢气还原动力学

试验中选用赤铁矿（澳矿）作为氧化铁的原料，澳矿的主物相为 Fe_2O_3（三方结构），含有少量磁铁矿和 SiO_2 等物相；选用的赤铁矿（澳矿）有四种粒度，利用激光粒度分析仪对原料粒度进行测量，测得颗粒的平均粒度分别为 $2\mu m$、$6.5\mu m$、$25\mu m$、$107.5\mu m$。赤铁矿（澳矿）的详细成分见表 4.5。试验中使用了 H_2、Ar 两种高纯气体。

表 4.5 赤铁矿的化学成分 （%）

TFe	SiO₂	Al₂O₃	CaO	P	S
62.7	7.0	2.5	0.5	0.12	0.06

热重分析法（TGA）是测量铁矿粉还原率的重要手段，主要是通过反应前后重量变化来确定反应进行程度以了解反应进行情况。试验中采用热重分析法（TGA）来研究低温下 H_2 还原氧化铁的反应。首先用高精度的电子天平对试样反应前的质量进行测定，然后采用北京光学仪器厂 FRC/T-2 型微机差热天平测定反应过程中试样的质量变化。根据升温制度，分为等温还原和连续升温还原两种模式[11~13]。

4.8.1 等温还原动力学

首先将一定量一定粒度的氧化铁粉（约 10mg）放入氧化铝坩埚内，然后将此坩埚放入差热热重分析仪中固定位置，通入氩气（流量为 50mL/min），排出反应器内的空气；一定时间后切换还原气体氢气（流量为 50mL/min），开始升温，升温速率为 80℃/min；温度从室温到达指定温度后，然后恒温一定时间后，用氩气切换还原气体，直至样品完全冷却后，关闭氩气，取出样品。试验设定 H_2 等温还原细粉氧化铁在 450℃、500℃、550℃、600℃ 四个温度下进行。

4.8.1.1　细微氧化铁粒度对还原率的影响

图 4.46 为 450℃、500℃、550℃、600℃ 四个温度下四种粒度的铁矿粉的还原率随时间变化的关系。由图中曲线规律可以得出同一温度下，铁矿粉粒度越小，反应速度越快，反应还原率越高；反应开始时，反应速度快，到反应后期，反应曲线变得相对平缓。另外，随着铁矿粉粒度的减小，反应起始还原率以及反应速度减慢时的还原率不断升高，同时反应速度加快。

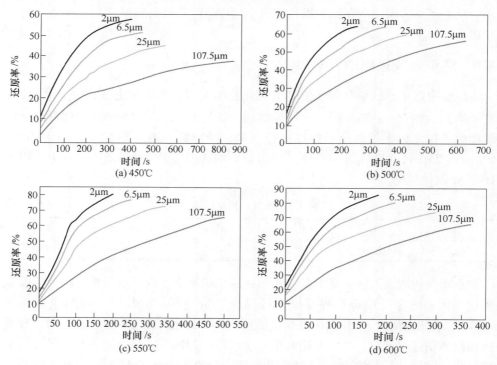

图 4.46　不同温度下铁矿粉的还原率随时间变化的关系

H_2 还原氧化铁的反应过程中，首先在表面进行反应，反应界面逐渐向内部推进直至反应完全，这种反应过程可以用收缩性未反应核模型来描述。

根据固体反应物转化率 x 的定义 $x = (w_0 - w)/w_0$，可以推导出 x 与 r 的关系：

$$x = 1 - \left(\frac{r}{r_0}\right)^3 \Rightarrow \frac{r}{r_0} = (1 - x)^{\frac{1}{3}} \tag{4.55}$$

式中，w_0，w 分别为固体反应物 Fe_2O_3 的初始质量和瞬时质量；r_0 为原始矿球半径；r 为未反应核半径。

由未反应核模型可得到气体 H_2 还原氧化铁的动力学方程的积分表达式：

$$\tau = \frac{\rho_{Fe_2O_3} r_0^2}{2 D_e (C_{H_2} - C_平)} [1 - 3 (1 - x)^{\frac{2}{3}} + 2 (1 - x)] + \frac{3 \rho_{Fe_2O_3} r_0}{k_r C_{H_2}} [1 - (1 - x)^{\frac{1}{3}}]$$

$$\tag{4.56}$$

其中，等式右边第一项 $\dfrac{\rho_{Fe_2O_3} r_0^2}{2 D_e (C_{H_2} - C_平)} [1 - 3 (1 - x)^{\frac{2}{3}} + 2 (1 - x)]$ 表示内扩散的

贡献；第二项 $\dfrac{3 \rho_{Fe_2O_3} r_0}{k_r (C_{H_2} - C_平)} [1 - (1 - x)^{\frac{1}{3}}]$ 表示化学反应的贡献。该动力学方程是在气固反应受内扩散和界面化学反应混合控制条件下得到的。

式中，τ 为化学反应时间；C_{H_2} 为反应界面处 H_2 的体积浓度；$C_平$ 为热力学平衡浓度；D_e 为有效扩散系数；k_r 为反应速率常数。

由式（4.56）右边第一项可知，当还原过程受内扩散过程控制时，固相反应物的反应时间与原始矿球半径 r_0 的平方成正比；由式（4.56）右边第二项可见，当还原过程受界面化学反应控制时，矿球的还原时间与矿球的原始半径 r_0 的一次方成正比。综上分析可知，无论反应受内扩散或（/和）界面反应控制时，反应速率与原始矿球半径有关，原始矿球的粒度越小，反应速度越快。粉体细化后，粉体的比表面积大幅度增加，提高了粉气接触面积，从而加快了化学反应的进行。

从图 4.46 还可以看出，随着温度的升高，相同粒度的铁矿粉的还原率都有所增加；在还原率相同的情况下，温度越高，反应所需的时间越短。这说明温度越高，反应速度越快，这是因为氢气还原氧化铁的反应为吸热反应所致。随着氧化铁粒度的减小，温度对还原率变化的影响越来越明显。

4.8.1.2　铁矿粉粒度对反应速率常数的影响

低温下氢气还原氧化铁的反应为一级反应，根据实验数据利用动力学模型可以计算出四种粒度铁矿粉在不同温度下的反应速率常数，结果见图 4.47。

从图 4.47 可以看出，随着粒度的减小，反应速率常数持续增加，而且增加的幅度越来越大。在同一温度下，铁矿粉粒度从 107.5 μm 降到 2 μm 后，由于粉体的表面积大幅度增加，提高了粉气接触面积，从而使得化学反应的速度提高了 8 倍左右；当反应速度相同时，粒度 6.5 μm 的粉体的反应温度比 107.5 μm 的降低了 80℃ 左右。另外，反应速率常数的增加还与温度有关，相同条件下，温度越高，反应速率常数增加的幅度越大。

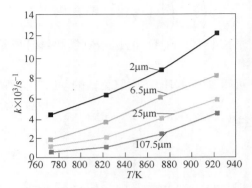

图 4.47　铁矿粉粒度对反应速率常数的影响

4.8.1.3　粒度对活化能的影响

根据阿累尼乌斯（Arrhenius）公式，以 $\ln k$ -$1/T$ 作图，直线的斜率是 E/R，从而可求出反应的活化能。

对四种粒度的铁矿粉，将其在 450℃、500℃、550℃、600℃ 四个温度下的反应速率常数取对数与 $1/T$ 作图（见图 4.48）。

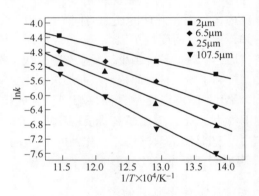

图 4.48　$\ln k$ 与 $1/T$ 的关系

图 4.49 是粒度分别为 $2\mu m$、$6.5\mu m$、$25\mu m$、$107.5\mu m$ 的澳矿在 H_2 下还原反应的表观活化能。从图 4.49 可清晰看出，随着粒度的变小，化学反应表观活化能随之降低，铁矿粉粒度从 $107.5\mu m$ 降到 $2\mu m$ 后，还原反应的表观活化能从 78.3kJ/mol 降低到 36.9kJ/mol。化学反应表观活化能的降低，更有利于反应的进行。这是因为反应活化能的大小与反应物的属性密切相关，反应物的表面活化中心越多，则反应的活性越高，反应活化能也越小。铁矿粉细化过程中，会形成许多活化中心，从而显著降低了化学反应的表观活化能。

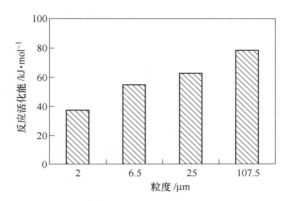

图 4.49 化学反应阶段表观活化能和粒度的关系

4.8.1.4 铁矿粉粒度对反应扩散层的影响

通过理论推导来说明铁矿粉粒度对反应扩散层的影响。假定矿粉颗粒为球形，取相同质量的铁矿粉 Mkg，粒度为 $2r_0$m，密度为 ρkg/m^3，反应到 t 时刻时已还原层的厚度为 r_tm，还原率为 R。同时认为反应前后铁矿粉粒径不变。

粒径为 $2r_0$ 的颗粒质量 m_0 为：

$$m_0 = \rho \cdot \frac{4}{3}\pi \cdot r_0^3 \qquad (4.57)$$

则 Mkg 铁矿粉中共有 n 个这样的颗粒：

$$n = \frac{M}{m_0} = \frac{3M}{4\pi\rho} \cdot r_0^{-3} \qquad (4.58)$$

在反应进行到 t 时刻时，每个颗粒中未反应核的质量 m_t 为：

$$m_t = \rho \cdot \frac{4}{3}\pi \cdot (r_0 - r_t)^3 \qquad (4.59)$$

Mkg 矿粉中总的未反应的量 M_t 为：

$$M_t = n \cdot m_t = \frac{3M}{4\pi\rho} \cdot r_0^{-3} \cdot \rho \cdot \frac{4}{3}\pi \cdot (r_0 - r_t)^3 = \left(1 - \frac{r_t}{r_0}\right)^3 \cdot M \qquad (4.60)$$

则还原率 R 为：

$$R = \frac{M - M_t}{M} = \frac{M - \left(1 - \frac{r_t}{r_0}\right)^3 M}{M} = 1 - \left(1 - \frac{r_t}{r_0}\right)^3 \qquad (4.61)$$

由图 4.50 可以看出，在相同的反应层厚度条件下，随着颗粒半径的减小，还原率会逐渐增加，但是当粒径较大时还原率随粒径减小增加的幅度很小，只有当粒径减小到一定尺寸以后还原率会迅速增大。由图 4.51 可以得出，反应层厚度为 1μm 时，颗粒直径为 2μm，还原率为 87.5%，颗粒直径为 6.5μm 时还原率为 27.1%，而当颗粒直径为 107.5μm 时还原率仅为 2.76%。由此可以推测，当颗粒较小时，反应刚刚开始还没有进入扩散阶段还原就已经基本结束，而大颗粒则需要较长的时间才能使中心部分得到还原。因此，粒度的减小能够使反应时间大大缩短，但是这必须是在反应动力学条件很好的情况下才能使颗粒度的作用充分发挥。

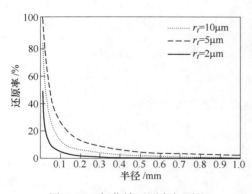

图 4.50　氧化铁还原率与颗粒
半径的关系

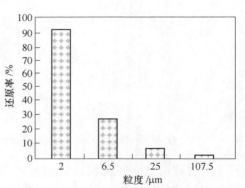

图 4.51　反应层厚度为 1μm 时，颗粒半
径对还原率的影响

4.8.2　逐步升温还原动力学

选用的赤铁矿（澳矿）有七种平均粒度，对于平均粒度大于 40μm 的铁矿粉即 88μm、0.5mm、1mm 和 3.5mm，是由原矿粉经过振动筛筛分得到；对于三种平均粒度较小的铁矿粉即 40μm、10μm 和 2μm，是利用高效搅拌磨研磨不同时间后得到。试验中使用了 H_2、Ar 两种高纯气体。

将一定量一定粒度的氧化铁粉（约 10mg）放入氧化铝坩埚内，然后将此坩埚放入差热热重分析仪中固定位置，通入氩气（流量为 50mL/min），排出反应器内的空气；一定时间后载入还原气体氢气（流量为 50mL/min），开始升温，升温速率为 10℃/min；温度从室温到达指定温度后，用氩气切换还原气体，直至样品完全冷却，关闭氩气，取出样品。

4.8.2.1　铁矿粉的粒度对还原率的影响

图 4.52 为铁矿粉的粒度对 H_2 还原氧化铁的影响。由图中曲线规律可以明显看出，铁矿粉粒度越小，反应接近完毕时所对应的还原率越高。这是因为随着反应的进行，逐渐形成的金属铁层对气体的内扩散起了限制作用，从而阻碍了气体与内部未还原的氧化铁的反应；粒度越小，扩散层越薄，越有利于反应的进行，还原率也就越高。当反应转入平台期时，随着时间的延长，还原率增加不大。可见，确定矿粉反应的平台期，对缩短还原时间有利。

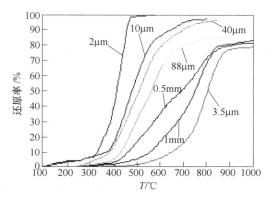

图 4.52 氧化铁的粒度对还原率的影响

随着铁矿粉粒度的减小，起始反应温度不断降低，同时反应速度加快。比如平均粒度为 3.5mm 的铁矿在 400℃ 还原反应开始，700℃ 左右开始反应加快；而平均粒度为 2μm 的铁矿还原反应在 100℃ 已经开始，350℃ 反应加快。另外，粒度的减小，使得铁矿粉达到平台期时的还原率不断提高。例如平均粒度为 3.5mm 的铁矿达到平台期时的还原率为 77%，而平均粒度为 2μm 的铁矿粉达到平台期时还原率为 98%，而且在 600℃ 时就达到了 100%。

图 4.53 是不同温度下不同粒度的铁矿粉的还原速率随时间的变化关系。从图中可以看出，还原速率的趋势是随时间的增加先增大后减小。随着铁矿石粒度的减小，一定重量的矿石的总表面积增加，还原速率加快，过程由扩散转入动力学范围，这时温度的提高对还原有显著的作用。在动力学范围，还原向矿球内推进，成体积性发展，而与大小粒度无关。随着还原程度的进一步增加（还原层不断的增厚），达到极值后，还原速率逐渐减小，这主要是矿球的孔隙度减小，阻碍了透气性所致。

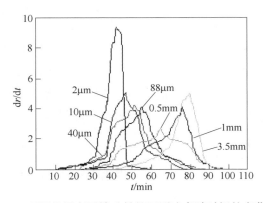

图 4.53 不同的温度下铁矿粉的还原速率随时间的变化关系

4.8.2.2　氢气还原氧化铁反应机理

气体还原氧化铁是一个复杂的多相气固反应，化学反应的限制性环节主要是界面化学反应和内扩散。为了证实还原条件下反应机理的有效性，通常采用数学公式来预测还原过程中反应速率的限制性环节。根据数学模型，当限制性环节为界面化学反应时，$1 - (1 - x)^{\frac{1}{3}}$ 与反应时间成线性关系；当限制性环节为内扩散时，$1 - 3(1 - x)^{\frac{2}{3}} + 2(1 - x)$ 与反应时间成线性关系。

图 4.54 和图 4.55 分别为由平均粒度为 $2\mu m$ 和平均粒度为 $40\mu m$ 的铁矿粉的还原分数计算的反应机理公式函数与时间的关系。由图中的曲线可以看出，有些区域 $1 - (1 - x)^{\frac{1}{3}}$ 与反应时间接近成线性关系，表明此区域界面化学反应为主要限制性环节，有些区域 $1 - 3(1 - x)^{\frac{2}{3}} + 2(1 - x)$ 与反应时间接近成线性关系，表明此区域内扩散为主要限制性环节；但只是接近并不完全是线性，这就表明化学反应不是通过单一的环节来控制，而是混合控制，可能是通过界面化学反应和内扩散共同控制。

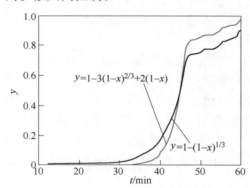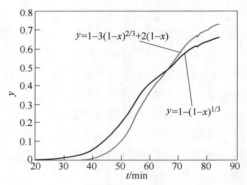

图 4.54　由平均粒度为 $2\mu m$ 的铁矿粉的　　　图 4.55　由平均粒度为 $40\mu m$ 的铁矿粉的
　　　还原分数计算的反应机理公式　　　　　　　　还原分数计算的反应机理公式
　　　　　函数与时间的关系　　　　　　　　　　　　函数与时间的关系

在低温下铁矿粉的还原反应，界面化学反应的阻力所占的比例较大，但随着温度及还原率的提高，其值逐渐降低。当还原层不断增厚，特别是温度高时，还原层的内扩散阻力占优势，此时内扩散成为主要的限制性环节。

4.8.2.3　铁矿粉粒度对反应速率常数的影响

根据实验数据利用动力学模型可以计算出七种粒度铁矿粉在不同温度下的反应速率常数，结果见图 4.56。

从图 4.56 可以看出，随着粒度的减小，反应速率常数持续增加，而且增加的幅度越来越大。在同一温度下,铁矿粉粒度从 3.5mm 降到 2μm 后,由于粉体的表面积大幅度增加,提高了粉气接触面积,从而使得化学反应的速度得到了大幅度的增加;当反应速度相同时,粒度越小,反应温度越低。另外反应速率常数的增加还与温度有关,相同条件下,温度越高,反应速率常数增加的幅度越大。

4.8.2.4 粒度对活化能的影响

对七种粒度的铁矿粉,将其在不同反应温度下的反应速率常数取对数与 $1/T$ 作图(见图 4.57)。

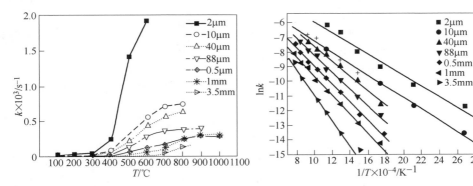

图 4.56 铁矿粉粒度对反应速率常数的影响　　图 4.57 $\ln k$ 与 $1/T$ 的关系

图 4.58 为七种粒度的铁矿粉在 H_2 气氛下发生还原反应的表观活化能。从图可清晰看出,随着粒度的变小,化学反应表观活化能随之降低,铁矿粉粒度从 3.5mm 降到 2μm 后,还原反应的表观活化能从 73.3kJ/mol 降低到 30.46kJ/mol。化学反应表观活化能的降低,更有利于反应的进行;这是因为反应活化能的大小与反应物的属性密切相关,反应物的表面活化中心越多,则反应的活性越高,反应活化能也越小。铁矿粉在细化过程中,会形成许多活化中心,从而显著降低了化学反应的表观活化能。

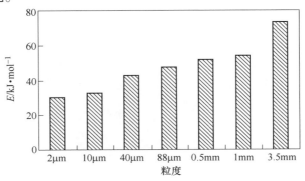

图 4.58 化学反应阶段表观活化能和粒度的关系

参 考 文 献

[1] 张殿伟. 低温快速还原炼铁新技术的基础研究 [D]. 北京：钢铁研究总院，2007.

[2] 赵沛，郭培民，张殿伟. 低温非平衡条件下（<570℃）氧化铁还原顺序研究 [J]. 钢铁，2006，41（8）：12~15.

[3] 黄希祜. 钢铁冶金原理 [M]. 北京：冶金工业出版社，1990.

[4] 郭培民，赵沛，王磊，孔令兵. 氧化铁气基还原过程的气体氧化动力学 [J]. 钢铁，2017，52（9）：22~26.

[5] 郭培民，赵沛，王磊，孔令兵. 移动床内氧化铁还原及还原气体氧化行为分析 [J]. 钢铁研究学报，2018，30（5）：348~353.

[6] 吴胜利，许海法，李肇毅，等. COREX-3000 预还原竖炉冶炼特点分析 [A]. 宝钢钢铁国际年会 [C]，2008：A102.

[7] 李维国. COREX-3000 生产现状和存在问题的分析 [J]. 宝钢技术，2006（6）：11~18.

[8] 郭培民，赵沛，王磊，孔令兵. 工艺参数对连续流化床内铁矿粉还原效果的影响 [J]. 工程科学学报，2018，40（10）：1231~1236.

[9] Joo S，Kim H G，Lee I O，et al. FINEX：a new process for production of hot metal from fine ore and coal. Scand. J. Metall. ，1999，28（4）：178.

[10] 郭培民，赵沛，孔令兵，王磊. 料层厚度对粉末冶金用铁粉氢还原的影响 [J]. 粉末冶金材料科学与工程，2018，23（3）：261~265.

[11] Pang Jianming，Guo Peimin，Zhao Pei，Cao Chaozhen，Zhang Dianwei. Influence of size of hematite powder on its reduction kinetics by H_2 at low temperature [J]. Journal of Iron and Steel Research，International，2009，16（5）：7~11.

[12] 庞建明，郭培民，赵沛，曹朝真，张殿伟. 低温下氢气还原氧化铁的动力学研究 [J]. 钢铁，2008，43（7）：7~11.

[13] 庞建明，郭培民，赵沛，曹朝真. 氢气还原细微氧化铁动力学的非等温热重方法研究 [J]. 钢铁，2009，44（2）：11~14.

5　低温煤基还原动力学基础

碳热还原是炼铁的基础反应之一。本章探讨了细微矿粉在低温下的反应机理，阐述碳气化反应动力学、煤基还原动力学及催化还原动力学，确定了反应过程间接还原所占比例和揭示了反应过程限制性环节发生变化的原因。

5.1　低温直接还原的反应机理

5.1.1　机理解析

碳还原氧化铁的反应有两种反应过程：直接还原和间接还原（见式（5.1）~式（5.3））。

直接还原：

$$Fe_xO_y + C \Longrightarrow Fe_xO_{y-1} + CO \tag{5.1}$$

间接还原：

$$Fe_xO_y + CO \Longrightarrow Fe_xO_{y-1} + CO_2 \tag{5.2}$$

$$C + CO_2 \Longrightarrow 2CO \tag{5.3}$$

其中 $x = 1$，2，3；相应的 $y = 1$，3，4。

由于低温下铁矿粉的还原反应速度很慢，有关低温下铁矿粉还原机理的研究报道比较少。同时，由文献知，碳的气化反应（$C + CO_2 = 2CO$）是氧化铁矿还原过程中的重要反应。传统微米晶铁矿粉的还原过程主要以间接还原为主，还原过程以气固反应为主。碳的气化反应活化能较高（200~350kJ/mol，与碳的类型和粒度有关）。低温条件下相关的机理研究尚未发现，有必要对低温下铁矿粉的还原反应及其机理进行研究，同时对碳的气化反应也进行了研究[1,2]。

5.1.2　热重试验及结果分析

将炭粉和铁矿粉按一定比例混匀后利用热重试验仪在 Ar 气氛下进行试验，同时将上述试验中使用的炭粉在相同的试验条件下在 CO_2 气氛中进行气化试验，两者试验结果进行比较见图 5.1，根据实验结果计算不同温度下的反应速率常数，结果见表 5.1。另外还研究了催化剂对碳气化和碳还原氧化铁反应的影响，结果见图 5.2。

从图 5.1 可见，碳的气化反应开始温度约为 300℃左右，500℃后，气化反应速度加快，750℃左右气化反应基本结束。从图中还可以看出，铁矿的还原率曲

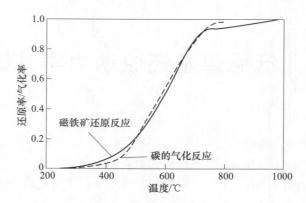

图 5.1　碳的气化反应和磁铁矿粉的还原反应比较

线与碳的气化率曲线几乎重合，变化规律非常相似。另外，从表5.1可看出，它们的反应速度常数也很接近。说明炭粉还原氧化铁的反应与碳气化反应的具有类似的反应控制环节，即低温纳米晶磁铁矿粉的还原过程仍以间接还原为主，碳的气化反应仍是其限制性环节。

表 5.1　不同温度条件的速度常数　　　　　　　　　　（s^{-1}）

温度/K	气化反应	磁铁矿还原反应
760	2.89×10^{-4}	2.08×10^{-4}
800	4.12×10^{-4}	3.28×10^{-4}
840	5.07×10^{-4}	4.66×10^{-4}
880	6.43×10^{-4}	7.02×10^{-4}
920	8.43×10^{-4}	9.91×10^{-4}
960	1.27×10^{-3}	1.24×10^{-3}

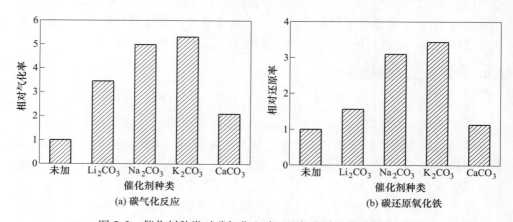

图 5.2　催化剂种类对碳气化和碳还原氧化铁反应的影响规律

5.1.3 催化试验及结果分析

同时从图 5.2 即催化剂对碳气化和碳还原氧化铁反应的影响结果可以看出，对于两种反应 K_2CO_3 的催化效果都是最好的，而 $CaCO_3$ 则基本没有催化效果。另外，可以看出，加入 K_2CO_3 时，对碳气化和碳还原氧化铁的反应均起到促进的作用，其他催化剂也表现出这样的规律，催化剂对两种反应的作用是一致的。说明催化剂对碳还原氧化铁的催化作用机理也是通过对碳气化的催化从而提高了碳还原氧化铁的反应速度，这进一步证明了碳气化是碳还原氧化铁反应的限制性环节。

由以上试验结果表明低温下碳还原氧化铁的反应仍以间接还原为主。

5.2 碳的气化反应动力学初步

前面的研究表明，低温下碳的气化反应依然是低温煤基氧化铁还原反应的限制性环节，因此提高低温条件下碳的气化反应速度将有助于加速碳还原氧化铁反应。一些研究者已经研究了碳气化反应的性能，结果表明低温下碳的气化反应速度是相当缓慢的。本部分研究利用机械力细化粉体颗粒和催化相结合方法，可显著提高碳在低温下的气化反应性能，从而为实现氧化铁的低温快速还原反应提供理论基础和工艺参数[3~6]。

5.2.1 低温气化反应的反应机理

根据热重实验数据，假设反应级数 n 分别为 0、1、2，求出低温气化反应（$C+CO_2 \rightleftharpoons 2CO$）不同反应机理下的反应速度常数 k。由反应速度常数 k 与活化能和指前因子之间的线性度关系可判断反应的实际反应级数。以 D_{50} 为 $4\mu m$ 的活性炭为例，得到其 $\ln k$ 与 $1/T$ 的关系（图 5.3）。可以看出，活性炭的气化反应与

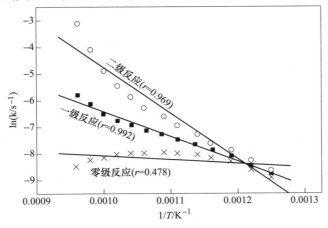

图 5.3 活性炭（$D_{50}=4\mu m$）气化反应的 $\ln k$ 与 $1/T$ 的关系

一级反应的相关性优于与零级和二级反应规律的相关性，因此低温下活性炭的气化反应可以被认为符合一级反应规律。根据同样的方法可以发现，各种不同粒度的活性炭和光谱纯炭粉以及加入催化剂后的炭粉在低温下的反应也都具有相似的规律，符合一级反应规律。

5.2.2　气化反应的影响因素

5.2.2.1　炭粉颗粒度的影响

选取三种不同粒度的光谱纯炭粉：pure150（$D_{50} = 150\mu m$）、pure40（$D_{50} = 40\mu m$）和 pure4（$D_{50} = 4\mu m$），得到气化率与温度的关系如图 5.4 所示。可以得到，随着粒度的减小，光谱纯炭粉的气化速率不断提高，其反应起始温度也有一定程度的降低（pure150、pure40 和 pure4 的起始温度分别为 930K、880K 和 750K）。

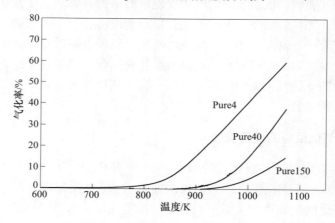

图 5.4　不同粒度的气化曲线（光谱纯碳粉）

根据气化曲线计算出各样品的指前因子 A 和表观活化能 E 见表 5.2。从表 5.2 可知，pure150 与 pure40 相比，活化能变化不大，说明粒度由 150μm 变化到 40μm，气化反应的本质没有变化，但是 pure40 的指前因子远大于 pure150，说明 pure40 的反应活性大于 pure150。这也可以从气化曲线得到证明。而 pure4 与前两者相比，活化能有了较大幅度的降低，这是因为在将大颗粒的炭粉细化到 pure4 过程中，粉体受到了较强的机械力，使炭粉的晶格受到了影响，晶粒发生畸变和位错，从而形成了许多活化中心，显著降低反应的活化能。

表 5.2　光谱纯炭粉系列的反应动力学参数

样　　品		指前因子 A/s^{-1}	活化能 E/kJ·mol^{-1}
Pure150	873~973K	285757. 8	179. 674
	973~1073K	0. 765	74. 968

续表5.2

样 品		指前因子 A/s^{-1}	活化能 $E/kJ \cdot mol^{-1}$
Pure40	860~960K	3018770	189.048
	960~1060K	6.75748	84.757
Pure4	680~880K	2268.899	119.08
	880~1060K	0.035393	37.766

有些学者发现碳气化反应的活化能和指前因子之间存在着动力学补偿效应。即活化能较大的情况下，其指前因子也较大，用数学公式可以描述为：

$$\ln A = aE + b \tag{5.4}$$

$$a = \frac{1}{RT_i}, \quad b = \ln k_i$$

式中，a，b 称为补偿系数；R 为气体常数；T_i 为等动力学温度；k_i 为等动力学温度点的反应速度常数。

将本实验所得的光谱纯炭和活性炭粗颗粒（$D_{50} = 150\mu m$、无催化剂）的活化能和指前因子作图可得图5.5。可以看出，粗颗粒炭粉气化反应的表观活化能和指前因子存在"动力学补偿效应"，关系式为：$\ln A = 0.125E - 9.792$，拟合直线的相关系数为 $r = 0.999$。根据公式 $a = \frac{1}{RT_i}$，$b = \ln k_i$ 可以得出粗颗粒炭粉的等动力学温度 $T_i = 962K$，等动力学温度点的反应速度常数 $k_i = 5.59 \times 10^{-5} s^{-1}$。同理可以求出炭粉细颗粒（$D_{50} = 4\mu m$）的动力学补偿效应关系式：$\ln A = 0.148E - 10.008(r = 0.986)$，$T_i = 812K$，$k_i = 4.5 \times 10^{-5} s^{-1}$。比较等动力学温度和该点的反应速度常数可以看出，细颗粒的等动力学温度比粗颗粒的等动力学温度低了150K。

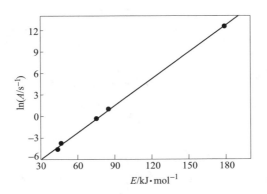

图5.5 粗颗粒炭粉表观活化能和指前因子的关系

5.2.2.2　催化剂的影响

　　将加入 Na_2CO_3 和未加催化剂的光谱纯炭粉的热重曲线比较可知（见图 5.6），加入 Na_2CO_3 后，炭粉的气化反应温度能够显著降低，而气化反应速度的提高尤为显著。同时发现加入催化剂和未加催化剂的炭粉都分别符合"动力学补偿效应"，见图 5.7。可以看出，加入催化剂后的炭粉的指前因子 A 和表观活化能 E 符合补偿关系式：$\ln A = 0.134E - 7.424$（$r = 0.993$）；$T_i = 898K$，$k_i = 5.97 \times 10^{-4}$ s^{-1}。同样，未加催化剂的炭粉其指前因子 A 和表观活化能 E 也符合补偿关系式：$\ln A = 0.129E - 9.499$（$r = 0.991$）；$T_i = 935K$，$k_i = 7.49 \times 10^{-5}$ s^{-1}。根据补偿效应规律可得到加入催化剂 Li_2CO_3、Na_2CO_3、K_2CO_3 的炭粉气化试验数据在同一条"动力学补偿效应"直线上，表明它们具有相似的催化机理；未添加催化剂的试验数据也在另一条"动力学补偿效应"直线上说明未加催化剂的炭粉气化反应的机理相似。由以上结果可看出，加入催化剂后不仅反应的等动力学温度 T_i 变低了，而且该温度点的反应速度常数 k_i 也有一定程度的提高，说明催化剂的加入能够显著改善炭粉的气化能力。

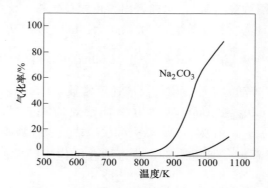

图 5.6　加入 Na_2CO_3 和未加催化剂光谱纯碳气化反应的气化曲线比较（D_{50}：150μm）

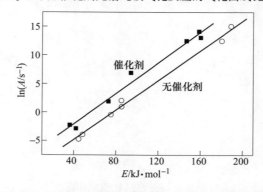

图 5.7　加入和未加催化剂炭粉表观活化能和指前因子的关系

5.2.2.3　碳种类的影响

选取相同粒度（$D_{50}=4\mu m$）的活性炭和光谱纯炭粉进行比较，得到气化曲线（图5.8）。可以明显看出，活性炭的反应速度比光谱纯炭的反应速度快得多：活性炭的气化反应起始温度较低（630K），当反应温度升至1073K时，气化反应已经结束。另外，光谱纯炭粉和活性炭分别符合"动力学补偿效应"，其中光谱纯炭粉的表观活化能和指前因子的关系见图5.9。可以得到，光谱纯炭粉的补偿关系式为 $\ln A=0.120E-8.163$（$r=0.991$），$T_i=999K$，$k_i=2.09\times10^{-4}s^{-1}$；另外，同理也可以得到，活性炭的补偿关系式为：$\ln A=0.137E-10.532$（$r=0.998$），$T_i=608K$，$k_i=2.668\times10^{-5}s^{-1}$。由此可以看出，活性炭的等动力学温度远远低于光谱纯炭粉的等动力学温度。

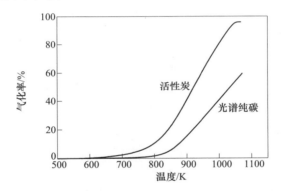

图5.8　不同种类碳（$D_{50}=4\mu m$）的气化曲线比较

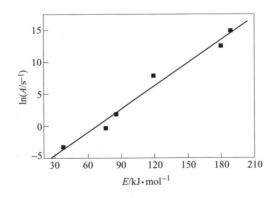

图5.9　光谱纯炭粉表观活化能和指前因子的关系

5.2.2.4　炭粉细化与催化剂同时作用的效果

将炭粉细化（$D_{50}=4\mu m$）并使用催化剂（Na_2CO_3）得到的气化曲线分别与

不使用催化剂的粗颗粒炭粉（$D_{50} = 150\mu m$）、不使用催化剂的细化以及使用催化剂的粗颗粒炭粉分别得到的气化曲线进行比较（见图5.10）。可以明显看出，细化和催化单独作用均能提高碳的气化效率，但是如果让两者同时起作用则能达到相互促进的效果，使得碳的气化效率得到进一步的提高。根据"动力学补偿效应"计算可以得出，细化和催化同时作用的炭粉其补偿关系式为：$\ln A = 0.157E - 8.023$（$r = 0.991$），$T_i = 492K$，$k_i = 3.28 \times 10^{-4}$；与其他相比其等动力学温度$T_i$从962K（粗颗粒）、812K（细颗粒）、898K（催化）分别降低了470K、320K和406K，同时其等动力学温度点的反应速度常数K_i也有一定程度的提高，说明了细化和催化同时作用可以起到相互促进的作用，从而达到更好的碳气化效果。因此，充分利用催化和细化的共同作用将可能是一种重要的低温碳气化方法，从而可以使得碳的气化得到进一步的应用。

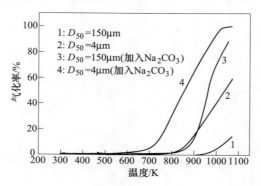

图5.10　不同条件下的光谱纯炭粉的气化曲线

5.2.2.5　配样方式对气化反应的影响规律

由图5.11可以看出，炭粉研磨以后相对气化率提高15%左右，说明对于<40μm的炭粉进行进一步的研磨可以在一定程度上改善其反应性能。催化剂与炭粉进行简单混合后其气化率有较大幅度的提高，表明催化剂对于碳气化反应有较强的催化作用。对于比较细的炭粉（<40μm）来说，与仅细化炭粉的方法相比催化剂的加入能够对炭粉起到更大的活化作用。

为了比较催化剂加入方法对反应的影响，采用了五种方式并对比它们的气化率可以看出，与不使用催化剂的炭粉（<40μm）的反应相比气化率有较大幅度的提高（1.5倍以上），细化催化剂K_2CO_3能够使得催化剂的催化作用更好的发挥。其中效果最好的方式是将炭粉和K_2CO_3共同进行研磨，因为这不但使得两者同时细化而且是两者得到了充分的混合，接触更好，所以催化效果最好，其相对气化率最高。为了更好的将二者混合，将催化剂溶于水中然后加入炭粉进行湿磨5min，干燥后进行气化实验。结果表明与干磨相比气化率反而有所降低。这主要

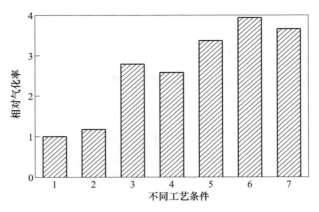

图 5.11　炭粉与 K$_2$CO$_3$ 不同工艺参数对气化反应的影响

1—炭粉<40μm；2—炭粉磨 5min；3—炭粉+K$_2$CO$_3$ 混匀；4—炭粉磨 5min+K$_2$CO$_3$；

5—炭粉+K$_2$CO$_3$ 磨 5min；6—炭粉+K$_2$CO$_3$ 共同磨 5min；7—K$_2$CO$_3$ 溶于水与炭粉混匀

是由于干磨后不但使得两者的混合效果增加，而且使炭粉和催化剂粒度变细，机械力使得粉体产生了一定的活化效果。而湿混虽然使混合效果有所加强，但是溶于水后使得碳和催化剂粉体失去了部分活性，因此其催化效果反而会有所降低。

　　图 5.12 给出了不同工艺参数对炭粉与 Na$_2$CO$_3$ 气化反应的影响规律，从中可以看出，其变化规律与催化剂 K$_2$CO$_3$ 基本一致，说明其作用原理也是一样的。

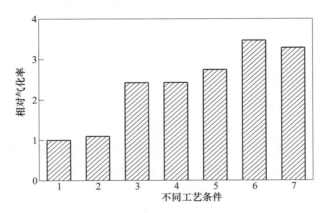

图 5.12　炭粉与 Na$_2$CO$_3$ 不同工艺参数对气化反应的影响

1—炭粉<40μm；2—炭粉磨 5min；3—炭粉+Na$_2$CO$_3$ 混匀；4—炭粉磨 5min+Na$_2$CO$_3$；

5—炭粉+Na$_2$CO$_3$ 磨 5min；6—炭粉+Na$_2$CO$_3$ 共同磨 5min；7—Na$_2$CO$_3$ 溶于水与炭粉混匀

5.3　CO$_2$ 气化反应本征速率常数计算新方法

　　碳的气化是冶金过程的重要基础反应之一。很多学者研究碳气化反应的动力学参数，大多基于碳气化过程碳的失重率（如 TG、TG-DTA 或联合质谱）来计算气化反应动力学参数，在实验中 CO_2 流量往往处于严重过剩状态。通过这种方法可以得到碳气化反应的表观反应速率 $k(s^{-1})$，它以 100%碳基础，也可以得到本征化学速率常数 $k_+(m/s)$。表观反应速率相对比较简单，很多因素未能考虑，如碳的粒度、CO 浓度、CO_2 浓度以及流量等诸多参数，因此使用具有很大局限性。本征化学速率常数 k_+ 则能考虑到这些因素的影响，应用更加广泛。失重实验中一个关键的变量是温度，常规 TGA 等温热重实验，冷 CO_2 气体直接进入测试仪器内，加上实验样品量少，测定的样品温度与碳气化反应温度有不少出入，这些将影响到 $CO_2+C \Longrightarrow 2CO$ 反应动力学参数数值的精度与可靠性。

煤化工领域在 2001 年发布了煤对 CO_2 化学反应性的测定方法国家标准，测定原理是将煤粒进行干馏，然后在不同温度下用少量 CO_2 通过预热层及一定粒度的煤粒层（煤粒远远过剩），测定 CO_2 转化为 CO 的比例，用这种方法评价不同煤或焦的反应性。它的优点是 CO_2 流量小，基本上通过预热层温度与煤粒温度一致。该方法在煤炭领域得到广泛应用，可以得到活化能和一定温度下的 CO_2 转化程度，但得不到 C 与 CO_2 反应速率信息。本节[7]也以这个国家标准尝试推理得到以碳为研究中心的本征动力学参数 k_+。

5.3.1　不同煤种的 CO_2 气化转化实验

所用的煤有两种，一种为气煤，另一种为兰炭。化学成分见表 5.3。

表 5.3　煤的化学成分　　　　　　　　　　　　　　（%）

煤的种类	固定碳含量	挥发分	灰分	水分
气煤	52.00	29.45	5.50	13.10
兰炭	83.50	3.25	4.25	9.00

按照国家标准煤炭反应性测试方法，煤粉粒度 3~6mm，煤层厚度 6cm；CO_2 气流从下往上穿过预热层及煤粒层，根据测定煤气中 CO_2 含量的变化测定 CO_2 转化率。测定反应性前，先通过气氛保护进行干馏，干馏后从 800~1100℃，每隔 50℃测定 CO_2 的转化率。管内径 21mm。实验表明，气化煤的气化反应性明显优于兰炭。在气煤实验中，超过 950℃，98%以上的 CO_2 转化为 CO，这表明在过剩碳作用下，气煤有很强的活性，使 CO_2+C 反应迅速进行至平衡态，而在800℃，反应速率小，只有 20%转化为 CO。结果见图 5.13。

5.3.2　碳气化反应动力学模型

为了理解 CO_2 气流穿过煤层过程发生的气化反应，建立了固定床气化模型。分为以下 3 个步骤。

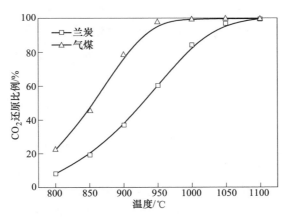

图 5.13　不同煤的 CO_2 转化率

（1）单球气化反应。由于 CO_2 气流量远小于煤炭量，每个反应瞬间 CO_2 只消耗煤炭颗粒表层的部分碳。因此忽略 CO_2 直接穿过煤炭微孔进入内部与碳发生气化反应。常压下，碳的气化反应为一级反应，可用未反应核模型求解碳的表层气化反应动力学，扩散忽略不计，则界面化学是限制性环节。则单个碳颗粒的气化率：

$$\mathrm{d}f_i = \frac{3}{r_0 \rho_C} k_+ \left(c_{CO_2} - \frac{c_{CO}^2}{K} \right)(1 - f_i)^{2/3} \mathrm{d}\tau \tag{5.5}$$

而 CO_2 转化率：

$$\eta_{CO_2} = \frac{n_0 \mathrm{d}f_i}{\omega_{CO_2} Q_1 \mathrm{d}\tau} \tag{5.6}$$

式中，η_{CO_2} 为 CO_2 的气化转化率；ρ_C 为碳还原剂的体积摩尔数，mol/m^3；k_+ 为碳的本征气化速率，m/s；K 为碳气化反应的平衡常数；f_i 为碳的气化分数；c_{CO} 为体系中的 CO 浓度，mol/m^3；c_{CO_2} 为体系中的 CO_2 浓度，mol/m^3；r_0 为平均粒度，m；ω_{CO_2} 为气体中 CO_2 体积含量；n_0 为单个煤粒的碳摩尔数，mol；Q_1 为单个球摩尔流量，mol/s；τ 为时间，s。

则单个球气化后的气体流量变为：

$$(1 + \omega_{CO_2} \eta_{CO_2}) Q_1 \tag{5.7}$$

CO_2 体积含量为：

$$\frac{\omega_{CO_2} - \eta_{CO_2}}{1 + \omega_{CO_2} \eta_{CO_2}} \tag{5.8}$$

CO 体积含量为：

$$\frac{2\eta_{CO_2}}{1 + \omega_{CO_2} \eta_{CO_2}} \tag{5.9}$$

（2）单层颗粒气化反应。单层颗粒的 CO_2 转化成 CO 与单颗粒相似，在计算 CO_2 转化率的差异在于将总的 CO_2 流量 Q 平均分配给单个颗粒。令单层的颗粒总数为 N，则单个颗粒的气流流量为 Q/N，因此 CO_2 气化转化率的表达式为：

$$\eta_{CO_2} = \frac{n_0 df_i}{\omega_{CO_2} \dfrac{Q}{N} d\tau} \tag{5.10}$$

（3）耦合转化动力学模型。实际上，在 CO_2 穿过煤层发生气化反应过程中，一开始 CO_2 浓度大，CO 浓度为 0，因此气化转化速率快，随着反应的进行，CO 气体浓度变大，CO_2 气体浓度降低，将会降低转化速率。因此 c_{CO}、c_{CO_2} 在 CO_2 转化过程中是动态变化的，要考虑瞬间气体成分的变化量。

CO_2 标准气化转化率实验相当于在固定床中进行，CO_2 气体从下向上穿过煤层，可采用固定床的多层球气化转换模式。

多层球的煤气化示意图见图 5.14，第 i 层球的进气浓度为 c_0^i 时，对于煤的气化：

$$df_i = \frac{3}{r_0 \rho_C} k_+ \left(c_{CO_2}^i - \frac{(c_{CO}^i)^2}{K} \right) (1 - f_i)^{2/3} d\tau \tag{5.11}$$

$$\eta_{CO_2} = \frac{h_0 df_i}{\omega_{CO_2} \dfrac{Q}{N} d\tau} \tag{5.12}$$

CO_2 穿过一层煤后，CO_2、CO 成分发生变化，得到新的摩尔浓度，在上一层继续与煤发生气化反应，直至穿过顶层，得到的 CO_2 转化率为最终 CO_2 穿过煤层的气化转化率。

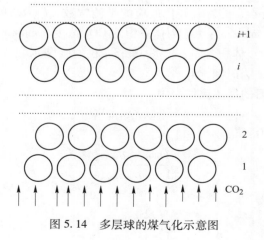

图 5.14　多层球的煤气化示意图

5.3.3 k_+计算

根据标准 CO$_2$ 气化转化率测定实验，CO$_2$ 流量为 500mL/min，$Q = 3.72 \times 10^{-4}$mol/s，煤粉平均粒度 4.5mm，$r_0 = 2.25 \times 10^{-3}$m，气化煤的 $\rho_C = 82500$mol/m^3，管内径 21mm，每层高度 100mm。先计算最下面一层煤粒与 CO$_2$ 反应的 CO$_2$ 转化率，然后流出的气体成分及流量发生变化，再计算第 2 层条件，直到最后一层煤粒反应。在一个温度下，先假定一个速率常数 k_+，经过固定床反应后，得到一个 CO$_2$ 转化率，如果得到的 CO$_2$ 转化率与实测的相同，则确认此时的 k_+ 就是这个温度下的本质气化速率常数。然后将不同温度下的 k_+ 随温度变化做 $\ln k_+ - 1/T$ 图（图 5.15），可以得到 k_+ 随温度的表达式，得到碳气化反应的活化能。

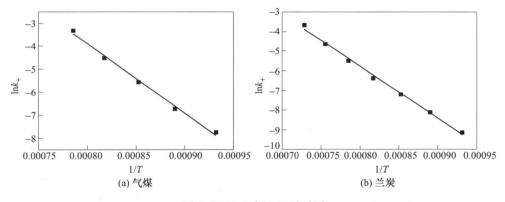

图 5.15　$\ln k_+$ 与 $1/T$ 关系图

气煤的气化速率常数表达式为：

$$k_+ = 6.69 \times 10^8 \exp\left(\frac{-251640}{RT}\right) \tag{5.13}$$

兰炭的气化速率常数表达式为：

$$k_+ = 4.72 \times 10^6 \exp\left(\frac{-219648}{RT}\right) \tag{5.14}$$

从式（5.13）及式（5.14）可见，气煤与 CO$_2$ 发生气化反应的活化能为 251.64kJ/mol，兰炭与 CO$_2$ 发生气化反应的活化能为 219.648kJ/mol，气煤 k_+ 的前置因子是兰炭 k_+ 前置因子的 141.7 倍。

5.3.4　直接还原中的碳气化反应

由于煤基还原过程产生的煤气 CO 浓度较多，因此将式（5.5）改写成 c_{CO} 表达形式：

$$c_{CO} + c_{CO_2} = c_{总}$$

$$df_i = \frac{3}{r_0 \rho_C} k_+ \left(c_{总} - c_{CO} - \frac{c_{CO}^2}{K} \right) (1 - f_i)^{2/3} d\tau$$

当反应达到平衡时，$df_i/d\tau = 0$，则：

$$c_{总} - c_{CO} - \frac{c_{CO}^2}{K} = 0$$

$$c_{总} = c_{平} + \frac{c_{平}^2}{K}$$

$$df_i = \frac{3}{r_0 \rho_c} k_+ \left(c_{平} - c_{CO} + \frac{c_{平}^2 - c_{CO}^2}{K} \right) (1 - f_i)^{2/3} d\tau \tag{5.15}$$

$$\eta_{CO_2} = \frac{n_{0i}}{\omega_{CO_2} \dfrac{Q}{N}} \frac{3}{r_0 \rho_C} k_+ \left(c_{平} - c_{CO} + \frac{c_{平}^2 - c_{CO}^2}{K} \right) (1 - f_i)^{2/3} \tag{5.16}$$

式中，$c_{平}$ 为平衡时 CO 的平衡浓度，mol/m^3；c_{CO} 为体系中的 CO 浓度，mol/m^3；$c_{总}$ 为体系中的总摩尔浓度，mol/m^3。

5.4 煤基低温反应动力学初步

据 5.1 节的研究发现低温下碳的气化反应依然是氧化铁还原反应的限制性环节，因此对于炭粉和氧化铁之间反应，本部分主要研究了炭粉和铁矿粉种类、粒度对还原反应的影响规律，为实现炭粉还原氧化铁的低温快速提供理论基础[5]。

5.4.1 铁矿种类的影响

炭粉为 99% 活性炭（<40μm），铁矿种类有澳矿粉和磁铁矿粉（<40μm）两种，试验结果见图 5.16。从图中可以看出，澳矿的反应起始温度为 500℃ 左右，而磁铁矿则为 800℃ 左右，澳矿的还原率在 800℃ 时已经达到了 10% 以上，说明

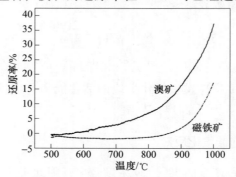

图 5.16　铁矿种类对炭粉还原氧化铁粉的影响

澳矿反应性能要好于磁铁矿的反应性能。这与两种矿粉的晶体结构有关，磁铁矿为立方晶系而赤铁矿（澳矿）为三斜晶系，立方晶系的结构比三斜晶系的结构更为紧密使得反应过程难以进行，另外磁铁矿与赤铁矿相比其比表面积也很小，因此磁铁矿与炭粉的反应比赤铁矿与炭粉的反应要难以进行。考虑到以后的工业化生产，我们对矿的种类也要考虑，当矿种发生变化时要调整反应的控制参数。同时，为了生产的连续稳定，也要保证铁矿种类的连续稳定。

5.4.2　炭粉种类的影响

为了考察炭粉种类的影响，固定铁矿粉为澳矿粉（<40μm），碳种类考察了光谱纯炭粉（石墨型）、99%活性炭和97%活性炭粉三种，颗粒度都采用<40μm炭粉，结果见图5.17。从图中可以看出，在相同的条件下，活性炭与澳矿粉的反应要远快于石墨型的光谱纯炭粉，这是由于活性炭的活性高于石墨型光谱纯炭粉。两种活性炭相比，碳含量为99%的活性炭与澳矿粉的反应略快于97%活性炭。虽然活性炭与铁矿粉的反应要远快于石墨型的炭粉，但是对于工业化生产来说不可能采用活性较高的活性炭进行生产。因此为了实现碳还原氧化铁的低温快速反应，要尽量采用活性较高的碳原料，或者尽量提高碳的活性，例如进行机械力活化、加入催化剂等。

5.4.3　铁矿粒度的影响

为了比较铁矿粉颗粒度对炭粉还原氧化铁反应的影响，炭粉采用<40μm的分析纯活性炭，采用不同颗粒度的澳矿粉：120~180目、−180目、<40μm和<10μm四种。试验结果见图5.18。

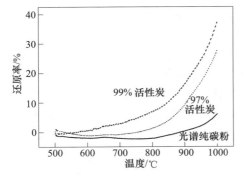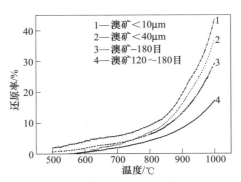

图5.17　炭粉种类对碳还原氧化铁粉的影响　　图5.18　铁矿粉粒度对碳还原氧化铁的影响

由图可以看出，随着铁矿粉颗粒度的减小，还原率呈上升的趋势。其中增加幅度最大的是颗粒度从120~180目到−180目时的变化，而从−180目变为<40μm，一直到<10μm时虽然还原率在增加，但是幅度不大。这是由于在最粗

的颗粒中最细的颗粒为 180 目（83μm），而在其他三种粉体中都有微细颗粒的存在，区别只是最大颗粒和比例的不同。对于早期的反应是先从小颗粒开始的，起到了一定的促发作用，所以与最粗的粉体相比，其他较细的三种粉体反应会有较大幅度的提高。因此对于铁矿粉的粒度，磨细铁矿粉能够提高碳还原氧化铁的反应速度。但是，当粒度降低到一定程度时，再进一步细化铁矿粉对于提高反应速度已经不能起到足够的作用，反而会使得在磨细粉体时消耗的能量不能起到相应的作用。

5.4.4 炭粉粒度的影响

在研究炭粉粒度影响时，采用了三种不同粒度的活性炭（99%）即 40～150μm、<40μm 和<10μm，选用粒度为<40μm 的澳矿粉，其他条件一样。不同粒度的炭粉对还原率的影响见图 5.19。

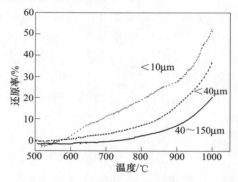

图 5.19　炭粉粒度对碳还原氧化铁的影响

从图中可以看出，随着炭粉颗粒的减小，还原率快速增加，还原反应的起始温度也随着炭粉粒度的减小而下降。尤其是<10μm 炭粉的反应起始温度很低，约为 550℃，而且在较低的温度下反应速度也很快，说明炭粉粒度对碳还原氧化铁反应的影响较大。分析其原因，这是由于在炭粉还原氧化铁的过程中碳气化为控制环节，随着炭粉粒度的细化，不仅提高了与铁矿粉的接触概率而且使碳气化反应更易进行，从而会使得氧化铁的还原率有较大的提高。因此，提高碳还原氧化铁反应的还原率应该从提高还原反应的控制环节即碳气化反应的角度入手，而且与氧化铁相比碳的研磨要更容易。

5.4.5 纳米晶催化反应

将赤铁矿、炭粉和催化剂按一定比例混匀并磨细直至出现纳米级晶粒，然后进行热重试验，结果见图 5.20。从图 5.20（a）可看出，纳米晶赤铁矿与碳的反应从 200℃左右开始，350℃后反应速度明显加快，当温度升至 540℃左右时，还原反应基本结束。相比之下，微米晶赤铁矿粉与碳的反应在 700℃以下反应速度缓慢。

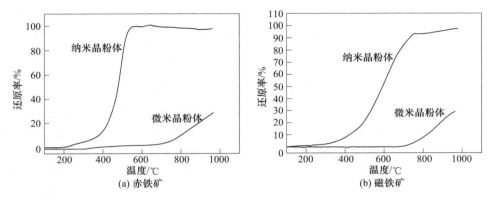

图 5.20 纳米晶铁矿粉与碳的催化反应热重分析

再将磁铁矿粉、炭粉和催化剂按一定比例混匀并磨细直至粉体出现纳米级晶粒，然后进行热重试验。图 5.20（b）表明，纳米晶磁铁矿与碳的还原反应从 300℃左右开始，450℃后反应速度明显加快，当温度升至 700℃左右时，还原反应基本结束。相比之下，微米晶磁铁矿粉与碳的还原反应则在 800℃才开始进行。

由此可见，通过晶粒纳米化与催化剂的共同作用，在 600~800℃即可实现赤铁矿和磁铁矿的低温快速还原反应。而传统微米晶粉体的快速还原温度高于 1200℃，例如 Fastmet 工艺选择的还原温度为 1250℃。

5.4.6 工艺参数的影响

5.4.6.1 配料方式对还原的影响

首先对催化效果最好的 K_2CO_3 加入方式进行了考察，将经过不同工艺条件处理后得到样品的还原率与未加催化剂的样品进行比较，结果见图 5.21。图中工艺方法序号代表的处理方法分别为：1 代表未加催化剂的样品；2 代表将催化剂 K_2CO_3 与澳矿粉和炭粉按照比例进行混匀；3 代表将催化剂 K_2CO_3 溶于水中与炭粉混匀后干燥，然后和矿粉进行混合；4 代表将 K_2CO_3 溶于水后与澳矿粉进行混匀后干燥，然后和炭粉进行混合；

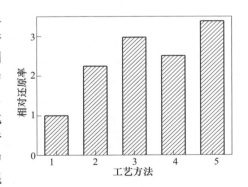

图 5.21 配料方式对还原率的影响

5 代表将 K_2CO_3 溶于水后将澳矿粉和炭粉同时加入水中进行混匀，干燥后置于反应器中进行还原实验。

从图中可以看出，加入催化剂后样品的还原率均有较大幅度的提高。然而四种不同的处理方法相比，还原率还有较大的差别，说明只有对催化剂处理得当才能更加充分地发挥它的作用。其中，还原率最高的为处理方式 5，这说明进行湿混的效果要好于干混，分析其原因，是因为将 K_2CO_3 溶于水后能够使催化剂更加均匀地与反应物相接触，这有利于催化性能的发挥，因此在试验中三种利用溶解 K_2CO_3 后与原料进行混匀的样品其还原率均高于干混的处理方法 2。另外还发现，将 K_2CO_3 溶于水后先与炭粉混匀的样品其还原率要明显高于先与铁矿粉混匀的样品。这说明对于炭粉还原氧化铁的反应中，催化剂作用是通过催化碳气化反应来提高还原反应速度的。这也再次证明了碳气化反应在氧化铁还原过程中的关键作用。因此对于碳基还原氧化铁工艺，为了降低反应温度提高反应速度需要应用催化手段，为了充分发挥加入的催化剂的作用，应该再采取措施确保催化剂与炭粉的充分混匀，只有这样才能达到预期的目标。

5.4.6.2　加热功率对还原的影响

由于碳还原氧化铁的反应为强吸热反应，对反应物的供热强度与反应过程会起到一定的影响。从图 5.22 可见，随着加热炉功率的提高，细矿粉的反应速度明显快于粗矿粉的还原速度。这是因为，虽然细粉体的反应速度很快，但是低温条件下供热成为限制性环节，当部分细矿粉反应后，热流通过自然扩散方式供给铁矿粉，因此反应速度没有明显提高；但是随着供热强度的提高，有更多的热流供给

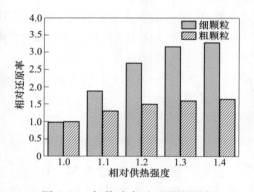

图 5.22　加热功率对还原的影响

反应，因此反应速度明显加快。而粗矿粉由于反应速度较慢，对供热影响不太敏感。对于强吸热反应，如果反应足够快，会出现一个类似水沸腾的现象，热量用于反应，而不在加热矿粉；当反应速度较慢时，加热反应同时，矿粉也会同时升温（见图 5.23）。因此对于低温快速还原工艺可以考虑增大反应器的供热强度，这样可以使得反应的速度更快，而且能量的利用效率会更高。

5.4.6.3　气氛对还原的影响

在研究碳还原氧化铁的实验中，由于需要进行气氛保护，因此就会出现不同的通气方式，这也会对反应产生影响。为了考察气氛对还原反应的影响，设计了三种不同的通气方式，见图 5.24。实验结果见图 5.25。

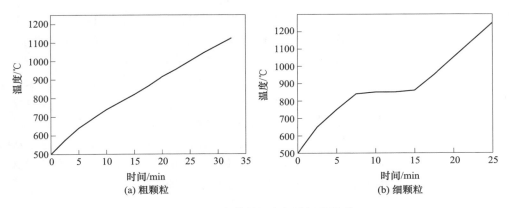

图 5.23　反应体系温度与时间的关系

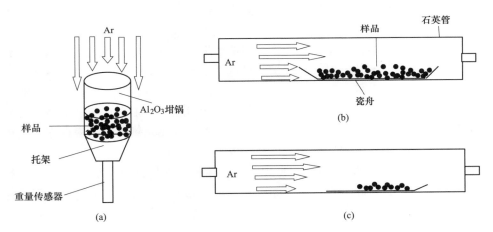

图 5.24　碳还原氧化铁实验中不同的通气方式

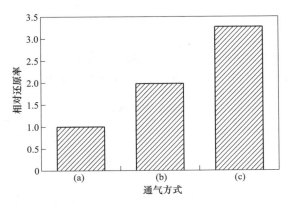

图 5.25　不同通气方式时碳还原氧化铁的相对还原率

从实验结果可以看出，不同的通气方式对碳还原氧化铁的反应有较大的影响。其原因是在碳还原氧化铁的过程中会生成 CO 和 CO_2，如果在密闭的条件下，当 CO 和 CO_2 的浓度逐渐增加时就会使得反应速度减缓；如果能够将生成的 CO 和 CO_2 气体迅速带走，则会使得反应不受生成气体浓度的影响。图 5.25 所示的三种通气方式中，方式（c）能够迅速地将反应产生的气体带走，几乎不会对反应产生影响，因此其反应速度要远高于另外两种通气方式。而方式（a）和方式（b）相比，方式（a）中反应生成的气体更难被保护气体带走，所以反应速度最慢。因此，对于煤基低温快速还原工艺也需要考虑气氛对反应的影响，如果能够将反应生成的尾气迅速带走，则能够使反应速度进一步加快。

5.5　碳热还原过程间接还原定量解析

碳热还原过程是煤基直接还原工艺的重要反应过程，如回转窑、含碳球团还原等。一般按照碳氧比来配煤，即按照氧化铁中的氧含量和煤中固定碳的摩尔比确定一个比值，然后根据反应条件，适当地增加一定的煤量，即过量系数。一般通过试验去摸索此参数，对于转底炉此过量系数可在 1.2~1.6。然而实际状态的反应过程是比较复杂的，除了碳和氧化铁反应外，还存在反应产生的 CO 与氧化铁发生的间接还原，反应耦合在一起。研究者利用热重-红外或热重质谱仪等测试手段研究了碳热还原条件的间接还原规律，发现碳还原氧化铁过程存在一定比例的间接还原，但试验规模偏小，另外缺少定量化的解析。

著者将碳热还原的规模放大到 20kg/h，并实现准连续化试验。借助金属铁产品成分分析以及还原过程在线气体成分，研究碳热还原过程中的金属铁间接还原比例以及各种相关影响因素，并进行定量化解析[8]。

5.5.1　试验原料、装备及步骤

5.5.1.1　试验原料

试验中采取的纯铁精矿粉全铁含量达到 71.34%，通过搅拌磨磨细成粒度为 400 目（<0.037mm），另外一部分铁精矿粉通过普通锤破碎，粒度见表 5.4。

表 5.4　锤破后铁矿粉的粒度分布

粒度/目（mm）	比例/%
>20（>0.84）	6.7
20~40（0.84~0.42）	24.5
40~80（0.42~0.178）	55.0
<80（<0.178）	13.8

煤粉采用兰炭和气煤，成分见表 5.5。粒度磨细到约 100 目（0.150mm）水平。由于兰炭反应性较差，因此在用兰炭做还原剂时，配加了兰炭质量 4% 的碳酸钠（分析纯），以提高兰炭的反应性。

表 5.5　煤的成分　　　　　　　　　　　　　　　（%）

煤的种类	固定碳含量	挥发分	灰分	水分
气煤	52.00	29.45	5.50	13.10
兰炭	83.50	3.25	4.25	9.00

5.5.1.2　试验装备

推舟加热炉（图 5.26）的加热段为 2m，加热段长度方向可连续放入 8 个钢舟物料，加热段后接冷却段 2m，炉内产生的煤气从推舟炉前段出气口流出，接着通过水洗排空。加热时炉内通氮气保护。钢舟尺寸 250mm（长）×200mm（宽）×60mm（高），钢舟材质为 310S 耐热不锈钢。

图 5.26　连续推舟加热炉

做完试验后，还原后的样品做化学成分分析。在连续性的推舟试验中，在线测定出口煤气成分中的 H_2、CO、CO_2 体积含量。

5.5.1.3　试验步骤

（1）同时间还原试验。按照碳氧比 0.9∶1 配料，将物料放入 4 个钢舟，料厚 50mm，每个舟物料质量约 5kg。首先将加热炉炉膛加热到 1050℃，然后将这 4 个钢舟放到炉内加热段中心区，保持 2h。随后将钢舟推入冷却区冷却至常温。氮气流量 0.5m³/h。间隙试验煤粉采用兰炭，氧化铁采用普通锤破的纯铁精矿粉。

（2）步进还原试验。在步进还原试验中，用气煤作为还原剂，两种铁精矿粉粒度都使用，按照碳氧比 0.9：1 配料。每 15min 向加热炉内送一个钢舟，钢舟在加热段停留时间大约 2h，加热段设定温度为 1050℃。步进试验合计向炉内送入 20 个盛有物料的钢舟。具体配料见表 5.6。在钢舟进入炉内同时，启动在线气体分析仪。

表 5.6　步进试验条件及还原结果　　　　　　　（%）

序号	矿粉破碎方式	舟的数量	C	MFe	TFe	金属化率	还原率	直接还原度	间接还原度
1	锤破	4	4.13	85.16	91.11	93.47	95.11	78.37	21.63
2	搅拌磨	2	7.08	87.40	89.41	97.75	98.31	63.76	36.24
3	锤破	2	4.52	80.85	89.45	90.39	92.79	78.37	21.63
4	搅拌磨	2	8.32	85.36	89.75	95.10	96.33	62.89	37.11
5	锤破	10	3.52	84.58	92.47	91.46	93.60	82.35	17.65

5.5.2　试验结果

5.5.2.1　同时间还原

还原铁中残碳大于 2%，同时金属化率达到 98%，表明碳过剩了。由于兰炭中挥发分较低，可忽略它对间接还原的影响。间接还原和直接还原的计算可根据相关文献计算。每个钢舟中铁的间接还原等参数见表 5.7。根据产品成分可以计算出还原炉内间接还原度大约为 17%。

表 5.7　还原后海绵铁粉化学成分　　　　　　　（%）

钢舟编号	成分			直接还原度	间接还原度	金属化率	还原率
	C	MFe	TFe				
1	2.75	93.08	94.59	81.20	18.80	98.40	98.80
2	2.46	93.68	95.16	82.31	17.69	98.44	98.83
3	2.42	92.90	94.81	82.72	17.28	97.99	98.49
4	2.47	93.31	95.36	82.67	17.33	97.85	98.39

5.5.2.2　步进还原

A　气体成分变化

从图 5.27 可见，煤气成分呈现规律性波动，这主要与间隔推舟有关。当炉门打开进新舟后，新舟中的煤粉受热挥发，表现出煤气中的氢含量急剧升高，CO、CO_2 则相应下降。试验前期，氢含量高，平均超过了 30%，而 CO 平均只有 35%。这主要是前期，进去的舟少，没有充满整个高温段，因此，煤粉挥发分占的比例高。随着反应的进行，进入反应中期，CO 平均含量处于 55%~65%，而 H_2 则下降到 20% 左右，CO_2 则处于 15% 左右；反应后期，没有新舟进入炉内，则氢含量逐渐下降到不足 10%，而 CO 接近 80%，CO_2 则只有 10%。当舟全部推出高温区后，这几种气体浓度归于 0。

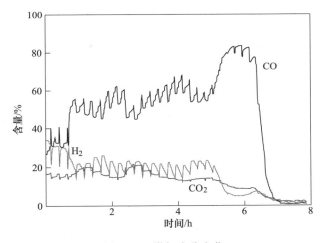

图 5.27　煤气成分变化

B　还原情况

从表 5.6 可见，氧化铁皮采用搅拌磨，还原效果最好，金属化率超过了 95%。这是因为搅拌磨磨的铁粉很细，全部小于 400 目（0.037mm），平均粒度在 0.015mm。因此，反应比表面积大，且扩散层厚度薄，搅拌磨样品的间接还原率高（超过了 36%）。根据动力学基本规律，碳的直接还原由碳的气化反应和 FeO 的间接还原组成，其中碳的气化反应是限制性环节，样品中的残炭很高，这也表明间接还原很充分，甚至超过了 1050℃ 的平衡值（$CO_2/(CO + CO_2)$ = 29.5%）。产生这个偏差的原因，与本计算中假定所有的铁还原均来自碳有关。实际上本试验还原剂采用了挥发性较高的气煤，挥发分中的氢气参与了 Fe_3O_4 的间接反应。

5.5.3　间接还原来源及量化分析

Fe_3O_4 还原到金属铁，经历了两个阶段：第一阶段，从 Fe_3O_4 到 FeO；第二阶段，从 FeO 到金属铁。在第一阶段，主要反应为 $C+CO_2 = 2CO$ 与 $Fe_3O_4+CO = 3FeO+CO_2$；在第二阶段，主要反应为 $C+CO_2 = 2CO$ 与 $FeO+CO = Fe+CO_2$。以下分阶段讨论。

5.5.3.1　预热段内生 CO 的间接还原

在预热区，当温度超过 700℃以上会发生直接还原反应 $C+Fe_3O_4 = 3FeO+CO$，产生的 CO 会进一步与 Fe_3O_4 反应生成 FeO 或金属铁。

从图 5.28 可见，图中 0 点时煤气成分介于 $Fe_3O_4+CO = 3FeO+CO_2$ 的煤气平衡点 b 点与 $C+CO_2 = 2CO$ 平衡点 a 点之间。此时该成分点煤气，既能发生 $Fe_3O_4+CO = 3FeO+CO_2$，推动 0 点向 b 点移动；又能发生 $C+CO_2 = 2CO$，促使 0 点向 a 点移动。这两种反应 0 点移动方向是相反的，如果 $C+CO_2$ 气化还原快于间接还原，则 0 点向 a 点移动，反之则向 b 点移动。因此最终平衡点是两个反应的反应速度相当。

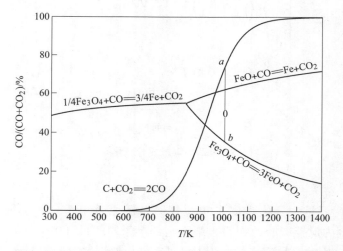

图 5.28　煤气成分介于 $C+CO_2 = 2CO$ 与 $Fe_3O_4+C = 3FeO+CO$ 曲线的位置关系

$Fe_3O_4+CO = 3FeO+CO_2$ 及 $C+CO_2 = 2CO$ 的反应速率分别见式（5.17）和式（5.18）：

$$\frac{df_1}{dr} = \frac{3}{r_1\rho_1}k_1\left(1+\frac{1}{K_1}\right)(c_{CO}^i - c_{1平})(1-f_1)^{2/3} \tag{5.17}$$

$$\frac{\mathrm{d}f_2}{\mathrm{d}\tau} = \frac{3}{r_2\rho_2}k_2\left(c_{2\Psi} - c_{CO} + \frac{c_{2\Psi}^2 - c_{CO}^2}{K_2}\right)(1 - f_2)^{2/3} \tag{5.18}$$

当反应处于动态平衡时，二者反应速率相同，则：

$$\frac{3}{r_1\rho_1}k_1\left(1 + \frac{1}{K_1}\right)(c_{CO}^i - c_{1\Psi})(1 - f_1)^{2/3} = \frac{3}{r_2\rho_2}k_2\left(c_{2\Psi} - c_{CO} + \frac{c_{2\Psi}^2 - c_{CO}^2}{K_2}\right)(1 - f_2)^{2/3}$$

$$\tag{5.19}$$

式中，f_1，f_2 分别为 Fe_3O_4+CO 反应、碳气化反应的反应分数；k_1，k_2 分别为 Fe_3O_4+CO 反应、碳气化反应的综合动力学参数，m/s；K_1，K_2 分别为 Fe_3O_4+CO 反应、碳气化反应的平衡常数；$c_{1\Psi}$，$c_{2\Psi}$ 分别为 Fe_3O_4+CO 反应、碳气化反应的平衡时还原气体浓度，mol/m^3；ρ_1，ρ_2 分别为 Fe_3O_4+CO 反应、碳气化反应的反应前氧化铁球团的氧摩尔数及碳摩尔数，mol/m^3；r_1，r_2 分别为氧化铁粉颗粒及煤粉颗粒的半径，m。

取 $r_1 = r_2$，$\rho_2 = 0.9\rho_1$，$T = 1123K$，$K_1 = 1.65$，$K_2 = 16.62$，$k_1 = 0.0175m/s$，$k_2 = 0.0012m/s$，计算得到平衡点 $CO = 42.5\%$，$CO_2 = 57.5\%$。

预热段，内生 CO 煤气来自 C 与 Fe_3O_4 的直接还原或来自部分煤中的挥发分。煤的挥发分暂且不考虑。

假定从 Fe_3O_4 到 FeO 反应是由直接还原和 CO 间接还原叠加而成的，且此部分产生的 CO 不参与 FeO 与金属铁的反应。直接还原比例设为 x，有：

$$x + x(1 - \%CO) = 1$$

则 $x = 0.635$，即直接还原比例为 63.5%，间接还原比例 36.5%。

考虑到此阶段还原量占整个还原的 $0.25/f$，f 为整体还原分数，f 取 0.9，本阶段间接还原占总体煤气间接还原的 10.1%。

5.5.3.2 高温段内生 CO 的间接还原

在高温区，温度超过 $1000 \sim 1050℃$，将前段还原到 FeO 的物料进一步还原到还原分数为 f 的海绵铁。

图 5.29 中 0 点时煤气成分介于 $FeO+CO = Fe+CO_2$ 的煤气平衡点 b 点与 $C+CO_2 = 2CO$ 平衡点 a 点之间，此时该成分点煤气，既能发生 $FeO+CO = FeO+CO_2$，推动 0 点向 b 点移动；又能发生 $C+CO_2 = 2CO$，促使 0 点向 a 点移动。这两种反应 0 点移动方向是相反的，如果 $C+CO_2$ 气化还原快于间接还原，则 0 点向 a 点移动，反之则向 b 点移动。因此最终平衡点是两个反应的反应速度相当。

$FeO+CO = Fe+CO_2$ 的反应速率见式（5.20）：

$$\frac{\mathrm{d}f_3}{\mathrm{d}r} = \frac{3}{r_3\rho_3}k_3\left(1 + \frac{1}{K_3}\right)(c_{CO}^i - c_{3\Psi})(1 - f_3)^{2/3} \tag{5.20}$$

当反应处于动态平衡时，式（5.20）和式（5.18）二者反应速率相同，则：

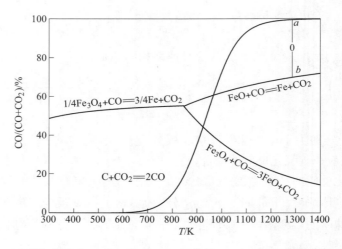

图 5.29　煤气成分介于 $C+CO_2 = 2CO$ 与 $FeO+C = Fe+CO$ 曲线的位置关系

$$\frac{3}{r_3\rho_3}k_3\left(1+\frac{1}{K_3}\right)\left(c_{CO}^i - c_{3\overline{\Psi}}\right)\left(1-f_3\right)^{2/3} = \frac{3}{r_2\rho_2}k_2\left(c_{2\overline{\Psi}} - c_{CO} + \frac{c_{2\overline{\Psi}}^2 - c_{CO}^2}{K_2}\right)\left(1-f_2\right)^{2/3}$$

$$(5.21)$$

式中，f_3 为 $FeO+CO$ 反应的反应分数；k_3 为 $FeO+CO$ 反应的综合动力学参数，m/s；K_3 为 $FeO+CO$ 反应的平衡常数；$c_{3\overline{\Psi}}$ 为 $FeO+CO$ 反应的平衡时还原气体浓度，mol/m^3；ρ_3 为 $FeO+CO$ 反应的反应前氧化铁球团的氧摩尔数，mol/m^3；r_3 为 FeO 颗粒的半径，m。

取 $r_3=r_2$，$\rho_2=0.9\rho_3$，$T=1323K$，$K_3=0.38$，$K_2=440.8$，$k_3=0.035m/s$，$k_2=0.178m/s$，计算得到平衡点 $CO=89.5\%$，$CO_2=10.5\%$，可以得到间接还原比例为 9.5%。

考虑到此阶段还原量占整个还原的 $0.75/f$，f 为整体还原分数，f 取 0.9，本阶段间接还原占总体煤气间接还原的贡献为 7.9%。

这样在不考虑煤的挥发分影响条件下，整体还原过程中间接还原贡献率在 18% 左右。这与前面的兰炭还原结果是一致的。

5.5.3.3　连续进料稳定期、末期的间接还原

推舟稳定后（见图 5.30 中 3~5h 区间曲线），煤气中 CO 体积含量在 60% 左右，$CO_2/(CO+CO_2)=20\%~24\%$，要比计算值 18% 高一些，这也是与煤中的挥发分参与间接还原有关。当不再推入带有物料的钢舟（见图 5.30 中 5~6h）区间曲线，而仅仅推入空舟后，$CO_2/(CO+CO_2)$ 不断下降，最终低于 10%，与计算值 8% 相近。这是因为最后在高温区的钢舟煤粉挥发物已基本挥发完全，且 C+

$Fe_3O_4 = 3FeO+CO$ 比例也在下降，最后仅剩下 $FeO+C = Fe+CO$ 反应。

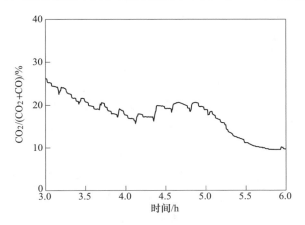

图 5.30 推舟稳定期及末期气体氧化度变化

5.5.3.4 粒度对间接还原的影响

从图 5.31 可见，煤粉/铁矿粉粒度比值对 FeO→Fe 间接还原比例影响显著，比值越大，间接还原比例越大。这是因为当煤粉粒度比铁精矿大时，碳的气化反应量变少，CO 间接还原量变高，0 点向下移动，间接还原比例提高。当经过搅拌磨磨细后的铁精矿粉还原时，铁精矿粉平均粒度 0.015mm，煤粉平均粒度为 0.265mm 时，CO = 0.741，$x+x(1-0.741) = 1$，$x = 0.794$，即此阶段间接还原为 20.6%，占总体还原的 $20.6\% \times 0.75/f = 17.2\%$。而第一阶段还原间接还原占总体还原程度为 10.4%，因此超细粉总体间接还原为 27.6%。

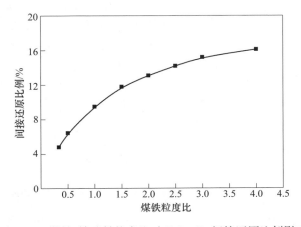

图 5.31 煤粉/铁矿粉粒度比对 FeO→Fe 间接还原比例影响

　　实际反应过程中，超细铁精粉的间接还原率超过了36%，大于27.6%，这是因为还有一部分间接还原来自煤中的挥发分。

5.6　碳热还原过程限制性环节探讨

5.6.1　煤基反应速率

　　前面分别探讨了气基还原、碳气化反应的耦合动力学模型，并求出了各种条件下的动力学计算结果及直接还原与间接还原比例。下面在整体看煤基直接还原过程的动力学[9]。

　　以 C+FeO ═ Fe+CO 为例，它可以表达成：

$$FeO+CO \longrightarrow Fe+CO_2$$
$$C+CO_2 \longrightarrow CO+CO$$
$$\overline{\qquad\qquad\qquad\qquad}$$
$$C+FeO ═ Fe+CO$$

两个气固反应形成了碳热 FeO 还原。

　　前面已经探讨了两个气固反应的耦合条件，并得到两个气固反应速率相同时的气相成分。利用此气相成分，就容易计算碳热 FeO 还原动力学。

$$\frac{df_3}{d\tau} = \frac{3}{r_3\rho_3}k_3\left(1 + \frac{1}{K_3}\right)(c_{CO} - c_{3\text{平}})(1 - f_{3i})^{2/3}$$

　　从图 5.32 可见，煤的种类对煤基氧化铁还原速率影响很大，气煤的反应速度明显快于兰炭的反应速率，这与煤炭气化规律一致。对于气煤还原，950℃及以上温度，FeO+C ═ Fe+CO 速率是相当迅速的，特别在 1100℃，5min 就超过了90%的金属化率。其实，真实反应体系中，煤基反应速率明显低于上述不考虑热传递的反应速率。因为煤基反应是强吸热反应，可以认为传热是反应过程的控速环节。

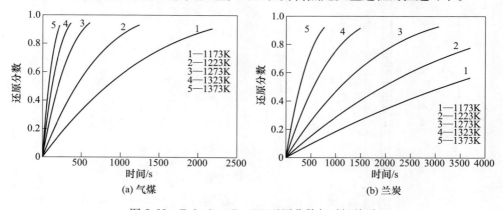

(a) 气煤　　　　　　　　　　　(b) 兰炭

图 5.32　FeO+C ═ Fe+CO 还原分数与时间关系

至于 $Fe_3O_4 + C = 3FeO + CO$（见图 5.33），气煤作为还原剂，温度达到 850℃，反应也是比较迅速的。当温度超过 900℃，反应也是非常迅速的，因此，传热将成为反应的控速环节。兰炭温度超过 900℃，反应才比较迅速。

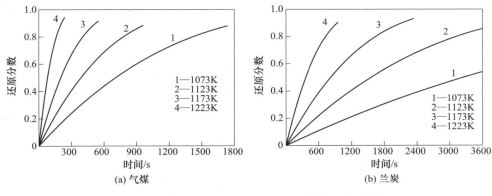

图 5.33　$Fe_3O_4 + C = 3FeO + CO$ 还原分数与时间关系

从上可见，传热是反应过程的控速环节，如果想办法改善反应过程的传热条件，将会大幅度降低煤基还原氧化铁的时间。

5.6.2　不考虑传热条件的限制环节

煤基还原的限制性环节研究较多，主流结果是碳的气化反应是限制性环节，也有报道说反应由碳的气化反应及化学反应共同控速等。

5.6.2.1　铁矿粉和煤粉粒径相等时的速率表达式

对于氧化铁还原瞬间反应的摩尔量变化：

$$-\frac{\mathrm{d}n_1}{\mathrm{d}\tau} = 4\pi r_1^2 k_1 \left(1 + \frac{1}{K_1}\right)(c_{CO} - c_{1平}) \tag{5.22}$$

对于碳气化反应：

$$-\frac{\mathrm{d}n_2}{\mathrm{d}\tau} = 4\pi r_2^2 k_2 \left(c_{2平} - c_{CO} + \frac{c_{2平}^2 - c_{CO}^2}{K_2}\right) \tag{5.23}$$

由于是串联反应，所以 $-\dfrac{\mathrm{d}n_1}{\mathrm{d}\tau} = -\dfrac{\mathrm{d}n_2}{\mathrm{d}\tau} = -\dfrac{\mathrm{d}n}{\mathrm{d}\tau}$

$$-\frac{\mathrm{d}n}{\mathrm{d}\tau} = \frac{c_{2平} - c_{1平} + \dfrac{c_{2平}^2 - c_{CO}^2}{K_2}}{\dfrac{1}{4\pi r_2^2 k_2} + \dfrac{1}{4\pi r_1^2 k_1 (1 + 1/K_1)}} \tag{5.24}$$

以上很多因素共同影响整体反应速率。

假定 $r_1 = r_2 = r$，则上式可以简化为：

$$-\frac{dn}{d\tau} = \frac{4\pi r^2\left(c_{2平} - c_{1平} + \dfrac{c_{2平}^2 - c_{CO}^2}{K_2}\right)}{\dfrac{1}{k_2} + \dfrac{1}{k_1(1 + 1/K_1)}} \tag{5.25}$$

从式可见，$c_{2平} - c_{1平} + \dfrac{c_{2平}^2 - c_{CO}^2}{K_2}$ 是反应的浓度梯度，综合反应速率常数 k 为：

$$\frac{1}{k} = \frac{1}{k_2} + \frac{1}{k_1(1 + 1/K_1)} \tag{5.26}$$

因此，碳的气化反应速率常数 k_2 与间接还原速率常数 $k_1(1 + 1/K_1)$ 的大小关系决定了反应过程的控速环节。

800~1000℃ $Fe_3O_4 + C = 3FeO + CO$ 反应，间接还原速率常数 $k_1(1 + 1/K_1)$ 与气化速率常数 k_2 的关系见图 5.34。对于兰炭，从 800℃ 到 1100℃，比值都超过了 10，这表明在此温度碳气化一直是控速环节。气煤在 900℃ 以下，比值超过 9，碳气化是限制环节；由于气煤反应性好于兰炭，当温度升到 950℃，比值降为 4，碳气化依然是控速环节，但温度达到 1000℃ 时，比值只有 2，此时反应处于间接还原与煤气化混合控速。

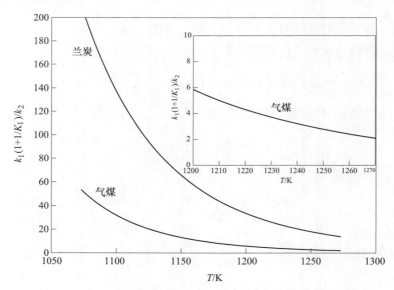

图 5.34　$Fe_3O_4 + C = 3FeO + CO$ 过程 $k_1(1 + 1/K_1)$ 与 k_2 的比值随温度的变化

从图 5.35 可以看出，对于 $FeO + C = Fe + CO$，兰炭作为还原剂，在 1200℃ 以

下，比值大于 4，气化反应为控速环节。当气煤作为还原剂时，1000℃以下，比值大于 4，碳的气化反应为控速环节，随着温度提高，比值逐渐下降，1050℃降为 2.3，1100℃降为 1.3，当温度为 1250℃时，比值为 0.33。因此，可认为 1050～1250℃为混合控速。

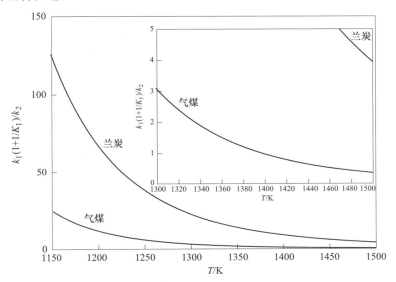

图 5.35　FeO+C == Fe+CO 过程 $k_1(1 + 1/K_1)$ 与 k_2 的比值随温度的变化

从上可见，兰炭对于煤基直接还原，碳气化为控速环节，对于气煤，则与反应、温度有关。950℃以下，碳气化反应为控速环节。当温度超过 1000℃，反应为间接还原与碳气化混合控速。

5.6.2.2　铁矿粉和煤粉粒径不相等时的速率表达式

当铁矿粉和煤粉粒径不相等时，以 1100℃还原为例利用前面推导的公式计算气体中的 CO 浓度。气煤作为还原剂，气体中 CO 含量明显高于兰炭作为还原剂的 CO 含量。兰炭的 CO 浓度更接近 CO 平衡含量。随着铁矿粉变细，间接还原速率加快，则气体中 CO 浓度下移，反应过程中气化控速成分占得更多一些。若煤粉相对于铁矿粉粒度变细，则碳气化反应速率加快，CO 浓度上移，反应过程中气化控速成分占得更少一些。因此，煤粉与铁矿粉的粒度比也影响着控速环节（图 5.36）。

通过上述平衡式计算出 O 点位置，就可判断反应的控速环节，以煤粉与铁矿粉粒径相等为例，气煤、兰炭所对应的 CO 浓度分别为 89.5%、77.3%，而平衡 CO 浓度为 72.5%，则与 FeO 间接还原平衡 CO 浓度差分别为 15% 及 4.8%。根据前面的经验，兰炭作为还原剂时，碳气化为控速环节，而气煤作为还原剂时控制间接还原与碳气化反应混合。根据对比计算，得到如果 0 点接近 a 点（CO 浓度相差 8% 内），则认为间接还原为控速；0 点接近间接还原曲线（CO 浓度相差 10% 内），则气化反应为控速环节。

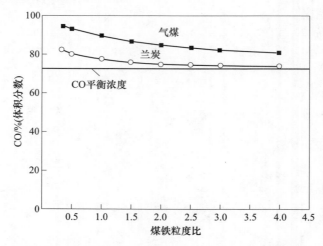

图 5.36 煤粉/铁矿粉粒度比对 FeO→Fe 煤气中 CO 含量影响（1373K）

5.6.3 考虑传热条件的限制环节

非稳态传热方程为：

$$\frac{\partial t}{\partial \tau} = a \frac{\partial^2 t}{\partial x^2} + \frac{q_{v}}{\rho c_{p}} \tag{5.27}$$

式中，a 为导温系数，$a = \dfrac{\lambda}{\rho c_{p}}$，m^2/s；$\lambda$ 为热传导系数，W/(m·K)；c_{p} 为比热，J/(kg·K)；ρ 为混合密度，kg/m^3；t 为温度，K；τ 为时间，s；q_{v} 为单位体积的热量，W/m^3。

$$q_{v} = \varepsilon_{s} \rho_0 \Delta H \frac{df}{d\tau} \tag{5.28}$$

$$\frac{\partial t}{\partial \tau} = a \frac{\partial^2 t}{\partial x^2} + \frac{\rho_0 \Delta H \varepsilon_{s}}{\rho c_{p}} \frac{df}{d\tau} \tag{5.29}$$

$$\frac{df}{d\tau} = \left(\frac{\partial t}{\partial \tau} - a \frac{\partial^2 t}{\partial x^2} \right) \frac{\rho c_{p}}{\rho_0 \Delta H \varepsilon_{s}} \tag{5.30}$$

当反应为稳态时，

$$\frac{df}{d\tau} = - a \frac{\partial^2 t}{\partial x^2} \cdot \frac{\rho c_{p}}{\rho_0 \Delta H} = - \lambda \frac{\partial^2 t}{\partial x^2} \cdot \frac{1}{\rho_0 \Delta H \varepsilon_{s}} \tag{5.31}$$

式中，ρ_0 为反应前铁矿粉的氧摩尔数，mol/m^3；ε_{s} 为铁矿粉所占的体积分数。

从上式可见，当 $\dfrac{\partial^2 t}{\partial x^2}$ 一定时，热传导系数越大，反应速率越大；反应热焓越大，反应速率越小。碳基氧化铁还原以及碳的气化反应的热焓都是比较高的，因此，对反应不利，另外氧化铁及煤粉的热传导系数不高，都是不利于反应的。

化学反应表达式（煤粉粒度与铁矿粉粒度相同时）为：

$$Fe_3O_4 + C =\!\!=\!\!= 3FeO + CO(g) \qquad \Delta G^{\ominus} = 180307 - 188T$$

$$FeO + C =\!\!=\!\!= Fe + CO(g) \qquad \Delta G^{\ominus} = 152678 - 153.9T$$

$$C + CO_2(g) =\!\!=\!\!= 2CO(g) \qquad \Delta G^{\ominus} = 172130 - 177.46T$$

以 $FeO + C =\!\!= Fe + CO$ 为例，$\varepsilon_s \rho_0 \Delta H = -5.46 \times 10^9 \text{J/m}^3$

λ 取 $2W/(m \cdot K)$，

$$\frac{\mathrm{d}f}{\mathrm{d}\tau} = 3.66 \times 10^{-10} \frac{\partial^2 t}{\partial x^2}$$

$$\frac{3}{r_0 \rho_0} \frac{\left(c_{2\text{平}} - c_{1\text{平}} + \dfrac{c_{2\text{平}}^2 - c_{CO}^2}{K_2}\right)}{\dfrac{1}{k_2} + \dfrac{1}{k_1(1 + 1/K_1)}} (1 - f)^{2/3} = 3.66 \times 10^{-10} \cdot \frac{\partial^2 t}{\partial x^2}$$

可见，物料层的温度梯度很小，将严重影响还原分数的变化。

$1100℃$，铁矿粉半径 $r_0 = 0.1\text{mm}$，$k_2 = 0.178\text{m/s}$；$k_1 = 0.035\text{m/s}$，$K_1 = 0.38$，$K_2 = 441$，碳气化平衡成分 $CO = 100\%$，CO 间接还原平衡成分 $CO = 72.5\%$，且

$$(1 - f)^{2/3} = 4.2 \times 10^{-9} \frac{\partial^2 t}{\partial x^2}$$

假定 $f = 0.5$ 时，物料上下加热，当物料厚度只有 2mm 时，中心层 $0.6 \times 2 = 1.2\text{mm}$，温度都高于 $1000℃$；物料厚度为 4mm 时，中心 3.6mm 的物料温度小于 $1000℃$，中心 2.4mm 的温度低于 $700℃$。可见，对于强吸热反应，传热将成为主要限制性环节（图 5.37）。

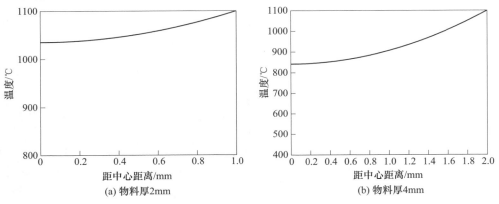

图 5.37　直接还原过程中物料温度分布

5.7　炭粉和煤粉还原氧化铁的催化动力学

5.7.1　炭粉和煤粉两种还原剂的催化动力学差异

为了研究催化剂对纯炭粉和煤粉还原氧化铁催化效果的差别，分别采用活性炭（99%，-325目）和煤粉（表5.3中气煤-325目）为还原剂，铁矿粉为磁铁矿，粒度为-200目，进行催化还原热重实验，试验结果见图5.38和图5.39[10]。

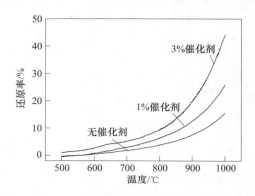

图 5.38　纯炭粉催化还原效果对比图　　　图 5.39　煤粉催化还原效果对比图

由以上两图可以看出，向煤粉和炭粉中加入催化剂均能加快还原反应速度，同时使还原开始温度降低，而且随着催化剂配加量的增加，催化效果越来越显著。同时可见，活性炭的还原速度明显快于煤粉。

5.7.1.1　催化剂对反应速率常数的影响

低温下活性炭的气化反应和铁矿还原反应均符合一级反应规律，反应速率公式为：

$$\frac{\mathrm{d}x}{\mathrm{d}\tau} = -\frac{\mathrm{d}\varepsilon}{\mathrm{d}\tau} = k\varepsilon \tag{5.32}$$

则

$$k = \frac{\ln\varepsilon_0 - \ln\varepsilon}{\tau} \tag{5.33}$$

式中，ε 为未反应的量占初始量的比例；k 为反应速率常数。

根据图5.38和图5.39中的实验数据，利用式（5.33）可以计算出不同温度下煤粉和纯炭粉还原铁矿粉的反应速率常数，计算结果见图5.40和图5.41。可以看出，反应速率常数与温度有关，相同条件下，温度越高，反应速率常数越大；向煤粉和炭粉中加入催化剂可以使还原反应的速率常数显著提高，而且随着催化剂加入量的增加，反应速率常数提高的幅度越来越大。对比不同催化剂配加量下还原反应的比速率常数随反应温度变化曲线可知（图5.42与图5.43），配加 1%~3% 的催化剂后，可使纯炭粉的还原速度常数提高约 3~12 倍，使煤粉的还原速度约提高 2~8 倍。因此，相同实验条件下，催化剂对纯炭粉的催化效果要好于煤粉；同时，随着反应温度的提高，还原反应的比速率常数迅速减小。可见，温度对催化剂的催化效果具有较大影响，降低反应温度有利于改善催化剂的催化效果。

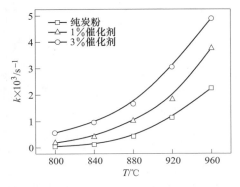
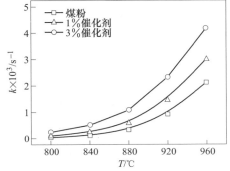

图 5.40　催化剂对纯炭粉还原反应　　　　图 5.41　催化剂对煤粉还原反应
　　　　速率常数的影响　　　　　　　　　　　　　速率常数的影响

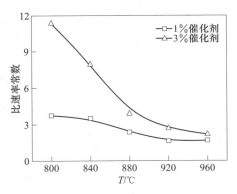
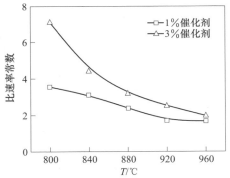

图 5.42　不同催化剂配加量下纯炭粉　　　图 5.43　不同催化剂配加量下煤粉还原
　　　还原比速率常数随温度变化　　　　　　　比速率常数随温度变化

5.7.1.2　催化剂对活化能的影响

根据阿累尼乌斯（Arrhenius）公式：

$$k = A\exp\left(-\frac{E}{RT}\right) \tag{5.34}$$

两边取对数得：

$$\ln k = \ln A - \frac{E}{RT} \tag{5.35}$$

以 $\ln k$-$1/T$ 作图，直线的斜率是 E/R，求出反应的活化能，见图 5.44 和图 5.45。

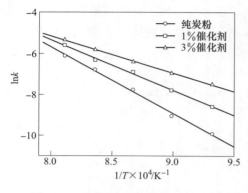

图 5.44　纯炭粉还原时的 $\ln k$-$1/T$ 图

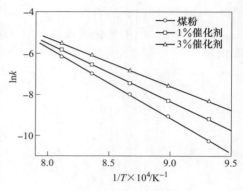

图 5.45　煤粉还原时的 $\ln k$-$1/T$ 图

由图 5.46 和图 5.47 可知，使用纯炭粉不加催化剂、加 1% 催化剂和加 3% 催化剂还原时，还原反应的活化能分别为 269.5kJ/mol、203.7kJ/mol 和 149.2kJ/mol；使用煤粉还原时，分别为 282kJ/mol、233.5kJ/mol 和 196.2kJ/mol。可见，向炭粉和煤粉中配加催化剂可以使还原反应的活化能明显降低，而且，活化能的降低幅度随催化剂配加量的增加而不断提高。此外，对比发现，相同条件下使用煤粉还原的活化能普遍高于炭粉还原的活化能，说明活性炭的反应活性要好于煤粉。

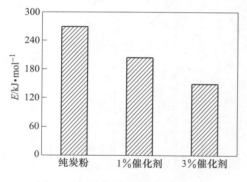

图 5.46　催化剂对纯炭粉还原反
应活化能的影响

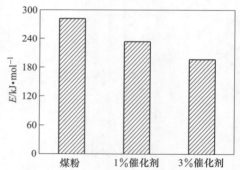

图 5.47　催化剂对煤粉还原反应
活化能的影响

5.7.2　含碳球团催化还原动力学分析

5.7.2.1　催化剂配加量对还原反应速率的影响

为了考察煤基铁矿还原反应表观速率常数与催化剂配加量之间的关系[11]，

分别取催化剂的配加量为0、1%、3%和5%，还原动力学曲线见图5.48。

由图中可以看到，向含碳球团中配加催化剂，铁矿还原速度明显加快，而且随着催化剂配加量的增加，还原反应速度提高的比例逐渐变大。当$t>30min$时，配加5%催化剂试样的还原速度明显降低，此时配加3%和1%催化剂试样的还原速度要大于配加5%催化剂试样的还原速度。分析原因认为这是由于还原反应时间过长使得含碳球团发生了再氧化，因此还原反应速度快的试样还原率上升反而变慢。

由于煤基铁矿还原反应属于一级反应，由图5.48中的实验数据，可以求出不同催化剂配加量下煤基铁矿还原反应的表观速率常数，计算结果见图5.49。可见，随着催化剂配加量的增加还原反应的表观速率常数逐渐变大，而且其增加的速度呈逐渐减小的趋势。

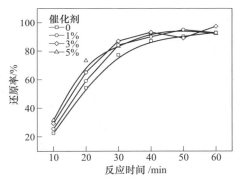

图5.48 含碳球团催化还原动力
学曲线（1200℃）

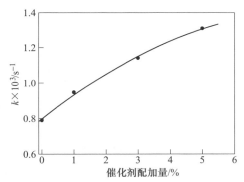

图5.49 铁矿还原反应表观速率常数与
催化剂配加量的关系（1200℃）

5.7.2.2 反应温度对催化效果的影响

为研究反应温度对催化效果的影响，分别选取1300℃、1200℃和1100℃三个温度水平进行含碳球团催化还原试验。试验以煤粉（-3mm）和磁铁矿为原料，催化剂配加量为3%，还原试验结果见图5.50。可知随着反应温度的升高，还原产物的还原率迅速提高，可见温度对还原反应速率影响显著。

根据图5.50中的实验数据，对不同温度下添加催化剂前后的还原反应表观速率常数进行计算，可得图5.51。可见提高温度还原反应表观速率常数明显变大，对比添加催化剂前后的还原效果可以发现，在较低温度下（如1100℃），还原率提高的比例要明显高于高温下（1300℃）还原率的提高比例，因此，低温下催化剂的催化效果更加显著。这是由于反应温度对碳气化反应速度影响较大，当反应温度较低时，碳气化反应进行缓慢，此时加入催化剂可以显著改善碳气化效果，使还原速度加快；随着反应温度的升高，碳气化反应速度和铁矿还原速度均明显加快，此时加入催化剂对于加快反应速度的影响较小。从节能降耗和改善催化剂效果的角度出发，反应温度越低越好，但由于过低的反应温度会使还原反应过于缓慢，从而影响生产效率，综合考虑以上因素认为，通过配加催化剂转底炉反应温度有望得到明显降低。

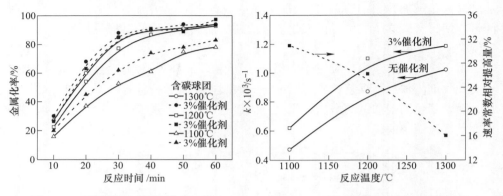

图 5.50　不同温度下催化剂对含碳　　　　　图 5.51　反应温度对催化效果的影响
　　　　　球团的动力学影响

　　由上述分析可知，通过配加催化剂的方式可以有效地加快含碳球团的还原速度，从而可以起到降低反应温度的作用。转底炉生产实践表明，受炉内敞开体系的影响，海绵铁金属化率提高困难，一般只有80%左右。由图5.52可以看到，由于转底炉内的反应温度较高，因此金属铁发生再氧化时要求的热力学条件较低，使得海绵铁容易发生再氧化。如当反应温度为1300℃时，金属铁发生再氧化时要求平衡气氛中的 CO_2 含量最低为29.1%；当反应温度降低至1100℃时，发生再氧化时平衡气氛中 CO_2 的含量为34.7%，约提高5.6个百分点，由此可见，通过配加催化剂使还原反应温度降低是抑制转底炉海绵铁再氧化的有效手段。

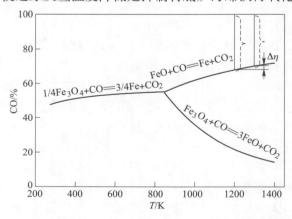

图 5.52　不同温度下含碳球团发生再氧化时的热力学条件对比

5.7.3　矿煤分层布料方式下的催化还原动力学分析

5.7.3.1　催化剂配加量对催化效果的影响

实验以煤和磁铁矿粉为原料，反应温度为1200℃，将催化剂配入煤粉，配加量分别为煤粉重量的0、1%、3%和5%，实验结果见图5.53。由图中可以看出，矿煤分层布料条件下向煤粉中配加催化剂对还原反应影响显著，增加催化剂加入量还原反应速度提高比例明显变大。不同催化剂配加量下还原反应的表观速率进行计算可得速率常数随催化剂配加量的变化曲线，见图5.54。

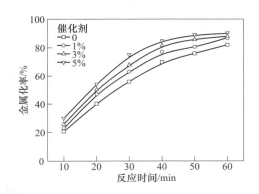

图 5.53　矿煤分层布料催化还原动力学 曲线（1200℃，煤矿比0.4）

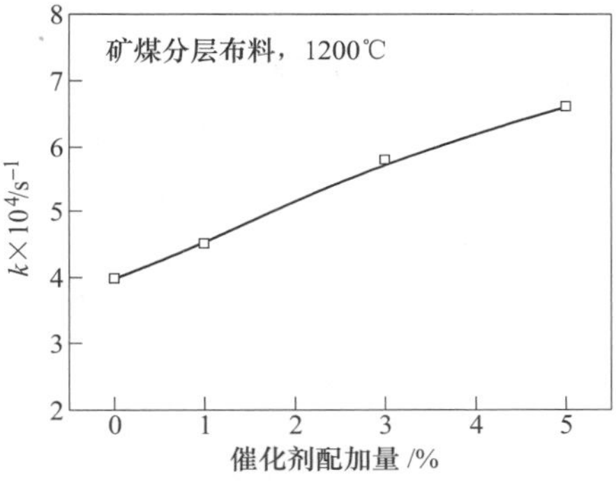

图 5.54　铁矿还原反应表观速率常数 与催化剂配加量的关系

比较图5.49和图5.54可以看出，向含碳球团中配入催化剂，对还原反应速率常数的影响要大于分层布料条件下对还原反应速率常数的影响，由此可见，催化剂对含碳球团的催化效果要好于分层布料条件下的催化效果。这是由于含碳球团条件下矿煤间结合紧密，与矿煤分层布料条件相比，矿煤间反应界面积显著提高，而反应物的扩散距离则明显变小，还原过程主要受化学反应控制而受扩散环节影响较小，因此向含碳球团中加入催化剂的效果要好于分层布料下的催化效果。

5.7.3.2　不同催化剂配加方式对催化效果的影响

在煤基反应罐工艺中为了得到高纯海绵铁，通常采用矿煤分层布料的方式进行生产。向原料中配入催化剂，不同的配加方式必然效果不同。为了研究催化剂配加方式对催化剂效果的影响，在试验室中分别进行了将催化剂加入煤中、矿中和煤矿混加三种配加方式下的对比还原试验。试验中催化剂的配加量为煤粉重量的3%，煤矿比为0.4，反应温度为1000℃，反应时间为6h，试验结果见图5.55。可见，催化剂的配加方式对还原反应的催化效果具有较大影响，其中将催

化剂加入煤粉中的效果最好。催化剂可
以提高碳的反应活性，使碳的气化性能
得到改善，从而提高气化反应的反应速
度，同时催化剂也能加速 CO 还原氧化
铁。但二者相比较，催化剂在碳还原氧
化铁中的作用，主要还是通过提高碳的
气化反应性能体现出来。因此，将催化
剂加入煤粉中，使其充分混匀，可以提
高催化剂和煤粉的接触面积，与将催化
剂加入矿中相比更有利于碳气化反应的
进行。而且，由于还原反应的煤矿比小

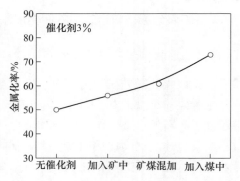

图 5.55　不同催化剂配加方式下金属化率
随时间变化曲线（1000℃，6h）

于 1，因此催化剂的浓度相同时，配入煤粉需要催化剂的量要比加入矿中小得
多，从经济上来说也更为合理。

5.7.3.3　煤粉粒度对催化效果的影响

　　分别选取粒度为 1~0.8mm、0.6~
0.4mm、0.15~0.074mm 和 -0.044mm
的煤粉进行催化还原试验，设定反应温
度为 1000℃，反应时间为 6h，催化剂
的配加量为 3%，将催化剂配入煤中，
还原结果见图 5.56。还原煤粉的粒度分
别为 1~0.8mm、0.6~0.4mm、0.15~
0.074mm 和 -0.044mm 时，添加 3% 催
化剂后，试样的还原率分别由 51%、
54%、59% 和 61% 提高至 75%、80%、
91% 和 95%，可见，减小煤粉粒度有利
于提高催化剂的催化效果。这是由于随

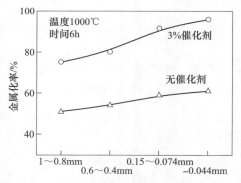

图 5.56　催化剂对不同粒度煤粉
催化效果对比

着煤粉粒度的减小，煤粉的比表面积迅速增加，煤粉颗粒与催化剂颗粒之间的接
触机会增多，催化反应的反应界面积成数量级地增加，因此，催化剂对于细粒度
煤粉气化反应的影响就更为明显。但试验中发现，煤粉粒度过细会对布料带来一
定困难，试验条件下还原煤粉的粒度以 0.074~0.15mm 为宜。

5.7.3.4　反应温度对催化效果的影响

　　为考察环形分层布料条件下温度对催化效果的影响，以煤粉和磁铁矿粉为原
料，将催化剂配入煤粉，反应温度分别为 1200℃、1100℃、1000℃，实验结果见
图 5.57。

　　由图 5.57 中的实验数据可以计算出分层布料工艺条件下，不同温度下添加催化剂前后的还原反应速率常数，计算结果见图 5.58。

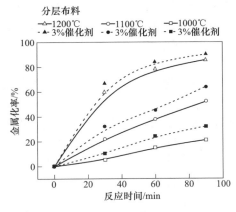

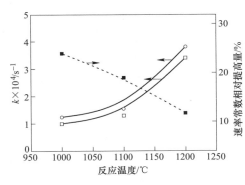

图 5.57　反应温度对催化剂效果的影响　　　　图 5.58　反应温度对催化效果的影响

　　由图中可知，提高温度对分层布料条件下还原反应速率影响显著。对比添加催化剂前后的还原效果可以发现，随着反应温度的升高，还原反应速率常数的相对提高幅度逐渐减小。说明低温下催化剂的催化效果更加明显，这与含碳球团催化还原实验结果是一致的。

　　对比含碳球团和分层布料两种工艺方式下的还原动力学与催化还原实验结果，可以发现，相同条件下，向含碳球团中配入催化剂后还原反应速率的提高比例要大于分层布料下的提高比例，说明催化剂对含碳球团的催化效果要好于分层布料。含碳球团还原速度快的重要原因是矿粉的层数少，可以直接接受高温热辐射的热能来作为还原所需的能量，而环层布料是放在反应罐中，只能接受热传导的热量，因此含碳球团的反应快。含碳球团的层数少，反应器中的有效利用率低，并且容易遭受二次氧化，而环形布料，每罐中的矿粉量大，虽然反应速度慢，但高的填充率可以弥补部分反应速度损失，另外，反应罐中的金属铁不易二次氧化，更容易得到高的金属化率。

　　可见，通过低温快速还原，适当提高环形罐的还原速度，有利于弥补反应慢的问题。对于转底炉还原，通过低温快速还原，可以适当降低含碳球团的还原温度，不仅减轻耐火材料负担，还能从热力学角度提高抗二次氧化能力。

5.7.3.5　铁粉烧结对金属化率的影响

　　由图 5.59 可知，提高反应温度可以显著提高还原反应速度，尤其是在反应初期还原率较低时，温度对还原速度的影响非常明显；但当还原反应的金属化率较高时，反应逐渐进入平台期，还原率的增加速度明显变缓。对比发现，温度越高，还原反应速度在平台期下降的幅度越大，随着反应时间的延长，低温下的还原率曲线将穿越高温下的还原率曲线，因此，反应温度较低时反而更容易得到高金属化率。分析认为，实验中用到的铁矿粉为磁铁矿精矿粉，粒度较细，为几十个微米，因此在还原反应过程内扩散速度相对较快。对于气体反应物的外扩散，由于矿煤采用分层布料因而 CO 从生成区域扩散到矿粉层，通过的距离较长，因此外扩散的阻力较大。在反应初期料层温度较低，物料颗粒间以点接触的方式存在，孔隙率较大，气体通过料层的扩散阻力小，此时提高温度可以显著改善料层的导热速度，使碳气化反应和还原反应速度明显提高。随着升温的进行，矿粉温度逐渐升高，同时出现烧结现象，并且反应温度越高，反应的时间越长，料层的致密度越高。因此，高温下烧结层的形成速度要远大于低温下的形成速度，使得高温下外煤粉层产生的 CO 很难扩散到矿粉中去，从而使还原反应速度大幅度下降。此时，还原反应的限制性环节已由传热和化学反应转变为传热和反应物的外扩散。

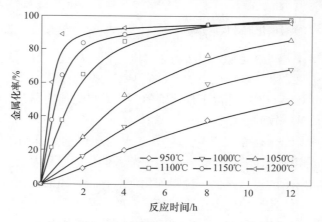

图 5.59 不同温度下还原率与反应时间的关系

为了对上述分析进行验证，分别对不同反应温度下的还原试样进行取样，并通过扫描电镜对海绵铁试样的致密度进行观察，扫描电镜照片见图 5.60。

对比不同温度下的电镜照片可以发现，由于坩埚沿半径方向上温度差的存在以及渗碳反应的影响，使得海绵铁试样外侧的致密度要明显高于内侧；而且，从图中可以看到，当反应温度大于 1100℃ 时，在较短的时间内，试样外侧海绵铁颗粒间的缝隙已不再明显，由于铁晶粒的长大使得试样成为一个致密的整体，断面有金属光泽，可以承受一定压力，不易粉碎；当反应温度低于 1100℃ 时，经过较长的反应时间海绵铁试样的烧结程度依然较低，颗粒间存在较大空隙，大部分颗粒仍基本保持装料时的状态，试样易粉碎。可见，提高反应温度试样的烧结程度明显提高，使得气体反应物的扩散变得越来越困难，从而使还原反应受到制约。因此，对于反应罐工艺来说，由于生产追求较高的还原率，单纯通过提高窑内温度使反应速度加快的技术思路具有一定的局限性。

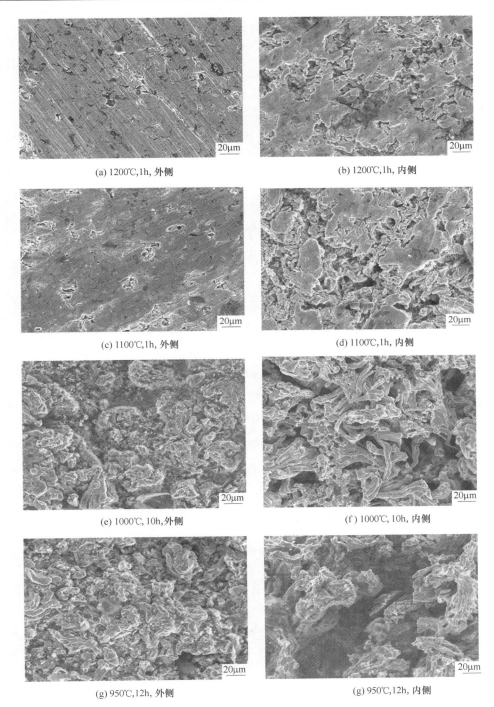

(a) 1200℃,1h, 外侧

(b) 1200℃,1h, 内侧

(c) 1100℃,1h, 外侧

(d) 1100℃,1h, 内侧

(e) 1000℃, 10h, 外侧

(f) 1000℃, 10h, 内侧

(g) 950℃,12h, 外侧

(g) 950℃,12h, 内侧

图 5.60　不同反应温度下还原试样电镜照片

参 考 文 献

[1] 赵沛，郭培民. 纳米冶金技术的研究及前景 [A]. 2005 中国钢铁年会 [C]，北京，2005.

[2] 赵沛，郭培民. 煤基低温冶金技术的研究 [J]. 钢铁，2004，39（9）：1~6.

[3] Zhao Pei, Guo Peimin. New coal-based low-temperature metallurgy [A]. The 10th Japan-China Symposium on Science and Technology of Iron and Steel [C], Chiba, Japan, 2004.

[4] Zhao Pei, Guo Peimin. Fundamentals of fast reduction of ultrafine iron ore at low temperature [J]. Journal of University of Science and Technology Beijing, 2008, 15（2）：104~109.

[5] 张殿伟，郭培民，赵沛. 低温下碳气化反应的动力学研究 [J]. 钢铁，2007，42（6）：13~16.

[6] 张殿伟. 低温快速还原炼铁新技术的基础研究 [D]. 北京：钢铁研究总院，2007.

[7] 郭培民，赵沛，孔令兵，王磊. CO_2 气化反应本征反应速率常数测定计算新方法 [J]. 钢铁研究学报，2018，30（8）：606~609.

[8] 郭培民，赵沛，孔令兵，王磊. 氧化铁碳热还原过程间接还原规律研究 [J]. 钢铁钒钛，2019，40（5）：104~109.

[9] 郭培民，董亚锋，孔令兵，王磊. 碳热 FeO 反应过程的控速环节分析 [J]. 钢铁研究学报，2020，32（2）：111~116.

[10] 曹朝真，郭培民，赵沛，庞建明. 煤基铁矿粉催化还原试验研究 [J]. 钢铁研究学报，2010，22（10）：12~15.

[11] 曹朝真. 煤基低温催化还原技术理论与实践 [D]. 北京：钢铁研究总院，2009.

6 铁矿还原过程的催化机理

<<<<<<<<<<<<<<<<<<<<<<<<<<<<<<<<<<<<<<<<<<<<<<<<<<<<<<<<<<<<<<

添加催化剂可在一定条件下改善铁矿的还原动力学条件，是矿粉低温快速还原的措施之一。多年来，人们发现少量碱金属和碱土金属氧化物能提高氧化铁的还原速度，但是大多数只是炒菜式的研究结果，对它们的作用机理不甚清楚。除了微观催化机理外，催化实际效果还与传热、传质等宏观传输相关。本章将介绍作者在矿粉催化理论方面的研究结果。

6.1 碳气化反应与矿粉还原的催化机理现状

6.1.1 碳气化催化反应机理

研究表明，在低温阶段，碳还原铁矿石的反应由氧化物的间接还原与碳的气化反应（$C+CO_2 = 2CO$）组成，并且碳的气化反应为氧化铁直接还原反应的限制性环节，因此提高低温下碳的气化反应速度将有助于加速碳还原氧化铁，大大提高还原速度，提高生产效率，也为低温快速冶金新流程提供一些技术上的支持。同时采用煤气化技术，提高碳的气化反应速度，是实现节能省煤、提高煤炭利用率、改善环境、促进化学合成工业发展的重要途径[1,2]。

在早期的气化催化反应研究中[3]，Taylor 在 1921 年的研究工作被认为是最早的对催化效应的研究。他发现碳酸钾和碳酸钠是有效的催化剂，并且其影响的确是催化作用。后来 Walker 等学者已经观察到灰分对气化反应的催化效应。近20 年来，在世界范围内对煤的催化气化进行了较为广泛的研究，由于煤的催化气化在加快煤的气化速率，提高碳的转化率，在同样的气化速率下降低反应温度，减少能量消耗等方面具有优势，因而这种气化技术的研究开发受到人们广泛重视。

现有的研究结果表明，碱金属、碱土金属和 Fe、Co、Ni 都有一定的催化效果。其中，适于 $C\text{-}CO_2$ 反应的催化剂（见图 6.1），主要是钾、钠、钙的化合物，且碱金属的化合物催化活性表现最为优异。但是在实际应用过程中，由于催化剂的效果不能令人满意，因此在金属化合物领域内寻找更加合适的催化剂便成了研究的重点之一。

目前，在气化的催化机理方面，众多学者提出了各种各样的催化机理。总结一下文献中碳气化催化机理，大致有三种：（1）氧迁移理论（Oxygen Transfer Theory，以下简称 OTT）；（2）电子迁移理论（Electron Transfer Theory，以下简

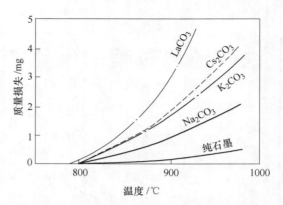

图 6.1　碱金属碳酸盐对碳气化反应速度的影响

称 ETT)；（3）电化学机理（Electrochemical Mechamism）。

6.1.1.1　氧迁移理论

氧迁移理论现已被广泛用于对碳气化催化机理的解释[4]。1980 年，D. W. Mckee 在 "Catalysis Reviews" 杂志上长达 100 多页的《碳气化催化反应》一文中，根据他自己的研究结果及参阅的大量文献资料，全面综合了 C-O₂、C-CO₂、C-H₂O 以及 C-H₂ 四个反应系统，提供了许多试验结果，但最终仍认为特殊的氧化—还原循环反应，即 OTT 理论在说明碱金属盐、碱土金属盐、过渡族金属和贵金属等催化剂的催化活性还是比较成功的。该理论主要是用各种各样的中间产物和一系列反应来描述碱金属或其化合物的催化气化本质。对于碱金属碳酸盐 OTT 理论做了如图 6.2 的描述，也称为碱金属蒸气循环反应，见图 6.2 和图 6.3。

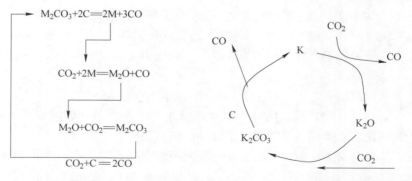

图 6.2　碱金属蒸气循环反应示意图　　图 6.3　Mckee 氧迁移理论的循环示意图

对上述反应，有人做了如下变化：

$$M_2CO_3 + 2C \Longrightarrow 2M + 3CO$$

$$2M + 4nC \Longrightarrow 2C_{2n}M$$

$$2C_{2n}M + CO_2 \Longrightarrow (4nC) \cdot M_2O + CO$$

$$(4nC) \cdot M_2O + CO_2 \Longrightarrow 4nC + M_2CO_3$$

碱金属碳化物 $C_{2n}M$（M 为 K、Na、Li），对于 Li，$2n = 6$、12 或 18；对于 Na、Rb、Cs，$2n = 8$、24、36、48 或 60。但是碱金属碳化物在高温 CO_2 的气氛下难以存在。这个理论应用最为广泛，但是这个理论还有很多争议。Suzuki 等人在使用 [13]C 同位素脉冲实验考察 Na 的催化过程中发现 [13]CO 释出的卫星峰，它的出现是无机盐氧化物与焦样表面碳原子发生反应的标志。但是结果表明含 Na 催化剂的焦样中在 [13]C 脉冲实验中不存在卫星峰。这一结果也表明了上述公式中描述的氧化和还原的循环过程在气化过程中根本没有发生。此外，其余的碱金属盐如卤化钾盐对碳气化均有催化作用，不同的是催化活性有所差别。很难用碱金属氯盐（如 KF、KCl 等）作为氧的载体，更不可能反复分解或生成碳酸盐或氧化物。所以氧迁移理论用来描述碱金属盐的催化机理是值得商榷的。

6.1.1.2 电子迁移理论

1950 年，F. J. Long 和 K. W. Sykes 提出电子迁移理论（ETT）[5,6]。1960 年 C. Heuchamps 根据 ETT，将影响碳氧化动力学的杂质分成 3 类：（1）能献出电子（Donor）的碱金属在碳表面形成正离子，降低了氧化学吸附的能槛，因此加快了碳氧化速度。（2）如卤族一类元素接受电子（Acceptor），在碳表面形成负离子，提高了氧化学吸附的能槛，因此减慢了碳氧化速度。（3）第 3 类是过渡族金属，这些元素能从碳原子攫取电子填入未填满的 d 带，在碳表面产生了许多活化点，因而加快了速度。但是催化剂的电离能或晶格能与催化剂活性之间的简单关系并不存在，因而 ETT 理论在文献中很少被采用。

根据电子迁移理论，如果一种物质能向碳输出电子，则碳内部的分子轨道将因外加的电子进入而得以恢复到它原来的状态，这样氧原子更容易向碳夺取电子，碳键断裂，酮基分解。催化剂的作用就在于能向碳提供电子，降低酮基破坏所需能量。当酮基破坏，碳键断裂放出 CO 后，原来由催化剂输送到碳点阵中的电子成为剩余电子，使碳带负电，碳的电负性因此而降低。相反的带正电荷的催化剂的电负性增高，结果是从催化剂输送到碳点阵中的电子又重新返回到催化剂，这样可保持二者即碳和催化剂原来的分子轨道。如此往返不断，完成了催化过程。这就是电子循环授受催化理论的基本思想。

从上述的基本概念出发，可以得出以下结论：催化剂的催化活性大小决定于催化剂的电负性值，其值越小，催化活性越大。电负性值越大，其毒化作用越大。而在催化与毒化之间存在一个界限，对于碳的气化来说，这个界限就是碳或碳的电负性值。一切电负性值小于碳的（$\chi_C = 2.5$）元素或化合物，必定是催化剂。反之，一切电负性大于碳的元素或化合物均是毒物。

元素周期表中，元素的电负性值大致的变化规律是同一周期中从左至右逐渐增加，而在同一族中从上到下减少。按照电子迁移理论，在周期表中，凡是处于碳元素左下方的均应具有催化作用，而处于右上方的元素均为毒化剂。碱金属、碱土金属及其盐都是催化剂。卤族元素和氧族元素及其化合物都是毒物，然而一些卤化物和氧化物均为良好的催化剂，显然电子迁移理论无法解释。

6.1.1.3　电化学机理

电化学机理早在 20 世纪 70 年代由 Jalan 和 Rao 提出来[7]，它涉及电子迁移和氧迁移两个步骤。对于碱金属碳酸盐，该理论认为，当气化温度超过熔点以后，碳酸盐将会在碳酸盐表面形成一层薄的熔融电解质。在碳表面的阳极位置处，CO_3^{2-} 与 C 发生反应并生成 CO：

$$CO_3^{2-} + 2C = 3CO(g) + 2e$$

而钾离子在熔体内通过迁移与碳基质中进行迁移的电子在阴极会合并发生反应：

$$2M^+ + CO_2(g) + 2e = M_2O(s) + CO(g)$$

然后，生成的碱金属氧化物在 CO_2 气氛下转化成液态的 M_2CO_3，所以总的反应为：

$$CO_2(g) + C(s) = 2CO(g)$$

这个机理的关键点在于假定了熔融的电解质在碳表面上存在阳极和阴极，并发生电子迁移和化学反应。然而，该理论无法合理地解释微量甚至痕量的碱金属碳酸盐有明显的催化效果。并且一些实验表明，一些熔点很高的碱金属盐如硅酸钠、硫酸钠等并没有在碳气化过程中形成熔盐电解质，对于碳气化也具有一定的催化作用，这也是电化学理论无法解释的。

从以上简述可以看出，碳气化催化机理仍不完全清楚，有很多争议，还有许多工作需要深入开展。

6.1.2　铁矿石的还原催化机理

多年来，人们发现少量碱金属和碱土金属氧化物能提高氧化铁的还原速度[7~11]，但是大多数只是炒菜式的研究结果，对它们的作用机理不甚清楚。目前，一些研究者认为在 Fe_2O_3 的还原过程中，铁的各级氧化物的晶格将重排。由于碱金属和碱土金属离子固溶于浮氏体，使氧化铁的晶格点阵发生畸变，产生微孔，畸变导致新相界面上出现很多结构缺陷，形成大量的细致裂纹，使还原气体更容易通过产物扩散到产物反应物的界面上，从而加速反应的进行。特别是离子半径大的，催化效果更显著，见图 6.4。因此，深入理解碱金属和碱土金属氧化物对氧化铁还原的催化作用机理，将有助于为低温下加速氧化铁的还原提供合理的科学技术路线。

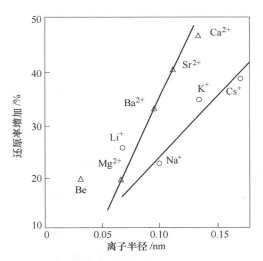

图 6.4　各种金属离子对铁矿粉还原的效果比较

6.2　碳气化反应的催化机理

6.2.1　氧迁移理论的不自洽性

从图 6.5 所示的热重曲线可以比较清楚地看出[2]，对于未添加催化剂的碳气化反应（图中曲线 1），在 930℃左右，反应才刚刚开始；温度达到 1000℃后，

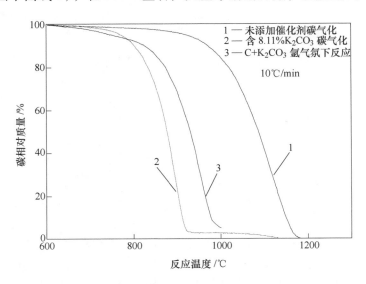

图 6.5　碳气化、碳催化气化、氩气氛碳与碳酸钾反应的热重曲线

碳才剧烈发生反应。而对于催化气化反应（图中曲线2），其反应起始温度有一定程度的降低，在800℃时失重就已经开始。当温度到达900℃后，碳转化率达90%以上，此时催化反应已经基本结束。显然碳酸钾对碳气化反应具有很强的催化性能，碳的气化性能明显提高。碳在氩气氛下还原碳酸钾反应与碳催化气化反应相比，前者在900℃时的失重率仅20%左右，剧烈反应温度段在900℃以后，而此刻碳催化气化反应已经完全。这说明催化气化反应的速率远远大于碳还原碳酸钾的反应速度。

　　活化能计算：当实验样品的转化率小于15%时，反应速度较慢，因此采用这段数据计算的结果误差较大；当转化率大于90%以上时，碳含量很少，这时碳的气化反应模式发生变化，误差也比较大。所以本节根据失重率15%~90%之间的热重实验数据，对应于碳气化反应其数据温度区间取1213~1430K；同理碳催化气化的数据选取范围在1073~1173K；对于碳还原碳酸钾反应为1053~1243K。低温下活性炭的气化反应普遍被认为符合一级反应规律。根据同样的方法可以发现，在低温下活性炭催化气化反应也具有相似的规律，符合一级反应规律。计算所得表观活化能和指前因子列于表6.1。本节采用转化率达50%时的温度值的大小来衡量活性炭的反应活性。当碳气化转化率达50%时的温度越高，该碳样的反应性越差。从表中可以看出，不含催化剂的情况下，活性炭的气化活化能为294.6kJ/mol，碳酸钾添加量为8.11%的样品中活化能为240.7kJ/mol，显然添加催化剂后，能够显著提高活性炭炭粉的气化性能，气化活化能显著降低，反应起始温度也有一定程度的降低。对于碳催化气化反应，其活化能比碳还原碳酸钾反应的活化能也要低一些，碳还原碳酸钾反应的速率比碳气化反应的也要低，因此在碳气化温度区间该反应应该比碳气化催化反应更难以进行。

表 6.1　计算所得化学反应的动力学参数

化学反应	表观活化能/kJ · mol^{-1}	lnA	50%反应率时温度/℃
碳气化	294.6	22.6	1084
碳催化气化	240.7	22.1	877
碳还原碳酸钾	286.3	26.8	930

　　在碳气化催化机理中，氧迁移理论目前应用最为广泛。如果氧迁移理论成立，则 $M_2CO_3 + 2C = 2M + 3CO$ 反应作为氧迁移理论的循环反应中的一个环节，表观上看，其失重率应该大于催化气化反应的失重率，事实上催化气化反应失重率大大超过了 $M_2CO_3 + 2C = 2M + 3CO$ 反应的失重；$M_2CO_3 + 2C = 2M + 3CO$ 的反应活化能可能比碳气化催化反应的活化能高，即比碳气化催化反应更难以进行，因此，不可能以此方式来加速碳气化反应。显然用氧迁移理论来描述碱金属碳酸盐的催化机理是不适合的。

6.2.2 卤化物催化作用的反常现象

不同的碱金属卤化盐对碳气化反应均有一定的催化效果，不同的是催化活性有所差别，见图 6.6~图 6.8[2]。可以看出，氟化钾、氟化钠在卤盐中对碳气化反应有较强的催化效果，比普遍认为最好的催化剂碳酸钾的催化效果甚至还好。根据电子迁移理论，催化剂的催化活性大小决定于催化剂的电负性值，其值越小，催化活性越大。电负性值越大，其毒化作用越大。按照此规律，氟化盐类对碳气化反应的催化效果应该小于氯化盐。实验结果与此矛盾，可见用电子迁移理论解释催化现象是不合理的。

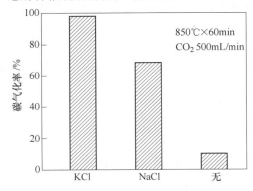

图 6.6 氯化物对气化反应速度的影响

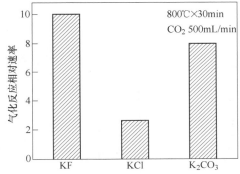

图 6.7 氟化钾对气化反应速度的影响

同时卤化物具有催化活性从一方面说明了氧迁移理论的缺陷。图 6.9 所示为活性炭添加质量分数为 50% 的氯化钠后的 XRD 图谱。从图中可以看出，NaCl 的衍射线四强峰的 2θ 值为 $27.2°$、$31.6°$、$46.5°$ 和 $56.3°$，它与标准卡片中的氯化钠的四强线值基本吻合。可以得知在 800℃ 下通入 500mL/min 的 CO_2 20min 后，碳气化过程中并没有改变碱金属原子在活性炭中的存在形式，其实质催化单元物

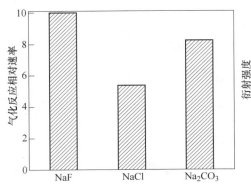

图 6.8 氟化钠等对气化反应速度的影响

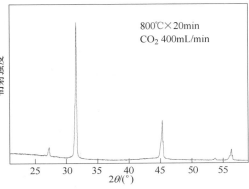

图 6.9 50%NaCl 的碳气化后的 XRD 图

质仍为氯化钠。所以碱金属氯盐（如 NaCl 等）很难作为氧的载体，也更不可能反复分解或生成碳酸盐或氧化物，因此催化机理的探索还有许多工作需要深入开展。

6.2.3　卤盐对碳气化反应的催化规律

6.2.3.1　碱金属、碱土金属元素对碳气化反应速度的影响

不同阳离子的氟化物对碳气化反应速度的影响规律见图 6.10[1]。可以看出，氟化物对碳气化反应具有较强的催化效果，氟化物对气化反应速度影响的规律为 KF>NaF>LiF>CaF。可见，催化效果与阳离子的种类有关。阳离子的金属性越强，其对碳气化反应的催化效果越明显。其他碱金属卤盐如氯化盐也具有相似的规律，见图 6.11。

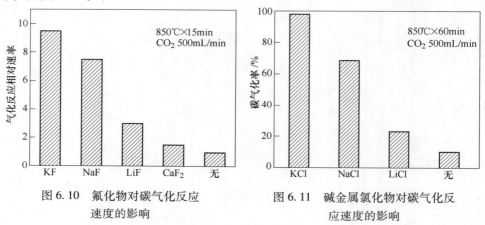

图 6.10　氟化物对碳气化反应
速度的影响

图 6.11　碱金属氯化物对碳气化反
应速度的影响

6.2.3.2　卤族元素对碳气化反应速度的影响

不同的卤化钾盐对碳气化反应均有一定的催化效果，见图 6.12[1]，可以看

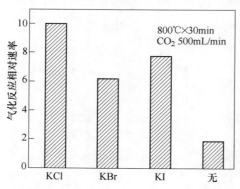

图 6.12　卤化钾盐对碳气化反应速度的影响

到，卤化钾盐对气化反应速度影响的规律比较复杂：KF>KCl>KI>KBr，还可以由图 6.13 得知，氟化钾在钾类盐中有较强的催化效果，比普遍认为最好的催化剂碳酸钾的催化效果甚至还好。

从以上实验结果可以看出，卤素元素对碳气化也表现出一定的催化性能。且催化效果与卤素离子的种类有关。阴离子的电负性越强，其对碳气化反应的催化效果越明显。但是碘化物对碳气化反应速度的影响表现出了反常，其催化活性高于溴化物，这可能与其化合物的化学键强度即化合物的稳定性有关。化合物越不稳定，对于卤素的束缚性越弱，催化效果增强（图 6.14）。

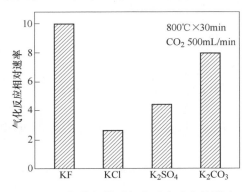

图 6.13 氟化钾等对气化反应速度的影响 图 6.14 卤化物对碳气化反应的催化效果

6.2.3.3 碱金属卤化物的稳定性分析

卤化物都是离子晶体，离子晶体的稳定性一般用离子键的强弱来代表，而离子键的强弱可用晶格能的大小表示。晶格能是指在 0K 时，1mol 离子化合物中的正负离子由相互远离的气态结合成离子晶体时候所释放出的能量。用化学反应表示，晶格能相当于下式反应的内能改变量 U。

$$M^+(g) + X^-(g) \xrightarrow{U} MX(s)$$

根据晶格能理论可以得到氟化物的晶格能，见图 6.15。离子晶体中的晶格的牢固程度可用晶格能大小来衡量，晶格能越大，其离子键越牢固，离子晶体越稳定。从图中可以清晰地观察到，对于碱金属卤化盐来说，其稳定性顺序为氟化物>氯化物>溴化物>碘化物。

6.2.3.4 氟化物催化机理分析

如上所述，碱金属卤化盐对碳气化的催化效果，其规律比较复杂：KF>KCl>KI>KBr；NaF>NaCl>NaI>NaBr；LiF>LiCl>LiBr；但是对于三种碱金属来说，其规律是一致的。而对于同种卤离子的碱金属盐，其对碳气化的催化效果顺序为 K>Na>Li>Ca。

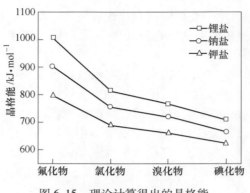

图 6.15　理论计算得出的晶格能

　　这是因为阳离子（包括碱金属原子和碱土金属原子）金属性很强，具有很强的吸附能力。其催化作用可能是因为它配位在 C—C 键的周围，拉长了 C—C，削弱了 C—C 化学键的结合强度，因此反应活化能降低，表现为一定的催化效果。不同的阳离子改变 C—C 化学键的强度不同，因此改变反应速度的效果也不一样，催化效果也就不相同。

　　卤素元素是所有元素中非金属性较强的，极化力较强，也表现出一定的催化活性。它们也可以像碱金属原子一样，吸附在 C—C 键的周围，削弱了 C—C 的化学键的结合强度，因此，也能很好地加速碳的气化反应进行。电负性越强，极化力也较强，破坏 C—C 键的程度也越大，其催化性能也越大，顺序为 F>Cl>Br>I，见图6.16。但是电负性值大小与实验中卤素对碳气化的催化规律不相一致。可能化合物的催化活性还要考虑到催化剂的稳定性。其催化剂的化学键越稳定，正负离子间的束缚比较紧，对 C—C 的化学键的影响比较弱小，其催化性能也将变差。

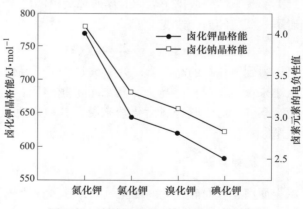

图 6.16　卤族元素的电负性值和卤化物

　　具体结果分析，F 是所有元素中非金属性较强的，卤素中原子半径最小，电负性较大的元素，极化力在卤族元素中也较强，表现出一定的特殊性：KF>K_2CO_3>KCl。氯化钾相对于溴化钾来说电负性对催化效果的影响可能占主导地位，所以表现出 KCl>KBr。溴化钾与碘化钾是因为溴、碘电负性对催化效果的影响相当弱，差别不大，这时候化合物的稳定性对催化性能的影响占主导地位，导致催化效果 KBr<KI。

不同温度下 KCl 催化剂对碳气化反应速度的影响规律见图 6.17。可以看出，随着反应温度的提高，碳气化反应更易于进行，碳气化率提高，但是增加幅度不是很大。对于碳气化催化反应，温度提高，碳催化气化率相对于无催化剂的气化反应大幅度提高。在 800℃无催化剂的气化反应率在 2%左右，有催化剂碳气化率大约在 10%左右，而在 850℃时无催化剂的碳气化反应率在 6%左右，仅增加 2%，有催化剂的碳已基本反应完全，增加幅度很大。可见，催化剂在高温度下的催化效果也大大强于低温度下的催化效果，且对于提高碳气化率占着主导地位。

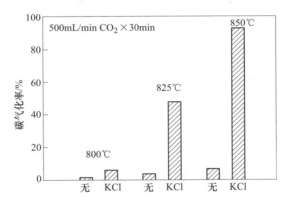

图 6.17　KCl 质量分数为 6.81%碳气化催化效果

因为随着反应温度的提高，一方面，碳原子活动加剧，C—C 键的键长增加，化学键强度减弱，反应速率常数提高，但是增加幅度不是很大，它在温度对气化率的影响中不占主要地位；另一方面，由于钾离子和氯离子都能改变 C—C 化学键的结合强度，有助于反应的加速进行。当温度升高，氯化钾的化学键强度变弱，碱金属钾离子与氯离子的相互束缚性更弱，从而钾离子和氯离子更能有效改变 C—C 键，降低了反应活化能，加速反应进行，这一点在实验数据中反映比较明显，比较吻合。

6.2.4　复合盐对碳气化反应的催化规律

6.2.4.1　碱金属、碱土金属元素对碳气化反应速度的影响

不同阳离子的碳酸盐对碳气化反应速度的影响规律见图 6.18[1]。可以看出，

以上的几种碳酸盐对碳气化反应均具有一定的催化效果，对气化反应速度影响的规律为 K_2CO_3>Na_2CO_3>Li_2CO_3>$BaCO_3$>$SrCO_3$>$CaCO_3$>$MgCO_3$。可见，催化效果与阳离子的种类有关，且与阳离子的金属性质一致，金属性越强，其对碳气化反应的催化效果越明显。其他含有不同阳离子的盐如硝酸盐也具有相似的规律，见图6.19。

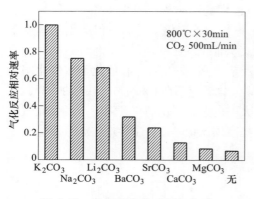

图 6.18　各种碳酸盐对碳气化反应速度的影响

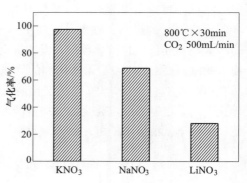

图 6.19　碱金属硝酸盐对碳气化反应速度的影响

6.2.4.2　复合盐对碳气化反应速度的影响

相对于碳气化反应，不同的钾复合盐对碳也均有一定的催化作用，见图6.20[1]。可以看出，添加催化剂后的样品几乎都比未加催化剂的样品的气化速度快。催化剂中以 KNO_3 的催化效果最好，往下依次是 KOH、K_2CO_3、K_2SO_4、K_3PO_4。对于锂、钠碱金属复合盐来说，其规律与钾是相似的，但是其催化效果弱于钾，见图6.21和图6.22。

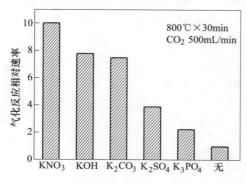

图 6.20　复合钾盐对碳气化反应速度的影响

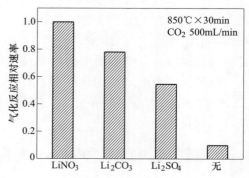

图 6.21　复合锂盐对碳气化反应速度的影响

由以上可以总结出，碱金属、碱土金属阳离子对碳气化表现出一定的催化性

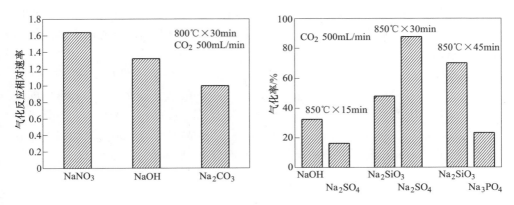

图 6.22 复合钠盐对碳气化反应速度的影响

能，且催化效果与阳离子的种类有关。阳离子的金属性越强，其对碳气化反应的催化效果越明显。在常见的含氧酸盐中，一般认为，磷酸盐、硅酸盐比较稳定，加热时不易分解；硝酸盐和卤酸盐最不稳定；碳酸盐和硫酸盐居中，顺序看似与催化规律相符合。与上节的卤素催化性能相比，化合物的催化效果不但与阳离子有关，还可能与其化合物的化学键强度即化合物的稳定性有关。因此，可以想象，对于碱金属盐，可能化合物越不稳定，阴离子对于阳离子的束缚性越弱，阳离子的催化效果则增强。因此，首先分析碱金属复合盐的稳定性。

6.2.4.3 复合盐的稳定性分析

复合盐也是离子晶体，但是与卤素碱金属盐相比，其阴离子结构复杂，晶体结构未知，马德隆常数不易得到，很难用晶格能公式去计算。同时因为许多化学反应的热焓数据不完全，也很难按热力学第一定律利用一些热化学循环的方法计算晶格能。因此，本节从热力学的角度分析碱金属复合盐的热力学稳定性。吉布斯自由能越小说明化合物越不稳定，相反则化合物越稳定。假设碱金属硝酸盐、硫酸盐、碳酸盐按下式分解：

$$MNO_3(s) \Longrightarrow M(s) + 1/2N_2(g) + 3/2O_2(g)$$
$$M_2CO_3(s) \Longrightarrow 2M(s) + C(s) + 3/2O_2(g)$$
$$M_2SO_4(s) \Longrightarrow 2M(s) + S(s) + 2O_2(g)$$
$$M_2SiO_3(s) \Longrightarrow 2M(s) + Si(s) + 3/2O_2(g)$$
$$M_3PO_4(s) \Longrightarrow 3M(s) + P(s) + 2O_2(g)$$
$$MOH(s) \Longrightarrow M(s) + 1/2H_2(g) + 1/2O_2(g)$$

复合盐分解反应的 800℃ 和 25℃ 的反应标准吉布斯自由能见表 6.2 和表 6.3。对于同种碱金属的不同盐，其热分解反应的吉布斯自由能的大小规律是：硝酸盐<碳酸盐<硫酸盐<硅酸盐<磷酸盐。故它们的热稳定性由小到大的顺序是：硝

酸盐<碳酸盐<硫酸盐<硅酸盐<磷酸盐。这里硝酸盐的 ΔG 最小，最不稳定，而磷酸盐的 ΔG 最大，最稳定。这些结论虽不能说明问题的本质，但能从客观上给出定性的结论。

通过 XRD 实验数据也能间接说明化合物的稳定性。从图 6.23 可见[1]，在 NaOH、Na_2SO_4、Na_2SiO_3 这 3 种催化剂中，NaOH 的气化率最高，Na_2SiO_3 的气化率最低。XRD 结果表明，NaOH 与碳混合的反应后样品中，NaOH 大部分已经分解为 Na_2CO_3，Na_2SO_4 与碳混合反应后的样品中，Na_2SO_4 转为 Na_2S 和 Na_2CO_3，而 Na_2SiO_3 与碳混合的样品中，有部分 Na_2SiO_3 转为 $Na_2Si_2O_5$。

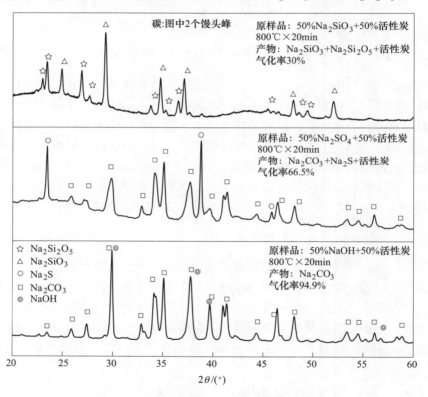

图 6.23　催化气化反应后样品的 XRD 衍射图

表 6.2　800℃下复合盐的分解反应的吉布斯自由能　　　　　　（kJ/mol）

元素	硝酸盐	碳酸盐	氢氧化物	硫酸盐	硅酸盐	磷酸盐
锂	169	917	330	1018	—	—
钠	134	834	282	964	1217	1430
钾	164	846	278	1004	1296	1527

表 6.3 25℃下复合盐的分解反应的吉布斯自由能 （kJ/mol）

元素	硝酸盐	碳酸盐	氢氧化物	硫酸盐	硅酸盐	磷酸盐
锂	385	1132	442	1322	—	—
钠	367	1048	380	1270	1467	1788
钾	395	1066	379	1320	1538	1876

由于 NaOH 的化学键不稳定，在一定温度下容易离解成 Na^+ 和 OH^-，在 CO_2 气氛下发生下列反应：

$$2NaOH + CO_2 \rule[0.5ex]{1.5em}{0.4pt} Na_2CO_3 + H_2O$$

Na_2SO_4 的稳定性比 NaOH 差，在一定温度下首先分解成 Na_2S：

$$Na_2SO_4 + 4C \rule[0.5ex]{1.5em}{0.4pt} Na_2S + 4CO$$

在 CO_2 气氛下，Na_2SO_4 部分转化为 Na_2CO_3：

$$Na_2SO_4 + CO_2 \rule[0.5ex]{1.5em}{0.4pt} Na_2CO_3 + SO_3$$

而 Na_2SiO_3 除了部分转为 $Na_2Si_2O_5$ 外，并未发现 Na_2CO_3 相，因此在其 XRD 图中出现 Na_2SiO_3 和 $Na_2Si_2O_5$，同时，由于气化反应不充分，剩余不少碳。

从上述分析可知，相同阳离子的复合氧化物盐，其结构越不稳定，表现的催化效果越好。

6.2.4.4 复合盐的催化机理分析

如上所述，碱金属复合盐对碳气化的催化效果，其规律为，碱金属复合盐对碳气化的催化性能顺序为：$NaNO_3 > NaOH > Na_2CO_3 > Na_2SO_4 > Na_2SiO_3 > Na_3PO_4$；$KNO_3 > KOH > K_2CO_3 > K_2SO_4 > K_3PO_4$；$LiNO_3 > Li_2CO_3 > Li_2SO_4$，除 NaOH、KOH 其催化性能顺序与其稳定性顺序刚好相反以外，对于三种碱金属复合盐分别来说，其催化性能顺序是一致的，且催化效果刚好与稳定性顺序相反。而对于同种阴离子的碱金属盐，和卤化物一样，其对碳气化的催化效果为 K>Na>Li。

碱金属复合盐很多规律与上节中的卤化物的规律一致，阳离子（包括碱金属原子和碱土金属原子）金属性很强，具有很强的吸附能力。其催化作用是因为它配位在 C—C 键的周围，拉长了 C—C，削弱了 C—C 的化学键的结合强度，因此反应活化能降低，表现为一定的催化效果。不同的阳离子改变 C—C 化学键的强度不同，因此改变反应速度的效果也不一样，催化效果也就不相同。

对于阴离子来说，复合阴离子相对于卤族元素其极化力比较小，其本身对碳原子的吸引力很弱，因此各种复合阴离子表现的催化性能很小，差异不大。它对碳气化反映的催化效果主要体现在它对阳离子的束缚。当复合阴离子对阳离子的束缚性比较弱，即化合物相对不稳定时，如硝酸盐，阳离子从而更能有效改变 C—C 键，降低反应活化能，加速反应进行，表现出更强的催化性能。

在 CO_2 的气化过程中，氢氧化物比较特殊，其稳定性很低，但是催化效果较强，与碳酸盐相近。图 6.24、图 6.25 所示为添加质量分数为 50% 的氢氧化物碳气化后的 XRD 图谱，图中可以看出在样品中最后催化剂的存在形式为碳酸盐，这是因为在二氧化碳气氛下，$2MOH + CO_2(g) = M_2CO_3 + H_2O(g)$ 反应在低温阶段很容易发生。以钾盐为例，该反应的标准吉布斯自由能（$\Delta G^{\ominus} = -179.4 + 0.089T$，$kJ/mol$）在低温阶段负值很大。因此，氢氧化物的催化单元物质实际就是碳酸盐，其催化效果和形式也非常相似。

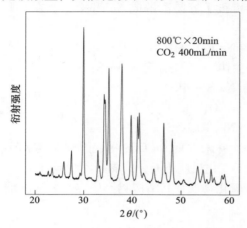
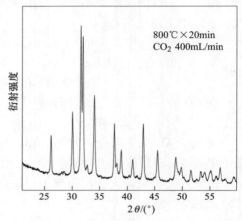

图 6.24　50% 氢氧化钠的碳样的 XRD 图　　　图 6.25　50% 氢氧化钾的碳样的 XRD 图

不同温度下 K_2SiO_3 催化剂对碳气化反应速度的影响规律见图 6.26。可以看出，随着反应温度的提高，其碳气化率增加，且随着通入 CO_2 的时间增长，K_2SiO_3 催化性能表现的差距越大。这又进一步验证了上小节中的氯化钾催化剂对碳气化反应影响的分析中得出的结论：一方面，温度提高，碳气化率增加，但它的影响不占主要地位；另一方面，碱金属钾离子可能改变 C—C 化学键的结合强

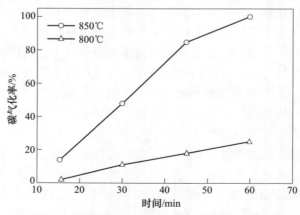

图 6.26　温度对 K_2SiO_3 催化气化反应效果的影响

度，有助于反应的加速进行。当温度升高，K_2SiO_3 催化剂的化学键强度变弱，碱金属钾离子受偏硅酸根离子的束缚更弱，从而使得钾离子更能有效改变 C—C 键，降低反应活化能，加速反应进行。

6.2.5 碳气化反应的微观催化机理

从前面几节分析中可以得出，碳气化的催化机理包括现已被广泛用于的氧迁移理论仍有很多争议。本节也从另一些角度发现该理论的一些无法解释的现象。同时通过大量实验总结出碳气化催化反应的一些新规律，提出一种新的微观催化机理。

6.2.5.1 石墨、活性炭的晶体结构

本次实验中碳原料采用的为黑色粉末状活性炭。它们主要由石墨的微小晶体和少量杂质构成。

如图 6.27 所示，在石墨晶体中，同层的碳原子采用 sp^2 杂化轨道以 σ 键与其他碳原子连接成六元环形的蜂窝式层状结构，碳原子之间的结合力很强，极难破坏，所以石墨的熔点很高，化学性质很稳定。另外，每个碳原子都有垂直于每层平面的 p 轨道，而且 p 轨道相互平行，这些 p 电子可形成离域 π 键（π_6^6），p 电子运动范围贯穿全层，可视为金属键。层与层相隔 335pm，距离较大，以微弱的范德华力结合起来，层与层之间易于滑移，表现了石墨晶体的滑腻性。又由于 π 键中的离域电子可以沿层平面运动，表现出石墨具有金属光泽，能导热和导电。在石墨晶格质点中含有 3 种不同的键型（共价键、范德华力、金属键）。

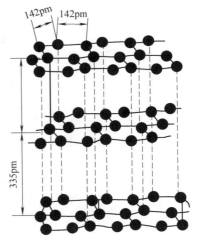

图 6.27 石墨的晶体结构

6.2.5.2 气化反应的催化微观机理分析

首先说明一下固体化学反应的本质。当反应物发生化学反应时，反应物转化为生成物分子，原子本身并没有发生根本的变化，主要是原子相互结合的方式有所改变：反应物分子中原子间的化学键破裂，而形成生成物分子中的化学键。在化学键破裂的过程中，伴随着能量的变化。其中最重要的是必须有足够的能量使旧键削弱或者破裂，才能转化而形成新键。

对于石墨晶体，从石墨的结构中可得知，层间的π键的键长远大于 σ 键的键

长，π键容易破坏。因此，碳的气化反应具有很强的取向性，在较低的温度下，层间的π键先被破坏。对于碳与二氧化碳化学反应的本质，简单地说，CO_2 与固体碳反应首先是气相中 CO_2 被碳表面原子所吸附，随着温度的升高，CO_2 处于热力学上不稳定状态，逐渐转入化学吸附。这时直线型结构的 CO_2 分子之间键被拉长、扭曲、削弱直至断裂，在碳表面上形成了两个基团，即酮基（单键 $>C=O$，ketone group）和乙烯酮基（单键 $>C=C=O$，ethenone group）。

$$2C_{固} + CO_{2(气)} =\!=\!= C \cdot O_{吸附} + C \cdot CO_{吸附}$$

这个化学反应并没有破坏碳晶体，不存在碳键的断裂，所需能量较少，速度也较快。乙烯酮基的稳定性也较差，在 600～700℃ 开始分解，放出一氧化碳。只有酮基（单键 $>C=O$）比较稳定，在 950℃ 以下几乎不分解，超过 950℃ 以后方才分解。酮基的破坏有两种方式：热分解和碰撞机构，但不管是哪一种机构，始终要断裂碳键，因此需要较高能量，速度也慢。

碱金属复合化合物和卤素化合物对碳气化均有一定的催化作用。根据碳气化反应的机理，酮基比较稳定，反应 $C_fO_{吸} =\!= CO + C_{x-1}$ 在 700～1000℃ 区间中为碳气化反应的限制环节，公式中 C_f 为酮基分子中的碳原子，C_{x-1} 为酮基分解析出的碳原子群。酮基的破坏方式可以提高温度进行热分解，不管怎样，始终要断裂 C—C 化学键，当碳的化学键受到某种因素影响时，一些化学反应性能也会改变，如反应活化能和反应速率常数等。作者分析催化剂的催化作用就在于改变 C—C 化学键的作用程度，即减弱了碳碳键的结合强度，增强了碳氧键的结合力，从而加速酮基分解反应，使碳气化反应更易于进行。不同催化剂改变 C—C 化学键的强度不同，因此改变反应速度的效果也不一样。

首先，阳离子对碳气化反应的影响可能是因为阳离子（包括碱金属原子和碱土金属原子）金属性很强，具有很强的吸附能力。它配位在 C—C 键的周围，对 C 原子的吸引造成 C—C 键的拉长，减弱了 C—C 的化学键，因此反应活化能降低，使碳气化反应更易于进行，表现出一定的催化效果。且对于阳离子，金属性越强，催化性能越大。因此碱金属离子（K^+、Na^+、Li^+）对 C—C 键的作用强度大于碱土金属离子（Ca^{2+}、Mg^{2+}、Sr^{2+}、Ba^{2+}），催化效果好。总的说阳离子的催化效果顺序 $K^+ > Na^+ > Li^+ > Ba^{2+} > Sr^{2+} > Ca^{2+} > Mg^{2+}$。

阴离子也有一定的催化作用，它与金属离子相似，由于与碳原子相互吸引也能造成 C—C 化学键结合强度的减弱，从而加速碳气化反应。其催化效果与阴离子的电负性值有一定的关系。对于复杂的阴离子团，其极化力很小，离子本身对碳气化的影响可以忽略不计，它对碳气化反映的催化效果主要体现在它对阳离子的束缚。但是对于卤族元素来说，其电负性较强，极化力也较强，本身能破坏 C—C 键的结合强度，表现出了一定的催化性能。电负性值较大，其催化性能也越大。因此，对于电负性比较大的阴离子化合物，其催化效果一定程度上还取决于电负性值大小。

对于催化剂的催化活性的影响还有另一方面重要的因素即化合物的稳定性。碱金属复合盐对碳气化的催化效果顺序为：$KNO_3 > KOH > K_2CO_3 > K_2SO_4 > K_3PO_4$；$LiNO_3 > Li_2CO_3 > Li_2SO_4$；$NaNO_3 > NaOH > Na_2CO_3 > Na_2SO_4 > Na_2SiO_3 > Na_3PO_4$。前文已经分析，对于 NaOH、KOH，实质上其催化单元物质 Na_2CO_3 和 K_2CO_3，其余的催化活性顺序与其稳定性规律刚好相反。这是因为对于复杂阴离子化合物，碱金属盐稳定性越好，阴离子与阳离子的化学键越稳定，阴离子对碱金属阳离子的束缚越紧，使得碱金属阳离子影响 C—C 化学键的能力变弱，因此催化活性越差。对于复杂阴离子化合物，其催化活性主要是由阳离子和化合物的稳定性共同决定。对于卤族碱金属化合物，阳离子、阴离子和化合物的稳定性共同决定其催化性能的优劣。

此外，催化剂的浓度对碳气化反应的催化效果也有非常重要的影响，见图 6.28。由图可见，随着催化剂浓度的增大，碳气化速率显著提高。值得注意的是，当催化剂浓度提高到 8.97%，随着浓度的继续增加其碳气化速率的提高趋于缓慢。谢克昌等人的研究工作也证实了这一点。这一实验结果表明碱金属盐作为催化剂，其加入量存在一个适当值 η。当催化剂的浓度大于 η 时，此时碳气化效率虽在提高，但增幅却在下降，反而不经济。这是因为，当催化剂浓度到达 η 时，碱金属原子在碳原子间的吸附浓度几乎趋于饱和，碳原子已被阳离子满负荷包围。随着催化剂浓度的增加其阳离子对于碳原子的有效吸附不再增加，因此表现出碳气化的催化效果增加缓慢。

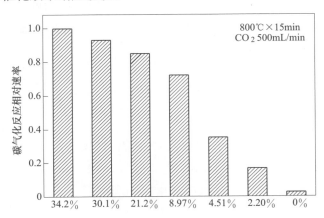

图 6.28 各种浓度的碳酸钠对碳气化反应速度的影响

现总结添加剂的催化作用微观示意图，见图 6.29。

用公式表示为：

$$\psi = \alpha f(M^+) + \beta f(X^-) - \gamma(T) f(MX)$$

式中，ψ 为对于碳气化反应，催化剂的催化活性；α 为阳离子的催化作用系数；β 为阴离子的催化作用系数；$\gamma(T)$ 为化合物的化学键的稳定性系数，与温度有关；$f(M^+)$ 为阳离子催化作用的摩尔浓度函数；$f(X^-)$ 为阴离子催化作用的摩尔浓度函数；$f(MX)$ 为化合物催化作

$$C—C—F^--K^+-C—C$$
$$CO_3^{2-}-K^+-C—C$$
$$C—C—X^--M^+-C—C$$

图 6.29　催化作用微观示意图

用的摩尔浓度函数。

从公式中可以看出，对于某一化学反应，化合物的浓度对催化作用有一定的影响。而对于相同剂量的添加剂其催化效果与三方面有关：阳离子的种类；阴离子的种类、阴阳离子间键的结合力，即化合物的稳定性，这三方面共同决定了化合物的催化性能的优劣。

温度对催化剂的催化活性也有一定的影响。因为温度升高，催化剂的稳定性变差，化学键强度变弱，碱金属离子与阴离子的相互束缚性更弱，从而使离子更能有效破坏碳碳键的程度，降低反应活化能，因此能更好地加速碳气化反应的进行。从催化公式可知，温度升高，化合物的化学键的稳定性系数 $\gamma(T)$ 减小，$\gamma(T)f(MX)$ 减小，化合物的催化活性 ψ 则增加。

催化现象是一个复杂的物理化学过程，该理论只涉及催化剂的化学性能，这当然是最基本的。但是催化剂的其他理化性能如粒度、熔点、表面状态、晶形、阴离子、阳离子等，不但对催化活性产生重要的影响，同时还与反应条件如温度、压力等也有一定的关系，它们共同形成一个复杂的催化作用形式。即使是相同类型的催化剂，考虑到理化性能等因素的影响，其催化活性差别也很大。因此，单纯比较催化剂的优劣意义不大，这些理化性能对催化剂活性产生的影响也应当引起充分重视。

6.3　气基还原催化机理

6.3.1　催化规律

相对于没有添加剂的矿石样品来说，各种添加剂对气基还原铁矿石均有一定的催化效果，其中以 KNO_3 的催化效果最好，往下依次是 K_2CO_3、K_2SO_4、K_3PO_4。这与复合盐对碳气化反应过程中的催化效果顺序一致，见图 6.30[1,12]。

不同的卤化钾盐对气基还原澳矿反应均有一定的催化效果，见图 6.31，可以看到，卤化钾盐对澳矿还原反应速度的影响规律比较复杂：KF>KCl>KI>KBr，且氟化钾在钾类盐中有较强的催化效果，比普遍认为最好的催化剂碳酸钾的催化效果甚至还好，见表 6.4。其规律与上节中卤盐对碳气化催化反应的催化效果规律一致。

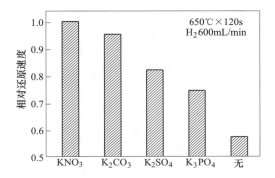

图 6.30 复合钾盐对气基还原铁红矿粒速度的影响

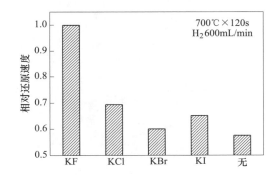

图 6.31 卤化钾盐对气基还原澳矿速度的影响

表 6.4 碳酸钾、氟化钾添加剂对气基还原澳矿的催化效果

添加剂	添加剂含量/mol	还原率/%
K_2CO_3	0.00005	61.0
KF	0.0001	67.5

6.3.2 铁氧化物的微观结构

铁有三种氧化物：氧化铁 Fe_2O_3、四氧化三铁 Fe_3O_4、浮氏体 FeO。

Fe_2O_3 晶体为钢灰色至铁黑色，隐晶或粉末状者为红棕色；半金属光泽，晶体的硬度为 6~6.5；相对密度大（3~5），无磁性，有时略有弱磁性。Fe_2O_3 又分为 α-Fe_2O_3 和 γ-Fe_2O_3 两种。其中 α-Fe_2O_3 称为赤铁矿（Hematite），γ-Fe_2O_3 称为磁赤铁矿（Maghemite）。对于澳矿石、铁红它们的含铁主要成分为赤铁矿。

α-Fe_2O_3 具有刚玉结构，其晶体结构属于斜方六面体结构，其晶胞常数为 $a_R = 0.5427$nm，$\alpha = 55°17'$。为方便起见，研究中常将 α-Fe_2O_3 中的氧原子层看作密排六面体结构。六面体单胞高为 6 个氧层间距，包含 6 个 Fe_2O_3。晶格常数为 $a_H =$

0. 5038nm, $c_H = 1.3772$nm, 在密排面内氧原子之间的最临近距离为 0. 2909nm。图 6. 32 为 α-Fe_2O_3 的结构示意图。可以看出, 对于每个 Fe^{3+} 周围有 6 个 O^{2-} 配位, 其中 3 个键长 0. 1945nm, 3 个键长 0. 2113nm, 可看作一个八面体结构。对于 O^{2-} 周围有 4 个 Fe^{3+} 配位, 键长为 0. 2113nm, 可以看作一个四面体结构。α-Fe_2O_3 的结构示意图见图 6. 32。

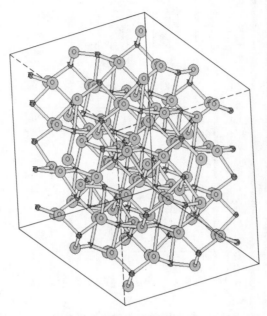

图 6. 32 α-Fe_2O_3 的结构示意图

Fe_3O_4 称为磁铁矿 (Magnetite), 为反尖晶石结构, 与 γ-Fe_2O_3 类似, 属于立方晶系。其中密排氧离子层排列呈面心立方结构, 单胞尺寸为 $a = 0.8395$nm, 结构示意图见图 6. 33。可以看出, 对于每个 Fe^{3+} 周围有 6 个 O^{2-} 配位, 其中每个键长 0. 2056nm, 可看作一个八面体结构。对于 Fe^{2+} 周围有 4 个 O^{2-} 配位, 键长为 0. 1895nm, 可以看作一个四面体结构。而 3 个 Fe^{3+}—O 八面体和 1 个 Fe^{2+}—O 四面体通过共顶点 O 连接在一起。可见 Fe^{2+}—O 的键长短于 Fe^{3+}—O 的键长, 因此在 Fe_3O_4 被还原时, Fe^{3+}—O 的键长更易断裂。

浮氏体的化学计量组成 FeO, 其含氧量为 22. 27%, 在常压下不能稳定存在。而非化学计量 $Fe_{1-x}O$ 的含氧量则随温度和氧分压在 23. 17%~26. 21% 的范围内变动, 其内 Fe/O 原子比小于 1, 在 0. 95~0. 85 之间变化, 只有当温度在 570℃ 以上时该相才能稳定存在。这种氧化亚铁称为浮氏体 (Wustite), 用 $Fe_{1-x}O$ 表示 ($x<1$)。$Fe_{1-x}O$ 具有 NaCl 型立方晶格, 晶胞参数 $a = 0.4332$nm。Fe^{2+}、Fe^{3+} 及 O^{2-} 占据在结点上, 但其内有 Fe^{2+} 的空位存在, 偏离化学计量组成是由阳离子位上的

空位以及一些四面体位置被阳离子占据导致。FeO 的结构示意图见图 6.34。

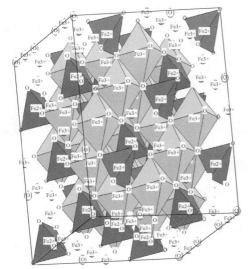

图 6.33　Fe_3O_4 的结构示意图

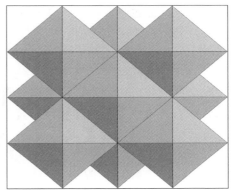

图 6.34　FeO 的结构示意图

6.3.3　微观催化机理分析

固体发生化学反应时，主要是原子相互结合的方式有所改变，即反应物分子中原子间的化学键破裂，在化学键破裂的过程中，伴随着能量的变化。其中最重要的是必须有足够的能量使旧键削弱或者破裂。

碱金属复合化合物和卤素化合物对气基还原铁矿石均有一定的催化作用。这是因为在氢气还原铁矿石生成铁的过程中，氢气始终要断裂 Fe—O 键并与氧结合生成水。当 Fe—O 键受到某种因素影响时，一些化学反应性能也会改变，如反应活化能和反应速率常数等。催化剂的催化作用就在于改变 Fe—O 键的结合程度，即减弱了 Fe—O 键的结合强度，使 H_2 更易于与 O 结合，加速氧化铁的还原过程。不同催化剂改变 Fe—O 键的强度不同，因此改变反应速度的效果也不一样。

对于气基还原铁矿石，添加剂的催化活性顺序为：$KNO_3 > K_2CO_3 > K_2SO_4 > K_3PO_4$ 和 $KF > KCl > KI > KBr$。从实验结果中可以看出，添加剂的催化活性与对碳气化反应速度的影响规律一致。这是因为，阳离子对气基还原铁矿石反应的影响可能是由于阳离子金属性很强，具有很强的吸附能力。它配位在 Fe—O 键的周围，减弱了 Fe—O 键的结合强度，因此反应活化能降低，使反应更易于进行，表现出一定的催化效果。且对于阳离子，金属性越强，催化性能越大，催化效果顺序为 $K^+ > Na^+ > Li^+$。阴离子与金属离子相似，也能造成 Fe—O 键结合强度的减弱，从而加速反应，其催化效果与阴离子的电负性值有关。对于复杂的阴离子团，其电负性值很小，离子本身的催化效果可以忽略不计，它对反应速度的影响主要体现在它对阳离子的束缚，即化合物的稳定性。盐稳定性越好，阴离子与阳离子的化学键越稳定，阴离子对阳离子的束缚越紧，使得阳离子影响 Fe—O 键的能力变弱，因此催化活性较差。但是对于卤族元素来说，其电负性较强，极化力也较强，本身能破坏 Fe—O 键的结合强度，表现出了一定的催化性能。电负性值较大，其催化性能也越大。因此对于电负性比较大的阴离子化合物，其催化效果一定程度上还取决于电负性值大小。

　　综上，对于气基还原矿石，化合物的催化活性主要是由阳离子、阴离子和化合物的稳定性共同决定。

　　与碳的气化反应相似，碱金属化合物等添加剂对气基铁矿石还原的催化规律相似，其催化机理示意图见图 6.35，用公式表示为：

$$\psi = \alpha f(M^+) + \beta f(X^-) - \gamma(T)f(MX)$$

$$Fe—O—F^-—K^+—O—Fe$$
$$CO_3^{2-}—K^+—O—Fe$$
$$Fe—O—X^-—M^+—O—Fe$$

图 6.35　碱金属盐的微观催化机理示意图

式中，ψ 为化合物的催化活性；α 为阳离子的催化活性系数；β 为阴离子的催化活性系数；$\gamma(T)$ 为化合物的化学键的稳定性系数，与温度有关；$f(M^+)$ 为阳离子催化活性的摩尔浓度函数；$f(X^-)$ 为阴离子催化活性的摩尔浓度函数；$f(MX)$ 为化合物催化活性的摩尔浓度函数。

　　从公式可以看出，添加剂的催化活性与三方面有关：阳离子的种类、阴离子的种类、阴阳离子间键的结合力即化合物的稳定性，这三方面共同决定了添加剂的催化性能的优劣。

6.4　煤基还原催化机理

6.4.1　催化规律

　　同样，以添加硝酸钾的样品的矿石失重率为标准，计算其他添加不同添加剂的矿石的相对还原速度，进行比较，结果见图 6.36[1,13,14]。可以看出，相对于没有添加剂的矿石样品来说，各种添加剂对澳矿煤基还原也均有一定的催化效果，且催化活性顺序为 $KNO_3 > K_2CO_3 > K_2SO_4 > K_3PO_4$。规律与复合盐对碳气化、气基还原矿石反应的催化顺序一致。不同的卤化钾盐对煤基还原澳矿反应也均有一定的催化效果，见图 6.37。可以看出，卤化钾盐对煤基还原澳矿反应速度的影响规律比较复杂：$KF > KCl > KI > KBr$。其规律也与前节中的碳气化催化反应的催化顺序一致，也与气基还原矿石的催化顺序一致。

6.4.2　催化机理分析

　　对于惰性气氛下碳还原铁矿粉的动力学已进行很多研究，其自还原机理已得

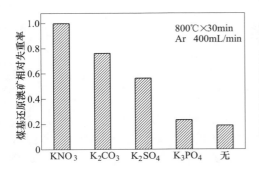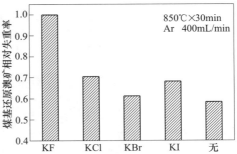

图 6.36　复合钾盐对煤基还原　　　　　图 6.37　卤化钾盐对煤基还原
澳矿速度的影响　　　　　　　　　　　澳矿速度的影响

到共识，即碳直接还原氧化铁反应主要由氧化物的间接还原反应和碳气化反应两个步骤组成。刚开始反应时，一氧化碳气体为固体碳直接与亲密接触的固态 Fe_2O_3 反应所得。随着反应的进行，碳与氧化铁不再紧密接触，还原以间接还原为主，间接还原即通过碳的气化反应产物作为中介进行还原。因此，在总的还原过程中，间接还原反应为主，直接还原反应为辅。

固体碳的作用在于把间接还原反应形成的 CO_2 转变为间接还原的还原剂。研究认为碳气化反应是限制环节，该反应的活化能（170～300kJ/mol）比较接近于碳直接还原铁反应的活化能（170～400kJ/mol），而远高于反应间接还原反应的活化能（60～80kJ/mol）。且气相中的 CO_2 的浓度比较接近于间接还原反应的平衡气相成分，而高于反应碳气化反应的平衡气相成分，但是 CO_2 产生的速率却比反应消耗的速率快，故间接还原反应比碳气化反应进行得快些。且加快碳气化反应的速率就能加快碳直接还原铁矿石反应的速率，如提高固体碳的反应能力。

对于碳还原铁矿石，添加剂的催化活性顺序为：$KNO_3 > K_2CO_3 > K_2SO_4 > K_3PO_4$ 和 $KF > KCl > KI > KBr$。添加剂的催化活性与对碳气化催化反应的催化规律一致，也与气基还原铁矿石的催化规律序一致。这是因为添加剂对碳还原铁矿石催化作用由两方面组成：一方面，催化剂减弱了 C—C 键的结合强度，增强了 C—O 键的结合力，加速酮基分解反应，提高固体碳的反应能力，加速了碳气化反应的进行，使得反应界面上的还原气浓度增加，从而加快碳直接还原铁矿石总反应的速率；另一方面，催化剂也能减弱 Fe—O 键的结合强度，使得铁氧化物中的氧更容易被还原气 CO 夺去，从而有利于铁矿石还原反应的进行。

因此，对碳直接还原氧化铁氧化物反应，和碳气化反应、气基直接还原矿石催化机理相似，催化剂的催化活性也主要取决于阳离子、阴离子和化合物的稳定性。

碱金属化合物等添加剂对气基、煤基还原铁矿石均有一定的催化效果，本质上其微观催化机理相似，催化机理示意图见图 6.35。

6.5　碱金属盐对碳氧反应的催化机理

6.5.1　碳氧反应催化现象

6.5.1.1　碱金属对碳氧反应速率的影响

选用分析纯化学试剂 KF、NaF、LiF 为催化剂，配入量为碳元素摩尔量的 2%，试验在 FRC/T-2 型微机差热天平上进行[15]。实验结果见图 6.38。可以看出，碱金属氟化物对碳与氧气的反应具有明显的催化效果。向炭粉中加入碱金属氟化物可以显著降低碳氧反应的开始温度，未添加催化剂的炭粉约在 700℃ 时开始气化，加入 KF 后其气化开始温度降低至 500℃，同时其气化速率也明显加快。碱金属对碳氧化速度的影响规律为：KF>NaF>LiF。由此可见，碱金属氟化物的催化效果与阳离子的种类有关，碱金属金属性很强，具有很强的吸附能力。其催化作用可能是因为它配位在 C—C 键的周围，拉长了 C—C 键，削弱了 C—C 化学键的结合强度，因此反应活化能降低，表现为一定的催化效果。不同的阳离子改变 C—C 化学键的强度不同，因此改变反应速度的效果也不一样，催化效果也就不相同。阳离子的金属性越强，其对碳气化反应的催化效果也越明显。

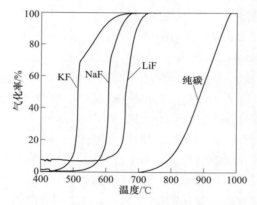

图 6.38　碱金属对氧化性气氛下碳气化反应速度的影响

6.5.1.2　卤素对碳氧反应速率的影响

实验选用分析纯化学试剂 KF、KCl、KBr、KI、NaF、NaCl、NaBr、NaI 作为催化剂，碱金属的配入量为碳元素摩尔量的 2%，通过比较失重曲线确定其催化效果。实验结果见图 6.39 和图 6.40。可以看出，卤素钾盐和卤素钠盐对碳氧反应具有相似的催化规律，不同种类的卤素钾盐和钠盐对碳氧反应速度的影响规律为：KF>KCl >KBr >KI，NaF>NaCl>NaBr>NaI。钾盐的催化效果要好于钠盐。卤素元素是所有元素中非金属性较强的，极化力较强，对氧化性气氛下的碳气化反应具有明显的催化活性。卤素离子也可以像碱金属原子一样，吸附在 C—C 键的周围，削弱 C—C 化学键的结合强度，因此，也能显著加速碳气化反应进行。试验结果表明卤素离子电负性越强，极化力也较强，破坏 C—C 键的程度也越大，其催化性能也越大。根据电子迁移理论，催化剂的催化活性大小决定于催化剂的电负性值，其值越小，催化活性越大；电负性值越大，其毒化作用越大。从实验结果可知，电子迁移理论不能很好的解释氧化性气氛下卤素碱金属盐的催化规律，因此，有必要对其催化机理进一步进行研究。

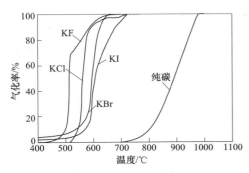

图 6.39 卤化钾盐对碳氧反应速度的影响

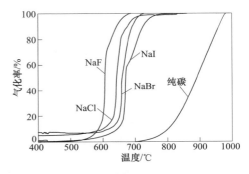

图 6.40 卤化钠盐对碳氧反应速度的影响

6.5.1.3 复合盐对碳氧反应速率的影响

为考察复合盐对氧化性气氛下碳气化反应的催化效果，实验分别选用了分析纯化学试剂 KNO_3、K_2CO_3、K_2SO_4、$KHCO_3$ 和 K_3PO_4 作为催化剂，催化剂浓度为碳元素摩尔量的 2%，试验在 FRC/T-2 型微机差热天平上进行。实验结果见图6.41。可以看出，向炭粉中加入复合钾盐可以显著加快碳与氧气的反应速度，不同

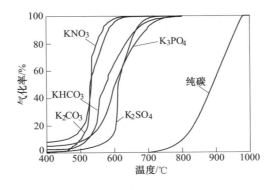

图 6.41 复合钾盐对碳氧反应速度的影响

种类复合盐的催化效果差距较大，其对碳氧反应速度的影响规律为：$KNO_3 >$ $K_2CO_3 > KHCO_3 > K_2SO_4 > K_3PO_4$。从对碱金属卤化物的催化效果分析可知，阳离子的种类对催化剂的催化效果影响较大。对于复合盐的催化效果来说，除了阳离子的影响之外，复合阴离子的种类对催化效果也有较大影响，与卤素离子相比，复合盐的阴离子的极化力较小，因此，复合盐催化效果的差别不如卤素离子大。比较发现，对于复合盐来说，其对氧气气氛和 CO_2 气氛下的碳气化反应具有相似的催化规律。

6.5.2　碳氧反应催化机理

通过以上研究可以发现，卤素碱金属盐和复合盐对氧气气氛下的碳氧反应具有明显的催化效果；对实验数据进行分析发现，用氧迁移理论和离子迁移理论不能很好地解释氧气气氛下的催化现象，为此有必要对氧气气氛下的碳气化催化机理进行进一步的探讨。

6.5.2.1　碳氧反应动力学研究

为进一步研究氧气气氛下碳气化催化的反应机理，选取纯炭粉和添加 KF、K_2CO_3 的炭粉在氧气气氛下的热重实验曲线（图 6.42），并对其反应动力学进行分析。

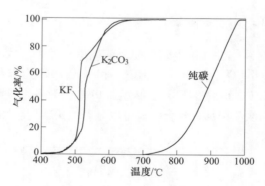

图 6.42　KF 与 K_2CO_3 对碳氧化反应的影响

对于氧气气氛下的碳气化反应，研究发现，低温下的碳气化反应符合一级反应规律，低温下的活性炭催化气化反应也符合一级反应规律。由此可得：

$$k = \frac{\ln \varepsilon_0 - \ln \varepsilon}{\tau} \tag{6.1}$$

根据热重实验数据，可计算出氧化性气氛下碳气化催化反应的反应速度常数

k，通过线性拟合可得到碳气化反应 $\ln k$ 与 $1/T$ 的关系，绘制 Arrhenius 曲线，并通过曲线的斜率和截距，直接求出表观活化能 E 和指前因子 A 的值。计算结果见图 6.43~图 6.45。

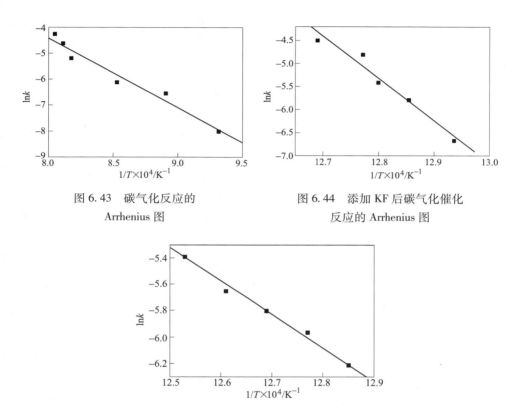

图 6.43　碳气化反应的　　　　　　　图 6.44　添加 KF 后碳气化催化
Arrhenius 图　　　　　　　　　　　反应的 Arrhenius 图

图 6.45　添加 K_2CO_3 后碳气化催化反应的 Arrhenius 图

由图 6.43~图 6.45 可知，通过线性拟合可得到不同情况下碳气化反应的 $\ln k$ 与 $1/T$ 的关系式，纯炭粉氧化气化为 $\ln k = -0.65(1/T) + 12.5$，添加 KF 后为 $\ln k = -0.43(1/T) + 21$，添加 K_2CO_3 后为 $\ln k = -0.51(1/T) + 16.5$。动力学参数计算结果见表 6.5。从表 6.5 中可以看出，不添加催化剂时，活性炭的气化反应活化能为 51.5kJ/mol，向炭粉中加入 KF 和 K_2CO_3 后，其反应的活化能分别为 35.7kJ/mol 和42.4kJ/mol。因此，向炭粉中添加催化剂可以使反应的活化能降低，但降低的幅度不大。这说明催化剂对氧化性气氛下的碳气化反应的催化作用主要通过增加炭粉颗粒表面上反应活化中心密度的方式来起作用。同时，表观活化能的降低也表明，催化使得碳气化反应限制性环节的反应速率有所增加，从而使碳气化总的反应速率变大。

表 6.5　动力学参数计算结果

化学反应	表观活化能/kJ · mol^{-1}	ln$A$	相关性系数
纯炭粉气化	51.5	12.5	0.982
KF 催化气化	35.7	21	0.981
K_2CO_3 催化气化	42.4	16.5	0.997

假设在炭粉颗粒的表面，催化气化反应和非催化气化反应同时发生，并且相互独立，此时气化反应总的速率常数可用下式表示：

$$k = sA_c \exp\left(\frac{-E_c}{RT}\right) + (1-s)A_u \exp\left(\frac{-E_u}{RT}\right) \tag{6.2}$$

式中，s 为发生催化气化反应的面积占炭粉总反应面积的分数；T_s 为等动力学温度；E_c 为碳催化气化反应的活化能；E_u 为炭粉未催化时气化反应的活化能；A_c 为碳催化气化反应的指前因子；A_u 为炭粉未催化时气化反应的指前因子。

由于在等动力学温度点，炭粉催化气化反应和未催化气化反应具有相同的反应速率，因此：

$$k_0 = A_c \exp\left(\frac{-E_c}{RT_s}\right) = A_u \exp\left(\frac{-E_u}{RT_s}\right) \tag{6.3}$$

即：

$$\frac{k_c}{k_u} = \frac{A_c}{A_u} \exp\left(\frac{E_u - E_c}{RT_s}\right) = 1 \tag{6.4}$$

对于非等动力学温度点的反应速率常数可表示为：

$$k = k_0 \left[s\exp\left(\frac{E_c\left(\frac{1}{T_s} - \frac{1}{T}\right)}{R}\right) + (1-s)\exp\left(\frac{E_u\left(\frac{1}{T_s} - \frac{1}{T}\right)}{R}\right) \right] \tag{6.5}$$

当 $s \ll 1$ 时，有：

$$\ln k = \ln k_0 + \frac{E_u}{R}\left(\frac{1}{T_s} - \frac{1}{T}\right) \tag{6.6}$$

当 $s = 1$ 时，有：

$$\ln k = \ln k_0 + \frac{E_c}{R}\left(\frac{1}{T_s} - \frac{1}{T}\right) \tag{6.7}$$

根据式（6.5）~式（6.7），对 ln$k$-1/T 作图可得图 6.46。

图中斜率为 E_c 的直线为炭粉颗粒表面所有反应点全部被催化时的 ln$k$-1/T 线；斜率为 E_u 的直线为炭粉颗粒表面所有反应点全部未被催化时的 ln$k$-1/T 线。向炭粉中加入催化剂时，炭粉颗粒表面部分反应点将被活化，因此，反应的实际

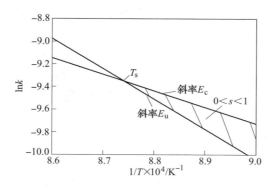

图 6.46　不同 s 值时的 $\ln k$-$1/T$ 图

情况应介于上述两条直线之间，即 $0<s<1$ 时图中斜线面积部分。通过前面的计算可知，向炭粉中加入催化剂可以降低气化反应的表观活化能，即 $E_u>E_c$，因此，当 $T>T_s$ 时，未催化反应的 $\ln k$-$1/T$ 线在催化反应的 $\ln k$-$1/T$ 线之上。为使催化剂具有较好的催化效果，反应温度应小于 T_s，而且反应温度越低，则催化剂使反应表观活化能降低的幅度就越大。由此可知，降低反应温度有利于改善催化剂的催化效果。实验中发现当反应温度大于 T_s 时，催化剂依然具有一定的催化效果，这也说明催化剂除了可以通过降低反应的活化能使反应速度加快外，还可以通过增加反应界面活化中心的密度，即增大指前因子的方式使碳氧反应速度提高。

6.5.2.2　碳氧反应的催化机理

　　氧迁移理论和电子迁移理论被广泛地用于对碳气化反应机理进行解释。氧迁移理论认为在碳气化催化过程中存在一个氧化和还原的循环，由于催化剂盐的加入使得碳氧反应比原来更容易进行。但是实际上，卤素碱金属盐很难作为氧的载体，更不可能反复分解，这已被相关研究所证实。电子迁移理论认为，如果一种物质能向碳输出电子，则碳内部的分子轨道将因外加的电子进入而恢复到它原来的状态，这样氧原子更容易向碳夺取电子，碳键断裂，酮基分解。催化剂的作用就在于能向碳提供电子，降低酮基破坏所需能量。当酮基破坏，碳键断裂放出 CO 后，原来由催化剂输送到碳点阵中的电子成为剩余电子，使碳带负电，碳的电负性因此而降低。相反的带正电荷的催化剂的电负性增高，结果是从催化剂输送到碳点阵中的电子又重新返回到催化剂，这样可保持两者即碳和催化剂原来的分子轨道。如此循环即完成了催化过程。按照电子迁移理论，催化剂的催化活性大小决定于催化剂的电负性值，其值越小，催化活性越大。电负性值越大，其毒化作用越大。从前面的卤素碱金属盐催化实验结果可以看出，电子迁移理论与卤素碱金属盐的实际催化规律并不相符。

　　碳气化反应属于固体化学反应，当气化反应发生时，反应物转化为生成物分子，原子本身并没有发生根本的变化，主要是原子相互结合的方式有所改变：即反应物分子中原子间的化学键破裂，而形成生成物分子中的化学键。在化学键破裂的过程中，伴随着能量的变化。其中最重要的是必须有足够的能量使旧键削弱或者破裂，才能转化而形成新键。从石墨的原子结构可以知道，由于其为片层状，故碳碳键间的结合力并不相同，因此，碳的气化反应具有一定的取向性。石墨片层之间的化学键被破坏之后，固体碳吸附气相中的氧气，随着温度的升高，最终碳碳键断裂，放出 CO。

碳氧反应的完成最终需要 C—C 键发生断裂，而复合盐催化剂和卤素碱金属盐催化剂的加入，使 C—C 化学键受到某种因素影响，改变了 C—C 化学键的作用程度，使 C—C 键的结合力减弱，C—O 间的结合力增强。催化效果的差异就在于不同种类催化剂盐的阴阳离子种类不同，其对碳气化反应的影响程度也有所不同。

对于卤素离子和碱金属离子而言，其对于碳气化反应的影响可能是由于碱金属阳离子和卤素阴离子均具有很强的极性和吸附能力。它配位在 C—C 键的周围，由于对 C 原子的吸引造成了 C—C 键的拉长，因此使 C—C 化学键减弱，使反应活化能降低，碳气化反应更易于进行，从而表现出一定的催化效果。因此，卤素和碱金属的催化效果与碱金属的金属性和卤素的电负性大小相关，碱金属的金属性和卤素的电负性越大，其催化效果也就越明显。此外，催化剂正负离子间结合力的强弱对碳氧反应的催化效果也有一定程度的影响，而且对碳氧反应的影响要大于二氧化碳气氛下的碳气化催化反应的影响。催化剂的催化作用表现为使碳氧反应的开始温度显著降低，反应速度加快。动力学研究表明，加入催化剂后碳氧反应的活化能降低，而反应的速率常数则明显提高，催化剂的催化作用主要依靠增加反应界面活化中心的密度来起作用。

6.6　催化剂对炭粉与煤粉的催化差异分析

研究结果表明，相同的实验条件下，催化剂对纯炭粉的催化效果要明显好于煤粉，本节将通过反应动力学分析，对其催化效果的差异进行解释。研究表明，碳热反应过程的限制性环节是碳气化反应，而且，催化剂的作用主要通过加快碳气化反应速度的方式表现出来。因此，本节重点对纯炭粉和煤粉的催化气化过程进行比较[10]。

6.6.1　反应产物层厚度的影响

在使用纯炭粉进行还原时，由于碳气化反应的产物均为气体，因此反应不存在产物层。而对于煤粉来说，由于煤粉中含有较多的灰分，因此，随着碳气化反应的进行，灰分逐渐包裹在未反应的煤粉颗粒表面，其厚度随着反应的进行而不断加厚。这一过程可以使用有固体产物层的未反应核模型对其进行表述，对于纯炭粉的气化则可以看作有固体产物层的未反应核模型的特例情况。

　　通过理论推导来说明反应产物层对碳气化催化反应的影响。首先，假定炭粉和煤粉颗粒均为球形，而且在反应过程中颗粒形状保持不变。令原始颗粒的半径为 r_0，反应到 t 时刻时未反应核半径为 r。对于有固体产物层的碳气化催化反应，除了要求气体反应物要通过内扩散到达未反应核的表面外，催化剂分子也要与未反应的炭粉相接触（图 6.47）。因此，催化剂催化效果的好坏一方面与未反应核的表面积有关，同时还与颗粒的原始尺寸有关，即与反应产物层的厚度有关。其中，未反应核的表面积与催化效果成正相关的关系，而反应产物层的厚度则与催化效果成负相关的关系，分别对其进行描述。

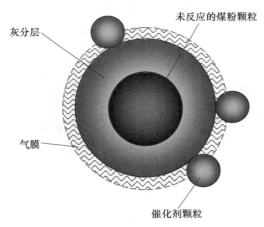

图 6.47　有固体产物层的催化气化示意图

　　反应物的扩散可分为内扩散和外扩散。气体在气相中的扩散速度要明显快于其在固体产物层内的扩散速度，即外扩散阻力远小于内扩散的阻力，在此忽略外扩散环节的影响。比较气体反应物的内扩散速度和催化剂的内扩散速度可知，前者属于料层孔隙内的气体流动，而后者则是固体颗粒内的分子扩散，因此，催化剂的扩散阻力要远大于气体反应物的扩散阻力，则其扩散传质速率可表示为：

$$n_d = 4\pi r^2 D_e \frac{dC}{dr} \tag{6.8}$$

两边积分：

$$n_d \int_{r_0}^{r} \frac{dr}{r^2} = 4\pi D_e \int_{C_s}^{C_i} dC \tag{6.9}$$

$$n_d = 4\pi D_e \frac{r_0 r}{r_0 - r}(C_s - C_i) \tag{6.10}$$

式中，D_e 为催化剂通过固体产物层的有效传质系数，cm^2/s；C_i 为催化剂在反应界面处的浓度，mol/cm^3；C_s 为催化剂在颗粒表面处的浓度，mol/cm^3；r 为未反应核半径，cm；r_0 为颗粒的原始半径，cm。

可见，n_d 与反应产物层的厚度有关，同时还与 D_e 有关。令：

$$D = f\left(\frac{1}{n_d}\right) \tag{6.11}$$

D 表示扩散阻力。D 值越大，则越不利于催化剂的扩散。

6.6.2　未反应核面积的影响

碳气化催化反应在未反应核的表面发生，因此，未反应核面积越大越有利于增加炭粉和催化剂之间的接触机会，未反应核表面积与催化效果成正相关的关系。为了对未反应核面积的影响进行表述，令：

$$k = g\left(\frac{1}{r^2}\right) \tag{6.12}$$

k 表示界面化学反应的阻力，其值越大则催化剂的催化效果越差。

定义 η 为催化作用因子，其值为：

$$\eta = \frac{炭粉颗粒表面被催化的反应活化点的数量}{炭粉颗粒表面所有反应点的数量} \tag{6.13}$$

因此，$0<\eta<1$，使用 η 可对催化效果进行表征，其值越接近于 1，则催化剂的催化效果越好，越接近 0，则催化效果越差。

则有：

$$\eta = \lambda\left(\frac{S}{S_0}\right) \tag{6.14}$$

其中，

$$\lambda = \frac{k}{D} \tag{6.15}$$

$$S = \left(\frac{r}{r_0}\right)^2 S_0 \tag{6.16}$$

式中，S 为未反应核表面积；S_0 为煤粉颗粒的原始表面积。

将式（6.16）代入式（6.14）可得：

$$\eta = \lambda\left(\frac{r}{r_0}\right)^2 \tag{6.17}$$

取煤粉密度为 $\rho(kg/m^3)$，碳气化率为 R，由于反应前后煤粉粒径不变，因此粒径为 $2r_0$ 的颗粒质量 m_0 为：

$$m_0 = \rho \cdot \frac{4}{3}\pi \cdot r_0^3 \tag{6.18}$$

则 M kg 煤粉中共有 n 个这样的颗粒：

$$n = \frac{M}{m_0} = \frac{3M}{4\pi\rho} \cdot r_0^{-3} \qquad (6.19)$$

在反应进行到 t 时刻时，每个颗粒中未反应核的质量 m_t 为：

$$m_t = \rho \cdot \frac{4}{3}\pi \cdot r^3 \qquad (6.20)$$

M kg 煤粉中总的未反应的量 M_t 为：

$$M_t = n \cdot m_t = \frac{3M}{4\pi\rho} \cdot r_0^{-3} \cdot \rho \cdot \frac{4}{3}\pi \cdot r^3 = \left(\frac{r}{r_0}\right)^3 \cdot M \qquad (6.21)$$

则碳气化率 R 为：

$$R = \frac{M - M_t}{M} = \frac{M - \left(\dfrac{r}{r_0}\right)^3 M}{M} = \left(1 - \frac{r}{r_0}\right)^3 \qquad (6.22)$$

由式（6.17）和式（6.22）可得：

$$\eta = \lambda \left(1 - R^{\frac{1}{3}}\right)^2 \qquad (6.23)$$

根据式（6.23），做不同 λ 值的 η-R 图，λ 表示界面化学反应速度与反应产物层内反应物扩散速度之比。因此，λ 的取值范围不同，所代表的不同条件下，煤粉气化催化反应的限制性环节也有所不同。如图 6.48 所示，当 $\lambda \gg 1$ 时，表示反应物在反应产物层内的扩散阻力很小，反应主要受界面化学反应控制，此时向煤粉中配加催化剂对提高碳气化反应速度效果非常显著，即图中 I 区域；当 $\lambda \approx 1$ 时，表示界面化学反应与反应产物层内反应物的扩散对碳气化反应的影响程度相当，反应过程受界面化学反应和扩散环节共同控制，即图中 II 区域；当 $\lambda \ll 1$

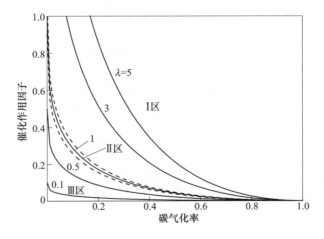

图 6.48　不同 λ 值的 η-R 图

时，表示反应产物层内的扩散阻力远大于界面化学反应对碳气化反应的影响，反应主要受扩散环节控制，即图中Ⅲ区域，此时向煤粉中加入催化剂，催化作用因子较小，催化效果较差。由以上分析可知，随着煤粉碳气化反应的进行，反应产物层逐渐增厚，反应物在反应产物层内的扩散阻力逐渐变大，表现为 λ 值不断减小，因此催化作用因子逐渐变小，催化效果变差。与煤粉相比，纯炭粉中的杂质含量很少，碳气化反应的产物层厚度很薄，可以认为 $\lambda \gg 1$，因此，相同实验条件下，向炭粉中加入催化剂的催化效果要明显好于煤粉。

参 考 文 献

[1] 张临峰. 低温快速冶金的催化机理研究 [D]. 北京：北京科技大学，2008.

[2] 郭培民，张临峰，赵沛. 碳气化反应的催化机理研究 [J]. 钢铁，2008，43 (2)：26~30.

[3] Taylor H S, Neville H A. Catalysis in the interaction of carbon with steam and with carbon dioxide [J]. Chemical Society, 1921：2005~2071.

[4] McKee D W. The catalyzed gasfication reactions of carbon [J]. Carbon, 1980, 15 (1)：1~118.

[5] Long F J, Sykes K W. The catalysis of the carbon monoxide-steam reaction [A]. Proceedings of the Royal Society of London. Series A, Mathematical and Physical Sciences [C]. 1952 (6)：111~119.

[6] 王永刚，谢克强，凌开成，等. 碱金属催化剂在煤气化过程中的作用机理 [J]. 太原理工大学学报，1998 (3)：55~65.

[7] Jalan B P, Rao Y K. A study of the rate of catalyzed bouard reaction [J]. Carbon, 1978, 16 (3)：175~184.

[8] Amitava Basumalllick. Influence of CaO and Na_2CO_3 as addictive on the reduction of hematite-lignite mixed pellets [J]. ISIJ International, 1995, 35 (9)：1050~1053.

[9] 张毅，郭兴敏，唐洪福，等. 含 Li 催化剂和添加剂对 Fe_2O_3 还原反应的影响 [J]. 北京科技大学学报，2002，24 (2)：194~196.

[10] 郭兴敏，唐洪福，张圣弼，等. Li_2CO_3 在含碳球团还原中催化机理的研究 [J]. 金属学报，2000，36 (6)：638~641.

[11] Rao Y K. Catalysis in extractive metallurgy [J]. Journal of Metals, 1983 (7)：46~50.

[12] 张临峰，郭培民，赵沛. 碱金属盐对气基还原铁矿石的催化规律研究 [J]. 钢铁钒钛，2008，29 (1)：1~5.

[13] 郭培民，张殿伟，赵沛. 低温下碳还原氧化铁的催化机理研究 [J]. 钢铁钒钛，2006，27 (4)：1~5.

[14] 曹朝真，郭培民，赵沛，庞建明. 煤基铁矿粉催化还原试验研究 [J]. 钢铁研究学报，2010，22 (10)：12~15.

[15] 曹朝真. 煤基低温催化还原技术理论与实践 [D]. 北京：钢铁研究总院，2009.

7 低温煤基还原过程的传热及反应耦合模型

<<<<<<<<<<<<<<<<<<<<<<<<<<<<<<<<<<<<<<<<<<<<<<<<<<<<<<<<<<<

固定床反应器有几种方式：一种为单向加热，见图 7.1（a），这种传热方式的包括转底炉环形加热，热量从上往下传；一种是双向加热，热量可以从上部、下部传到物料层中心，如粉末冶金的加热方式；一种为热量从外圆周向内部传热，如隧道窑反应罐或外热式煤基反应罐。从加热效率来看，双向传热效果最好，从四周向内加热次之。因此，本章重点讨论双向加热模式下的传热与化学反应耦合模型。

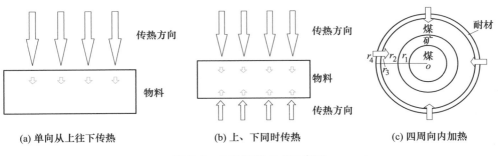

(a) 单向从上往下传热　　　　(b) 上、下同时传热　　　　(c) 四周向内加热

图 7.1　几种加热方式示意图

7.1　模型建立

7.1.1　非稳态热传递方程

有化学反应的热传递规律的方程[1]：

$$- \rho c_p \frac{\partial T}{\partial \tau} = \nabla \cdot (\lambda \nabla T) + \varepsilon_s \rho_o \Delta H \frac{\mathrm{d}f}{\mathrm{d}\tau} \tag{7.1}$$

式中，λ 为导热系数，W/（m·K）；T 为温度，K；c_p 为固体物质的比热容，J/（kg·K）；ρ 为固体物质密度，kg/m³；τ 为时间，s；f 为还原分数；ρ_o 为铁矿粉氧密度；mol/m³；ΔH 为反应热焓，J/mol；ε_s 为氧化铁粒所占料的体积比例。

当固体物质的状态为疏松多孔状时，其热传递方程就变为[2]：

$$- (\rho c_p)_{\text{eff}} \frac{\partial T}{\partial \tau} = \nabla \cdot (\lambda_{\text{eff}} \nabla T) + \varepsilon_s \rho_o \Delta H \frac{\mathrm{d}f}{\mathrm{d}\tau} \tag{7.2}$$

式中，λ_{eff}为有效导热系数，$W/(m \cdot K)$；$(\rho c_p)_{eff}$为常压下的有效体积热容，$J/(m^3 \cdot K)$。

碳基氧化铁还原以及碳的气化反应的热熔及平衡常数通过下列公式求得：

$$Fe_3O_4 + C = 3FeO + CO(g) \qquad \Delta G^\ominus = 180307 - 188T$$

$$FeO + C = Fe + CO(g) \qquad \Delta G^\ominus = 152678 - 153.9T$$

化学反应分数计算通过氧化铁的气基还原及碳气化反应耦合得到。以 $C + FeO = Fe + CO$ 为例，它可以表达成：

$$FeO + CO(g) \longrightarrow Fe + CO_2(g) \qquad \Delta G^\ominus = -13160 + 17.2T \qquad (7.3)$$

$$\underline{C + CO_2(g) \longrightarrow 2CO(g) \qquad\qquad \Delta G^\ominus = 172130 - 177.46T \qquad (7.4)}$$

$$C + FeO = Fe + CO(g)$$

两个气固反应形成了碳热 FeO 还原[3~5]。

$$\frac{df_3}{d\tau} = \frac{3}{r_3\rho_3}k_3\left(1 + \frac{1}{K_3}\right)(c_{CO}^i - c_{3平})(1 - f_{3i})^{2/3} \qquad (7.5)$$

$$\frac{df_2}{d\tau} = \frac{3}{r_2\rho_2}k_2\left(c_{2平} - c_{CO} + \frac{c_{2平}^2 - c_{CO}^2}{K_2}\right)(1 - f_{2i})^{2/3} \qquad (7.6)$$

$$\frac{3}{r_3\rho_3}k_3\left(1 + \frac{1}{K_3}\right)(c_{CO}^i - c_{3平})(1 - f_{3i})^{2/3} = \frac{3}{r_2\rho_2}k_2\left(c_{2平} - c_{CO} + \frac{c_{2平}^2 - c_{CO}^2}{K_2}\right)(1 - f_{2i})^{2/3}$$
$$(7.7)$$

求得不同温度下的 c_{CO} 浓度，再将求得的 c_{CO} 浓度代入下式便可得到 FeO + C = Fe + CO 的直接还原分数。

$$\frac{df_3}{d\tau} = \frac{3}{r_3\rho_3}k_3\left(1 + \frac{1}{K_3}\right)(c_{CO} - c_{3平})(1 - f_{3i})^{2/3} \qquad (7.8)$$

对于 $Fe_3O_4 + C = 3FeO + CO$ 反应，它可以表达成：

$$Fe_3O_4 + CO(g) \longrightarrow 3FeO + CO_2(g) \qquad \Delta G^\ominus = 11793 - 13.4T \qquad (7.9)$$

$$\underline{C + CO_2(g) \longrightarrow 2CO(g) \qquad\qquad \Delta G^\ominus = 172130 - 177.46T}$$

$$C + Fe_3O_4 = 3FeO + CO(g) \qquad\qquad\qquad\qquad\qquad\qquad (7.10)$$

也采取类似方法求得还原分数。

混合料中的煤粉挥发分假定有 30% 氢气参与 Fe_3O_4 的预还原：

$$Fe_3O_4 + H_2(g) = 3FeO + H_2O(g) \qquad \Delta G^\ominus = 23980 - 24.5T \qquad (7.11)$$

混合料的热传导系数、定压比热容等随温度关系及处理见有关方法。

7.1.2　初始条件和边界条件

在反应过程中，马弗炉温度为设定温度，钢带长 30m，停留时间 2h。其中预热段 0.3h，废气离开反应器温度 400℃，高温段为 1100℃（1373K）。马弗炉的温度与钢带长度方向煤气温度一致。

边界条件[6~8]：

（1）马弗炉通过热辐射及热对流向钢带物料上表面传热。

$$-\lambda\frac{\partial T}{\partial n} = \alpha(T_0 - T_w) + \varepsilon\sigma(T_0^4 - T_w^4) \qquad (7.12)$$

（2）马弗炉内钢带与下马弗炉面接触点温度，与钢带长度方向煤气温度一致。

初始条件为：$t=0$，进入炉内的钢带物料温度为 323.15K，物料的还原分数为 0。

7.2　气煤还原温度场与还原度分布

7.2.1　50mm 料层温度分布

50mm 混合物料在钢带还原炉内稳定后的物料温度分布见图 7.2（a）。可见物料温度分布接近中心对称分布，物料上、下温度高，中心温度低。物料刚进还原炉内，温度低，随着时间推移，物料温度逐步升高，其中离开钢带的温度时上

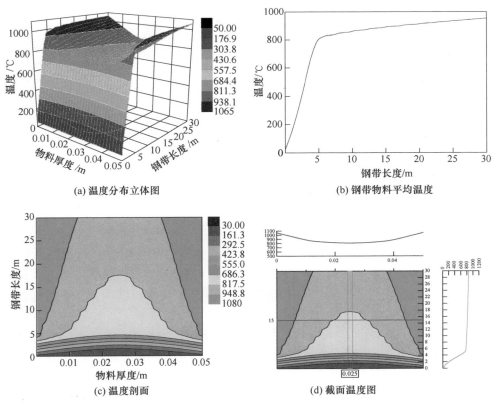

(a) 温度分布立体图　　　　　　　　　　(b) 钢带物料平均温度

(c) 温度剖面　　　　　　　　　　　　　(d) 截面温度图

图 7.2　带式还原炉内温度场分布（50mm 物料，气煤作为还原剂）

下温度达到1065℃，而中心温度只有800℃多。其温度明显低于单纯混合料的加热温度。当物料移动到钢带5m处左右，平均温度达到800℃时，后面的升温速率明显变缓（图7.2（b）），这是与发生碳热还原反应属于反应吸热有关。从图7.2（c）可见，在钢带5m附近，物料上下两侧出现红色区域，而中心广大区域则处于低温段，随着物料运动，上下两侧红色区域扩展，中心低温段在收缩。从图7.2（d）可见中心层物料温度分布，在钢带5m左右，温度已达到700℃，但直到离开钢带，物料温度才超过800℃。

从图7.3可见，如果物料只升温、不反应，则升温是很快的，大约30min平均温度就可达到1050℃。但考虑反应后，温度明显降低。大约在700℃以前，两种加热方式升温速率是差不多的，但是此后，碳热还原与氢还原开始，导致吸热量增加，因此，升温速率明显变慢。由于物料温度是两侧高、中心低的，虽然平均温度不高，但两侧的温度是比较高的，反应速度快，吸热量大，使温度向中心扩散变缓。

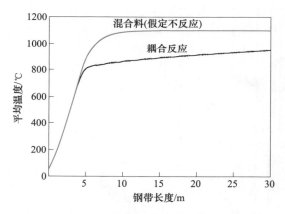

图7.3　反应与假定不反应状态的升温特性

7.2.2　50mm料层还原分数分布

氧化铁的还原分数立体图见图7.4（a）。还原分数与温度分布规律总体相似，上、下两侧还原分数高，中心还原分数低。当物料移动至4m位置时，反应开始，随着物料在马弗炉内移动，还原分数总体不断提高，其中上、下两侧的还原分数很快接近1，但中心物料还原分数很低。

从图7.4（c）可见，4m左右，钢带两侧物料开始反应，在7m位置还原分数就已经达到100%，但中心层还原分数为0，随着物料的移动，还原分数穿透深度逐渐加大，离开马弗炉时，100%还原的料层厚度总共接近35mm，但中心仍存在部分未充分还原的。从图7.4（d）可见，中心层在钢带12m前还原分数一直为 0，物料离开马弗炉时，中心还原分数也没有超过 60%。从图 7.4（b）可见，在钢带 5m 左右时，物料平均温度迅速升到 800℃ 左右，此时，还原分数平均值几乎为 0，此后随着反应快速进行，升温速率明显变缓。这表明，还原吸热反应明显限制了物料的升温；另一方面，对比第 5 章研究结果，不考虑传热，则煤基氧化铁反应非常迅速，因此传热限制了还原反应的进行。

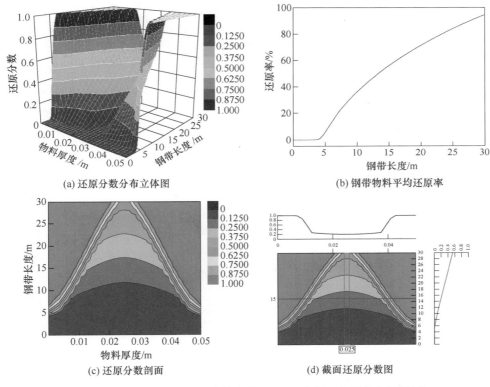

(a) 还原分数分布立体图

(b) 钢带物料平均还原率

(c) 还原分数剖面

(d) 截面还原分数图

图 7.4　带式还原炉内还原分数分布（50mm 物料，气煤作为还原剂）

7.2.3　热通量变化

从温度分布图提取热通量 $\dot{q}(\mathrm{W/m^2})$ 数据：

$$\dot{q} = \lambda \nabla T \qquad (7.13)$$

如果不发生化学反应，当物料刚进入还原炉时，由于物料都处于常温态，因此热通量低，一旦进入加热区，上、下两层开始接受热量，热通量逐渐变大，当温度处于高位时，有一个相对稳定的热通量，随后热通量逐步下降，见图 7.5（a）。这是正常物料加热时的热通量变化。但对于吸热反应，则热通量变化规律发生变化，在钢带 4m 处，热通量突然变大，迅速达到高点，超过了 70kW/m²，随后热通量逐步下降，离开钢带时，热通量也超过了 20kW/m²，远远高于不发生反应时的热通量。这个现象与炉内还原分数的变化有关。从图 7.5（b）可见，当还原分数为 0，热通量属于正常加热水平，但在 5m 左右，还原反应开始，促使热通量迅速升高，以满足还原反应吸热需求。最快的反应集中在 $Fe_3O_4 \rightarrow FeO$ 这一段，因此，此段热通量是最高的，反应转为 $FeO \rightarrow Fe$ 后，反应速率变慢，吸热需求有所下降，在钢带末端，还原率达到 91% 水平，而热通量维持在 22kW/m² 水平，远高于不反应钢带末端的热通量，这表明体系平均温度与设定温度有较大差距，另一方面反应还未结束，因此继续供给热量满足反应以及物料升温需求。从图 7.5（c）可以看出，也是在钢带 5m 左右，热通量及温度发生变化。

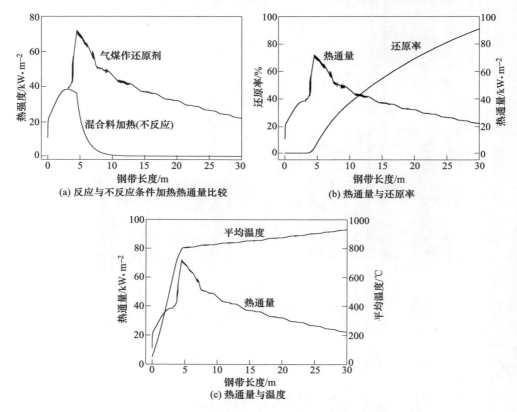

图 7.5　热通量变化关系（50mm 料层，气煤还原剂）

7.3　不同料层厚度对还原、传热影响

7.3.1　75mm 料层温度场、还原分数分布

使用气煤作为还原剂，75mm 物料层，温度分布规律见图 7.6。大体规律与

50mm 料层相似，差别在于，75mm 物料的温度低了一些，与单纯物料加热相比，5m 前温度变化一致，但 5m 后温度二者差距加大。在钢带 30m 处，上、下两侧高温物料厚度分别不足 10mm，中心低温区料层厚度接近 50mm。

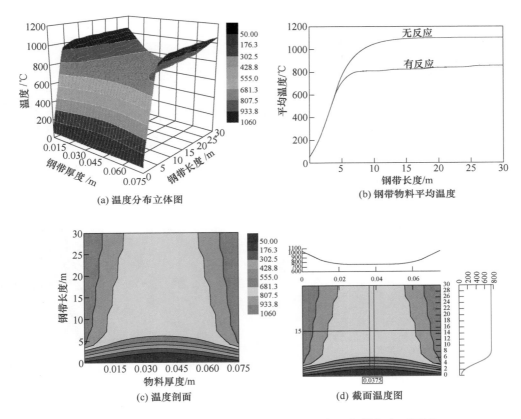

(a) 温度分布立体图

(b) 钢带物料平均温度

(c) 温度剖面

(d) 截面温度图

图 7.6 带式还原炉内温度场分布（75mm 物料，气煤作为还原剂）

还原分数分布规律也与 50mm 料层厚度相似，但还原分数明显降低，物料中心层低还原分数区域在扩展。最终平均还原率只有 60%水平（图 7.7）。

从图 7.8（c）可见，75mm 厚的物料热通量变化与 50mm 料层的热通量变化规律基本一致，如果热通量数量相同，则单位面积供给的热量相同，料层越厚，则相同时间的还原率越低，中心的死料层厚度加大。

7.3.2 料层厚度的影响规律

不同料层厚度的平均还原率分布见图 7.8（a），料层越薄，还原率越高，50mm 料层厚度，最终平均还原率可达 90%，但 75mm 的料层厚度最终还原率只有 60%水平，100mm 的料层厚度，则只有 44%水平。

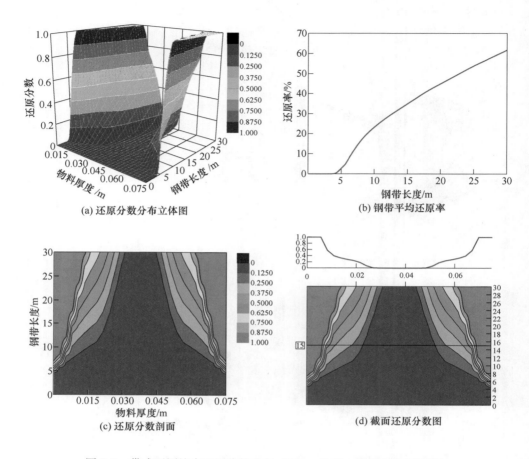

(a) 还原分数分布立体图

(b) 钢带平均还原率

(c) 还原分数剖面

(d) 截面还原分数图

图 7.7 带式还原炉内还原分数分布（75mm 物料，气煤作为还原剂）

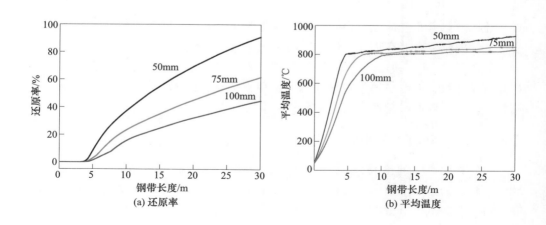

(a) 还原率

(b) 平均温度

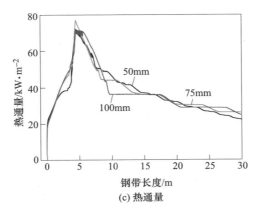

(c) 热通量

图 7.8　不同物料厚度的加热、反应性变化

　　从物料平均温度来看，50mm 的料层厚度，升温最快，最先反应，也最先进入升温平缓曲线；100mm 厚的物料，一开始升温最慢，也最后才反应。

　　从热量供应情况来看，不同厚度的热通量变化趋势几乎一致，在数值上也趋于相同，在这种情况下，相同的供热强度，物料越少，则需要热量越少，越容易实现高的还原率。

　　从上述规律来看，如果没有改善热通量措施，理想的料层厚度为 50mm 水平，增加料层厚度只能通过延长时间保证物料的还原分数。

7.4　不同还原剂影响

7.4.1　兰炭作为还原剂

　　50mm、75mm 料层厚度的物料温度分布和还原分数见图 7.9~图 7.12。其总体温度分布规律与气煤相似。还原分数总体分布规律与气煤相似。平均还原率分别为 80% 和 50%。

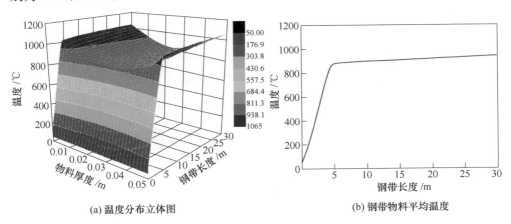

(a) 温度分布立体图　　　　　　　　　　　(b) 钢带物料平均温度

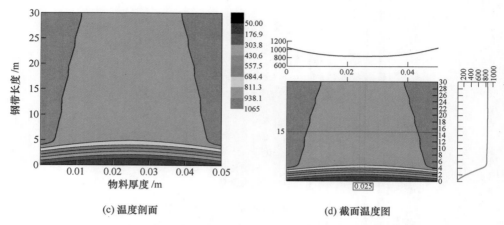

(c) 温度剖面　　　　　　　　　　　　　(d) 截面温度图

图 7.9　带式还原炉内温度场分布（50mm 物料，兰炭作为还原剂）

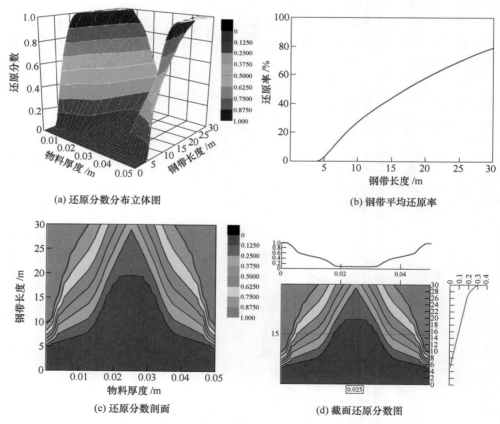

(a) 还原分数分布立体图　　　　　　　　　　(b) 钢带平均还原率

(c) 还原分数剖面　　　　　　　　　　　　(d) 截面还原分数图

图 7.10　带式还原炉内还原分数分布（50mm 物料，兰炭作为还原剂）

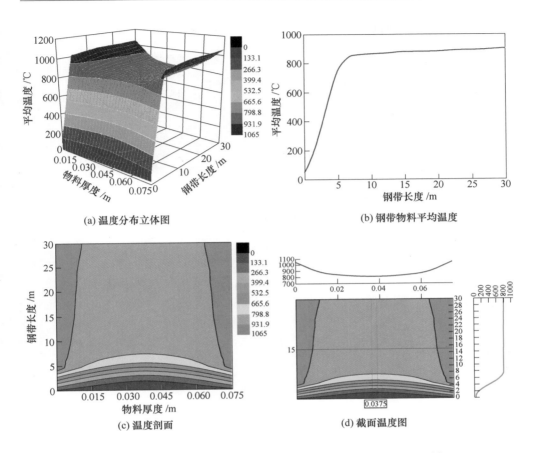

(a) 温度分布立体图

(b) 钢带物料平均温度

(c) 温度剖面

(d) 截面温度图

图 7.11 带式还原炉内温度场分布（75mm 物料，兰炭作为还原剂）

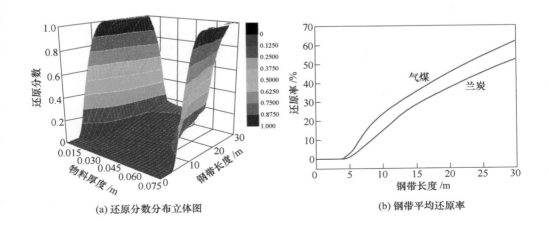

(a) 还原分数分布立体图

(b) 钢带平均还原率

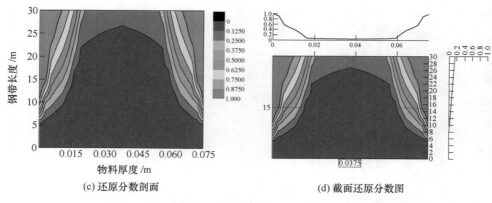

(c) 还原分数剖面　　　　　　　　　　　　(d) 截面还原分数图

图 7.12　带式还原炉内还原分数分布（75mm 物料，兰炭作为还原剂）

不同厚度料层的单位热量供应量见图 7.13。50mm 与 75mm 料层的热强度规律一致，热量大小几乎相同。物料越厚，加热所需要的物理热及化学热量增加，而热通量不变，因此还原效果变差。

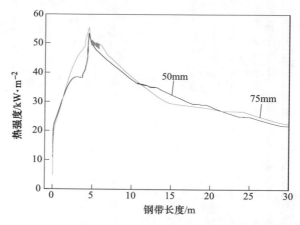

图 7.13　兰炭还原剂不同物料厚度加热还原时的热强度

7.4.2　两种还原剂的加热、反应性能比较

气煤与兰炭相比，在不考虑传热条件下，气煤的气化速率是兰炭气化速率的数倍水平，但从图 7.14（a）可见，兰炭的还原分数只与气煤相差 10%，这主要因为传热是反应过程的控速环节。当物料刚进入还原炉内，物料开始加热，但并没有反应，当平均温度超过 700℃后，气煤开始反应，吸收热量来维持化学反应对热量的需求，兰炭反应性差，开始反应温度略高于气煤，由于反应慢，其对热量的需求较少，因此物料的温度反而高于气煤作为还原剂时的温度，大约高

100℃水平。在此温度下，兰炭的反应性有所提高，也在大量吸收热量，温度曲线也进入相对平缓的一段区间（图7.14（b））。

热通量的规律也具有相似性，不过由于兰炭反应性差，总体单位时间吸热量少于气煤。

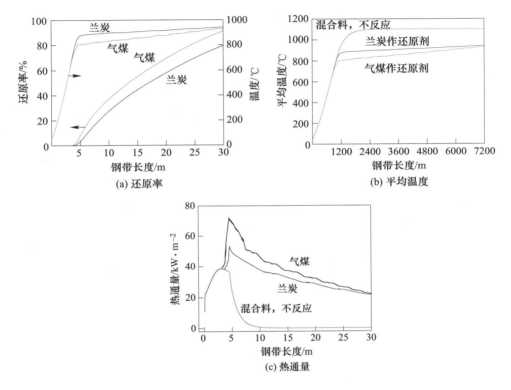

图 7.14　50mm 料层厚度兰炭、气煤加热还原性能比较

7.5　改善传热及反应过程

从前面研究结果可知，还原反应的主要控速环节是传热，因此本节研究改善传热的措施。

暂不考虑翻动具体方式，假定若干分钟翻动一次，物料重新均匀分布，包括温度分布、还原分数分布都重新均匀化。

即翻动时：

$$\overline{T} = \frac{\sum\limits_{i=1}^{n} T_i}{n} \; ; \quad \overline{f} = \frac{\sum\limits_{i=1}^{n} f_i}{n} \tag{7.14}$$

7.5.1 75mm 物料反应及加热特性

以 75mm 料层厚度为例，翻动与不翻动的物料还原分数见图 7.15。可见，不翻动时，料层中心物料还原分数很低，而 4min 翻动一次，物料还原分数被均匀化，几乎不存在中心冷还原区，23m 左右物料充分还原。

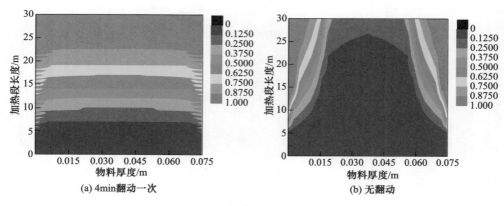

图 7.15 翻动和不翻动还原分数（75mm）

从图 7.16 可见，在物料进入加热炉 7.5m 处，翻动效果开始体现，还原分数几乎呈线性增加，最终平均还原分数相差约 40% 水平。

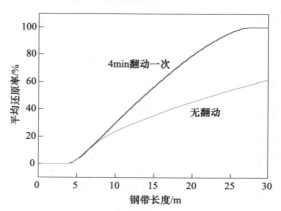

图 7.16 翻动与不翻动对平均还原率影响

从图 7.17 可见，物料温度分布规律差距也很明显。不翻动时，上、下两侧物料高温区厚度逐渐增加，呈现高、中、低三层温度分布；翻动条件下，中心物料温度更加均匀，上、下两侧高温带宽度受到抑制，最终物料温度呈现两侧分布，中心低温区被消除，这也就有利于反应的进行。如果没有化学反应，只升

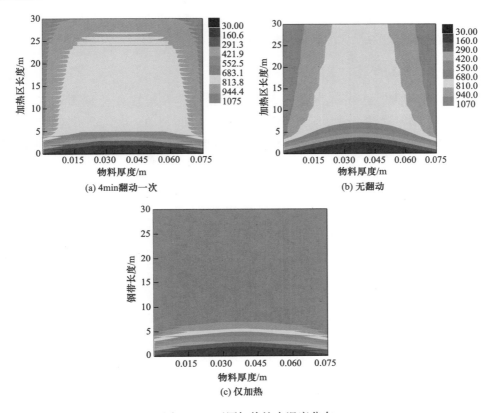

图 7.17 还原加热炉内温度分布

温,则 75mm 物料很快就到达 1100℃,很明显化学热抑制了物料升温。

从图 7.18 和图 7.19 可见,翻动和不翻动的物料平均温差不大,但差距体现在热通量的变化:无翻动时,热通量在前期差距不大,但进入加热还原炉 5m 以

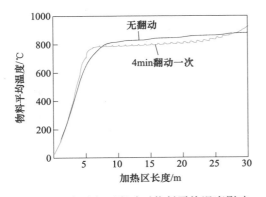

图 7.18 翻动与不翻动对物料平均温度影响

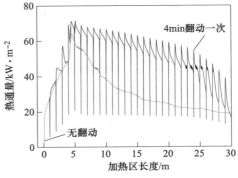

图 7.19 翻动与不翻动时的热通量

后，物料翻动的热通量明显高于无翻动时的热通量。更高的热通量给予吸热反应热量，促进煤基还原反应的进行。

7.5.2　不同物料厚度

不同料层厚度的 4min 翻动一次的平均还原率及温度变化见图 7.20 和图 7.21。随着物料变厚，还原率明显下降。即使 4min 翻动一次，也不能明显提高厚料层还原率。料层平均温度在几种条件下很接近，几种料层厚度下的热通量也是很相似的（图 7.22），这就说明了在相同的热通量条件下，料层越薄，还原越充分。但由于反应属于强吸热反应，则反应温度变化不明显。当料层处于 85mm 时，经历 2h 加热，还原率达到 90% 水平。

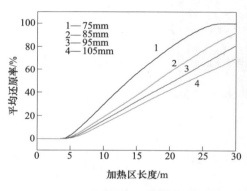

图 7.20　不同料层厚度的平均还原率
（4min 翻动一次）

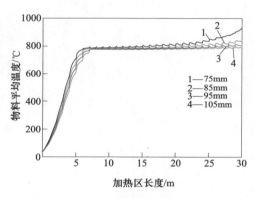

图 7.21　不同料层厚度的物料平均温度
（4min 翻动一次）

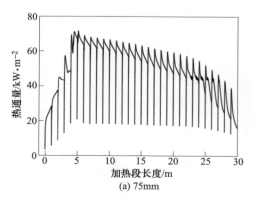

(a) 75mm

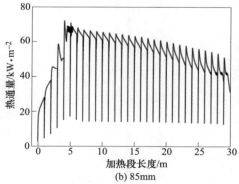

(b) 85mm

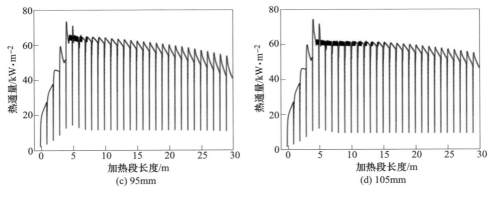

图 7.22　不同物料厚度的热通量（4min 翻动一次）

7.5.3　不同翻动频率对反应影响

当物料厚度为 95mm 时，翻动频率分别为 2min 一次、4min 一次时的还原率及平均温度分布见图 7.23。2min 翻动一次的还原率略微高于 4min 一次，温度二者也很接近。从热通量对比图（图 7.24 及图 7.22）来看，二者也是很接近的。这表明，当翻动频率处于 4min 一次后，热通量已处于高值，再提高翻动频率，热通量变化很小，这也就是二者还原率相近的原因。

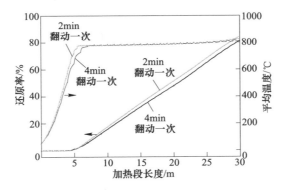

图 7.23　不同翻动频率的物料还原率及平均温度

从上可见，对于煤基还原，即使采用翻动，当翻动频率达到一定水平后，由于物料温差所限，所能得到的热通量水平也就是 53.6kW/m²，加热区的物料平面尺寸为 30m×1.4m，上、下两侧加热总面积为 84m²，则加热区所能供给物料的热能为 4502kW。2h 的总供给能量为 9005kWh。1t 海绵铁的总有效热量为 1770kWh。以此计算海绵铁产量为 5.1t/2h。现在水平，95mm 料层，计算产量为 5.3t。因此上下两侧的热通量不能满足反应热量需求，还原率没有达到预期。而

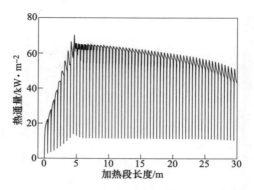

图 7.24　2min 翻动一次的热通量（95mm 料层）

85mm 料层，计算产量为 4.7t，由于其料层较薄，平均还原率达到了 92%。

因此，虽然翻动显著加强了热通量，但热通量稳定在 53kW/m² 水平，因此预期产量大体上就有了对应值。根据此计算，翻动条件下，2h 还原极限物料厚度约为 85~90mm。

7.6　非对称强化加热体系的传热反应模型

从上可见，翻动物料是可以强化供热的，但是翻动的效果是有极限的，为了进一步提高换热强度，则应该增加辅助传热方式——利用钢材料在翻动过程的传热将热量直接传送到料层中心来加快供热。

7.6.1　强制传热模型

带式还原炉原本有两种传热方式：一种是从马弗炉顶部向下通过热辐射将热量传给物料的上表面，然后通过热传导将热量传到物料内部，物料上表面产生的热气流也通过对流换热将热量传给物料上表面，再由表面向内传递热量；第二种方式，马弗炉底部接触的钢带将热量传递给物料下表面，然后通过热传导将热量从下往上传。无论是向上还是向下热传递，都会形成定向温度梯度，由于物料的热传递系数偏低，导致热通量有限，会形成较薄的上、下层高温区，中心则温度偏低。物料越厚，这种现象越明显。虽然通过翻动改变了物料的温度分布，但是翻动结束后，又很快恢复到上、下两侧定向传热方式，周而复始，随着翻动频率的增加，热通量存在极限，限制了料层的进一步加厚（图 7.25）。

因此，提出了增加新的加热通道。在物料翻动时，选择热传导好的耐热金属，将热量直接带入物料内部，在物料内部又形成新的热传递源，改善中心传热。最终强化了整个系统传热。

翻动器材质使用 310S 钢，形状各异，要研制不同形状的翻动器对传热影响。

图 7.25 加热方式

首先假定一定形状的翻动器，然后将它们按照一定顺序放入物料内，当钢带移动时，翻动器会促进物料翻转，同时将热量传给物料。因为属于内传热，直接将外部高温热量通过翻动器传导物料中心的冷料区，为传统的上、下加热方式增加了第 3 种加热方式。

基本的传热及化学反应动力学模型见 7.1 节，由于增加了翻动器传热，边界条件发生变化。

基本条件：

金属马弗炉温度为设定温度，钢带长 30m，停留时间 2h。其中预热段 0.3h，废气离开反应器温度 400℃，高温段为 1100℃（1373K）。马弗炉的温度与钢带长度方向煤气温度一致。炉内增加翻动器，起到很好的翻动效果，每隔一定距离，设置一组翻动器，根据翻动器数量，可以测算翻动频率。翻动器的形状对传热有明显影响，除了分析翻动器的基本还原剂传热规律外，还将讨论翻动器形状对整个煤基还原过程的影响。

边界条件：

（1）马弗炉通过热辐射及热对流向钢带物料上表面传热。

$$- \lambda \frac{\partial T}{\partial n} = \alpha(T_0 - T_w) + \varepsilon\sigma(T_0^4 - T_w^4)$$

（2）马弗炉内物料与钢带接触点温度与钢带长度方向煤气温度一致。

（3）翻动器温度保持与环境温度一致。

初始条件：

$\tau = 0$，进入炉内的钢带物料温度为 323.15K，物料的还原分数为 0。

物料翻动后，在翻动器接触到的物料区域，物料温度及还原分数均匀化。

$$\overline{T} = \frac{\sum_{i=1}^{n} T_i}{n}; \quad \overline{f} = \frac{\sum_{i=1}^{n} f_i}{n}$$

7.6.2 翻动及附加传热与仅翻动比较

计算条件：4min 翻动一次，物料厚度 110mm，加热段长度 30m，加热时间

2h，翻动器插入深度距离钢带 15mm，结构为倒梯形。与没有第 3 种方式热量传递的还原分数相比，平均还原分数从不足 60%提高到 90%水平。这也表明了第 3 种传热方式的重要性。从图 7.26 可见，还原分数并不出现上下对称的现象，这是因为钢带底部料层大约 1.5cm 没有被翻动，在钢带底面还原分数逐渐提高，2h 后形成 20mm 后的高还原分数层。物料中心部分还原率分布均匀，没有出现冷料层，上侧物料由于 4min 被翻动一次，因此未能形成一定厚度的连续高还原分数层。当加热 2h 时，还有少量的铁未被充分还原。

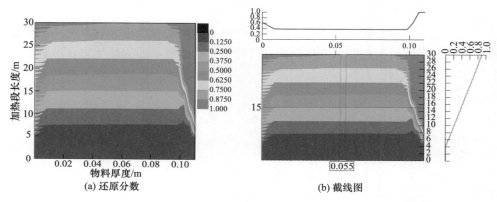

图 7.26　翻动及附加传热条件下物料还原分数分布

　　物料的温度分布见图 7.27，温度分布依然出现上、下不对称分布。底侧物料由于没有被翻动，形成了一定厚度的高温层。而上侧物料由于受到翻动影响，未能形成连续的高温层。中心区相当宽，5m 以后中心层的温度保持在 800℃左右。

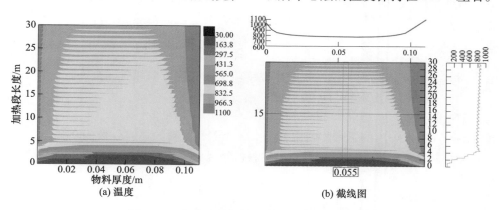

图 7.27　翻动及附加传热条件下物料温度分布

　　从图 7.28 可见，物料进入加热炉后，物料平均温度迅速升高，不到 5m 就升到 800℃，此后温度变化不大，缓慢升至 900℃。温度变化不大的原因在于，还原反应也同时进行（图 7.29），吸收热量，使得物料平均温度难以升高。

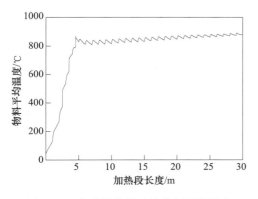

图 7.28 翻动器作用下的物料平均温度

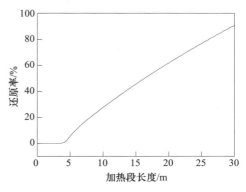

图 7.29 翻动器作用下的物料平均还原率

从热通量图 7.30 可见，上、下侧的热通量规律不一致，因为冷料进入炉内，钢带底层的物料在马弗炉热的带动下，迅速升温，由于温差变小，使得热通量下降。1min 以后，则维持在 40kW/m² 水平，然后随着反应的进行，热通量增加到 60kW/m² 水平。最终因为底部物料没有翻动，热通量持续下降。上侧物料的热通料因为翻动作用，热通量剧烈振荡，5m 后随着反应进行，热通量达到 50kW/m² 水平。

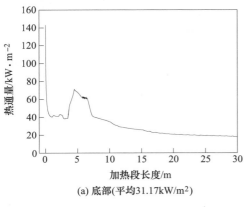

(a) 底部(平均31.17kW/m²)

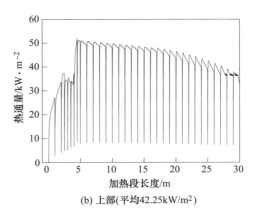

(b) 上部(平均42.25kW/m²)

图 7.30 翻动器作用下的热通量变化（110mm 厚物料，4min 翻动一次，加热时间 2h）

根据热量计算，翻动传热为 1151kW，上下传热 3084kW，合计 4235kW，总热量还没有无第 3 热源单纯搅拌的热通量大，为什么物料却从 85mm 厚度提高到 110mm？

这主要因为热通量计算受到第 3 热源数据叠加干扰。前面已经分析，无第 3 热源时，总传热量为 4502kW，考虑第 3 热源代入的 1151kW，相当于总热通量为

5635kW，以 85mm 物料为基准，则引入第 3 热源的物料厚度应为 5635/4502×
85 = 107mm，与 110mm 十分接近。因此，引入的第 3 热源能量决定了能够增加的
物料厚度。

根据热量守恒原理，铁的小时产量（$P_铁$），与 1t 铁需要吸收的物理热和化
学热总和（Q）、热通量 Q_i 有关。

$$QP_铁 = Q_上 A_上 + Q_下 A_下 + Q_3 A_3 \tag{7.15}$$

式中，$Q_上$、$Q_下$、Q_3 分别为加热炉上部、底部及引入第 3 热源的热通量；$A_上$、
$A_下$、A_3 分别为加热炉上部、底部及引入第 3 热源的接触面积。

7.6.3 强化翻动及附加传热与仅附加传热比较

计算条件：物料 70mm 厚，2min 翻动一次，1h 加热，加热段长度 30m，附
加热源采用正梯形结构。附加加热源距底部 1.5cm。翻动情况下，不仅考虑附加
热源，还要考虑物料翻转影响。从图 7.31 可见，翻动的还原分数分布比较均匀，
而不翻动，中心存在大片还原不充分的物料。不翻动的，两侧几乎均匀还原；而
翻动的，底部形成一定厚度的高还原分数层，上部广大区域，还原分数均匀分
布。从图 7.32 可见，翻动及附加热源的还原率明显高于只有附加热源不翻动条
件下的还原效果，二者相差 20%。

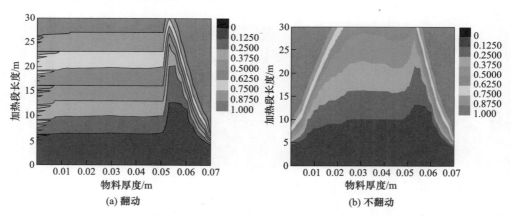

图 7.31　第 3 热源翻动与不翻动对还原分布影响（70mm，加热 1h，2min 加热一次，正梯形）

从图 7.33 可见，钢带底部温度分布相似，物料上部及中部物料温度分布有
一定差距。没有翻动的，形成了一定厚度的高温层，降低了热通量，因此中心温
度也偏低。加翻动，上部高温层受到抑制，因此有更多的热量进入中心层。但是
平均温度二者相差不大，这是因为还原反应的加快吸收了热量，抑制升温速率。

仅引入第 3 热源，但不翻动物料的热通量见图 7.34。底部的热通量要高于上
部的热通量，这是因为第 3 热源作用在中、上部，使热通量数据产生偏差。

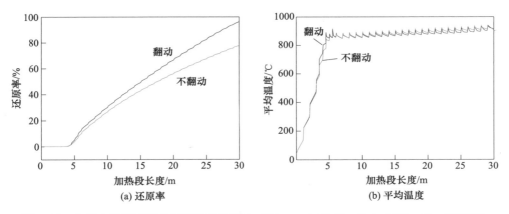

图 7.32 有第 3 热源时翻动与不翻动的影响（70mm，加热 1h，2min 加热一次，正梯形）

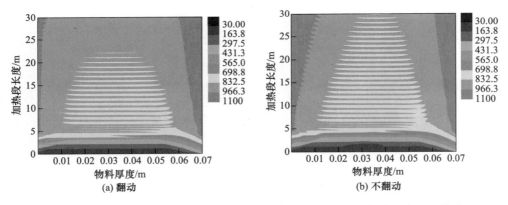

图 7.33 第 3 热源翻动与不翻动影响（70mm，加热 1h，2min 加热一次，正梯形）

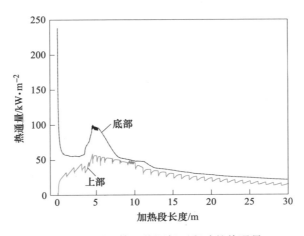

图 7.34 引入第 3 热源但不翻动的热通量

翻动与不翻动的引入第 3 热源是相当的，从图 7.35 可见，下部热通量相当，但上部翻动的热通量（平均 46.19kW/m^2）明显高于不翻动的（平均 29.83kW/m^2），从这就可以看出，每次翻动时，上部物料还原分数及温度被平均化，导致从上层向下的温度差变大，增加了热通量。因此，翻动时还原分数要明显高于不翻动时的情况。

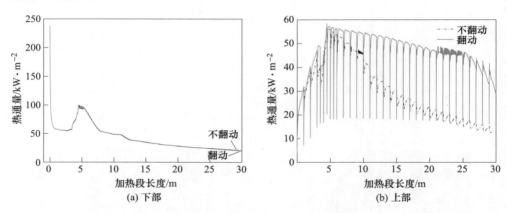

图 7.35　第 3 热源翻动与不翻动对热通量的影响（70mm，加热 1h，2min 加热一次，正梯形）

综上所述，翻动同时提供第 3 热源条件的还原效果最好，其次为具备第 3 热源或翻动条件之一，最差的还原效果发生在物料既没有翻动也没有被第 3 热源加热情况下。

7.6.4　料层厚度影响

将物料增厚到 130mm，翻动器数量不变，即保持 4min 翻动一次。从图 7.36

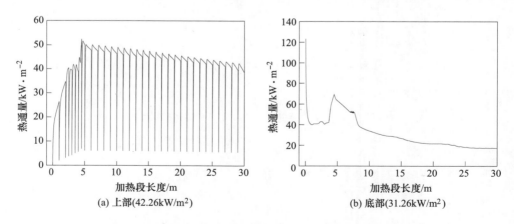

图 7.36　翻动器作用下的热通量变化（130mm 厚物料，4min 翻动一次）

可见，物料上、下两侧的热通量与 110mm 物料接近，平均热通量几乎相同。这就表明，130mm 的物料在不改变翻动强度及引入更多的热量下，还原率应下降。从图 7.37 可以看到，还原率下降到 77%水平。而物料平均温度与 110mm 时是相似的，因此此时都进入反应吸热阶段，温度都提升缓慢。

130mm 厚物料在翻动器作用下的温度分布及还原分数分布见图 7.38。

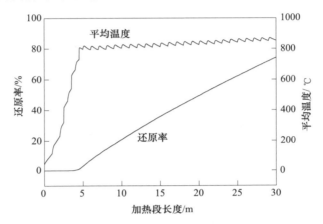

图 7.37 130mm 物料的还原率及平均温度（4min 翻动一次）

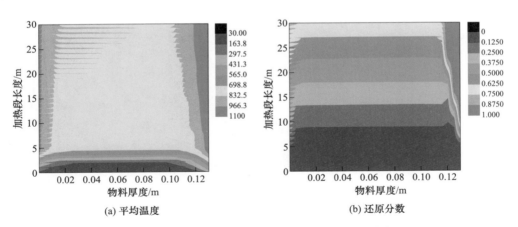

(a) 平均温度   (b) 还原分数

图 7.38 130mm 厚物料在翻动器作用下的温度分布
及还原分数分布（4min 翻动一次，加热 2h）

7.6.5 改变翻动频率

在上述基础上，增加一倍翻动器数量，即 2min 翻动一次，总加热时间 2h。此时热通量强度与 4min 一次热通量接近（图 7.39）。此时因为翻动器增加一倍，则引入的第 3 热量从 1151kW 增加到 2300kW，根据能量平衡，增加的物料厚度应是（107−85）×2＝44mm，即总物料厚度为 85+44＝129mm，这也就是热通量水平，保证了 130mm 物料的还原率可以达到 90% 水平（图 7.40、图 7.41）。

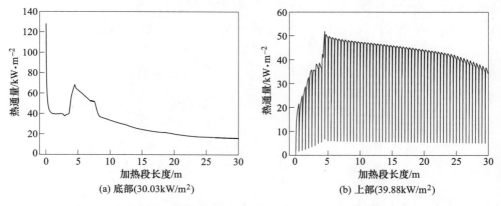

(a) 底部(30.03kW/m²)

(b) 上部(39.88kW/m²)

图 7.39　翻动器作用下的热通量变化（130mm 厚物料，2min 翻动一次）

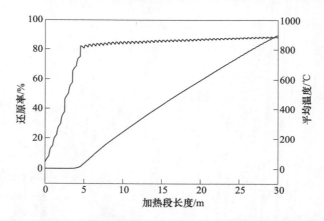

图 7.40　130mm 物料的还原率及平均温度（翻动频率 2min 一次）

如果再将翻动器加密，实现 1min 翻一次，加热段停留时间 2h。热通量变化规律是相似的，但因为第 3 热源提供能量增加，物料厚度达到 160mm 水平，且还原率达到 95% 水平（图 7.42～图 7.44）。

7.6.6　改变加热时间

降低物料厚度，可以通过提高物料移动速率来弥补生产量。以 2min 翻动一次，70mm 物料，加热时间 60min，其还原率接近 90%。其翻动器数量与 4min 翻动一次 2h 加热相同。但其产量要明显大于 4min 翻动一次 2h 加热产量（110mm）（图 7.45～图 7.48）。

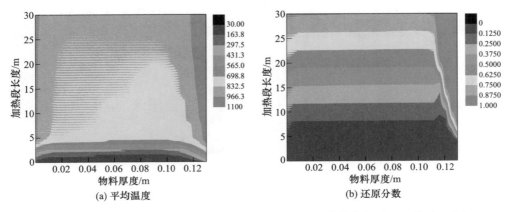

图 7.41 130mm 物料翻动器作用下的温度分布及还原分数分布（2min 翻动一次）

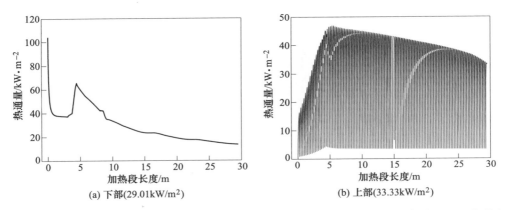

图 7.42 翻动器作用下的热通量变化（160mm 厚物料，1min 翻动一次，30m 加热段，2h 加热）

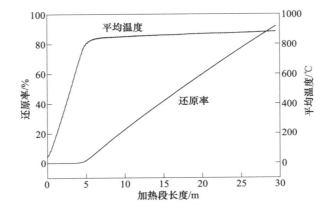

图 7.43 160mm 物料的还原率及平均温度（翻动频率 1min 一次，30m 加热段，2h 加热）

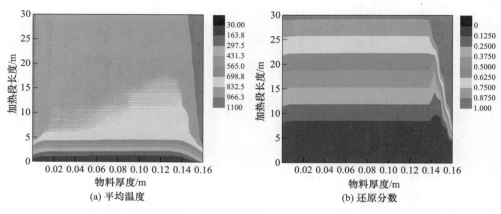

(a) 平均温度　　　　　　　　　　　　(b) 还原分数

图 7.44　160mm 物料翻动器作用下的温度分布及还原分数分布（1min 翻动一次）

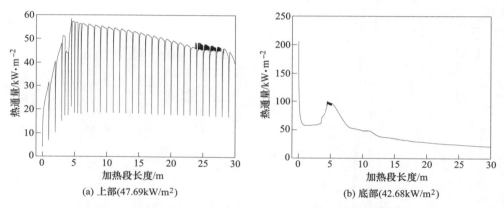

(a) 上部(47.69kW/m²)　　　　　　　　　(b) 底部(42.68kW/m²)

图 7.45　翻动器作用下的热通量变化（70mm 厚物料，2min 翻动一次，加热 1h，加热段 30m）

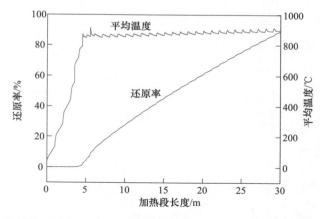

图 7.46　70mm 物料的还原率及平均温度（翻动频率 2min 一次，加热时间 1h，加热段 30m）

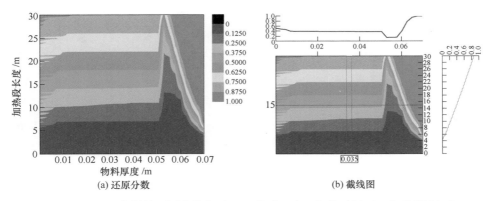

图 7.47 70mm 物料的还原率分布（2min 翻动一次，加热时间 1h，加热段 30m）

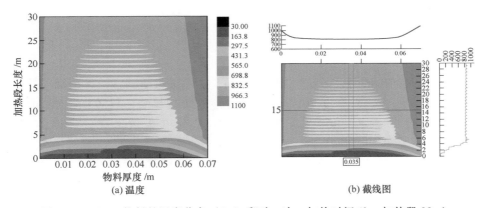

图 7.48 70mm 物料的温度分布（2min 翻动一次，加热时间 1h，加热段 30m）

如果进一步将物料厚度调整为 50mm，加热时间为 40min 就可实现 93% 的还原率。相比产量又比 70mm、1h 多出 7.1%（图 7.49、图 7.50）。

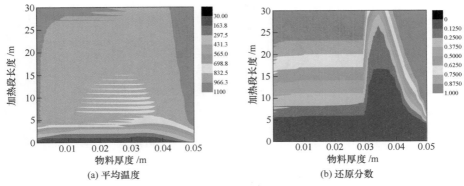

图 7.49 50mm 物料的还原分数及温度分布（80s 翻动一次，
加热时间 40min，加热段 30m，正梯形）

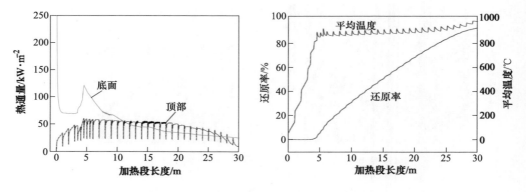

图 7.50　50mm 物料的热通量及还原率（80s 翻动一次，
加热时间 40min，加热段 30m，正梯形）

7.6.7　反应温度影响

计算条件：2min 翻动一次，加热 60min，加热段长 30m，正梯形翻动器，距钢带底部 1.5cm，物料厚度 80mm。温度对还原影响显著，1150℃还原，1h 后，上下层基本充分还原，仅在距底部 1.5cm 左右存在少量未充分还原的物料；1100℃还原，除了距底部 1.5cm 左右反应不充分外，整个上部的还原分数介于 0.75~0.875 之间；1050℃还原上部更差，还原分数介于 0.625~0.75。因此，还原温度对反应很重要。

从图 7.51 和图 7.52 可见，环境温度对物料的温度分布的影响要小于对还原分数的影响，在加热 10min 之前，温度分布很接近。10m 以后，1150℃条件下底部开始形成一定厚度的高温区，而 1050℃升温，底部高温区不明显。由于翻动的影响，上部物料处于均匀化，1150℃条件下上部也在逐步积累高温层。

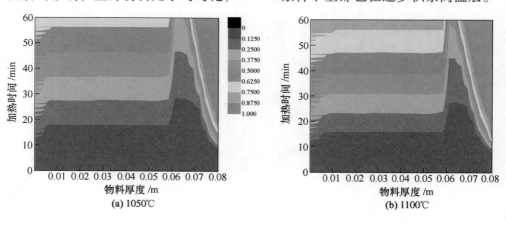

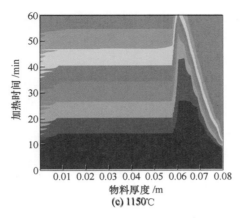

(c) 1150℃

图 7.51　加热温度对还原分数分布的影响

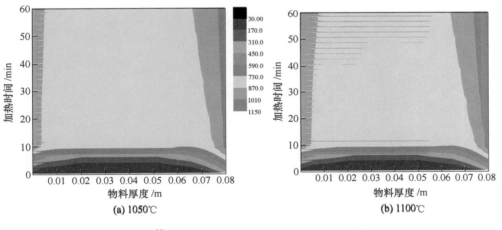

(a) 1050℃　　　　　　　　　　　(b) 1100℃

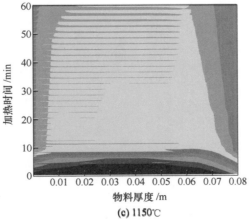

(c) 1150℃

图 7.52　加热温度对温度分布的影响

从图 7.53（a）可见，1150℃还原率最高，达到 94%水平，而 1100℃仅有81%，1050℃为 69%。从平均温度来看，10min 之前，区别不大，都是快速温升，后面由于反应吸收大量热量，温升缓慢。

还原率的差距主要与供热强度有关，1150℃加热，温差大，热通量大，将更多的热量传给物料反应。因此还原效果好，但因为吸热多，使温升不显著（图7.54）。

在相同条件下，为使还原率超过 90%，1150℃物料厚度可以达到 80mm，1100℃为 70mm，1050℃为 60mm。很显然，温度变化的幅度小于所能加热的物料厚度变化。但考虑到耐热钢带的耐温极限，反应温度暂设定为 1050～1100℃，要根据今后的放大试验来确定合理的加热温度。

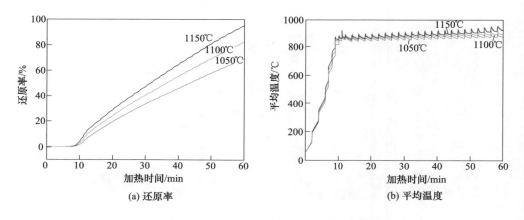

图 7.53　加热温度对还原率及平均温度的影响

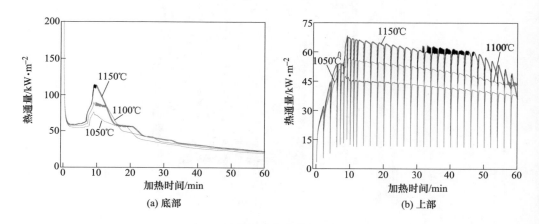

图 7.54　加热温度对热通量的影响

7.7 碳热带式还原炉的燃烧及全炉传热、反应耦合模拟

7.7.1 理论燃烧温度计算

7.7.1.1 燃气选择

根据前面研究结果，马弗炉温度要设定在1100℃左右，考虑到金属马弗炉及钢带的使用寿命，煤气热值不宜太高，因为煤气热值高，需要兑入的冷空气多，则热烟气中氧含量浓度会提高。因此建议选择中等热值的煤气（参见表7.1），如热值在6~10MJ水平，天然气、液化气则不宜使用。

表 7.1　典型煤气成分

煤气名称	干煤气成分（体积分数）/%							密度/kg·m⁻³		低发热值 /kJ·m⁻³
	CO_2+H_2S	O_2	C_mH_n	CO	H_2	CH_4	N_2	煤气	烟气	
发生炉煤气（烟煤）	3~7	0.1~0.3	0.2~0.4	25~30	11~15	1.5~3	47~54	1.10~1.13	1.30~1.35	5020~6280
发生炉煤气（无烟煤）	3~7	0.1~0.3	—	24~30	11~15	0.5~0.7	47~54	1.13~1.15	1.34~1.36	5020~5230
富氧发生炉煤气	6~20	0.1~0.2	0.2~0.8	27~40	20~40	2.5~5	10~45	—	—	6280~7450
水煤气	10~20	0.1~0.2	0.5~1	22~32	42~50	6~9	2~5	0.70~0.74	1.26~1.30	10470~11720
半水煤气	5~7	0.1~0.2	—	35~40	47~52	6~9	2~6	0.70~0.71	1.28	8370~9210
焦炉煤气	2~5	0.3~1.2	1.6~3	4~25	50~60	18~30	2~13	0.45~0.55	1.21	14650~18840
天然气	0.1~6	0.1~0.4	0.5	0.1~4	0.1~2	94~98	1~5	0.7~0.8	1.24	33490~37680
高炉煤气	10~12	—	—	27~30	2.3~2.5	0.1~0.3	55~58	—	—	3730~4060

根据还原炉特点，1t铁要产生 400~650Nm³ 的 8~10MJ/m³ 的富 CO 煤气（与选择煤种有关），因此本还原炉回收煤气，对回收煤气进行净化处理以及脱硫处理后返回使用。开炉时，则使用煤气发生炉煤气加热，正常生产以回收煤气再利用为主，不够的热量则用煤气发生炉补充。

如果还原加热炉建设在现有钢厂，则可以钢厂的混合煤气代替煤气发生炉煤气使用。

预计返回煤气主要成分见表7.2。

表 7.2　还原炉煤气成分　　　　　（体积分数/%）

CO	CO$_2$	H$_2$	CH$_4$	N$_2$
45~70	15~20	5~25	2~5	1~5

7.7.1.2　燃气所需的空气量

每标准立方米燃气在理想状态下完全燃烧时所需空气量称为单位理论空气消耗量 L_0；在实际条件下按照一定空气系数燃烧时所需空气量称为单位实际空气消耗量 L_α。

燃气单位理论空气消耗量 L_0 计算公式如下[9]：

$$L_0 = 0.01 \times 4.76 \times \left[0.5CO + 0.5H_2 + \sum \left(m + \frac{n}{4} \right) C_mH_n + 1.5H_2S\text{-}O_2 \right] \tag{7.16}$$

实际上煤气发生炉及返回煤气 O_2 含量很低，小于 0.5%，经过脱硫处理后 H_2S 很低，降低到 30ppm 水平，可以在计算过程忽略。

如果考虑空气中的水分，则实际空气量为：

$$L_\alpha = \alpha L_0 / (1 - H_2O) \tag{7.17}$$

上述式中，气体成分代表体积含量；α 为空气过剩系数。

7.7.1.3　燃烧后烟气成分

1m^3 气体经过空气燃烧后的气体体积量计算如下[9]：

$$V_{CO_2} = 0.01 \times (CO_2 + CO + \sum mC_mH_n) \tag{7.18}$$

$$V_{H_2O} = 0.01 \times \left(H_2 + \sum \frac{n}{2}C_mC_n \right) \tag{7.19}$$

$$V_{N_2} = 0.79L_0 + 0.01N_2 \tag{7.20}$$

实际燃烧后的气体体积量为：

$$V_{CO_2} = 0.01 \times (CO_2 + CO + \sum mC_mH_n) \tag{7.21}$$

$$V_{H_2O} = \alpha L_0 \times \frac{H_2O}{100} + 0.01 \times \left(H_2 + \sum \frac{n}{2}C_mC_n \right) \tag{7.22}$$

$$V_{N_2} = 0.79\alpha L_0 + 0.01N_2 \tag{7.23}$$

$$V_{O_2} = 0.21(\alpha - 1)L_0 \tag{7.24}$$

7.7.1.4　理论燃烧温度

在绝热条件下燃气在一定空气系数下进行燃烧所能达到的温度称为理论燃烧温度[9]。

$$t_{理} = \frac{Q_d + c_r t_r + c_k t_k L_\alpha}{V_a c_y} \qquad (7.25)$$

式中，Q_d 为 $1m^3$ 燃气燃烧的发热值；c_r、t_r 为燃气的比热容及预热温度；c_k、t_k 为空气的比热容及预热温度；V_a 为燃烧后的体积；c_y 为烟气的比热容。

几种煤气的理论燃烧温度见图 7.55[9]，煤气发生炉的煤气在空气系数小于 1.1 条件下，理论燃烧温度大于 1600℃。一般火焰温度为理论燃烧温度的 85% ~ 90%，即本还原炉的火焰温度在空气比小于 1.1 条件下，大于 1360℃。本还原炉采用的为返回煤气为主，煤气发生炉煤气为辅的混合煤气，混合热值约 7~8MJ/m³，因此，本还原炉的火焰温度将超过 1450℃，根据需要，可以调高或调低。

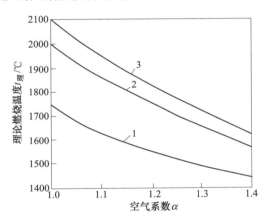

图 7.55　各种煤气的理论燃烧温度

1—发生炉煤气（$Q_d = 5250 \sim 5450 kJ/m^3$）；2—天然气（$Q_d = 34500 \sim 35600 kJ/m^3$）；

3—焦炉煤气（$Q_d = 16750 kJ/m^3$）

7.7.1.5　煤气烧嘴

本还原炉设置高速烧嘴，使燃料与助燃空气在燃烧室内基本实现完全燃烧，燃烧后的高温气体以 100m/s 的速度喷入还原炉内强化对马弗炉的对流传热，促进炉内气流循环，达到均匀炉温和提高加热效率目的。

高速烧嘴（图 7.56）使用清洁混合煤气，煤气由前端中心管送入，然后沿挡盘周边流出，在挡盘后形成负压涡流区，促使空气、煤气连续混合稳定地点火燃烧。燃烧用空气通过燃烧筒上的一、二次两排风管的小孔径向喷入，使煤气进一步混合燃烧。燃烧室出口气体温度约 1300℃左右，火焰长度 500mm 左右。

高速烧嘴气体动能的利用在以下几个方面：

（1）高速气流直接作用在马弗炉表面，强化对流传热；

（2）炉内设计有再循环装置，利用高速烧嘴出口气流的喷射作用，强化炉内气体的再循环，达到均匀炉温的目的。

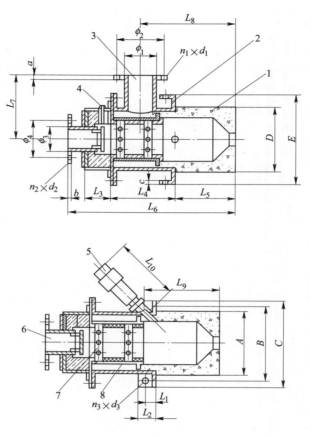

图 7.56 高速烧嘴结构

1—烧嘴砖；2—固定板；3—空气接管；4—电点火装置；
5—火焰监测装置；6—煤气接管；7—一次风管；8—二次风管

7.7.2 热烟气热辐射黑度计算

还原炉的加热采用混合煤气燃烧产生高温热量，然后通过热辐射及热对流将热量传给金属马弗炉。本节先讨论热烟气热辐射。

7.7.2.1 烟气黑度

煤气燃烧后产生的 CO_2、H_2O 能够参与热辐射，而 N_2、O_2 则为热辐射透体。气体黑度与辐射气体分压、辐射厚度以及温度的函数[2]。

$$\varepsilon_g = f(p, \delta, T) \tag{7.26}$$

气体黑度是指气体的辐射能力与同温度下黑体辐射能力之比。

$$\varepsilon_g = \frac{E_g}{E_0} \tag{7.27}$$

计算 CO_2、H_2O 黑度，首先要根据燃烧后气体产物中的 CO_2、H_2O 含量以及气体总压，求出 CO_2 及 H_2O 的分压，然后利用分压与辐射厚度的乘积，再查图表（图7.57、图7.58）可以得到 CO_2 及 H_2O 的黑度[2]。

$$\varepsilon_g = \varepsilon_{CO_2} + \beta\varepsilon'_{H_2O} - \Delta\varepsilon \tag{7.28}$$

$\Delta\varepsilon$ 考虑各组分互相干扰量，$\Delta\varepsilon = 0.02 \sim 0.04$，通常可不予考虑。

H_2O 分压对水蒸气辐射能力的影响程度较有效辐射厚度对它的影响大，须乘

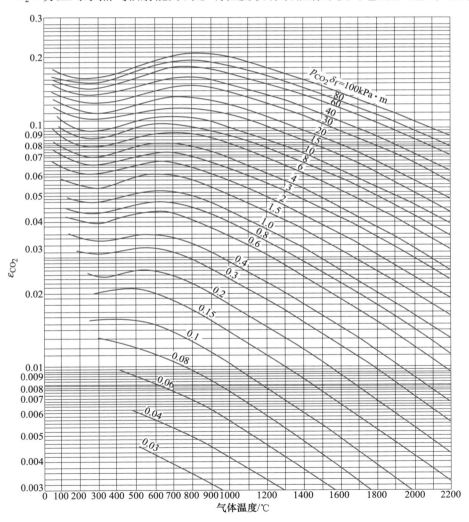

图7.57　CO_2 黑度 ε_{CO_2} 计算图表

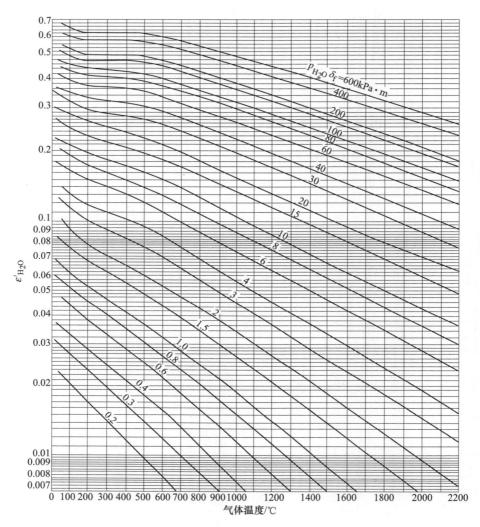

图 7.58　H_2O 黑度 ε'_{H_2O} 计算图表

以修正系数 β（图 7.59），即：$\varepsilon_{H_2O} = \beta\varepsilon'_{H_2O}$。

　　影响辐射厚度的因素很多，如容器的大小、形状及射线方向等，因此应求出平均辐射厚度 δ。

$$\delta = \frac{4V}{A} \tag{7.29}$$

式中，V 为充满辐射气体的容器体积；A 为容器表面积。

　　实际上辐射气体分子遇到射线会被吸收并中断辐射，因此实际有效平均辐射厚度 δ_f 要小于 δ，各种几何形状气体对表面有效平均辐射厚度见表 7.3[9]。

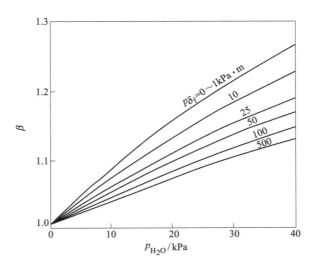

图 7.59 ε'_{H_2O} 的修正系数 β

表 7.3 气体的有效平均辐射厚度

气体体积形状	平均辐射厚度 δ ($\eta = 1.0$)	有效平均辐射厚度 δ_f ($\eta = 0.85 \sim 0.9$)
球体，直径为 d	$\dfrac{2}{3}d$	$\approx 0.6d$
圆柱体，$L = \infty$，直径为 d，向圆柱内表面辐射	d	$\approx 0.9d$
圆柱体，高 $h =$ 直径 d，向圆柱内表面辐射	$\dfrac{2}{3}d$	$\approx 0.6d$
圆柱体，高 $h =$ 直径 d，向底面中心辐射	—	$\approx 0.77d$
面积无限大的平行平面间夹层，间距 h	$2h$	$\approx 1.8h$
立方体，边长为 a	$\dfrac{2}{3}a$	$\approx 0.6a$
管束，错列（正三角形排列）		
净空距离 $D =$ 管外径 d	$3.4D$	$2.9D$
净空距离 $D = 2d$	$4.45D$	$3.8D$
管束，顺列（正方形排列）		
净空距离 $D = d$	$4.1D$	$3.5D$

7.7.2.2 返回煤气黑度计算

还原煤气的成分见表 7.4。1m³ 煤气燃烧后，烟气成分见表 7.5。

表 7.4　还原炉煤气成分　　　　　（体积分数/%）

CO	CO$_2$	H$_2$	CH$_4$	N$_2$
65	15	15	3	2

表 7.5　燃烧后烟气成分　　　　　（体积分数/%）

CO$_2$	H$_2$O	N$_2$	O$_2$
25.71	6.51	64.93	2.85

加热体系压力为正压，以总压 101325Pa 计算，$p_{CO_2} = 26kPa$，$p_{H_2O} = 6.6kPa$

还原加热炉的加热通道接近两个无限大平面板，间距 0.6m，因此辐射厚度为 1.08m。

$$p_{CO_2}\delta = 28.1 kPa \cdot m \qquad p_{H_2O}\delta = 7.1 kPa \cdot m$$

查表得到：　　　$\varepsilon_{CO_2} = 0.13$　　$\varepsilon'_{H_2O} = 0.08$　　$\beta = 1.08$

所以：　　　$\varepsilon_g = 0.13 + 0.08 \times 1.08 = 0.22$

7.7.3　火焰加热马弗炉

7.7.3.1　炉内热交换分析

还原炉的加热主要传热方式见图 7.60。还原加热炉内的热交换机理是相当复杂的，参与热交换过程的基本有五种物料：高温热烟气、炉壁、马弗炉，它们形

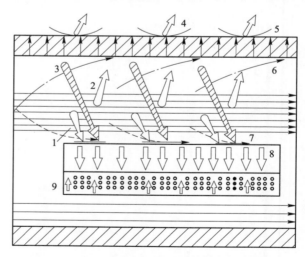

图 7.60　带式还原加热炉的主要热交换示意图

1—烟气向马弗炉表面传热；2—烟气向炉壁辐射；3—炉壁向马弗炉表面辐射；4—炉壁向外面辐射；

5—炉壁向外对流散热；6—烟气向炉壁对流传热；7—烟气向马弗炉对流传热；

8—马弗炉上表面通过热辐射向物料上表面传热；9—马弗炉下表面向物料传导传热

成了外层加热区。马弗炉、马弗炉内还原物料以及还原产生的热煤气形成了内层加热区，也就是前面研究的碳热还原过程。这两个区域的热联系载体是马弗炉，热烟气将热量传给马弗炉，马弗炉再将热量传给反应区物料。

在外层加热区，高温烟气以对流传热以及热辐射方式传给马弗炉及炉壁，炉壁通过热辐射将热量传给马弗炉。炉壁在其中起到中间体作用，热烟气部分热量通过炉壁传给马弗炉，同时炉壁也将部分热量通过热传导传递一部分热量到炉外，造成部分热损失。热烟气、炉壁加热马弗炉是双向的，在马弗炉的四周都被热烟气加热。热烟气的最终流动方向从一侧到另一侧，但为了强化对流换热，火焰进入炉内是与气流方向基本垂直，以高速射流沿炉膛截面形成旋转射流，因此加热区的气体流动也是相当复杂的，垂直旋转气流、水平气流耦合在一起，其中垂直旋转气流速度大，换热系数大，而水平气流速度小，换热系数较小。

内层还原区的热传导，前面已详细阐述，主要包括底部的向上热传递、马弗炉顶部向下的热辐射传热以及热煤气的对流换热。为了强化反应，又增加了翻动器、翻动物料且将加热区的热量直接传导物料内部。上述这些传热过程以及流动、化学反应耦合在一起，形成了一个复杂的冶金三传过程。

7.7.3.2 高温烟气向金属马弗的热辐射

高温烟气对马弗的辐射传热强度的计算公式为[9]：

$$q_{gwm} = \frac{\varepsilon_g \varepsilon_m [1 + \varphi_{wb}(1 - \varepsilon_g)]}{\varepsilon_g + \varphi_m(1 - \varepsilon_g)[\varepsilon_m + \varepsilon_q(1 - \varepsilon_m)]} \times C_0(T_g^4 - T_m^4) \qquad (7.30)$$

式中，q_{gwm} 为高温烟气对马弗炉的辐射传热强度，W/m^2；ε_g，ε_m 分别为高温烟气及金属马弗炉的黑度，并认为它们都与各自的吸收率相等；T_g，T_m 分别为高温烟气及金属马弗炉的温度，K；C_0 为绝对黑体的热辐射系数，5.67×10^{-8} W/$(m^2 \cdot K^4)$；φ_{wb} 为炉壁对金属的角度系数，$\varphi_{wb} = \frac{1}{\omega}$；$\omega$ 为炉围伸展度，$\omega = \frac{A_w}{A_m}$；A_w，A_m 分别为炉壁与金属马弗炉的表面积。

令：

$$\sigma_{gwm} = \frac{\varepsilon_g \varepsilon_m [1 + \varphi_{wb}(1 - \varepsilon_g)]}{\varepsilon_g + \varphi_m(1 - \varepsilon_g)[\varepsilon_m + \varepsilon_q(1 - \varepsilon_m)]} \times C_0 = \varepsilon_{gwm} C_0 \qquad (7.31)$$

式中，σ_{gwm} 为高温烟气及炉壁对金属马弗炉的辐射系数，$W/(m^2 \cdot K^4)$；ε_{gwm} 为体系的总辐射率或总黑度；$q_{gwm} = \sigma_{gwm}(T_g^4 - T_m^4)$。 \qquad (7.32)

当高温烟气充满炉膛、烟气温度均匀时，炉壁温度计算公式为[9]：

$$T_w^4 = T_m^4 + \frac{\varepsilon_g [1 + \varphi_{wm}(1 - \varepsilon_g)(1 - \varepsilon_m)]}{\varepsilon_g + \varphi_{wm}(1 - \varepsilon_g)[\varepsilon_m + \varepsilon_g(1 - \varepsilon_m)]} \times (T_g^4 - T_m^4) \qquad (7.33)$$

炉膛内热电偶温度反映了热电偶位置上的一个综合温度，热电偶虽然插入烟气中，但所反映的并不是烟气的温度，因为炉壁和金属马弗炉的热辐射对热电偶温度均有影响。其计算公式为[9]：

$$T_r^4 = T_m^4 + \frac{\varepsilon_g[1 - \varphi_{rm}\varepsilon_m(1 - \varepsilon_{gmr})] + \varphi_{wm}(1 - \varepsilon_g)}{\varepsilon_g + \varphi_{wm}(1 - \varepsilon_g)[\varepsilon_m + \varepsilon_g(1 - \varepsilon_m)]} \times$$

$$\frac{\{\varepsilon_g(1 - \varepsilon_m) + \varepsilon_m[\varepsilon_{gwr} + \varphi_{rm}(\varepsilon_{gmr} - \varepsilon_{gwr})]\}}{1} \times (T_g^4 - T_m^4) \qquad (7.34)$$

式中，T_r 为热电偶温度，K；ε_{gwr} 为炉壁与热电偶之间的炉气黑度；ε_{gmr} 为金属马弗炉与热电偶之间的炉气黑度；φ_{rm} 为热电偶对金属马弗炉的角度系数。

由上可见，热电偶温度除了与炉内热交换参数有关（烟气温度、马弗炉温度、烟气黑度等），也与热电偶在炉内位置有关（φ_{rm}、ε_{gwr}、ε_{gmr}）有关。因此，测定炉内温度影响因素很多。

如果热电偶测温，能将马弗炉与热电偶用屏蔽材料隔开，则炉膛温度（T_t）可近似用下式表达[9]：

$$T_t^4 \approx \varepsilon_g T_g^4 + (1 - \varepsilon_g) T_w^4 \qquad (7.35)$$

7.7.3.3　烟气与金属马弗炉之间的对流热交换

金属马弗炉在加热炉内从烟气和炉壁获得的热通量[9]：

$$q_\Sigma = \sigma_{gwm} \times (T_g^4 - T_m^4) + \alpha_{gm}(T_g - T_m) \qquad (7.36)$$

式中，α_{gm} 为烟气对金属的对流换热系数。

水平气流对流换热：

沿水平方向的流动状态取决于 Re，由于马弗炉宽度及长度比，近似认为属于平板流。

$$Re = \frac{uL}{\nu} \qquad (7.37)$$

式中，u 为气体速率，m/s；L 为定性尺寸，m；ν 为气体运动黏度，m^2/s。

本还原条件 L 总长 30m，烟气标流量为 16000m^3/h，温度 1200℃，则 Re 为 3.6×10^7，远大于 1×10^5 标准，流动属于紊流。

$$Nu = 0.0296 Re^{0.8} \qquad (7.38)$$

$$\alpha_{gm} = \frac{Nu \cdot \lambda_g}{L} \qquad (7.39)$$

得到换热系数 $\alpha_{gm} \approx 30W/(m^2 \cdot ℃)$。

旋转射流对流换热：

烟气沿管截面方向流动。火焰长度约 500mm，气流速率 100m/s。

计算可得，$Re = 2.64 \times 10^6$，$Nu = 4.06 \times 10^3$，$\alpha_{gm} \approx 235W/(m^2 \cdot ℃)$。

以 100℃ 温差计算，旋转射流的对流换热可达 $23.5kW/m^2$，接近马弗炉还原炉所用的热量40%。而水平流动则只有3kW/m²，对炉内热流强度影响较小。然后旋转射流毕竟是瞬间接触的，与马弗炉接触的面积有限，虽然热流量大，但热量贡献有限。按照每支喷嘴射流接触的面积再分摊到整个旋转面积上，则换热强度$\alpha_{gm} \approx 20W/(m^2 \cdot ℃)$。因此，总体水平的对流换热可以达到30+20=50W/$(m^2 \cdot ℃)$。

上述计算是以最后一段烧嘴区域计算的，炉内分多段烧嘴，在烟气上游方向，烟气流量小，对流换热强度小。总体来说，旋转射流增加了对流换热强度。随着气流进入预热段，热辐射换热强度变低，则对流换热还能有助于提高热烟气的换热效率。

7.7.4　带式还原炉集成加热、传热及化学耦合数学模型

全炉传热及化学模型以金属马弗炉为纽带，马弗炉内采用本章建立的马弗炉内煤基还原加热及传热模型，马弗炉外的烟气加热区，采用本章前几节研究的热气体辐射及对流换热，将热量传给马弗炉，保证马弗炉内反应所需的物理热及化学热。

7.7.4.1　马弗炉壁控温模式

通过控制马弗炉外表面温度，烟气温度根据马弗炉内的热通量确定。这样马弗炉内的物料加热及化学模型完全采用前面所建的模型。马弗炉外的烟气温度以及炉壁温度则根据马弗炉内的热通量确定。

$$q_{\Sigma} = \sigma_{gwm}(T_g^4 - T_m^4) + \alpha_{gm}(T_g - T_m) \tag{7.40}$$

A　全炉温度分布

计算条件：马弗炉黑度0.8，烟气黑度0.25，物料厚度70mm，加热1h，马弗炉恒温段时间51min，温度1100℃，预热段9min，金属马弗炉最低温度300℃。炉内设置29组翻动器，翻动器采用正梯形结构，距底部1.5cm。原料为氧化铁皮，还原剂为气煤，C：O摩尔比=0.9：1。平均粒度为0.3mm。

从图7.61可见，在恒温带，烟气温度明显高于马弗炉温度，大约高150℃，烟气离开还原炉的温度也要比马弗炉表面高出100℃。这表明，高速射流燃烧器的强制对流换热取得了效果。马弗炉内的底部物料随着加热时间变长，逐渐形成一定厚度的高温区，上部物料的高温区较薄，这与马弗炉内的翻动器翻动有关。还原分数分布见图7.62。

从温度变化图（图7.63）可见，在燃烧区，烟气温度保持在1230℃左右，马弗炉温度为1100℃，形成了130℃的温度梯度。而物料的平均温度最终不足900℃，与马弗炉形成了200℃以上的温度梯度。这些温度梯度，形成了热流量，保证了马弗炉内物料的快速加热与反应。

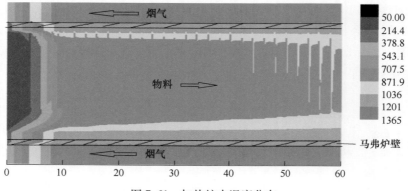

图 7.61　加热炉内温度分布

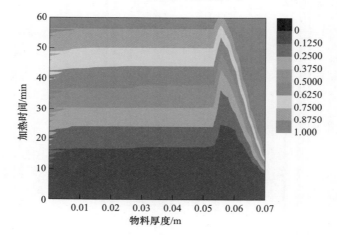

图 7.62　还原分数分布

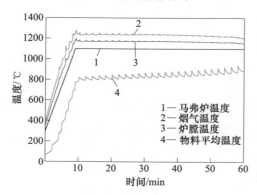

图 7.63　加热炉各段温度

　　炉膛温度介于烟气及马弗炉温度之间，这个温度是不考虑马弗炉干扰下的温度，如果测温时不采取相应措施，测得的炉膛温度应低于此值。

B 不同烧嘴比较

采用普通烧嘴，由于动能小，形成不了旋转射流，对流换热效果差。在恒温段，两种烟气温度约相差10℃，而在废气离开反应器，二者相差60℃（图7.64）。因此，旋转射流能有节能效果。

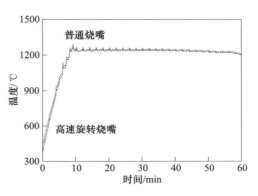

图7.64 不同烧嘴比较

C 无翻动炉内温度分布

计算条件：物料70mm，无翻动，无第3热源，马弗炉1100℃，加热2h，其中预热18min，恒温102min。马弗炉黑度0.8，烟气黑度0.25，原料为氧化铁皮，还原剂为气煤，C：O摩尔比=0.9：1。粒度平均为0.3mm，旋转射流。此种条件下，除了在20~40min，烟气温度与马弗炉温度相差80℃外，其余的温差小于50℃，而炉膛温度、炉壁温度以及马弗炉温度比较相近，见图7.65。这种条件表明马弗炉内对热量需求不大。从图7.66可见，除了上下两侧形成1cm左右厚度的高温层，中间温度明显偏低，也直接造成还原反应不充分。

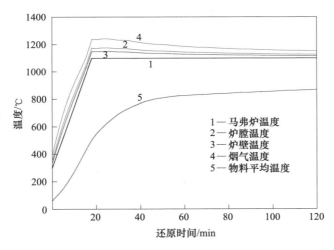

图7.65 无翻动，无第3热源加热炉温度分布

7.7.4.2 烟气控温模式

通过控制烟气温度，马弗炉外的烟气温度以及马弗炉内的热通量相等。

$$\sigma_{gwm}(T_g^4 - T_m^4) + \alpha_{gm}(T_g - T_m) = \sigma_{ml}(T_m^4 - T_1^4) + \alpha_{mg}(T_m - T_1) \quad (7.41)$$

马弗炉内的物料加热及化学模型采用第5章所建的模型。

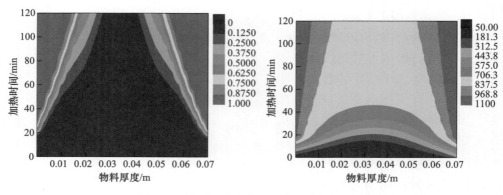

图 7.66　马弗炉内物料还原分数及温度分布

计算条件：马弗炉黑度 0.8，烟气黑度为 0.25，物料厚度 70mm，加热 1h，烟气恒温段时间 51min，温度 1240℃，预热段 9min，烟气出口最低温度 400℃。炉内设置 29 组翻动器，翻动器采用正梯形结构，距底部 1.5cm。原料为氧化铁皮，还原剂为气煤，C：O 摩尔比=0.9：1。粒度平均为 0.3mm。

如图 7.67 所示，烟气温度由于设置为控温条件，所以它非常稳定，而其他地方的温度，如马弗炉温度、上壁温度、炉膛温度以及物料平均温度都受到计算条件的影响，呈现周期性波动（与假定瞬间翻动有关，实际上应是一个连续翻动过程，时间大约持续 10s）。烟气温度、上部马弗炉温度、物料平均温度存在较大温差，为马弗炉内物料加热以及强吸热反应提供了热量。

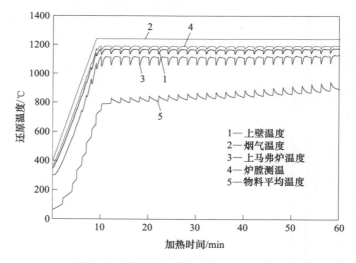

图 7.67　热烟气为控制温度的温度曲线

从全炉温度分布图（图 7.68）可见，下部马弗炉在 40min 后超过了 1100℃，即炉内加热段后 1/3 处，下部马弗炉温度偏高。这是因为以烟气温度作为控制，马弗炉温度将随着环境发生变化，上部物料经常翻动，一直保持较大的热通量，因此上马弗炉保持相对恒定的温度，而下部物料没有翻动，随着反应进行，所需热通量变小，因此马弗炉温度逐渐抬高。还原分数分布见图 7.69。

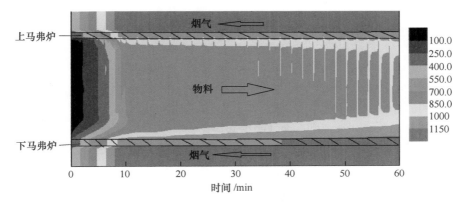

图 7.68　热烟气为控制温度的全炉温度分布

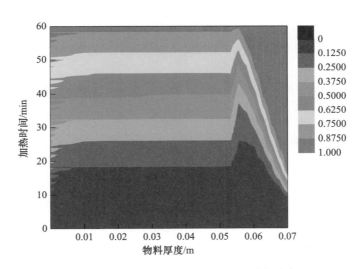

图 7.69　热烟气为控制温度的还原分数分布

　　从马弗炉控温模式以及烟气控温模式对比来看，建议使用马弗炉控温模式。原因如下：（1）马弗炉的温度相对容易测量，且受干扰因素少；而烟气温度实际上是测不到的，用热电偶测得的炉膛温度受位置影响大。（2）马弗炉控温后，上下烟气是旋转运动的，虽然局部上下温度不一致，但很快就会在气流的运动下均匀化，而烟气控温模式，上、下马弗炉因为所受的物料状态不一致，导致上、下马弗炉温度的不一致，虽然马弗炉是相连的，但毕竟没有烟气运动均匀化快，会存在上、下马弗炉温度不均匀现象，这将影响马弗炉及钢带的使用寿命。综上所述，采用马弗炉温度作为控温点，高速燃气烧嘴的燃、气比等控温参数的变化来自马弗炉温度的变化。由于各个反应区域的热通量不一致，采用多点测温、多点控温，以满足不同区域的热量需要。

参 考 文 献

[1] 沈颐身，李保卫，吴懋林. 冶金传输原理基础 [M]. 北京：冶金工业出版社，2000.

[2] 张先棹. 冶金传输原理 [M]. 北京：冶金工业出版社，1987.

[3] Li Q J, Hong X. Mathematical simulation on reduction of fine iron oxide at low temperature [J]. Mineral Processing and Extractive Metallurgy, 2008, 117 (4): 209~213.

[4] Sun K, Lu W K. Mathematical modeling of the kinetics of carbothermic reduction of iron oxides in ore-coal composite pellets [J]. Metallurgical and Materials Transactions B, 2009, 40 (1): 91~103.

[5] Donskoi E, McElwain D L S. Estimation and modeling of parameters for direct reduction in iron ore/coal composites: Part I. Physical parameters [J]. Metallurgical and Materials Transactions B, 2003, 34 (1): 93~102.

[6] 王磊. 带式低温碳热直接还原铁工艺过程的模拟研究 [R]. 博士后出站报告，北京：钢铁研究总院，2018.

[7] 郭培民，王多刚，王磊，孔令兵. 钢带炉碳热还原制备超细铁粉的物料升温规律研究 [J]. 粉末冶金工业，接收.

[8] 董亚锋，郭培民，赵沛，孔令兵，王磊. 钢带炉碳热还原制备超细铁粉的化学、传热耦合模型 [A]. 第21届冶金反应工程学术会议 [C]，马鞍山，2019.

[9] 王秉铨. 工业炉设计手册 [M]. 3 版. 北京：机械工业出版社，2010.

8 铁矿粉气固两相流及还原行为

流化床反应器包括鼓泡流化床、快速循环流化床、锥形床等种类。临界流化速度、夹带速度、压力分布等粉气流化参数是流化床流化性能的重要参数，对流化床的设计和运行非常重要。本章将重点阐述多尺度铁矿粉的气固两相流行为以及流化床条件下的多组分煤气还原动力学。

8.1 流化装备及流化基本参数

8.1.1 流化床装置

3 种类型的冷态流化床反应器的示意图分别见图 8.1~图 8.3[1,2]。

图 8.1 为直筒鼓泡流化床试验装置，内径为 200mm，高为 0.8m，进气口直径为 50mm，进料口直径为 40mm，出料口直径为 40mm，旋风分离器出口直径为 50mm，分布板由法兰固定在鼓泡床底部的入口处，从直筒型鼓泡流化床底部至顶部开几个测压孔，测定铁矿粉在直筒鼓泡流化床中的床层压降。

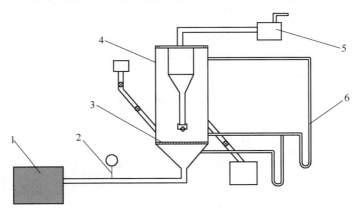

图 8.1 直筒鼓泡流化床冷态试验系统
1—罗茨风机；2—电子流量计；3—分布板；4—流化床；
5—布袋除尘器；6—U 形压力计

图 8.2 为循环流化床试验装置，床内径为 140mm，高为 1.7m，进气口直径 40mm，分布板由法兰固定在循环流化床底部的入口处，从循环流化床底部至顶部开几个测压孔，测定循环流化床中铁矿粉的床层压降。

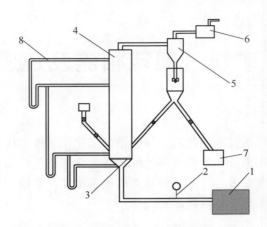

图 8.2　循环流化床冷态试验系统

1—罗茨风机；2—电子流量计；3—分布板；4—循环床本体；

5—旋风分离器；6—布袋除尘器；7—出料罐；8—U 形压力计

图 8.3 为锥形流化床试验装置，锥形床的锥角为 60°，锥形床锥形部分的高度为 535mm，锥形床入口的直径为 100mm，锥形床上面接圆柱部分的直径为 600mm，分布板由法兰固定在锥形床底部的入口处，锥形床上面接直径相同的圆柱部分，从锥形床底部至顶部开几个测压孔，测定锥形床中铁矿粉的床层压降。

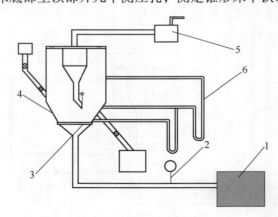

图 8.3　锥形流化床冷态试验系统

1—罗茨风机；2—电子流量计；3—分布板；4—锥形床本体；

5—布袋除尘器；6—U 形压力计

8.1.2　试验原料及流化参数测量

研究中采用的铁矿粉是由宝钢提供的澳矿粉和五矿营钢提供的精矿粉。粉的粒度分布、堆密度见表 8.1 和表 8.2[1]。

表 8.1　澳矿粉的粒度分布及平均直径

粒径范围/mm	d_i/mm	质量/kg	含量/%	X_i/d_i	原矿平均粒度 /mm
5~6	5.48	23.26	44.04	0.0804	
3~5	3.87	11.58	21.92	0.0566	
1~3	1.73	6.74	12.76	0.0737	0.983
0.5~1	0.71	6.04	11.44	0.1617	
0.25~0.5	0.35	2.50	4.73	0.1339	
<0.25	0.10	2.70	5.11	0.5112	

表 8.2　澳矿粉的堆密度

颗粒粒度/mm	堆密度/kg·m^{-3}
>5	2080
3~5	2006
1~3	1998
0.5~1	1783
0.25~0.5	1679
<0.25	1584

从表 8.2 中可以看出，当粒度在 1mm 左右时，堆密度变化较小，随着矿粉粒度进一步细化，矿粉的堆密度逐步下降。

8.1.3　流化床中各种流体力学特性参数

流化参数有：表观气速、床层高度、床层压差、铁矿粉颗粒循环量、铁矿粉颗粒浓度、颗粒速度、临界流化速度、带出速度及膨胀比等。

8.2　铁矿粉在循环流化床中的流化特性

8.2.1　提升管中压力梯度的变化规律

8.2.1.1　提升管内压力梯度的轴向分布

从图 8.4 可见，压力梯度沿提升管轴向的分布是由下到上逐渐减小至一个恒定值。在相同操作气速 u_g 下，装料量越少，铁矿粉颗粒的加速效果越明显，并且压力梯度达到恒定值时的轴向位置离气体分布器越近。在加料量一定的条件下，当增大操作气速时，铁矿粉颗粒的加速效果越明显，并且铁矿粉颗粒沿提升管轴向一直加速直至充分发展时的轴向位置离提升管出口越来越远。

当装料量不变，增大 u_g 时，同一高度截面上的压降是减小的。当 u_g 不变时，压力梯度是随装料量的增大而增大的。

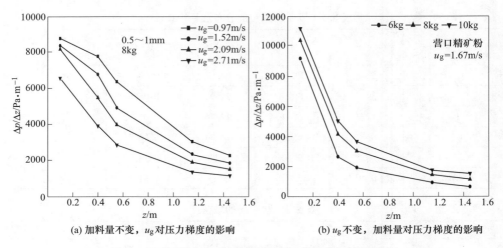

(a) 加料量不变，u_g 对压力梯度的影响　　　　　　(b) u_g 不变，加料量对压力梯度的影响

图 8.4　不同操作条件下提升管内压力梯度的轴向分布

8.2.1.2　操作参数对提升管内压力梯度的影响

A　表观气速对不同高度截面上压力梯度的影响

装料量保持不变，各个轴向截面上 $\Delta p/\Delta z$ 随 u_g 的变化如图 8.5 所示，提升管各轴向截面上的压力梯度随 u_g 的增大先增加后减小，随着风速的继续增大，流化床转变为快速流态化。颗粒的速度也会增加，颗粒就会变稀，浓度减小，所需托起颗粒的曳力也减小，压力梯度减小。在不同的床层高度位置，压力梯度随 u_g 的变化不同：在床层底部，压力梯度随 u_g 的增大下降很快，随着截面高度 z 的增加，u_g 对压力梯度的影响逐渐减小；在底部加速段，压力梯度随 u_g 的变化最大，且相同 u_g 条件下，相邻截面间的压力梯度数据相差也很大，这说明铁矿粉正处于加速阶段。

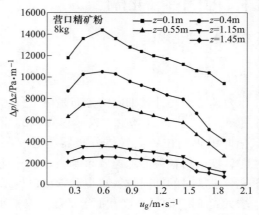

图 8.5　不同轴向截面上压力梯度随表观气速的变化

B 装料量对不同高度截面压力梯度的影响

图 8.6 给出了在保持 u_g 不变时，各个轴向截面上 $\Delta p/\Delta z$ 随装料量的变化。在提升管不同截面上，压降都表现出随装料量增加而增大的共同趋势，但在不同高度截面上的具体变化规律却明显不同，表现出明显的颗粒上稀下浓的分布，随着装料量的增大，床层底部压降上升很快，而上部则表现缓和。

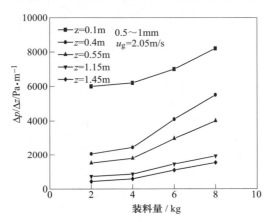

图 8.6 不同轴向截面上压力梯度随装料量的变化

8.2.1.3 操作条件对床层总压降的影响

A 床层总压降随操作气速的变化

通过图 8.7 可以看出，当在铁矿粉量不变时，随着操作气速的增大，循环流

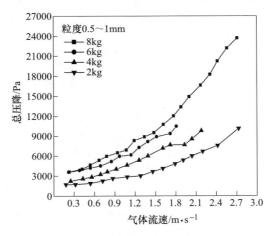

图 8.7 床层总压降随操作气速的变化

化床内总压降基本上按线性增大，并且当速小于某一值（比如装料量为 2kg 时气速为 1.3m/s）时，随着气速的增大，其斜率基本保持不变；当气速大于该值时，斜率略有所增大。

B　装料量对床层总压降的影响

图 8.8 给出了在保持 u_g 不变时，流化粒度分布 0.25 ~ 0.5mm 的铁矿粉时床层总压降随装料量的变化。当操作气速为定值时，总压降是随装料量的增大而增大的。

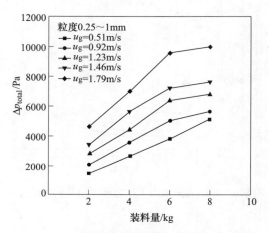

图 8.8　床层总压降随装料量的变化

C　总压降与固气比的关系

循环流化床全床总压降 Δp_{total}，随固气比（$= G_s/\rho_g u_g$）的变化如图 8.9 所示。

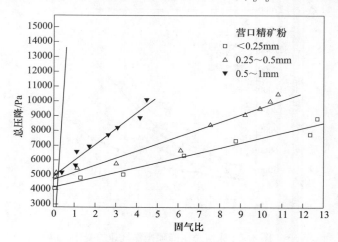

图 8.9　不同表观气速下全床总压降随固气比的变化

在不同的表观气速下操作时，随着固气比的增大，Δp_{total} 基本上按线性增大。

　　单位气体质量流量提供的能量要大于单位铁矿粉颗粒质量流量所消耗的能量，因此表观气速对提升管内流动结构的影响要比铁矿粉颗粒循环量明显的多。

8.2.1.4　床层压降和各因素之间关系

　　通过量纲分析可以得到如下公式[1]：

$$\ln\frac{\Delta p}{\rho_g u_g^2} = \ln k + a\ln\frac{m_s\rho_g^2 u_g^3}{\mu_g^3} + b\ln\frac{\rho_s}{\rho_g} +$$

$$c\ln\frac{\rho_g d_s u_g}{\mu_g} + h\ln\frac{\rho_g u_g D}{\mu_g} + n\ln\frac{\rho_g u_g H}{\mu_g} \qquad (8.1)$$

式中，欧拉数 $Eu = \dfrac{\Delta P}{\rho_g u_g^2}$；雷诺数 $Re_s = \dfrac{\rho_g d_s u_g}{\mu_g}$，$Re_D = \dfrac{\rho_g u_g D}{\mu_g}$，$Re_H = \dfrac{\rho_g u_g H}{\mu_g}$。

　　通过数据拟合得到：

$$\ln Eu = -9.024 + 0.154\ln\frac{m_s\rho_g^2 u_g^3}{\mu_g^3} + 0.937\ln\frac{\rho_s}{\rho_g} -$$

$$0.274 Re_s - 0.806\ln Re_D + 0.256\ln Re_H \qquad (8.2)$$

8.2.2　铁矿粉颗粒浓度分布

8.2.2.1　铁矿粉颗粒浓度的轴向分布

　　图 8.10 给出了不同操作条件下提升管内铁矿粉颗粒浓度的轴向分布。当铁矿粉颗粒在循环流化床内流化时，颗粒浓度的轴向分布是不均匀的，呈现出上稀

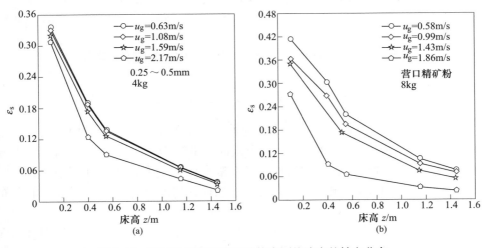

图 8.10　不同操作条件下提升管内颗粒浓度的轴向分布

下浓的不均匀分布。在本试验条件下，截面平均颗粒浓度的轴向分布基本上呈单调指数型分布。

8.2.2.2　操作气速对各截面颗粒浓度的影响

从图 8.11 可见，对于同一种粒度分布的铁矿粉颗粒，在装料量保持不变的情况下增大表观气速 u_g，提升管内任何位置的铁矿粉颗粒浓度都是先增大，当表观气速达到一定值后，提升管内任何位置的颗粒浓度开始降低（如 0.5～1mm 的铁矿粉颗粒，当装料量为 6kg 时，对于 z=0.1m 的截面，表观气速 u_g 为 0.66m/s，不同截面对应不同的表观气速。）。

对比各轴向截面处的颗粒浓度分布，可以发现轴向位置越高，颗粒浓度越小。这表明总体上颗粒浓度沿轴向是逐渐减小的；轴向位置越高，颗粒浓度随操作气速的变化曲线越相似，颗粒浓度随操作气速变化的曲线越平缓。

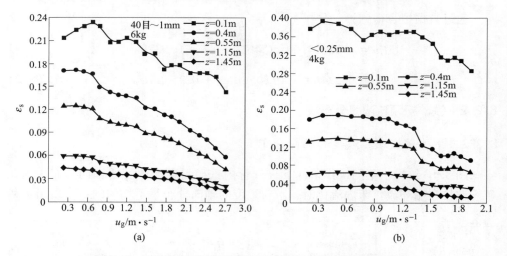

图 8.11　不同截面位置处操作气速对铁矿粉颗粒浓度的影响

8.2.2.3　装料量对颗粒浓度的影响

从图 8.12 可见，操作气速一定，随着装料量的增加，各个截面上的铁矿粉颗粒浓度是增加的。增大颗粒量，各个截面上的颗粒浓度的波动不同。在提升管上部和下部，随着装料量的增加，颗粒浓度增加不大，在提升管中部，颗粒浓度受加料量变化的影响较大。但是不管怎样，仍然符合"上稀下浓"的分布特点。

对同一种铁矿粉颗粒，在一定的装料量下，提高操作气速将使全床层各轴向截面的平均颗粒浓度都减小，并且截面铁矿粉颗粒浓度的分布变得均匀。随着装

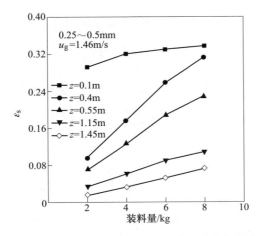

图 8.12　不同截面位置装料量对颗粒浓度的影响

料量的增加，提升管内的平均颗粒浓度变大，提升管下部的颗粒浓度与上部的颗粒浓度差距减小，也就是说整个床层内的铁矿粉颗粒浓度变得均匀。

8.2.2.4　铁矿粉颗粒循环量对颗粒浓度的影响

把流化不同粒度铁矿粉时的 $z=1.4m$ 截面上的颗粒浓度随颗粒循环量的变化绘成图 8.13。同一种铁矿粉颗粒，减小颗粒循环速量将使轴向位置处的铁矿粉颗粒浓度减小，并且在相同的颗粒循环量下，颗粒平均粒度越大，颗粒浓度越小。颗粒平均粒度越大，曲线越陡峭，也就是说颗粒循环量的变化对颗粒浓度的影响越大。

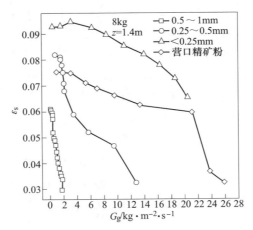

图 8.13　铁矿粉颗粒循环量对颗粒浓度的影响

8.2.2.5　对铁矿粉颗粒浓度分布不均匀性的分析研究

　　由于循环流化床在提升管中铁矿粉颗粒浓度、速度以及气体速度的轴向、径向分布，尤其在提升管的中心区、近壁区等区域的横向颗粒交换，使得提升管内部无论是在局部还是整体上都存在着明显的混合及不均匀性。本节基于数学上均方差的概念，对铁矿粉颗粒浓度在提升管内分布的不均匀性进行描述和计算，并分析了气速改变和装料量的改变对铁矿粉颗粒浓度分布不均匀性的影响。

　　A　铁矿粉含率不均匀性的表示方法

　　将每一个高度区间 H_i 上对应的空隙率 ε_i 在整个循环流化床提升管高度上进行平均，可以得到总体平均空隙率在某种工况下的期望值或叫均值，$\overline{\varepsilon}$。

$$\overline{\varepsilon} = \sum_{i=1}^{n} k_i \varepsilon_i \tag{8.3}$$

式中，$\overline{\varepsilon}$ 表示空隙率在整个提升管高度上的期望值或者均值；ε_i 表示根据第 i 段高度上的空隙率；k_i 表示 H_i 所占整个高度上的比例。

$$k_i = \frac{H_i}{H} \tag{8.4}$$

　　由此可以用变形的方差或均方差来表示流化床提升管内气体或铁矿粉分布的不均匀性：

$$\sigma_{(\varepsilon)} = \sqrt{\frac{1}{n} \sum_{i=1}^{n} \left(\frac{\varepsilon_i - \overline{\varepsilon}}{\overline{\varepsilon}} \right)^2} \tag{8.5}$$

　　此公式可以分别求出试验各种工况下，铁矿粉颗粒分布不均匀性的数值。此公式的物理意义为：当 $n \to \infty$ 时，ε_i 相当于是第 i 个高度截面上的铁矿粉颗粒浓度，$\sigma_{(\varepsilon)}$ 就表示每个截面上的颗粒浓度与整个提升管内铁矿粉颗粒浓度相比较，得出的方差；当 $\sigma_{(\varepsilon)}$ 越大时，表明铁矿粉颗粒浓度不均匀性越大，整个流化床提升管内将出现颗粒浓度稀稠十分不均匀的现象；当 $\sigma_{(\varepsilon)}$ 越小时，表明铁矿粉颗粒浓度不均匀性越小，整个流化床提升管内的颗粒分布比较均匀，稀相区和浓相区的铁矿粉颗粒浓度相差比较小。

　　B　气速和装料量对铁矿粉颗粒浓度分布不均匀性的影响

　　图 8.14 是经过式 (8.5) 计算的表示铁矿粉颗粒浓度的不均匀性与操作参数之间的关系。通过计算结果可以看出，随着操作气速的增加，每个高度截面上的平均颗粒浓度与整个提升管内的平均颗粒浓度之偏差是逐渐减小的，在整个提升管内颗粒浓度的分布趋于均匀。

　　操作气速不变，随加入铁矿粉量的增加，每个高度截面上的平均颗粒浓度与整个循环流化床提升管的平均颗粒浓度之偏差逐渐增大，在整个循环流化床提升管内颗粒浓度的分布越来越不均匀。式（8.5）适用于类似的试验系数和试验工况下。

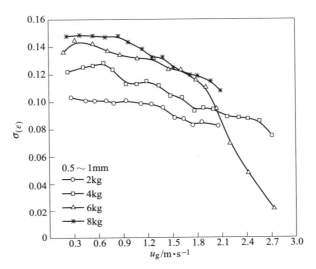

图 8.14 气速和装料量对颗粒浓度轴向分布不均匀性的影响

8.2.3 铁矿粉颗粒速度的变化规律

8.2.3.1 铁矿粉颗粒速度的径向分布规律

图 8.15 可见，循环流化床提升管内铁矿粉颗粒速度沿径向中心高、边壁低的抛物线型分布，在提升管中心铁矿粉颗粒速度最大。随着 r/R 的增加，铁矿粉颗粒向上的速度逐渐减小，在壁面附近铁矿粉颗粒甚至向下流动，即颗粒速度 $u_s<0$。随着操作气速的增加，床层中各点铁矿粉颗粒速度随之增大，中心区域增大程度最大，而靠近壁面处，由于壁面效应，铁矿粉颗粒速度变化较小。

当铁矿粉颗粒还在提升管底部运动时，颗粒速度较低但沿径向分布相对均匀，如 $z=0.1\mathrm{m}$ 截面上的速度分布所示。由此向上发展，铁矿粉颗粒速度径向分布不均匀性逐渐增加，并最终趋于较为稳定的分布形态，如 $z=1.15\mathrm{m}$ 和 $z=1.45\mathrm{m}$ 两截面上的颗粒速度分布所示。在气固两相在上行流动过程中，中心区气速较大，颗粒浓度较低而主要以分散相存在，气固两相相互作用一直都较强，从而使中心区颗粒速度得以显著提高，加大了与边壁区颗粒的速度差，所以随着高度的增加，铁矿粉颗粒速度沿径向分布的不均匀性增大。在较高的操作气速下，增加装料量，将会使床层轴向高度方向中心区的铁矿粉颗粒速度减小，而边壁区铁矿粉颗粒速度变化不大。

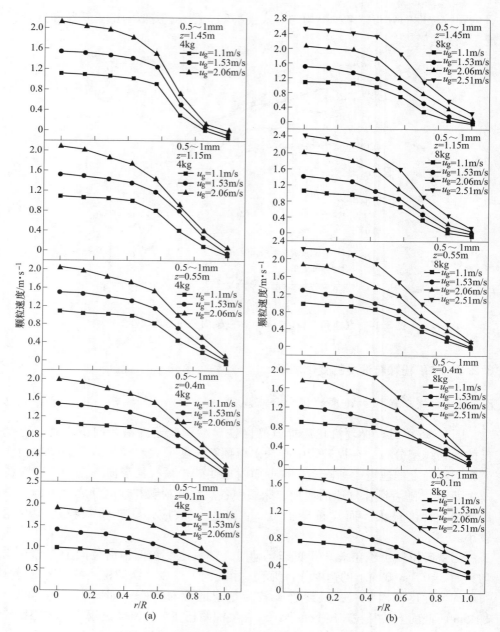

图 8.15   不同轴向位置颗粒速度的径向分布

8.2.3.2   铁矿粉颗粒速度的轴向分布

图 8.16 可见，提升管中心的颗粒速度随提升管高度的增加单调递增，$r/R=$

0，$r/R=0.43$ 所对应的曲线的斜率总是为正。而边壁区的颗粒速度随提升管高度的增加单调递减。

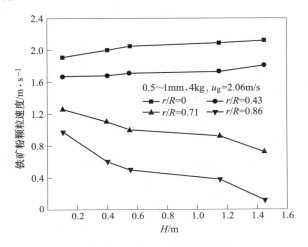

图 8.16 提升管中铁矿粉颗粒速度的轴向分布

通过对比提升管中心区和边壁区颗粒速度沿轴向的变化可见，提升管中心区颗粒速度在轴向发展过程中增加更为显著。对于边壁区，由 $H=0.1\text{m}$ 和 $H=1.15\text{m}$ 截面上的铁矿粉颗粒速度分布可见，边壁区颗粒速度沿轴向的变化则与操作条件有关：在 u_g 相对较低的条件下，边壁区铁矿粉颗粒速度将由正值转变为负值，反之边壁区铁矿粉颗粒速度将维持正值且没有显著变化。

8.2.4 铁矿粉颗粒的带出速度

图 8.17 可见，随着铁矿粉粒度的增大，其带出速度增大；铁矿粉颗粒的带

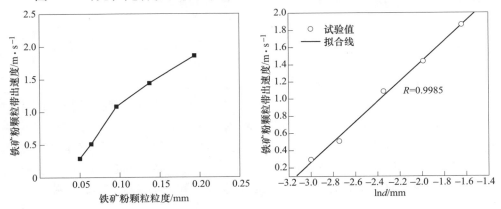

图 8.17 铁矿粉颗粒带出速度与颗粒粒度的关系

出速度与铁矿粉颗粒粒度不成线性关系，而与铁矿粉颗粒粒度的对数值接近成线性关系。由此可以得出铁矿粉颗粒的带出速度与 u_t 其颗粒粒度 d 的关系式：

$$u_t = 3.389 + 1.175\ln d \tag{8.6}$$

8.2.5 铁矿粉颗粒循环量的变化规律

图 8.18 所示，铁矿粉颗粒循环量随着气速的增加而增加。在相同的条件下，铁矿粉颗粒粒度越大，颗粒循环量越小。

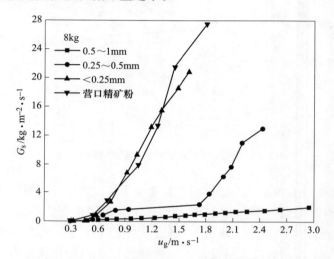

图 8.18 铁矿粉颗粒循环量随操作气速的变化

8.3 鼓泡床内铁矿粉的气固两相流行为

8.3.1 铁矿粉临界流化速度

8.3.1.1 试验研究

A 铁矿粉粒径分布范围对临界流化速度的影响

图 8.19 给出了五种不同粒径分布的铁矿粉颗粒的压降随操作气速的变化。固定床通过的气体流速很低的时候，随着风速的增加，床层压降几乎成正比增加，并且当风速达到一定值时，床层压降达到最大值，该值略高于整个床层的静压。如果再继续提高气速，固定床突然"解锁"。在一段较宽的范围内，进一步增加气速，床层的压降仍几乎维持不变。铁矿粉颗粒平均粒径越大，其临界流化速度越大。

当铁矿粉的粒径分布在 0.25~0.5mm 和 0.15~0.25mm 范围时，在达到临界

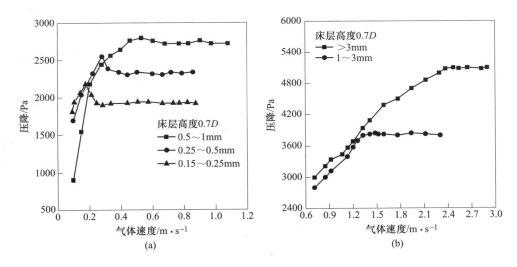

图 8.19 铁矿粉的粒径分布范围对临界流化速度影响

流化速度之前有一个拐点，这是因为当流速不断增加，压降逐渐增加，铁矿粉颗粒聚集成大的颗粒，形成了团聚现象，当流速继续增大时，聚团开始上升，同时由于气流剪切作用和聚团间碰撞作用使聚团破碎形成细小的颗粒的解聚现象。因此，在很细的颗粒情况下会出现拐点的情况。

B 床层高度对流化速度的影响

图 8.20 可见，随着流化床中床层高度的增加，床层的压降相应的增大，但是临界流化速度的变化不大。为了保证床层良好的稳定性，一般采用 $1.1D \sim 2.0D$ 范围内的床层。在操作气速相同的情况下，随着铁矿粉床层高度的增加，床层压降增加。

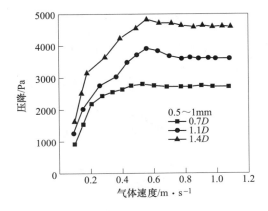

图 8.20 床层高度对铁矿粉临界流化速度的影响

8.3.1.2　临界流化速度的理论计算

除了试验测定以外，特别是实测不方便的情况下，临界流化速度还可以借助一些经验公式来近似计算。计算临界流化速度的经验公式主要如下[3]：

Plillai & Raja Rao 计算临界流化速度公式：

$$u_{mf} = 0.000701 \frac{(\rho_s - \rho_g)gd_p^3}{\mu} \tag{8.7}$$

Leva 计算临界流化速度公式：

$$u_{mf} = 0.00923 \frac{(\rho_s - \rho_g)^{0.94} d_p^{1.82}}{\mu^{0.88} \rho_g^{0.06}} \tag{8.8}$$

Ergun 计算临界流化速度公式：

$$Ar = 150 \frac{1 - \varepsilon_{mf}}{\varepsilon_{mf}^3 \phi_s^2} Re_{mf} + 1.75 \frac{Re_{mf}^2}{\varepsilon_{mf}^3 \phi_s} \tag{8.9}$$

Wen &Yu 计算临界流化速度公式：

$$\frac{d_p \rho_g u_{mf}}{\mu} = \left[33.7^2 + 0.0408 \times \frac{\rho_g(\rho_s - \rho_g)gd_p^3}{\mu^2} \right]^{\frac{1}{2}} - 33.7 \tag{8.10}$$

式中，μ 为气体黏度，$kg/(m \cdot s)$；u_{mf} 为临界流化速度，m/s；d_p 为铁矿粉颗粒直径，m；ρ_g 为气体密度，kg/m^3；ρ_s 为铁矿粉颗粒密度，kg/m^3；Ar 为阿基米德数；ϕ_s 为铁矿粉颗粒形状系数；g 为重力加速度，$9.81m/s^2$。

将这几个常用公式计算不同粒度铁矿粉的临界流化速度值与通过试验得到的各种粒度铁矿粉的临界流化速度值进行比较，发现通过式（8.10）计算出的各种粒度铁矿粉的临界流化速度与试验得出各种粒度分布铁矿粉的临界流化速度的结果吻合性比较好（见图 8.21）。

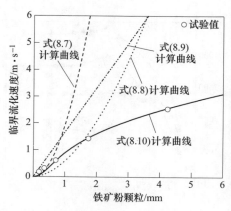

图 8.21　铁矿粉临界流化速度计算值与试验值的比较

8.3.2 床层压降的变化规律

8.3.2.1 鼓泡床内总压降的变化规律

从图 8.22 可见，在一定的装料量条件下，随着气速的增大，鼓泡流化床内的总压降增大，并且当气速小于某一值时，随着气流量的增大，其斜率基本保持不变；当气流量大于该值时，斜率有所增大。

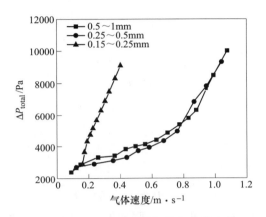

图 8.22   床层总压降随操作气速的变化

8.3.2.2 床层压降的理论计算

鼓泡流化床内的床层压降可由下式计算[4]：

$$\Delta p = \rho_s (1 - \varepsilon) g h \tag{8.11}$$

其空隙率按下述模型计算：

$$\varepsilon = \delta_b + (1 - \delta_b) \varepsilon_{mf} \tag{8.12}$$

式中，h 为流化床层高度，m；ε_{mf} 为临界流化床空隙率；δ_b 为密相区内气泡所占的份额，即：

$$\delta_b = 0.3 f_b d_b^{0.5} \tag{8.13}$$

其中气泡频率 f_b、气泡直径 d_b 为[5]：

$$f_b = 1.74 (u_0 - u_{mf})^{0.725} h^{-0.434} \tag{8.14}$$

$$d_b + 0.9 u_{mf} d_b^{0.5} - 0.862 (u_0 - u_{mf})^{0.275} h^{0.434} = 0 \tag{8.15}$$

根据以上关系式即可求得鼓泡流化床内流化起来的铁矿粉颗粒的床层压降。

图 8.23 给出了床层压降的试验值与由式（8.11）计算值的比较，结果比较接近。

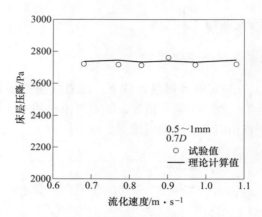

图 8.23　床层压降试验值与计算值的比较

8.3.3　床层膨胀比

8.3.3.1　床层膨胀比的变化规律

从图 8.24 可见，床层膨胀比从开始流化后，随气速的增大而增大。这说明床内气泡的生成与运动速度都变得更为强烈了。在相同的气速下，对于同一种粒度分布的铁矿粉来说，不同的装料量，床层膨胀比不同。在一定条件下有一个最佳床层膨胀比对应的装料量，即装料高度。如 0.5～1mm 的铁矿粉，装料量为14kg 时的床层膨胀比比装料量为 10kg 和 18kg 时的床层膨胀比大。在相同的加料量条件下，0.25～0.5mm 的铁矿粉床层膨胀比比 0.15～0.25mm 的床层膨胀比大。

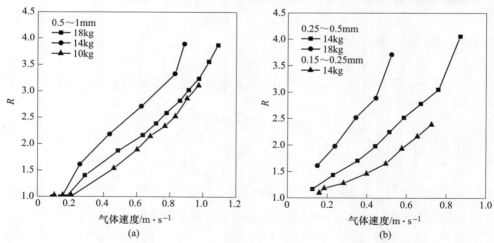

图 8.24　床层膨胀比随操作气速的变化

8.3.3.2 床层膨胀比的理论计算

流化床层的高度，设计中一般根据膨胀比来进行计算。对于横截面积不变的流化床层，由下式关系成立[6]。

$$R = H_f/H_0 = \frac{1 - \varepsilon_0}{1 - \varepsilon_f} \tag{8.16}$$

式中，R 为膨胀比；H_f 为流化床层高度，m；H_0 为固定床层高度，m；ε_f 为流化床空隙率；ε_0 为固定床空隙率。

固定床层空隙率可按下式计算[7]：

$$\varepsilon_0 = \frac{\rho_b}{\rho_s} \tag{8.17}$$

式中，ρ_b 为铁矿粉颗粒的堆密度，kg/m^3；ρ_s 为铁矿粉颗粒的真密度，kg/m^3。

其中流化床层的空隙率按下式计算[7]：

$$\varepsilon_f = Ar^{-0.21} (18Re + 0.36Re^2)^{0.21} \tag{8.18}$$

式中，Re 为雷诺数，$Re = \dfrac{d_s u_g \rho_g}{\mu}$；$Ar$ 为阿基米德数，$Ar = \dfrac{d_s^3 \rho_g (\rho_s - \rho_g) g}{\mu^2}$。

图 8.25 给出了膨胀比的试验值与通过式（8.16）计算理论值的比较，结果比较接近。

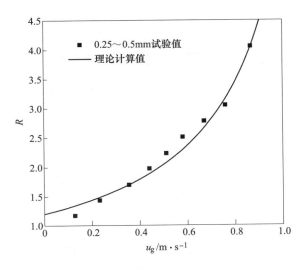

图 8.25 操作速度下膨胀比试验值与计算值的比较

8.4　锥形流化床中铁矿粉流化性能

8.4.1　铁矿粉的临界流化速度规律

8.4.1.1　粒度分布和装料量对临界流化速度的影响

（1）粒度分布对临界流化速度的影响。从图 8.26 可见，锥形床中装料量相同的情况下，最大的床层压降值对应的临界流化速度均不相同；铁矿粉颗粒平均粒径越大，其临界流化速度也越大。同时通过试验发现，锥形流化床的中央为稀相区，四周为环形浓相区。铁矿粉颗粒随气流向上运动，冲出床面，然后散落到周围环形区，并呈移动床向下运动，当其接近床层底部时，又重新进入中央的稀相区，如此循环。气体与床层中的铁矿粉颗粒接触后，离开床层由顶部排出。

（2）装料量对临界流化速度的影响。图 8.27 可见，锥形床中铁矿粉床层压降随装料量（床层高度）的增加而增大。产生一个最大的压降值，最大的压降值对应的速度为锥形流化床的临界流化速度。相邻装料量条件下，测得的铁矿粉临界流化速度差别不是非常明显，但是最小装料量（床层高度）和最大装料量（床层高度）之间的临界流化速度差别可以明显看出来，锥形流化床中铁矿粉颗粒的临界流化速度是随着装料量（床层高度）的增加而增加。在相同的条件下，流化相同重量的铁矿粉，锥形床中的床层压降小于圆柱床中的床层压降。

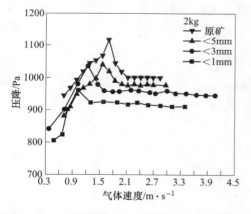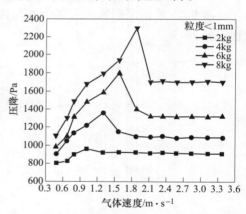

图 8.26　不同粒度分布对临界流化速度的影响　　图 8.27　不同装料量对临界流化速度的影响

8.4.1.2　临界流化速度

当气流向上运动时所产生的拖拽力刚好等于颗粒床层的重力时，整个床层就处于流态化的状态。这时的气流表观速度称为临界流态化速度，用 u_{mf} 表示。当流化介质一定时，临界流化速度仅取决于颗粒的大小和性质。临界流化速度可以借助试验方法准确予以测定。但除了试验测定外，特别是在实测不方便的情况下，临界流化速度还可以借助计算的方法来确定。鉴于床层处于临界流化状态时，也可以认为是固定床状态的终点，应用计算固定床阻力降的 Ergun 方程：

$$\frac{\Delta p}{H} = 150 \frac{(1 - \varepsilon)^2}{\varepsilon^3} \cdot \frac{\mu u}{(\phi_s d_p)^2} + 1.75 \frac{1 - \varepsilon}{\varepsilon^3} \cdot \frac{\rho_g u^2}{\phi_s d_p} \tag{8.19}$$

锥形床中的参数如图 8.28 所示。

对于锥形床，假设在任何截面上气速是均匀的，即气速仅仅是轴向高度的函数，通过推导得到[1]：

$$D^2 \left[150 \frac{1 - \varepsilon_{mf}}{\varepsilon_{mf}^3} \frac{\mu}{(\varphi_s d_p)^2} u_{mf} + 1.75 \frac{1}{\varepsilon_{mf}^3} \frac{\rho_g}{\phi_s d_p} \left(\frac{D}{D + 2H\tan\frac{\alpha}{2}} \right) u_{mf}^2 \right]$$

$$= (\rho_s - \rho_g)g \left[\frac{4H^2 \left(\tan\frac{\alpha}{2}\right)^2 + 3D^2 + 6DH\tan\frac{\alpha}{2}}{3} \right] \tag{8.20}$$

式中，Δp 为床层的压降，Pa；H 为床层高度，m；ε 为床层的空隙度；μ 为气体的黏度，kg/(m·s)；u 为气体的表观速度，m/s；ϕ_s 为铁矿粉颗粒的球形度；d_p 为铁矿粉颗粒的当量直径，m；ρ_g 为气体的密度，kg/m³；ρ_s 为固体颗粒的密度，kg/m³；g 为重力加速度，9.8m/s²。

通过式（8.20）计算在锥形床锥角为 60°时的临界流化速度，锥形床的入口直径 $D=100$mm，铁矿粉不同的床层高度分别为 75mm、78mm、82mm 和 85mm，铁矿粉的平均直径分别为 2.73mm、2mm、1.05mm 和 0.62mm。计算结果见表 8.3。可以看

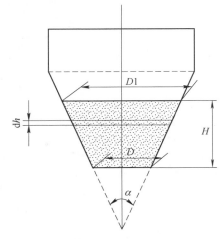

图 8.28 锥形床参数示意图

出，锥形床中不同粒度分布的铁矿粉在不同床层高度下的计算值和试验值，误差范围在 9%左右。

表 8.3 公式计算值和试验测定值比较

粒度分布	床层高度/mm	计算值 u_{mf}/m·s⁻¹	试验值 u_{mf}/m·s⁻¹
原矿	75	1.769	1.7
>5mm	78	1.7	1.56
>3mm	82	1.39	1.31
>1mm	85	0.94	1

8.4.2　床层压降的变化规律

8.4.2.1　操作参数对床层总压的影响

（1）操作气速及粒度分布对床层总压降的影响。在同样的装料量下，随着操作气速的增加，在锥形床内流化各种粒度的铁矿粉时，床层总压降都增大（见图8.29）。当气速小于某一值时，随着气流量的增大，其斜率基本保持不变；当气流量大于该值时，斜率有所减小。粒度分布不同的铁矿粉颗粒在锥形床中流化时，床层总压降的变化趋势是相同的，但各条曲线不尽相同。在同样的装料量和操作气速下，颗粒平均粒度越大，床层总压降越大。

（2）装料量对床层总压降的影响。装料量对床层总压降的影响见图8.30。对于同一种粒度分布（粒度<3mm）的铁矿粉颗粒，在相同的操作气速下，随着装料量的增加，床层总压降增大。并且当操作气速小于某一值时，随着气流量的增大，其斜率基本保持不变；当气流量大于该值时，斜率有所减小。

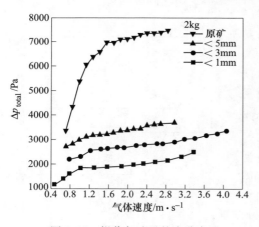

图 8.29　操作气速及粒度分布
对床层总压降的影响

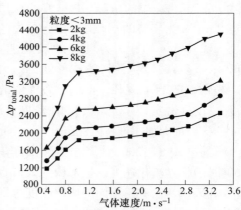

图 8.30　装料量对床层总压降的影响

8.4.2.2　压降的理论推导

锥形床的压降可用如下公式进行计算[4]：

$$\frac{\Delta P}{H\rho_{\mathrm{b}}g} = \frac{7.68\,(\tan\alpha/2)^{0.2}}{Re^{0.2}\,(H/d_1)^{0.33}} \tag{8.21}$$

式中，α 为锥形床的锥角，（°）；H 为床层高度，m；ρ_{b} 为铁矿粉的堆积密度，$\mathrm{kg/m^3}$；d_1 为锥形床进口直径，m；Re 为以铁矿粉颗粒直径为定型尺寸的雷诺数。

图 8.31 给出了流化<3mm 铁矿粉时锥形床压降的试验值与由式（8.21）计算的理论值的比较，二者比较接近。

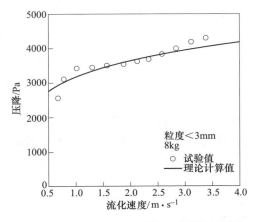

图 8.31 锥形床压降试验值与计算值的比较 　　图 8.32 床内料高随操作气速的变化

8.4.3 料高的变化规律

锥形床内铁矿粉颗粒浓相床层高随操作气速的变化见图 8.32。在一定的装料量下，随着操作气速的增加，锥形床内的浓相床层高度增加；当操作气速达到一定值后（例如，小于 1mm 的铁矿粉对应的值为 1.3 左右），增大操作气速，浓相床层高度基本不再变化。各种粒度分布的铁矿粉浓相床层高度不再变化时，对应的操作气速值与其临界流化速度值几乎相等。通过这一点认识到，可以根据锥形流化床内的浓相床层高度来判定铁矿粉颗粒的临界流化速度。相同条件下，铁矿粉的平均粒度越小，浓相床层高度越高。

8.4.4 锥形床与圆柱流化床比较

锥形流化床与圆柱流化床相比，虽然结构比较复杂，制作比较困难，设备容积利用率比较低等特点，但由于它的截面自下而上逐渐扩大，也具有许多突出特点。如它在低流速条件下的操作，可使气体由于底部铁矿粉颗粒的剧烈湍动而在床的上部均匀分布，可以抑制铁矿粉颗粒的扬析，减少粉尘率，可使铁矿粉颗粒在低流速下就可获得较好的流化质量。

在相同操作条件下，当循环量较小时，两者压力梯度差别不大；当循环量较大时，直管中的压力梯度明显大于锥管中的压力梯度，说明锥形流化床具有较好的操作弹性。试验结果表明，和圆柱流化床相比，锥形流化床管壁附近的铁矿粉颗粒浓度明显降低，改善了铁矿粉颗粒浓度的径向分布特征，锥形流化床扩大段区域内铁矿粉颗粒浓度呈现非常均匀的径向分布，径向铁矿粉颗粒速度分布也有较大的改善。相对于圆柱流化床，锥形流化床降低了床内的压力梯度，表现出较好的操作弹性和较好的对反应气气体体积变化的适应能力。

8.5　矿粉量与还原率的关系

8.5.1　矿粉循环量与还原率的关系

8.5.1.1　全混态连续进出料

　　近似假定粉体与矿粉属于全混流，并且粉体不存在滞留在反应器的现象，在连续进出料达到平衡态的循环流化床中，矿粉的进料量、循环量与还原率的示意图见图 8.33。

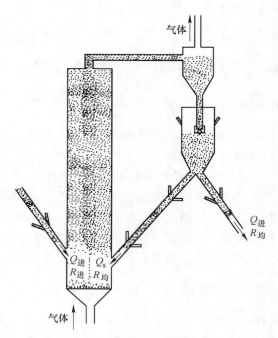

图 8.33　循环流化床中进出铁矿粉颗粒物料平衡图

　　假设开始进入循环流化床的颗粒量为 $Q_进$（kg/h），还原率为 $R_进$，返料器返回颗粒量为 Q_s（kg/h），还原率为 $R_均$，从返料器中输送给下一级流化床的颗粒量为 $Q_进$（kg/h），也就是下一级的进料量，还原率为 $R_均$，这也就是经过上一级流化床还原所要取得的还原率。

　　颗粒物料一次循环结束后，从上一级流化床或加料仓进入的颗粒量为 $Q_进$ 的还原率变化了 x_2，即还原率由原来的 $R_进$，变为（$R_进 + x_2$）；从返料器返回的还原率为 $R_均$，颗粒量为 Q_s 的还原率变化了 x_1，即还原率由原来的 $R_均$，变为（$R_均 +$

x_1）。则根据循环流化床中进出物料的失氧量平衡，可得：

$$Q_s(R_{均} + x_1) + Q_{进}(R_{进} + x_2) = (Q_{进} + Q_s)R_{均} \tag{8.22}$$

那么经过一次颗粒物料循环后的颗粒循环量为：

$$Q_s = \frac{Q_{进}(R_{均} - R_{进} - x_2)}{x_1} \tag{8.23}$$

$$x_2 = nx_1 \tag{8.24}$$

式中，n 为反应速率倍数，通过热态试验确定。

如果测定了还原气体量，根据反应的氧量变化，即可求出上述变量。这要根据具体来分析计算，假定矿粉在高温下不产生烧损（产生 CO_2 与 H_2O），则进出气体中的氧变化可认为全部来自氧化铁的失氧。

假定气体流量为 $Q_g(Nm^3/h)$，气体氧变化量为 α（可以通过气体中 H_2O 与 CO_2 量的变化确定），可以推导出矿粉失氧摩尔数与气体增氧摩尔数的平衡关系。

$$w_{O_2}(Q_s x_1 + Q_{进} x_2) = \frac{16\alpha Q_g}{22.4} \tag{8.25}$$

式中，w_{O_2} 矿粉氧的质量分数。

根据式（8.23）与式（8.25）可以计算出循环矿粉量与瞬间失氧率 x_1 与 x_2 的关系。

8.5.1.2 循环倍数

循环倍数（N）可表述为：

$$N = \frac{Q_s}{Q_{进}} = \frac{R_{均} - x_2}{x_1} \tag{8.26}$$

循环倍数同样也与许多因素有关：瞬间本征反应速度（温度、粒度、气氛）、适时还原率、循环量、粉体停留时间等。例如，当 $x_2 = 0.1$，$x_1 = 0.01$，$R = 0.83$ 时，$N = 73$；当 $x_2 = 0.05$，$x_1 = 0.005$，$R = 0.83$ 时，$N = 156$。可见，循环倍数越大，一次矿粉还原率变低，气体的利用率将有所提高。根据式（8.25）与式（8.26）可以计算出循环倍数与矿粉瞬间失氧率 x_1 与 x_2 的关系。

8.5.1.3 提升管内矿粉反应的不均匀性

实际上在连续进出料反应器中，矿粉的还原是不均匀的。可以通过如下方式进行解析：

颗粒物料经过第二次循环后，从上一级流化床或加料仓进入的颗粒量为 $Q_{进}$ 的还原率变化了 x_2，即还原率由原来的 $R_{进}$，变为（$R_{进} + x_2$）。

从返料器返回的还原率为 $R_{均}$、颗粒量为 Q_s 颗粒物料由两部分组成，这两部分的颗粒量分别为：$\dfrac{Q_{进}}{Q_{进} + Q_s} \times Q_s$ 和 $\dfrac{Q_s}{Q_{进} + Q_s} \times Q_s$。

颗粒量为 $\dfrac{Q_{进}}{Q_{进} + Q_{s}} \times Q_{s}$ 的颗粒还原率由原来的 $(R_{进} + x_2)$ 变为 $(R_{进} + x_2 + x_2')$ ，颗粒量为 $\dfrac{Q_{s}}{Q_{进} + Q_{s}} \times Q_{s}$ 的颗粒的还原率由原来的 $(R_{均} + x_1)$ 变为 $(R_{均} + x_1 + x_1')$ 。

根据循环流化床中进出物料的失氧量平衡，可得

$$\left[\frac{Q_{进}}{Q_{进} + Q_{s}} \times Q_{s}(R_{进} + x_2 + x_2') + \frac{Q_{s}}{Q_{进} + Q_{s}} \times Q_{s}(R_{均} + x_1 + x_1') \right] + Q_{进}(R_{进} + x_2)$$
$$= (Q_{进} + Q_{s})R_{均}$$

经过两次颗粒物料循环后的颗粒循环量为：

$$Q_{s} = \frac{Q_{进}\left[(R_{均} + x_1) - (R_{进} + x_2 + x_2') \right]}{x_1'} \tag{8.27}$$

依此类推，可得经过三次颗粒物料循环后的颗粒循环量为：

$$Q_{s} = \frac{Q_{进}\left[(R_{均} + x_1 + x_1') - (R_{进} + x_2 + x_2' + x_2'') \right]}{x_1''} \tag{8.28}$$

经过 n 次颗粒物料循环后的颗粒循环量为：

$$Q_{s} = \frac{Q_{进}\left[(R_{均} + x_1 + x_1' + x_1'' + \cdots + x_1^{n-2}) - (R_{进} + x_2 + x_2' + x_2'' + x_2''' + \cdots x_2^{n-1}) \right]}{x_1^{n-1}}$$
$$\tag{8.29}$$

8.5.1.4　提升管内粉体浓度不均匀对循环量的影响

从前面的相关研究可知，循环流化床提升管内粉体的浓度是不均匀的，呈现下浓上稀分布规律，这也表明在瞬间循环流化床内的粉体并不是所有的粉体都会离开提升管，只有发展到上部稀相的粉体，才会离开反应器。当新矿粉进入提升管后，随着反应的进行，下部浓相区矿粉不断更新还原。因此，简单地采用全混流并假定提升管内所有矿粉都在循环是有较大偏差的。

在气体在提升管内的停留时间 τ 内：

$$W(R_{均} + x_1) + \tau Q_{s}(R_{均} + x_1) + \tau Q_{进}(R_{进} + x_2) = (w + \tau Q_{s} + \tau Q_{进})R_{均} \tag{8.30}$$

$$\frac{\tau Q_{s}}{W} = \beta \tag{8.31}$$

$$w_{O_2}(\tau Q_{s} x_1 + \tau Q_{进} x_2 + W x_1) = \frac{16\alpha\tau Q_{g}}{22.4} \tag{8.32}$$

令 $Q_{假} = \dfrac{W}{\tau}$ ，则：

$$Q_{\text{s}} + Q_{\text{假}} = \frac{Q_{\text{进}} \times (R_{\text{均}} - R_{\text{进}} - x_2)}{x_1} \quad (8.33)$$

$$w_{O_2}(Q_{\text{s}}x_1 + Q_{\text{进}}x_2 + Q_{\text{假}}x_1) = \frac{16\alpha Q_{\text{g}}}{22.4} \quad (8.34)$$

β 可根据提升管内的压力分布确定。

8.5.2 混合鼓泡流化床内矿粉量与还原率关系

混合鼓泡流化床内的存料量是重要的工艺参数，它关系到整个工艺流程，增大矿粉的存料量，对提高气体利用率非常有好处，增加了存料量，对于相同量的气体，增大了气-固接触的机会，增加了粉气接触面积，提高了气体利用率。矿粉存料量越大，粉气密度加大，增加了流化床的静压差与动压差。矿粉存料量越大，对流化床内衬的磨损越大。矿粉存料量越大，旋风分离器的负担越重，同时气体含尘量也会相应增加。

下面将对混合流化床内的存料量进行理论推导。

假设开始混合流化床中的存料量为 $w\text{kg}$，还原率为 R，混合流化床的进料量为 $Q_{\text{进}}\text{kg/s}$，还原率为 $R_{\text{进}}$，经过一段时间的还原，混合流化床中的铁矿粉平均还原率达到 R 时，通过溢流管和底部的出料口进行出料，出料量分别为 $Q_{\text{出1}}\text{kg/s}$ 和 $Q_{\text{出2}}\text{kg/s}$。

根据混合流化床内进出物料平衡（图 8.34），则：

$$Q_{\text{进}} = Q_{\text{出1}} + Q_{\text{出2}} \quad (8.35)$$

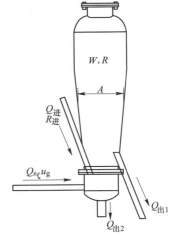

颗粒流率为 $Q_{\text{进}}$ 的铁矿粉，从进入混合流化床到排出还原率变化了 x_2，即还原率由原来的 $R_{\text{进}}$，变为 $(R_{\text{进}} + x_2)$；混合流化床中还原率为 R、质量为 $w\text{kg}$ 的铁矿粉从进料到出料（一个周期的时间内）还原率变化了 x_1，即还原率由原来的 R，变为 $(R + x_1)$。则根据混合流化床中物料的失氧量平衡，可得：

在气体的停留时间 τ 内

$$w(R + x_1) + Q_{\text{进}}\tau(x_2 + R_{\text{进}}) = (w + Q_{\text{进}}\tau)R \quad (8.36)$$

$$w = Q_{\text{进}}\tau(R - R_{\text{进}} - x_2)/x_1 \quad (8.37)$$

定义假颗粒循环量（颗粒流率）$Q_{\text{s}}(\text{kg/s})$：

$$Q_{\text{s}} = w/\tau = Q_{\text{进}}(R - R_{\text{进}} - x_2)/x_1 \quad (8.38)$$

τ 内的进料量为 $w_{\text{t}} = Q_{\text{进}}\tau(\text{kg})$。

图 8.34 混合流化床进出
颗粒物料平衡图

定义假循环倍数 N :

$$N = w/w_t = (R - R_{进} - x_2)/x_1 \tag{8.39}$$

设混合流化床的进气流量为 $Q_气 \text{m}^3/\text{s}$,则混合流化床内的混合密度为:

$$\rho = (N + 1)Q_{进}/Q_气 (\text{kg/m}^3) \tag{8.40}$$

则混合流化床内的存料量 m 为:

$$m = \rho v = \rho h A = (N + 1)Q_{进}/Q_气 A u_g \tau = [(N + 1)Q_{进} \times A/Q_气]u_g\tau \tag{8.41}$$

式中, A 为混合流化床平均截面积, m^2 ; h 为混合流化床的有效高度, m ; τ 为气体在混合流化床内的停留时间, s 。

8.6　多组分气体流化还原铁矿粉规律

移动床球团的还原试验数据相对比较丰富。但流化床铁矿粉的还原数据相对比较少。本节在自制的公斤级流化床中研究各种条件下铁矿粉的气固反应动力学规律[8~12],探索工艺参数,为铁矿粉的流化床热态还原积累经验。

试验中选用赤铁矿(澳矿)作为氧化铁的原料,澳矿的主物相为 Fe_2O_3 (三方结构),含有少量 SiO_2 等物相;赤铁矿(澳矿)的详细成分见表 8.4。试验中使用了高纯 N_2 、 H_2 、 CO 和 CO_2 。 $H_2O(g)$ 来自水蒸气发生器。

表 8.4　铁矿粉成分　　　　　　　(%)

TFe	SiO_2	Al_2O_3	CaO	MgO	P_2O_5	S	FeO	烧损
62.81	3.01	2.18	0.01	0.07	0.202	0.026	0.39	4.85

自制的千克级热态流化床系统主要组成部分有:配气室、气体管路、气体预热炉、高温流化床(内径 100mm)、热旋风除尘器、高温煤气快速冷却系统、尾气布袋除尘、水冷系统、进料系统、水蒸气发生器等组成,并配备气体测温、测压、流量等测试分析手段,热态流化床系统见图 8.35。

8.6.1　H_2-H_2O 体系

8.6.1.1　铁矿粉粒度对还原的影响

在还原气氛为 50%N_2-50%H_2 ,还原温度为 700℃ ,还原时间为 10min 的流化还原试验结果见图 8.36。相同的条件下,铁矿粉平均粒度越小,反应结束时所对应的还原率越高。这是因为铁矿粉粒度越小,其比表面积的增加就越大,铁矿粉的活性也就越高,铁矿粉的表观活化能显著降低,反应速度也就越快,还原率也就越高。

气体利用率的变化规律与还原率的变化规律基本一致(见图 8.37),随着铁矿粉颗粒粒度的减小,在相同的条件下,总气体利用率越高;当颗粒平均粒径由

图 8.35　热态流化床系统图

1.73mm 减小到 0.8mm，气体利用率由 9.44% 提高到了 13.4%，这说明粒度越小，越有利于还原，气体的利用率也就越高。

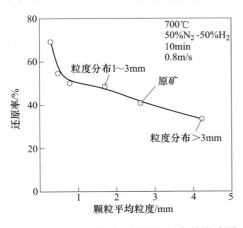

图 8.36　颗粒粒度对矿粉还原程度的影响图

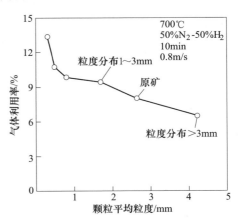

图 8.37　颗粒粒度对气体利用率的影响

　　试验所用原矿粉的平均粒度为 2.64mm，通过试验研究发现，原矿粉的还原率和气体利用率介于粒度分布>3mm 和 1~3mm 铁矿粉的还原率和气体利用率之间。分析原因认为这与原矿粉的粒度分布有关，原矿粉中>1mm 的铁矿粉颗粒占到 70% 以上，原矿粉中的细矿粉反应速度很快，粗矿粉成为原矿粉的限制性环节，因此其还原程度介于>3mm 和 1~3mm 铁矿粉的还原程度中间。

细铁矿粉粒度小，活性高，反应速度快，而粗铁矿粉，反应速度慢，受各种因素变化的影响比较明显，因此在氢气还原铁矿粉过程中，只要粗粒度的铁矿粉达到试验所要求的还原程度，整个试验就能达到设计要求。故对流化床中氢气还原铁矿粉的试验，以粗颗粒的铁矿粉（1~3mm 和>3mm）作为主要研究对象，通过改变各种参数来研究流化床中氢气还原铁矿粉颗粒的动力学规律。

8.6.1.2 温度和反应时间对还原率的影响

（1）温度和反应时间对还原率的影响规律。还原温度分别为 650℃、700℃、750℃和 800℃时，热态流化床中氢气还原粒度分布为 1~3mm 铁矿粉的试验结果见图 8.38；图 8.39 给出了温度分别为 700℃、750℃和 800℃时，热态流化床中氢气还原>3mm 铁矿粉时的试验结果。在相同的条件下，还原温度越高，还原样品的还原率越大；以 1~3mm 铁矿粉为例，还原温度为 700℃时，仅需 20min，样品的还原率即可达到 79.2%；而还原温度为 650℃时，需要 30min，还原率才能达到 78.1%，还原温度为 800℃最快，仅需 10min，样品的还原率就达到 88.6%；随着反应时间的增加，样品的还原率持续增加，但增加幅度越来越小。

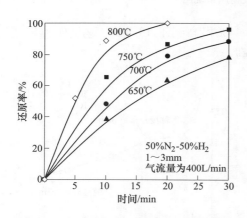

图 8.38   温度和反应时间对还原率的影响

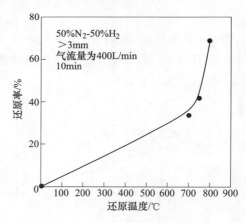

图 8.39   温度对还原率的影响

（2）温度对铁矿粉还原动力学的影响

1）温度对还原反应表观速率常数的影响。氢气还原氧化铁的反应为一级反应，反应速率公式为：

$$\frac{\mathrm{d}R}{\mathrm{d}\tau} = -\frac{\mathrm{d}\varepsilon}{\mathrm{d}\tau} = k\varepsilon \qquad (8.42)$$

式中，R 为还原率；ε 为未反应的量占初始量的比例；k 为表观反应速率常数。

根据试验数据计算出的粒度分布为 1~3mm 的铁矿粉在不同温度下的反应速率常数结果见图 8.40。

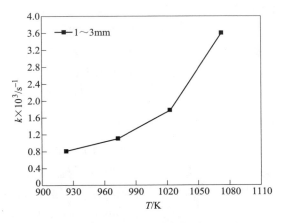

图 8.40 温度对反应速率常数的影响

2）铁矿粉还原反应的表观活化能。根据阿累尼乌斯（Arrhenius）公式：

$$k = A\exp\left(-\frac{E}{RT}\right) \tag{8.43}$$

两边取对数：

$$\ln k = \ln A - \frac{E}{RT} \tag{8.44}$$

以 $\ln k$-$1/T$ 作图，直线的斜率是 $\dfrac{E}{R}$，从而可求出反应的表观活化能。

对粒度分布 1~3mm 的铁矿粉，将其在不同温度下的反应速率常数取对数与 $1/T$ 作图（见图 8.41）。

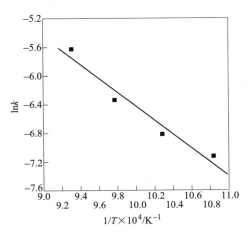

图 8.41 $\ln k$ 与 $1/T$ 的关系

通过式（8.44）计算出粒度分布 1~3mm 的铁矿粉在 50%H_2-50%N_2 气氛下还原反应的表观活化能为 81.15kJ/mol。系数 $A = 28.2$，将其代入式（8.43）可得 50%H_2-50%N_2 还原 1~3mm 的铁矿粉时的表观反应速率常数为：

$$k = 28.2\exp\left(-\frac{81151.3}{RT}\right) \text{ s}^{-1} \tag{8.45}$$

8.6.1.3　温度和反应时间对气体利用率的影响

图 8.42 是装料高度为 6cm(1kg)，温度分别为 800℃、750℃、700℃、650℃氢气还原粒度分布为 1~3mm 铁矿粉时气体利用率与温度和还原时间的关系。随着时间的增加，气体利用率下降，说明还原前期反应速度快，后期反应慢。当还原温度为 800℃时，气体利用率最高，前 10min 气体利用率达到 17.28%；对于 750℃，前 20min 气体利用率为 9%，这是相当高的水平，H_2 在此温度下热力学平衡时的气体利用率也仅为 34% 左右。料静止高度为 60mm，而平均表观气速为 3m/s，气体通过矿粉层的表观时间仅为 20ms，20ms 的时间，气体利用率能够达到 9%，可以说明气固反应是非常迅速的。

图 8.43 为不同温度下氢气还原>3mm 铁矿粉时气体利用率与温度的关系。通过对比图 8.42 和图 8.43 中不同温度下的气体利用率发现，温度越高，气体利用率越高，但随着还原时间的增加，差距在逐步缩小。在相同的条件下，>3mm 铁矿粉的气体利用率低于 1~3mm 的气体利用率。

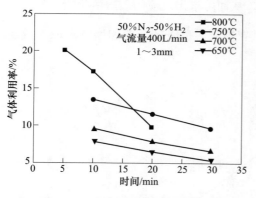 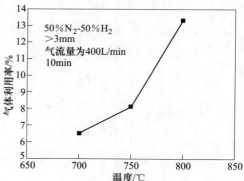

图 8.42　气体利用率与温度、时间之间的关系　　　图 8.43　气体利用率与温度之间的关系

8.6.1.4　气体流速对气固反应动力学的影响

A　试验规律

图 8.44 给出了 700℃时不同操作气速下 1~3mm 铁矿粉和>3mm 铁矿粉的还原率。随着操作气速的增加，两种样品还原率的变化趋势一致，都在增加。

图 8.45 给出了气体速度对气体利用率的影响。随着操作气速的增加，气体利用率减小，但维持在较高的水平。因此在此条件下，增加气速明显可以缩短还原时间，以 1～3mm 铁矿粉为例，当还原温度为 700℃，还原时间 10min，气速为 1.6m/s 时，金属化率可以达到 79.4%，而当气速为 0.8m/s 时，则需要 20min 还原，才能达到相近的还原率。这表明使用 H_2 作为还原剂，可以允许更高的气速，从而可以提高设备的生产效率。

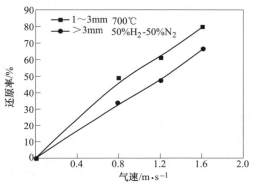

图 8.44　气体速度对矿粉还原程度的影响

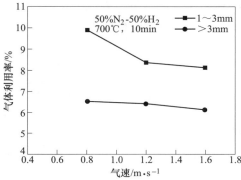

图 8.45　气体速度对气体利用率的影响

B　气体流速对还原速率与氧化速率的影响

根据试验数据计算出的 700℃时，粒度分布为 1～3mm 的铁矿粉在不同操作速度下的还原反应速率常数结果见图 8.46。

根据试验数据计算出 700℃时 50%N_2-50%H_2 还原气体被粒度分布为 1～3mm 的铁矿粉在不同操作速度下氧化时的反应速率常数结果见图 8.47。相同条件下，操作气速越高，氧化反应表观速率常数越大。

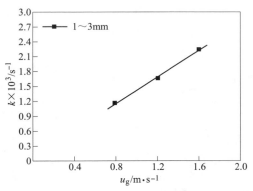

图 8.46　操作气速对还原反应
速率常数的影响

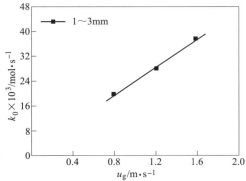

图 8.47　操作气速对氧化反应
速率常数的影响

8.6.1.5　料高对还原的影响

A　试验规律

不同料高（加料量）对还原情况的影响见图 8.48 和图 8.49。随着料高（加料量）的增加，还原率不断下降，然而气体利用率却在不断升高。可以这样理解：料层变高（加料量增加）后，对于相同量的气体，矿粉量变多，导致单位矿粉的气体量变少，因此，矿粉的还原率下降；但是对于气体来说，料层变高了，单位气体的矿粉量增加，或气固接触时间延长，因此气体的利用率提高。

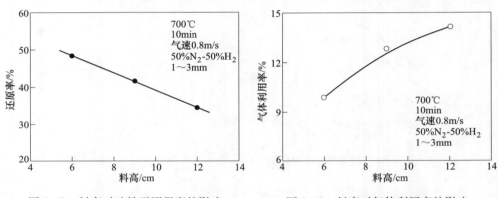

图 8.48　料高对矿粉还原程度的影响　　　　图 8.49　料高对气体利用率的影响

B　料高对还原速率与氧化速率的影响

根据试验数据计算出粒度分布为 1~3mm 的铁矿粉在不同料高下的还原反应速率常数结果见图 8.50。相同条件下，料高越高，还原反应表观速率常数越小。

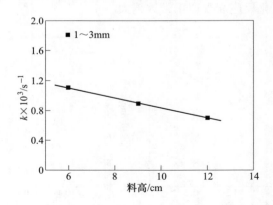

图 8.50　料高对还原反应速率常数的影响

根据试验数据计算出 700℃、50%N$_2$-50%H$_2$ 还原气体被不同装料高度下 1~

3mm 铁矿粉氧化时的反应速率常数结果见图 8.51。相同条件下，料高越高，氧化反应表观速率常数越大。可见，料高（加料量）对矿粉还原率和气体利用率的影响是相反的，从提高气体利用率角度出发，应该增加加料量（料高），从提高还原率出发，则应降低料层高度（减少加料量），合理料高（加料量）的选择应考虑矿粉还原率、气体利用率以及工艺流程其他参数等多种因素。

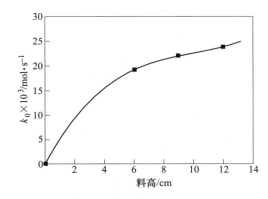

图 8.51　料高对氧化反应速率常数的影响

8.6.1.6　氢气含量对铁矿粉还原的影响

A　试验规律

从图 8.52 可以看出，随着氮氢混合气体中氢气含量的增加，>3mm 铁矿粉样品的还原率都几乎是呈线性增加；以还原温度 750℃，还原时间 10min，气体流量 400L/min 为例，当混合气体中，氢气含量为 40% 时，样品的还原率为 34.67%；而当氢气含量为 60% 时，样品的还原率达到了 47.37%，两者相比氢气含量增加了 20%，还原率增大了 36.63%，这说明混合气体中氢气含量对铁矿粉

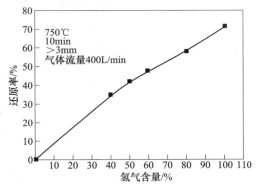

图 8.52　氢气含量对铁矿粉还原程度的影响

还原有显著的影响。

从图 8.53 可以看出，随着流化还原气体中氢气含量的增加，气体利用率减小。当流化还原气体为全氢时，还原温度为 750℃，对于>3mm 的铁矿粉，还原 10min 时，还原率可以达到 70.87%，气体总的利用率可达到 6.91%。

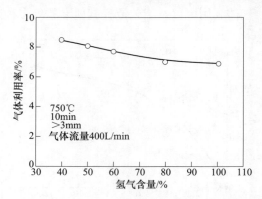

图 8.53　氢气含量对气体利用率的影响

B　氢气含量对还原速率与氧化速率的影响

根据试验数据计算出的氢氮混合气体中不同氢气含量下还原>3mm 铁矿粉时的反应速率常数结果见图 8.54。相同条件下，氢氮混合气体中氢气含量越高，还原反应表观速率常数越大。

根据试验数据计算出的不同氢气含量的氢氮混合气体被>3mm 铁矿粉氧化时的反应速率常数结果见图 8.55。相同条件下，氢氮混合气体中氢气含量越高，氧化反应表观速率常数越大。

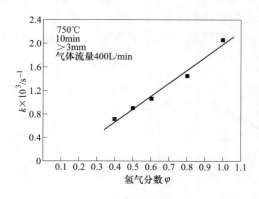

图 8.54　氢气含量对还原反应
速率常数的影响

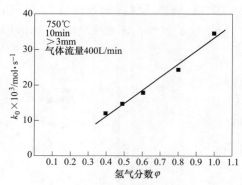

图 8.55　氢气含量对还原反应
速率常数的影响

8.6.1.7 还原势对铁矿粉还原的影响

A 试验规律

图 8.56 为各种还原势下铁矿粉的还原情况；图 8.57 为还原势对气体利用率的影响。随着还原气体中还原势的增大，金属化率与还原率均增大；通过比较可以发现当还原势由 80%下降到 75%时，铁矿粉的金属化率下降幅度最大。气体利用率随着水蒸气含量的增加而降低，在还原势由 80%下降到 75%时，气体利用率下降幅度最大。金属化率、还原率和气体利用率随还原势的增加而增加的主要原因是气体中的水蒸气量的减少，气体中还原性气体的份额增加，使得气体的还原能力变强，还原速度变快。

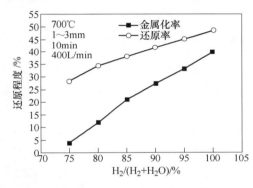

图 8.56 还原势对矿粉还原程度的影响　　　图 8.57 还原势对气体利用率的影响

B 还原势对铁矿粉还原影响程度分析

图 8.58 给出了不同还原势下还原样品金属化率相对变化率。将图 8.56 中各试验值比较得出，随着还原势的减小，铁矿粉金属化率的减小幅度变大，还原势

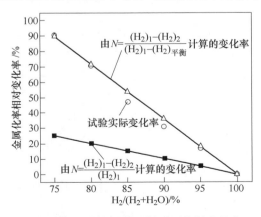

图 8.58 还原势对铁矿粉还原的影响程度

对铁矿粉还原程度的影响均超过了单纯因为还原气体中水分的增加而造成的影响。例如，当流化还原气体中的水蒸气含量由 0% 增加到 5% 时，铁矿粉的金属化率由 39.7% 降低到 27.3%，降低幅度为 31.5%；当流化还原气体中的水蒸气含量由 5% 增加到 10% 时，铁矿粉的金属化率由 27.3% 降低到 11.8%，降低幅度为 56.8%。

　　铁矿粉还原受水蒸气含量变化的影响程度究其原因可用氧化铁的还原热力学平衡图与未反应核动力学模型来揭示。

　　根据矿粉还原动力学的研究，对于细矿粉，化学反应是控速环节，根据铁矿粉的未反应核模型，铁矿粉金属化率与还原势的关系式为：

$$M = 1 - \left[1 - \frac{\tau}{\rho_0 r_0} \cdot \frac{k_+ (1 + K)}{K} (44.643 \xi x - c_{\Psi}) \right]^3 \qquad (8.46)$$

式中，M 为铁矿粉金属化率；x 为还原势分数，$x = \dfrac{H_2}{H_2O + H_2}$；$r_0$ 为铁矿粉颗粒半径，m；ξ 为气体中氢气的有效体积分数；ρ_0 为铁矿粉颗粒的氧摩尔浓度，mol/m^3；c_{Ψ} 为还原反应的还原气体平衡浓度，mol/m^3；k_+ 为本征化学反应速率常数，m/s；K 为还原反应平衡常数；τ 为还原时间，s。

　　从式（8.46）中看出铁矿粉的金属化率除了受到化学反应速率常数的影响外，同时还受到还原势的影响。对于同一粒度的铁矿粉，在某一温度下被还原时，式（8.46）中的各项参数只有 x 和 M 变化。由氢气还原氧化铁的平衡图（图 8.59）可以看出，随着流化还原气体中氢气含量变少，气体的还原势变小，对于由于水蒸气含量的增加而对铁矿粉金属化率造成的减少幅度，应该按照

$$N = \frac{(H_2)_1 - (H_2)_2}{(H_2)_1 - (H_2)_{\Psi\bar{g}}} = \frac{\Delta H_2O}{(H_2)_1 - (H_2)_{\Psi\bar{g}}}$$ 来进行计算，而不是按照 $N =$

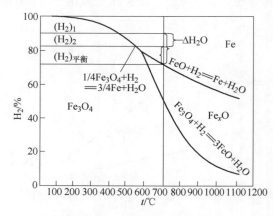

图 8.59　H_2 还原氧化铁的平衡图

$\dfrac{(H_2)_1 - (H_2)_2}{(H_2)_1} = \dfrac{\Delta H_2 O}{(H_2)_1}$ 来进行计算，故还原势对铁矿粉还原程度的影响超过单纯因为还原气体中水分的增加而造成的影响。

8.6.2 CO-CO₂ 体系

8.6.2.1 铁矿粉粒度对还原的影响

从图 8.60 可见，金属化率和还原率的变化规律以及气体利用率的变化规律与 50%N₂-50%H₂ 还原不同粒度分布的铁矿粉时得出的变化规律相似；与 50%N₂-50%H₂ 还原各种相同粒度分布铁矿粉时得出的结果相比，虽然反应温度高于氢气还原时的温度，但是其金属化率、还原率和气体利用率要低于氢气还原时，这说明 CO 气体与铁矿粉反应速度比 H₂ 与铁矿粉的反应速度慢。在低温下，CO 还原性气氛中，细颗粒的铁矿粉反应速度还是比较快的。相比而言，粗颗粒的铁矿粉反应速度较慢，是铁矿粉还原过程的限制性环节。

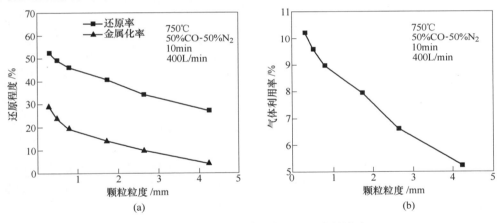

图 8.60　颗粒粒度对铁矿粉还原程度的影响

比较 50%N₂-50%H₂ 和 50%N₂-50%CO 两种气氛下样品的还原程度可知，相同粒度的铁矿粉，还原率相近，金属化率差别很大，分析认为这与使用氢气与 CO 还原表现出不同的物相变化规律有关；通过试验样品的 X 射线衍射图表明，使用 CO 作为还原气体，颗粒的物相主要为金属铁和 FeO，这表明从 Fe₂O₃ 到 FeO 的还原是迅速的，而从 FeO 到金属铁的还原相对较慢，在相同的还原率下，样品的金属化率也就低；使用氢气作为还原气体，存在 Fe₃O₄、FeO 和 Fe 三相，并且 FeO 很少，可认为是 Fe₃O₄ 和金属铁两相，在相同的还原率下，样品的金属化率也就高。

8.6.2.2 温度和还原时间对还原程度的影响

从图 8.61（a）可以看出，随着反应时间的增加，还原率持续增加；随着温度的升高，样品的还原率增大。对于粒度分布 1~3mm 的铁矿粉，当还原温度为 850℃时，仅需 20min，还原率即可达到 80%，金属化率达到 70%。而还原温度为 750℃时，还原 30min，还原率才能达到 73.6%，在三个温度条件下，反应温度为 850℃时的还原速度最快。可见高温下，CO 还原粗颗粒铁矿粉的反应速度是很快的。从图 8.61（b）可以看出，对于粒度分布为 0.25~0.4mm 的铁矿粉，当还原温度为 700℃时，仅需 30min，还原率即可达到 93.8%；而当还原温度为 750℃时，还原 20min 时，还原率达到了 85.05%。可见在低温下，细铁矿粉在 CO 还原气氛中的反应速度是很快的。

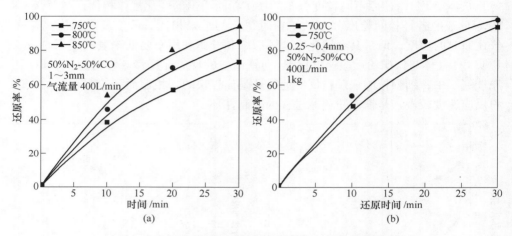

图 8.61　温度及还原时间对还原率和金属化率的影响

　　根据试验数据计算出的粒度分布为 1~3mm 的铁矿粉在不同温度下的反应速率常数结果见图 8.62。相同条件下，温度越高，表观反应速率常数越大，而且增加的幅度也越来越大，见图 8.63。

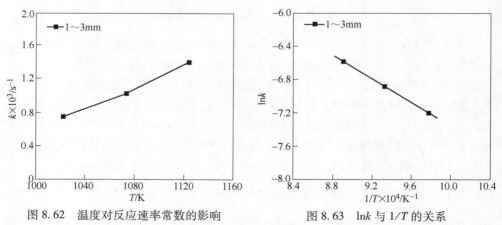

图 8.62　温度对反应速率常数的影响　　　　图 8.63　ln$k$ 与 1/T 的关系

8.6.2.3 温度和反应时间对气体利用率的影响

从图 8.64 可见，随着时间的增加，气体利用率在下降；温度越高，气体利用率越高，但随着还原时间的增加，差距在逐步缩小；气体利用率的规律与 50% N_2-50% H_2 还原相同铁矿粉时的规律一致，区别是 CO 的气体利用率低于 H_2 的气体利用率。在还原温度 850℃时，前 20min 的气体利用率在 8% 左右，说明高温下 CO 还原粗颗粒铁矿粉时，气体利用率能达到一个较高的水平。在还原温度 700℃时，对于粒度分布为 0.25～0.4mm 的铁矿粉，前 20min 的气体利用率为 7.4%。还原温度为 750℃时，经过 20min 的还原，气体利用率为 8.29%，说明低温下 CO 还原细颗粒铁矿粉时，气体利用率能达到一个较高的水平。

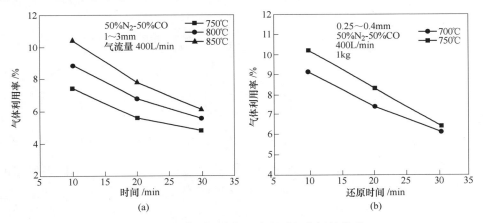

图 8.64 气体利用率与温度、时间之间的关系

根据试验数据计算出 50% N_2-50% CO 还原气体被粒度分布为 1～3mm 的铁矿粉在不同温度下氧化时的反应速率常数结果，见图 8.65。相同条件下，温度越

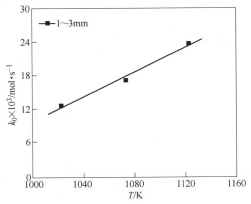

图 8.65 反应温度对氧化反应速率常数的影响

高，表观氧化反应速率常数越大。

8.6.2.4　气体速度对还原程度的影响

从图 8.66 可见，随着操作气速的增加，铁矿粉的还原率增加，并且几乎成线性关系，这说明高温下粗铁矿粉与 CO 气体的反应还是相当快的。

图 8.67 为 850℃时操作气速对气体利用率的影响。随着气速的增加，气体利用率维持在相对较高的水平。因此在此条件下，增加气速明显可以缩短还原时间。

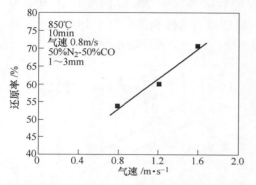
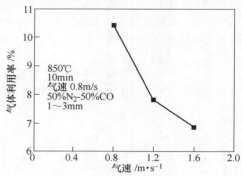

图 8.66　气体速度对铁矿粉还原程度的影响　　图 8.67　气体速度对气体利用率的影响

根据试验数据计算出 850℃时粒度分布为 1～3mm 的铁矿粉在不同操作速度下的还原反应速率常数结果，见图 8.68。相同条件下，操作气速越高，还原反应表观速率常数越大。根据试验数据计算出 850℃时 50%N_2-50%CO 还原气体被粒度分布为 1～3mm 的铁矿粉在不同操作速度下氧化时的反应速率常数结果，见图 8.69。相同条件下，操作气速越高，氧化反应表观速率常数越大。

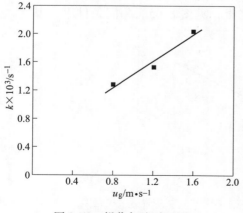
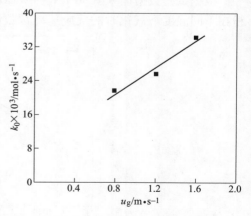

图 8.68　操作气速对还原　　　　图 8.69　操作气速对氧化
　　反应速率常数的影响　　　　　　反应速率常数的影响

8.6.2.5 料高对还原的影响

随着料高（加料量）的增加，金属化率与还原率不断下降，然而气体利用率却在不断升高（图 8.70），这与料高对氢气还原铁矿粉时规律性一致。

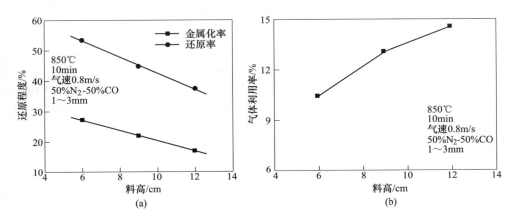

图 8.70 料高对矿粉还原程度的影响

根据试验数据计算出粒度分布为 1~3mm 的铁矿粉在不同料高下的还原反应速率常数结果，见图 8.71。相同条件下，料高越高，还原反应表观速率常数越小。根据试验数据计算出 850℃ 时 50%N₂-50%CO 还原气体被不同装料高度下 1~3mm 铁矿粉氧化时的反应速率常数结果，见图 8.72。相同条件下，料高越高，氧化反应表观速率常数越大。

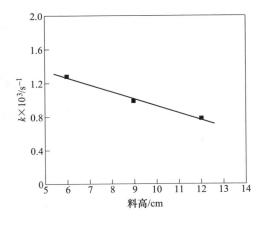

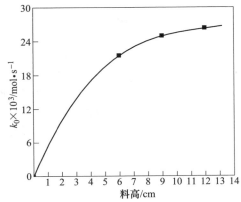

图 8.71 料高对还原反应速率常数的影响　　图 8.72 料高对氧化反应速率常数的影响

8.6.2.6　CO含量对铁矿粉还原的影响

由图8.73可见，随着混合气体中CO含量的增加，铁矿粉样品的金属化率和还原率都增加。当混合气体中CO含量为40%时，样品的还原率为62.4%；而当CO含量为60%时，样品的还原率达到了77%，两者相比CO含量增加了20%，还原率增大了28.3%，这说明混合气体中CO含量对铁矿粉还原的影响还是比较显著的。

由图8.74看出，随着流化还原气体中CO含量的增加，气体利用率减小，而且气体利用率与流化还原气体中CO含量接近线性关系。这说明混合气体中CO含量对气体利用率有着显著的影响，通过比较可知CO与铁矿粉之间的反应速度比氢气还原铁矿粉的速度慢。

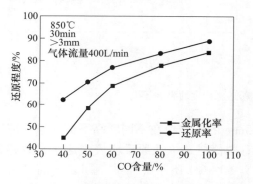

图8.73　CO含量对铁矿粉还原程度的影响　　图8.74　CO含量对气体利用率的影响

根据试验数据计算出CO与氮气混合气体中不同CO含量下还原>3mm铁矿粉时的反应速率常数结果，见图8.75。相同条件下，CO与氮气混合气体中CO含量越高，还原反应表观速率常数越大。

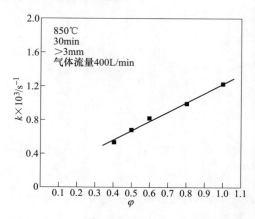

图8.75　CO含量对还原反应速率常数的影响

根据试验数据计算出不同 CO 含量的 CO 与氮气混合气体被>3mm 铁矿粉氧化时反应速率常数的结果，见图 8.76。相同条件下，CO 与氮气混合气体中 CO 含量越高，氧化反应表观速率常数越大。

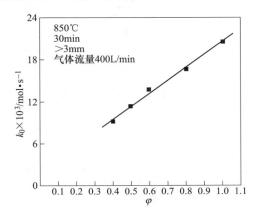

图 8.76　CO 含量对氧化反应速率常数的影响

8.6.2.7　还原势对铁矿粉还原的影响

图 8.77 和图 8.78 给出了 $CO\text{-}CO_2$ 体系中还原势对铁矿粉还原程度的影响。随着还原气体中 CO_2 含量的增加，金属化率与还原率均下降，它们的变化规律与氢气还原势变化时的规律相似。当还原势由 70% 增加到 80% 时，铁矿粉的金属化率增加幅度最大。气体利用率随着 CO_2 含量的增加而降低，在还原势由 70% 增加到 80% 时，气体利用率增加幅度最大。这说明当用含有 CO 和 CO_2 的气体还原铁矿粉时，CO_2 含量达到一定值后，气体还原能力将会被大大减弱。金属化率、还

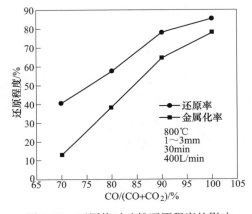

图 8.77　还原势对矿粉还原程度的影响

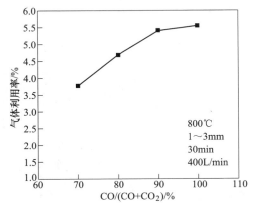

图 8.78　还原势对气体利用率的影响

原率和气体利用率随着 CO_2 含量的增加而降低的主要原因是气体中的 CO_2 的增加，气体中还原性气体的份额减少，同时降低了气体的还原势，使得气体的还原能力变弱。

图 8.79 给出了不同还原势下还原样品金属化率的试验值与理论计算值。将图 8.77 中各试验值比较得出，还原势对铁矿粉还原程度的影响均超过了单纯因为还原气体中 CO_2 的增加而造成的影响。从 CO 还原氧化铁的平衡图（图 8.80）可以看出，随着流化还原气体中 CO 含量变少，气体的还原势变小，对于由于 CO_2 含量增加而对铁矿粉金属化率造成的减少幅度，应该按照 $N = \dfrac{(CO)_1 - (CO)_2}{(CO)_1 - (CO)_{平衡}} = \dfrac{\Delta CO_2}{(CO)_1 - (CO)_{平衡}}$ 来进行计算，而不是按照 $N = \dfrac{(CO)_1 - (CO)_2}{(CO)_1} = \dfrac{\Delta CO_2}{(CO)_1}$ 来进行计算，故还原势对铁矿粉还原程度的影响超过单纯因为还原气体中 CO_2 的增加而造成的影响。

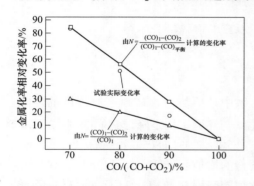

图 8.79　还原势对铁矿粉还原的影响程度

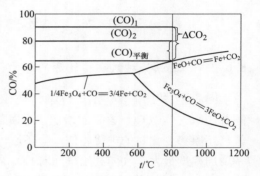

图 8.80　CO 还原氧化铁的平衡图

8.6.3　H_2-CO 体系

8.6.3.1　还原气氛及温度对还原程度影响

从图 8.81 可见，随着还原气氛中 H_2 含量的增加，还原样品的还原率以及气体利用率几乎呈线性增加，这表明 H_2-CO 还原体系中增加 H_2 含量，能够显著增快还原气体与铁矿粉反应的速度，H_2 的加入增大了还原气体的还原能力，同时使得气体利用率也显著增加；由图中还可以看出，还原温度越高，还原样品的金属化率和还原率以及气体利用率越大。

8.6.3.2　还原气氛对还原速率与氧化速率的影响

根据试验数据计算出的 750℃时 H_2-CO 体系中不同还原气氛下还原 1~3mm

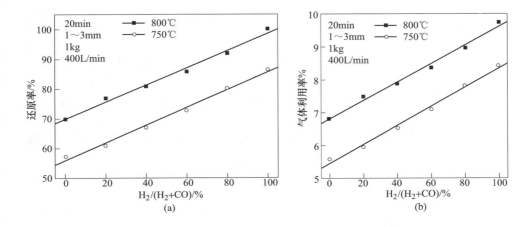

图 8.81　还原气氛及温度对铁矿粉还原程度的影响

铁矿粉时的反应速率常数结果见图 8.82。相同条件下，还原气氛中氢气含量越高，还原反应表观速率常数越大；CO 含量越高，还原反应表观速率常数越小；还原反应表观速率常数与还原气氛中的氢气含量不呈线性关系。

将图 8.82 中的数据拟合可得 750℃时 H_2-CO 体系中不同还原气氛下还原 1～3mm 的铁矿粉时反应速率常数与还原气氛中氢气含量之间的关系式：

$$k = (0.7153 + 0.0018\varphi_{H_2} + 0.0000768\varphi_{H_2}^2)/1000 \qquad (8.47)$$

式中，φ_{H_2} 为还原气氛中氢气含量。

从图 8.83 可以看出，相同条件下，还原气氛中氢气含量越高，氧化反应表观速率常数越大；CO 含量越高，氧化反应表观速率常数越小；氧化反应表观速率常数与还原气氛中的氢气含量不呈线性关系。

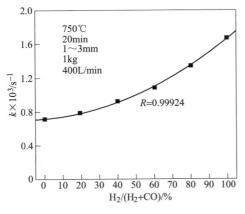

图 8.82　还原气氛对还原反应
速率常数的影响

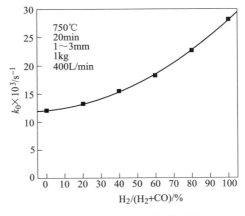

图 8.83　氢气含量对氧化反应
速率常数的影响

参 考 文 献

[1] 庞建明. 铁矿粉气固两相流行为及低温还原动力学研究 [D]. 北京：钢铁研究总院；2009.

[2] 庞建明. 万吨级多级流化床的研制与运行规律研究 [R]. 北京：钢铁研究总院博士后出站报告，2011.

[3] 李晓光，徐德龙，肖国先，等. 大颗粒气固流化床的流化特性 [J]. 西安科技学院学报，2003，23 (4)：425~429.

[4] 彭辉，张济宇. 单组分球形颗粒最小流化速度的简便计算 [J]. 化学工业与工程，1996，13 (1)：31~34.

[5] Sun Guanglin, John R Grace. Effect of particle size distribution in different fluidization regimes [J]. AIChEJ. , 1992, 38：716~722.

[6] 闫涛，朱琳，吴占松. 城市生活垃圾在流化床中的流动特性 [J]. 清华大学学报，2005，45 (2)：228~230，234.

[7] Wen C Y, Yu Y H. A generalized method for predicting the minimum fluidization velocity [J]. AIChEJ. , 1966, 12：610~612.

[8] Pang Jianming, Guo Peimin, Zhao Pei. Reduction kinetics of fine iron ore powder in mixtures of H_2-N_2 and H_2-H_2O-N_2 of fluidized bed [J]. 2015, 22 (5)：391~395.

[9] 郭培民，庞建明，赵沛，曹朝真，赵定国，王多刚. 氢气还原 1~3mm 铁矿粉的动力学研究 [J]. 钢铁，2010，45 (1)：19~23.

[10] 庞建明，郭培民，赵沛. 流化床中 CO 还原 1~3mm 铁矿粉研究 [J]. 钢铁钒钛，2010，31 (3)：15~19.

[11] Pang Jianming, Guo Peimin, Zhao Pei, Cao Chaozhen, Zhao Dingguo, Wang Duogang. Reduction of 1~3mm iron ore by H_2 in a fluidized bed [J]. International Journal of Minerals, Metallurgy and Materials, 2009, 16 (6)：620~625.

[12] Pang Jianming, Guo Peimin, Zhao Pei. Reduction of 1~3mm iron ore by CO in a fluidized bed [J]. Journal of Iron and Steel Research, International, 2011, 18 (3)：1~5.

9 多级流化床的物料移动及压降

多级流化床反应器的物料移动规律是大型流化床反应器系统的设计以及运行的关键基础之一。本章将阐述循环流化床以及宽粒度矿粉流化床的压力分布规律，解决多级反应器间的物料负压差移动问题。

9.1 单级循环流化床的压力分析

9.1.1 单级循环流化床的组成

在循环流化床的循环回路中，压力信号是铁矿粉颗粒特性、床层几何特性、气泡特性等多种因素的综合动态反映。需要对循环系统内各个关键点的压力和整个系统的压力进行分析。

循环流化床由加料装置、提升管、气固分离装置、用来料封的移动床、返料斜管和阀门等构成，见图9.1。

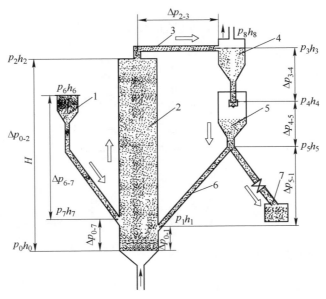

图 9.1 循环流化床组成及各点压力

1—加料仓；2—提升管；3—主副床连接管；4—旋风分离器；
5—返料装置；6—返料斜管；7—出料仓

9.1.2　正压操作与负压操作

在循环流化床系统中，铁矿粉的流动可分为正压差操作（入口压力高于出口压力的流动）和负压差操作（入口压力低于出口压力的流动）。正压差操作和负压差操作可以这样简单区分：正压差操作过程中气体流动方向与铁矿粉流动方向一致；负压差操作过程中气体流动方向与铁矿粉流动方向相反，气体阻碍铁矿粉颗粒的流动。

循环流化床运行过程中，正压差操作和负压差流动同时存在。正压差操作包括循环流化床提升管内铁矿粉颗粒和气体的流动，旋风分离器内含铁矿粉颗粒气流的旋转向下运动以及循环流化床的排料过程；负压差操作包括循环流化床的加料过程、循环流化床的返料过程等。

循环流化过程中的正压差操作，对于保证循环流化床中铁矿粉的顺行、铁矿粉颗粒的排出以及循环过程所需提供的压头都有重要的意义。

在负压差操作情况下，铁矿粉颗粒从一较高位置放入到较低位置，尽管进料管或回料管中的铁矿粉颗粒会产生一定的阻力，由于压差的作用，气体还是会有向上窜动的可能，气泡、气节的出现，明显的窜气，会破坏加料过程或者返料过程的进行。只有对加料装置或者返料装置进行合理的设计，才能保证气体不上窜，保证加料过程和返料过程的稳定。

9.1.3　正压操作与负压操作的压降组成

如图 9.1 所示，循环流化床中各点的压力计算如下[1,2]。

正压差操作：

$$p_0 = \Delta p_{0-2} + p_2 \tag{9.1}$$

$$p_1 = \Delta p_{1-2} + p_2 \tag{9.2}$$

$$p_2 = \Delta p_{2-3} + p_3 \tag{9.3}$$

$$p_3 = \Delta p_{3-4} + p_4 \tag{9.4}$$

则：
$$p_0 = p_4 + \Delta p_{0-2} + \Delta p_{2-3} + \Delta p_{3-4} \tag{9.5}$$

负压差操作：

$$p_4 = \Delta p_{4-5} + p_5 \tag{9.6}$$

$$p_5 = \Delta p_{5-1} + p_1 \tag{9.7}$$

$$p_6 = \Delta p_{6-7} + p_7 \tag{9.8}$$

9.2　正压差操作的压降分析计算

9.2.1　循环流化床提升管内压降

9.2.1.1　提升管内压差的计算公式

循环流化床的运行是介于鼓泡床与气力输送之间的过渡状态，根据提升管内气固两相流动理论，循环流化床提升管内的压降包括气固重力引起的压降、铁矿粉颗粒加速引起的压降、管壁的摩擦压降等。由于提升管轴向结构通常可分为底部浓相和顶部稀相两段，在忽略气体重力的影响下，可采用如下的计算公式[3]：

$$\Delta p_{0-2} = \Delta p_{ac,s} + \Delta p_{ac,g} + \Delta p_{fs} + \Delta p_{fg} + \Delta p_{hs} + \Delta p_{hg} \qquad (9.9)$$

式中，$\Delta p_{ac,s}$，$\Delta p_{ac,g}$ 分别为铁矿粉颗粒和气体的加速压降，Pa；Δp_{fs}，Δp_{fg} 分别为铁矿粉颗粒和气体的沿程摩擦损失，Pa；Δp_{hs}，Δp_{hg} 分别为该段内铁矿粉颗粒的重力压降和气体重力压降，Pa。

和铁矿粉颗粒相比，气体的加速压降和气体的重力压降以及气体的沿程摩擦损失很小，可忽略不计，这样式（9.9）改写成为[3]：

$$\Delta p_{12} = \Delta p_{ac,s} + \Delta p_{fs} + \Delta p_{hs} \qquad (9.10)$$

作为近似计算，假设从床层底部到提升管出口时铁矿粉颗粒速度从零加速至充分发展，这样铁矿粉颗粒加速压降 $\Delta p_{ac,s}$ 可按下式计算[3]：

$$\Delta p_{ac,s} = 0.5 \frac{G_s^2}{\rho_s} \qquad (9.11)$$

铁矿粉颗粒沿程摩擦损失采用 Kono-Saito 计算并联式计算[3]：

$$\Delta p_{fs} = 0.057 gHG_s / \sqrt{gD} \qquad (9.12)$$

由于在循环流化床下部存在着一个铁矿粉颗粒浓度相对较高的密相区，其上部存在着铁矿粉颗粒浓度相对较低的稀相区，故铁矿粉颗粒的重力压降分成两部分计算，即密相区铁矿粉颗粒的重力压降和稀相区铁矿粉颗粒的重力压降[4]：

$$\Delta p_{hs} = \Delta p_{dil} + \Delta p_{den} \qquad (9.13)$$

式中，Δp_{dil}，Δp_{den} 分别为提升管内稀相段和浓相段铁矿粉颗粒重力引起的压降。

密相区内铁矿粉颗粒的重力压降按下式计算[3]：

$$\Delta p_{den} = \rho_s \varepsilon_{s,den} g h_{den} \qquad (9.14)$$

稀相区内铁矿粉颗粒的重力压降按下式计算[3]：

$$\Delta p_{den} = \rho_s \varepsilon_{s,dil} g h_{dil} \qquad (9.15)$$

式中，$\varepsilon_{s,dil}$，$\varepsilon_{s,den}$ 分别为提升管稀相段和浓相段内铁矿粉颗粒平均浓度。在本计算过程中假设浓相段和稀相段内的颗粒浓度保持不变，采用 Lei et al 所引用的经验公式计算[5]。

浓相平均浓度：

$$\varepsilon_{s,den} = \left[1 + 0.103 \left(\frac{\rho_s u_g}{G_s} \right)^{1.13} \left(\frac{\rho_s - \rho_g}{\rho_g} \right)^{-0.013} \right] \varepsilon' \qquad (9.16)$$

稀相平均浓度：

$$\varepsilon_{s,dil} = \left[1 + 0.208 \left(\frac{\rho_s u_g}{G_s} \right)^{0.5} \left(\frac{\rho_s - \rho_g}{\rho_g} \right)^{-0.082} \right] \varepsilon' \qquad (9.17)$$

其中：

$$\varepsilon' = \frac{G_s}{\rho_s(u_g - u_t)} \tag{9.18}$$

对于浓相高度 h_{den} ，采用 Kato et al 的经验公式[6]：

$$h_{den} = 360\left(\frac{G_s}{\rho_s u_t}\right)^{1.2}\left(\frac{u_g - u_t}{u_t}\right)^{-1.45}(Re_s)^{-0.29} \tag{9.19}$$

$$h_{dil} = H - h_{den} \tag{9.20}$$

由式（9.11）~式（9.15）分别计算出提升管内铁矿粉颗粒加速引起的压降、铁矿粉颗粒对壁摩擦引起的压降、铁矿粉浓相段压降和稀相段压降，代入式（9.10）可计算出提升管内的总压降。

$$\Delta p_{12} = \Delta p_{ac,s} + \Delta p_{fs} + \Delta p_{hs}$$

$$= 0.5\frac{G_s^2}{\rho_s} + 0.057gHG_s/\sqrt{gD} + \rho_s\varepsilon_{s,den}gh_{den} + \rho_s\varepsilon_{s,dil}gh_{dil} \tag{9.21}$$

9.2.1.2　操作条件对提升管内压降等参数的影响

图 9.2 为由式（9.19）和式（9.20）计算的不同操作条件下提升管内铁矿粉浓相段高度和稀相段高度的变化。增大铁矿粉颗粒循环量或降低提升管内的表观气速，都会迅速增大铁矿粉颗粒浓相段高度；相反减小铁矿粉颗粒循环量或提高提升管内的表观气速，都会迅速增大铁矿粉颗粒稀相段高度；流化气速越大，提升管内精矿粉浓相段的稀相段高度相等的点处对应的铁矿粉颗粒循环量越大。

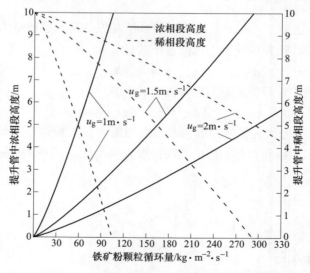

图 9.2　操作条件对提升管内铁矿粉浓相床高度的影响

图 9.3 为由式（9.16）和式（9.17）计算的不同操作条件下提升管内浓、

稀相段铁矿粉平均颗粒浓度的变化。在相同的流化气速下，浓相段铁矿粉平均颗粒浓度，随着铁矿粉颗粒循环量的增大先迅速减小然后逐渐增大；稀相段铁矿粉平均颗粒浓度随着铁矿粉颗粒循环量的增大而增大；在相同的铁矿粉循环量下，流化气速越大，提升管内浓相段和稀相段的精矿粉颗粒平均浓度越小，但是随着流化气速的增加，提升管内的浓、稀相段铁矿粉平均颗粒浓度的减小幅度越小。

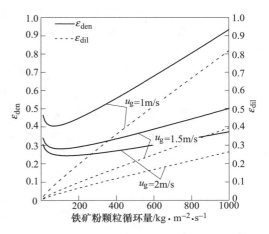

图 9.3 操作条件对浓、稀相段平均颗粒浓度的影响

图 9.4 为由式（9.14）和式（9.15）计算的操作条件对提升管内浓相段和稀相段压降的影响。在一定的流化速度下，随着提升管内铁矿粉颗粒循环量的增加，提升管内浓相段的压降增加，而稀相段的压降先增大后减小。开始时，稀相段的压降大于浓相段的压降，当达到一定的铁矿粉循环量后，浓相段的压降大于稀相段的压降。从图中看出在相同的铁矿粉颗粒循环量下，浓相段和稀相段的压降随操作气速的增大而减小。

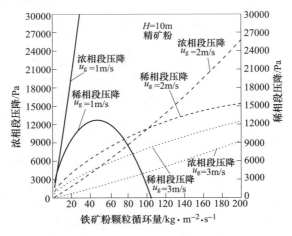

图 9.4 操作条件对浓、稀相段压降的影响

9.2.1.3 操作条件对提升管内总压降的影响

图 9.5 为由式（9.21）计算的不同操作条件下提升管内压降值。在相同的流

化气速下，随着铁矿粉颗粒循环量的增加，提升管内的压降增加，而且几乎呈线性增加；在相同的铁矿粉颗粒循环量下，增大提升管内的表观气速，会减小提升管内的压降，而且表观气速增加幅度越大，提升管内的压降减小幅度越小。

图 9.6 为由式（9.21）计算的提升管高度为 10m、直径为 140mm、流化气速为 5m/s 时，流化不同平均粒度分布的铁矿粉时提升管内压降值的变化。在相同的铁矿粉颗粒循环量下，铁矿粉颗粒平均粒度越大，提升管的压降越大。这主要是由于铁矿粉颗粒平均粒度越大，其颗粒带出速度也就越大，在相同的铁矿粉颗粒循环量下，消耗的气体的能量越多，故压降也就越大。

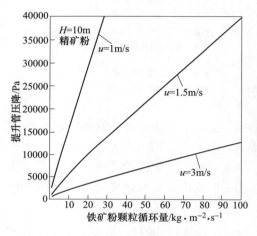
图 9.5 操作条件对提升管内压降的影响

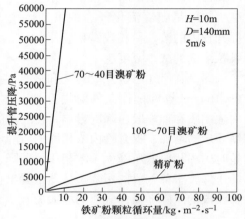
图 9.6 铁矿粉粒度对提升管内压降的影响

图 9.7 为由式（9.11）和式（9.12）计算的在内径为 200mm、高度为 10m、提升管中以 3m/s 的流化气速流化精矿粉时，铁矿粉加速压降以及气固与壁面的摩擦压降占提升管内总压降的百分比。精矿粉流化时，提升管管内的主要压降是由铁矿粉的重力压降引起的，铁矿粉的加速压降占总压降的比例极小，甚至可以忽略，气固与壁面的摩擦压降所占比例也较小，但两者都随铁矿粉颗粒循环流量的增大而增加，当达到一定的铁矿粉颗粒循环量后，气固与壁面的摩擦压降占提升管内总压降的百分比提高不大。通过上面的分析可以作出如下结论，当计算循环流化床提升管中的总压降时，首先应该考虑铁矿粉重力引起的压降，当铁矿粉颗粒循环量较大时，同时应该加入气固与壁面的摩擦压降，铁矿粉的加速压降可以忽略。

图 9.8 为由式（9.21）计算的提升管高度为 10m、流化气速为 3m/s 时，不同直径提升管内压降的变化。从图中比较 3 种不同直径的提升管内流化精矿粉时的压降，可以看出，提升管的直径对提升管内的压降影响极小，通过公式也可以看出，只有摩擦压降与提升管的直径直接相关，而且摩擦压降在提升管的压降中所占的比例极小，所以提升管的直径对提升管内压降影响极小。

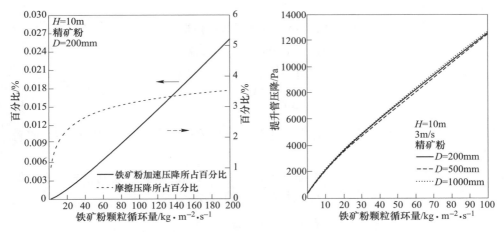

图 9.7　加速、摩擦压降占总压降的百分比　　　图 9.8　提升管的直径对压降的影响

从图 9.9 可以看出在相同的铁矿粉颗粒循环量下，随着气体流化速度的增加，提升管内的压降先急速下降，当到达某一速度值为止，提升管内的压降下降变得缓慢，分析认为这个速度点，是铁矿粉的稀相输送点。通过比较图中三种不同铁矿粉颗粒循环量下的压降，同样发现，随着铁矿粉颗粒循环量的增加，提升管内的总压降增加。

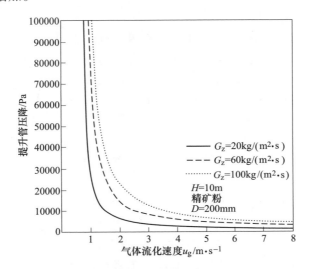

图 9.9　气体流化速度对提升管内压降的影响

9.2.2　主副床连接管处压降

循环流化床主副床连接管处的压降主要有铁矿粉颗粒沿程摩擦压降与管道弯

头的压降组成。

铁矿粉颗粒沿程摩擦压降由 Kono-Saito 计算并联式计算[7]：

$$\Delta p_{\mathrm{fs}} = 0.057gLG_{\mathrm{s}}/\sqrt{gD} \tag{9.22}$$

管道弯头的压降由下面公式计算[8]：

$$\Delta p = \frac{20f_{\mathrm{b}}\rho_{\mathrm{m}}u_{\mathrm{f}}^2}{g} \tag{9.23}$$

式中，Δp 为管道弯头压降，Pa；f_{b} 为弯头摩擦系数，由表 9.1 选取；ρ_{m} 为铁矿粉颗粒与空气混合密度，kg/m³。

由表 9.1 可以看出，弯头的曲率半径越小，弯头的摩擦系数就越大，不仅如此，还可能引起对管壁的严重侵蚀和对颗粒的磨损。

表 9.1　弯管的摩擦系数

曲率半径/管径	2	4	6
f_{b}	0.375	0.188	0.125

9.2.3　旋风分离器压降

　　旋风分离器的压降是整个循环系统压降的一部分，对于一般旋风分离器，气固两相流通过旋风分离器的阻力损失 Δp 可表达为两部分压降之和，即入口到内外旋流交界面的压降和内外旋流交界面到排气管出口的压降。前者主要为了给有效的离心力场提供能量，也包括了入口局部损失及壁面摩擦损失等，是对分离过程起积极作用的；后者主要是克服排气的各种损失所需能量，基本上对分离过程并不起积极作用，应设法尽量减少。

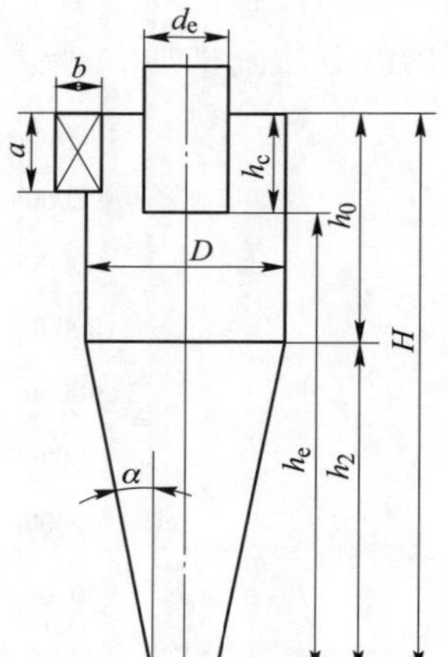

　　在工程中通常采用压降系数计算旋风分离器的压降[9]：

$$\Delta p = (1/2)\xi u_0^2\rho_{\mathrm{g}} \tag{9.24}$$

$$\xi = K(ab/d_{\mathrm{e}}^2) \tag{9.25}$$

图 9.10　旋风分离器几何尺寸

式中，Δp 为旋风分离器的压降，Pa；ξ 为压降系数；u_0 为旋风分离器的气体进口速度，m/s；a 为进口高度，m；b 为进口宽度，m；d_{e} 为出口直径，m（图 9.10）；K 对标准切向进口为 16，有进口叶片为 7.5，螺旋面进口为 12。

　　以上关于旋风分离器的压力损失的讨论是基于介质为洁净气流，未计及含尘浓度对压力损失的影响。一般地，由于颗粒群的存在，降低了气流切向速度，减小了含尘气流的边界层厚度，压力损失会随进口含尘浓度 C_i 的增加而减小。

含尘气流的压力损失修正[10]：

$$\Delta p_c = \Delta p(1 - 0.0198\sqrt{C_i})\qquad(9.26)$$

式中，Δp_c 为进口含尘浓度为 C_i 时的压力损失，Pa；Δp 为纯气流时的压力损失，Pa；C_i 为进口含尘浓度，kg/m³，$C_i = G_s/u_s$。

9.2.4　排料装置中压降

对于带有阀门的加料装置同时可以作为循环流化床的排料装置，排料装置中的压差与进料装置中的压差基本相似，区别在于排料装置是处于正压差状态。排料段压差主要包括混合物下降引起的压差、铁矿粉颗粒与管壁的摩擦压降、铁矿粉颗粒的动能[11]。

$$\Delta p = \Delta p_w + \frac{\left[\rho_s(1-\varepsilon) + \rho_g\varepsilon\right]gL\sin\theta}{g_c} + \frac{u_s G_s}{g_c}\qquad(9.27)$$

ε 为排料斜管内的空隙率，可用下式计算：

$$\varepsilon = 1 - \frac{G_s}{u_s\rho_s}\qquad(9.28)$$

式（9.27）中摩擦阻力 Δp_w 项包括两部分，即气相摩擦阻力和铁矿粉颗粒相摩擦阻力。

$$\Delta p_w = \frac{2f_g\rho_g u_g^2 L}{Dg_c} + \frac{2f_s G_s u_s L}{Dg_c}\qquad(9.29)$$

其中气体摩擦系数 f_g 是斜管的 Re 的函数，

$$3\times10^3 < Re = \frac{Du_g\rho_g}{\mu_g} < 10^5\qquad(9.30)$$

$$f_g = 0.0791\,Re^{-0.25}\qquad(9.31)$$

$$10^5 < Re = \frac{Du_g\rho_g}{\mu_g} < 10^8\qquad(9.32)$$

$$f_g = 0.008\,Re^{-0.237}\qquad(9.33)$$

式中，G_s 为铁矿粉颗粒排出量，kg/(m²·s)；θ 为排料斜管与水平面的夹角，(°)；L 为排料斜管管长，m；u_s 为排料斜管中铁矿粉颗粒速度，m/s；u_g 为排料斜管中气体速度，m/s；ρ_s 为铁矿粉颗粒密度，kg/m³；ρ_g 为气体密度，kg/m³；g 为重力加速度，9.81m²/s；g_c 为转换因子，$g_c = 1$kg·m/(N·s²)；D 为排料斜管直径，m；f_g 为气体摩擦系数；f_s 为铁矿粉颗粒摩擦系数。

至此单级循环流化床系统流化铁矿粉过程中各部分的压差值都可以通过计算得到，通过计算各部分的压降值，就可以计算出使用条件所需的压力分布规律。

9.3　负压差操作的压降分析计算

9.3.1　加料装置中压降

循环流化床中铁矿粉颗粒的加入主要有非机械式加料和机械式加料。非机械式加料指的是铁矿粉颗粒以移动床或流化床方式加入主床，铁矿粉流动是靠系统内压力差来推动的，如采用立-斜混合管加料。但要得到大的加料量，加料装置中的铁矿粉料位必须足够高，才能保证系统加料的稳定性。机械式加料指的是采用阀门来控制铁矿粉颗粒的加入，如用旋转加料器、螺旋进料器等。输送铁矿粉颗粒的动力是循环系统以外的如电机提供，加料量是由机械装置来确定，与提升管的操作相独立，这样就不用考虑全床的压力平衡。采用机械式的加料方式，可以单独的调节加料过程。

9.3.1.1　非机械式加料

A　无阀门的立-斜混合管型加料装置的压差计算

循环流化床加料装置一般是采用立-斜混合管型加料装置，见图9.1。在循环流化床中，不加阀门的立-斜混合管型连续加料装置中的铁矿粉处于负压差下的移动床状态，也就是说铁矿粉颗粒通过管道在重力作用下由压力较低处流入压力较高处。料柱高度是铁矿粉颗粒流动的推动力，加料装置的料封能力也取决于料柱高度。由于提升管内的压降大于加料装置内的压降，为封住提升管上窜的气体，避免气体的反窜，需要一段料封来弥补两者之间的压差，以维持整个循环系统操作的稳定。

立管料封段的压差，采用如下经验式[12]：

$$\Delta p_1 = 0.65H(\rho_s \varepsilon_{mf} g - 1334) \tag{9.34}$$

式中，Δp_1 为立管料封段的压差，Pa；H 为立管料封段高度，m；ρ_s 为铁矿粉颗粒密度，kg/m³；ε_{mf} 为初始流态化空隙率，取 0.4~0.5 之间。

从图9.11可见，随着立管料封段高度的增加，立管料封段的压差增大。立管料封段的压差主要是由铁矿粉的重力压降引起的。

斜管料封段的压差 Δp_x 可以用静压头、铁矿粉颗粒的动能、气固混合物与管壁的摩擦阻力 Δp_w 来表示，可以通过式（9.27）求出。从图9.12中可以看出在进料斜管中相同的铁矿粉流速下，随着铁矿粉颗粒循环量的增大，进料斜管内的压降迅速增大，同时进料斜管内的空隙率迅速减小。在相同的进料斜管空隙率下，进料斜管中的铁矿粉颗粒流速越高，铁矿粉颗粒循环量越大，进料斜管的压降越大；相同的铁矿粉颗粒循环量下，进料斜管中的铁矿粉颗粒流速越高，进料斜管空隙率越大，进料斜管的压降越小。

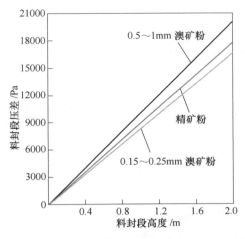

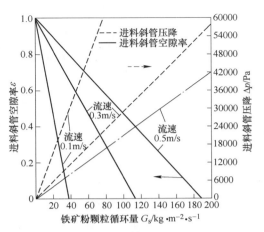

图 9.11　立管料封段的压差　　　　图 9.12　不同操作条件
　　随料封段高度的变化　　　　　　对进料斜管压降的影响

立-斜混合管型加料装置的料封段压差为：

$$\Delta p = \Delta p_1 + \Delta p_x \tag{9.35}$$

已知提升管加料管进口处的压力，通过式（9.35）可以计算出立-斜混合管型加料装置料封段的高度。

不加阀门的立-斜混合管型加料装置的结构简单，容易制造及安装。其主要问题是难以对铁矿粉加料量进行控制，当加料装置中料柱高度较低时或提升管中的送气量出现异常波动时，会出现不稳定的加料现象，甚至造成流化气体从加料装置中反窜而出，破坏整个系统的运行。

B　单阀门的立-斜混合管型加料装置的压差计算

为了对加料量进行控制，以及防止系统波动造成的气体上窜，出现不稳定的加料现象，在加料装置的进料斜管上安装一个控制铁矿粉颗粒流量的间歇式进料阀（如蝶阀、滑阀）等。

进料阀两端的压差与铁矿粉颗粒流率的关系可采用下面的关系式[13]：

$$\Delta p_v = \frac{1}{2C_d^2 \rho_s \varepsilon_{s,mf}} \left(\frac{G_s}{D_v/D_s} \right)^2 \tag{9.36}$$

式中，Δp_v 为进料阀两端的压差，Pa；D_v 为进料阀打开直径，m；D_s 为进料阀最大直径，m；$\varepsilon_{s,mf}$ 为铁矿粉颗粒的临界流化体积分数；C_d 介于 0.69～0.8 之间。

从图 9.13 可见，在相同的 G_s 下，随着进料阀打开直径的增大，进料阀两端的压差急剧减小；在进料阀打开直径相同时，G_s 越大，进料阀两端的压差也越大。因此当提升管与加料管之间的压差较大时，可以通过控制阀的开度或者进料速度来控制气体的外窜。

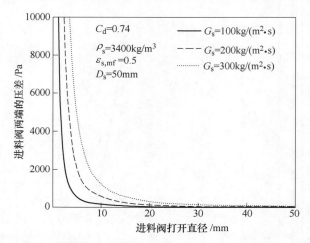

图 9.13　进料阀两端的压差与进料阀打开直径之间的关系

当已知进料速度，以及阀的开度，就可以根据式（9.36）计算出进料阀两端的压差，从而计算出阀上端的料封高度。

立管段的压差由式（9.34）求得，进料阀上面进料斜管中的压差由式（9.27）求得，进料阀两端的压差由式（9.36）求得，已知提升管加料管进口处的压力，可以计算出加有单阀的立-斜混合管型加料装置料封段的高度。

安装在进料斜管上的间歇式进料阀通常需要用洁净的气体将其间隙处积存的铁矿粉颗粒吹扫掉，才能将阀门紧密关闭。而且在开启阀门，进料过程中系统的供气量或压差出现波动时，也容易造成气体反窜，破坏进料过程。

C　双阀门立-斜混合管型加料装置的压差分析

在循环流化床的进料斜管中采用双阀，见图9.14。通过使用两个铁矿粉流量控制阀，能够实现任一试验条件下的双级循环流化床稳定的运行。通过先后开关两个铁矿粉流量控制阀，使得提升管与返料器之间铁矿粉的负压差运行变得稳定，系统不会因为局部压力的变化而受到影响。

双阀之间的联动是这样实现的：开始加料时，铁矿粉流量控制阀 1 处于打开状态，铁矿粉流量控制阀 2 处于关闭状态，此时加料仓与流量控制阀 2 以上部分连通为一个整体，加料仓处的静压头 p_1 与流量控制阀 2 处的静压头 p_3 几乎相等，即 $p_1 \approx p_3$；加料仓中的铁矿粉靠重力流入进料斜管中，当进料斜管中的存料达到一定的高度后，关上铁矿粉流量控制阀 1，打开流量控制阀 2 开

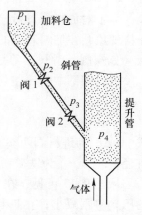

图 9.14　装有双阀的加料装置图

始放料，此时流化床提升管进口处的压力为 p_4，因为流量控制阀1以下各部分与提升管已经连通为一个整体，阀1处的静压头接近于提升管内的静压头，$p_2 \approx p_4$，铁矿粉靠重力流入流化床提升管中；当放完料后，关上流量控制阀2，打开流量控制阀1，此时加料仓与流量控制阀2以上部分连通为一个整体，加料仓处的静压头 p_1 与至流量控制阀2处的静压头 p_3 几乎相等，即 $p_1 \approx p_3$；加料仓中的铁矿粉靠重力流入进料斜管中；如此往复，实现双阀之间的联动，从而实现循环流化床加料的稳定联动操作。

　　D　双料仓立-斜混合管型加料装置的压差分析

　　装有双料仓的加料装置见图9.15，其实现铁矿粉从料仓进入提升管内的联动与双料阀的实现过程类似。

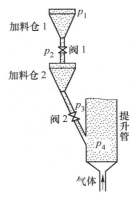

图9.15　装有双料仓
的加料装置

　　双料仓加料装置的加料是这样实现的：开始加料时，加料仓1的阀1处于打开状态，加料仓2的阀2处于关闭状态，此时加料仓1、加料仓2以及阀2以上部分连通为一个整体，加料仓处的静压头 p_1 与阀2处的静压头 p_3 几乎相等，即 $p_1 \approx p_3$；加料仓1中的铁矿粉靠重力通过进料管加入加料仓2中至阀2以上管段，当加料仓2中的存料达到一定的高度后，关上阀1，打开阀2开始放料，此时流化床提升管进口处的压力为 p_4，因为阀1以下各部分与提升管已经连通为一个整体，阀1处的静压头接近于提升管内的静压头，$p_2 \approx p_4$；铁矿粉靠重力流入流化床提升管中；当放完料后，关上阀2，打开阀1，从加料仓1将铁矿粉放入加料仓2中，如此往复，实现双料仓在负压差条件下的加料操作，从而防止了气体从加料仓中窜出。

9.3.1.2　机械式加料装置中的压差计算

　　在机械式加料装置中用的最普遍的进料阀是旋转加料阀，也称为星形阀（图9.16）。星形阀在外壳内有一旋转的叶轮，由6~8个叶片组成，轴和轴承都是密封防尘的。这种阀对于控制细铁矿粉的加料，以及进出口两端压差大的场合比较适合。在转动的叶轮和固定外壳之间有极小的缝隙，一般不超过 0.05mm，进入进料管的反窜气体需要克服很大的压损才能穿过去。为了防止漏气，在每个叶片端部装有橡胶板，使叶轮与外壳保持接触，使漏气量减少到最低程度。

图9.16　旋转加料器
示意图

　　气体通过缝隙需要克服的压损可通过下式计算[14]：

$$\Delta p = 4.606 \times \frac{p_1^{0.137} L^{0.306} Q^{0.845} \Delta^{0.08}}{100 D^{2.087}} \tag{9.37}$$

式中，Δp 为气体通过缝隙需要克服的压损，MPa；p_1 为系统内的操作压力，MPa；L 为缝隙细缝的长度，m；Δ 为缝隙的粗糙度，mm；D 为缝隙的厚度，m；Q 为通过缝隙的气体流量，m^3/h。

图 9.17 给出了由式（9.37）计算的循环流化床提升管内操作压力为 0.3MPa 时，流化床内的气体通过旋转加料器 0.05mm 的缝隙时需要克服的压损与漏气量的关系。随着缝隙漏气量的增大，气体通过缝隙所要克服的压损迅速增大。从图中的数据可知，气体通过缝隙时要克服的压力远大于操作系统内的压力，所以通过旋转加料器输送铁矿粉颗粒时，气体基本上不会从其缝隙处大量窜出，使加料过程遭到破坏。

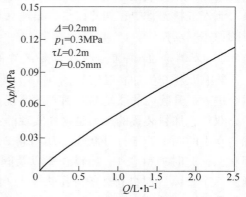

图 9.17　气体通过缝隙时的
压损与漏气量的关系

9.3.2　返料装置压降

循环流化床中循环颗粒的返回方法有多种，可分为机械式和非机械式两类。机械式指的是输送铁矿粉颗粒的动力是循环系统以外的设备如电机等提供，比如用旋转进料器向主床中加入铁矿粉颗粒。这种方法由于主床和副床之间的铁矿粉颗粒流动阻力靠机械阀门来调节，循环量的大小受伴床料位高低的影响较小。非机械式是采用立管返回铁矿粉，控制铁矿粉循环量是通过循环系统的阀门，进料速度由加入的辅助气量来控制。这时伴床料位高度和流化状况对循环量影响很大。但要得到大的铁矿粉循环量，伴床的体积和料位必须足够高。

9.3.2.1　立管料封段的压力计算

在循环流化床中，返料装置中的料层高度，对于整个循环流化床操作的稳定性影响很大。由于提升管内的压降大于返料器内的压降，因而需要一段料封，来弥补两者之间的压差，以维持整个循环系统操作的稳定。为了达到高的铁矿粉颗粒循环量，需要给提升管提供较大的铁矿粉颗粒量，用较长的料封段，可为铁矿粉颗粒流入提升管提供足够的动力。铁矿粉颗粒以移动床形式向下流动，并封住提升管上窜的气体，避免气体的反窜。

返料立管中料封段的压差的计算采用式（9.34），返料立管中不同粒度铁矿粉料封段的压差随料封段高度的变化与加料立管中相同，其变化规律见图 9.11。

9.3.2.2 锥形斗-立管的压降

循环流化床返料系统是一个独立的部分，一般由立管和阀组成。立管通常被用来保持稳定的铁矿粉颗粒流动，形成足够的压降以克服分离器和提升管之间的负压差，防止循环流化床提升管内的气体经过返料器反窜进入旋风分离器内，破坏旋风分离器内的气固流动规律，降低分离效率，并保证合理的铁矿粉颗粒运动速度和密封作用。阀的作用是输送和调节铁矿粉颗粒的循环量以及控制铁矿粉颗粒流动。为维持颗粒稳定和连续的循环，立管起到一个非常重要的作用。

为了提高返料系统的料封能力，以及保持料腿中料面高度的稳定，设计在立管料腿的顶部串联一个锥形斗（图 9.18）。加入锥形斗后，一方面由于锥形斗有较大的容积，可以有效防止由于铁矿粉颗粒循环量的波动所造成的料腿中料柱高度的波动而引起的料封破坏现象。另一方面由于锥形斗中气固相对速度渐减，气体对铁矿粉颗粒的曳力远小于锥斗中铁矿粉颗粒的重力，此剩余重力压在立管顶端，正好起到抑制立管料面膨胀的作用，使料腿处于稳定的移动床料封状态。

在锥形斗-立管中，铁矿粉颗粒的缓慢移动类似于移动床。通过移动床压降的公式可以推导出锥形斗-立管的压降。

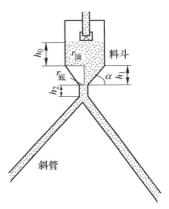

图 9.18　循环流化床
锥形斗-立管图

A　锥形斗的压降

锥形斗的压降可由其压降微分方程积分而得，设锥形斗底端的气体速度为 u_f，铁矿粉颗粒速度为 u_s，底部半径为 $r_{底}$，顶部半径为 $r_{顶}$，半锥角为 α，锥形斗高度为 h_1，锥斗-立管中的空隙率为 ε，锥斗上面连接的立管高度为 h_0，锥斗下面连接的立管高度为 h_2，因气体压力的变化范围不大，故忽略气体体积与密度因压力的变化而引起的变化。

根据 Ergun 方程[15]，有：

$$-\frac{\mathrm{d}p}{\mathrm{d}h} = 150\left(\frac{1-\varepsilon}{\varepsilon}\right)^2 \frac{\mu_f(u_f - u_s)}{(\phi_s d_s)^2 \left(1 + \frac{\tan\alpha}{r_{底}}h\right)^2} +$$

$$1.75\left(\frac{1-\varepsilon}{\varepsilon}\right) \frac{\rho_f(u_f - u_s)^2}{(\phi_s d_s)\left(1 + \frac{\tan\alpha}{r_{底}}h\right)^4} \qquad (9.38)$$

以 $h=0$ 及 $h=h_1$ 为下、上限，积分式（9.38）可得：

$$-\Delta p_{\text{锥}} = 150\left(\frac{1-\varepsilon}{\varepsilon}\right)^2 \frac{\mu_f r_{\text{底}}(u_f - u_s)}{(\phi_s d_s)^2 \tan\alpha}\left(1 - \frac{1}{1 + \dfrac{\tan\alpha}{r_{\text{底}}}h_1}\right) +$$

$$1.75\left(\frac{1-\varepsilon}{\varepsilon}\right)\frac{\rho_f r_{\text{底}}(u_f - u_s)^2}{3(\phi_s d_s)\tan\alpha}\left[1 - \frac{1}{\left(1 + \dfrac{\tan\alpha}{r_{\text{底}}}h_1\right)^3}\right] \tag{9.39}$$

B　立管的压降 $\Delta p_{\text{立}}$

立管的压降梯度采用 Ergun 方程，则有

锥斗上面连接的立管的压降，以 $h=0$ 及 $h=h_0$ 为下限与上限积分，可得：

$$-\Delta p_{\text{立上}} = 150\left(\frac{1-\varepsilon}{\varepsilon}\right)^2 \frac{\mu_f r_{\text{顶}}(u_f - u_s)}{(\phi_s d_s)^2}h_0 +$$

$$1.75\left(\frac{1-\varepsilon}{\varepsilon}\right)\frac{\rho_f r_{\text{顶}}(u_f - u_s)^2}{3(\phi_s d_s)}h_0 \tag{9.40}$$

锥斗下面连接的立管的压降，以 $h=0$ 及 $h=h_2$ 为下限与上限积分，可得：

$$-\Delta p_{\text{立下}} = 150\left(\frac{1-\varepsilon}{\varepsilon}\right)^2 \frac{\mu_f r_{\text{底}}(u_f - u_s)}{(\phi_s d_s)^2}h_2 +$$

$$1.75\left(\frac{1-\varepsilon}{\varepsilon}\right)\frac{\rho_f r_{\text{底}}(u_f - u_s)^2}{3(\phi_s d_s)}h_2 \tag{9.41}$$

则立管中的压降之和为：

$$-\Delta p_{\text{立}} = (-\Delta p_{\text{立上}}) + (-\Delta p_{\text{立下}})$$

$$= 150\left(\frac{1-\varepsilon}{\varepsilon}\right)^2 \frac{\mu_f(u_f - u_s)}{(\phi_s d_s)^2}(r_{\text{顶}}h_0 + r_{\text{底}}h_2) +$$

$$1.75\left(\frac{1-\varepsilon}{\varepsilon}\right)\frac{\rho_f r_{\text{底}}(u_f - u_s)^2}{3(\phi_s d_s)}(r_{\text{顶}}h_0 + r_{\text{底}}h_2)$$

$$= 150\left(\frac{1-\varepsilon}{\varepsilon}\right)^2 \frac{\mu_f(u_f - u_s)}{(\phi_s d_s)^2}[r_{\text{底}}(h_0 + h_2) + h_0 h_1 \tan\alpha] +$$

$$1.75\left(\frac{1-\varepsilon}{\varepsilon}\right)\frac{\rho_f r_{\text{底}}(u_f - u_s)^2}{3(\phi_s d_s)}[r_{\text{底}}(h_0 + h_2) + h_0 h_1 \tan\alpha] \tag{9.42}$$

分别求出锥形斗中的压降 $\Delta p_{\text{锥}}$ 和立管中的压降 $\Delta p_{\text{立}}$，两者之和即为锥形斗-立管的压降：

$$(\Delta p_{\text{锥-立}})_t = \Delta p_{\text{锥}} + \Delta p_{\text{立}} \tag{9.43}$$

锥形斗-立管中的压降可以通过式（9.43）计算得出。

9.3.2.3 立管、锥形斗中料封段的压差比较

从图 9.19 可见，立管和锥形斗中精矿粉料层高度越高，立管和锥形斗中料封段压差越大；在同样的料层高度下，锥形斗中的压差大于立管中的料封段压差，而且料层高度越大，差值越大。这就从理论值上说明了，加入锥形斗的立管要比单纯同高度的立管的料封段压差大得多，其料封能力也就大大增加，因此加入锥形斗后，能够有效地防止由于铁矿粉颗粒循环量的波动所造成的料腿中料柱高度的波动而引起的料封破坏现象，使料腿处于稳定的移动床料封状态。

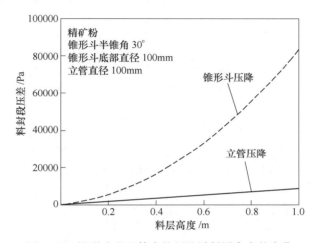

图 9.19 锥形斗和立管中的压差随料层高度的变化

9.3.3 返料斜管压降

9.3.3.1 不同操作条件对返料斜管压降的影响

与返料立管相比，在返料斜管内气固混合物的流动较稀。返料斜管任意两点的压差 ΔP 与进料斜管中的计算方法一样，可采用式（9.27）计算求出，这里将不再赘述。

不同操作条件对返料斜管压降的影响与加料斜管中的影响规律相同，其变化规律见图 9.12。

9.3.3.2 提升管和斜管直径对返料斜管内 ε 的影响

从图 9.20 可见，返料斜管内的空隙率 ε 随着铁矿粉颗粒循环量的增大而减小；提升管直径越大，对于处于相同的铁矿粉颗粒循环量时，返料斜管内的空隙率越大，而且在相同的铁矿粉流速下，提升管直径越小，返料斜管的空隙率从 1

到 0 所对应的铁矿粉颗粒循环量的变化范围越大。

　　对于处于相同的铁矿粉颗粒循环量时,返料斜管直径越大,返料斜管内的空隙率越大,而且在相同的铁矿粉流速下,返料斜管直径越大,返料斜管中的空隙率从 1 到 0 所对应的铁矿粉颗粒循环量的变化范围越大(图 9.21)。

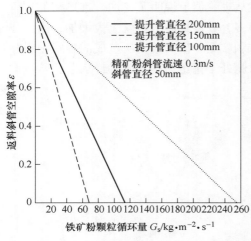

图 9.20　提升管直径对返料斜管内 ε 的影响　　图 9.21　斜管直径对返料斜管内 ε 的影响

9.3.3.3　斜管内铁矿粉的流速对 ε 的影响

　　对于处于相同的铁矿粉颗粒循环量时,铁矿粉流速越大,返料斜管内的空隙率越大,而且铁矿粉流速越大,返料斜管中的空隙率从 1 到 0 所对应的铁矿粉颗粒循环量的变化范围越大,见图 9.22。

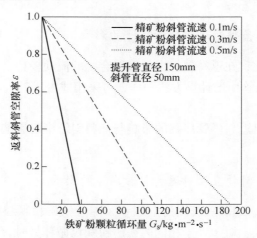

图 9.22　铁矿粉流速对返料斜管内 ε 的影响

9.3.3.4 返料斜管内铁矿粉的流速与 G_s 的关系

由图 9.23 可以看出，对于同一个返料斜管内的空隙率来说，铁矿粉颗粒循环量越大，返料斜管中的流速越大；在相同的铁矿粉颗粒循环量下，返料斜管内的空隙率越大，其铁矿粉流速越大。

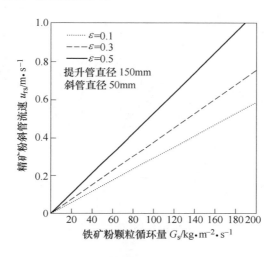

图 9.23 返料斜管内铁矿粉流速与 G_s 的关系

9.4 双级循环流化床的压降分析

双级循环流化床是由两个单级循环流化床为主体串联起来形成的，其组成及各点压力见图 9.24。双级循环流化床内气体的流向为：循环流化床 B 的布风板 →循环流化床 B 的提升管→循环流化床 B 的旋风分离器出口→循环流化床 A 的布风板→循环流化床 A 的提升管→循环流化床 A 的旋风分离器出口。

每一级循环流化床的压力分布与前面分析的单级循环流化床大致相同，这里将不再赘述。双级循环流化床同时还要考虑气体从循环流化床 B 旋风分离器的出口至循环流化床 A 提升管的入口之间输送管路的压降和铁矿粉颗粒从循环流化床 A 的出料斜管至循环流化床 B 的提升管中的压降。

9.4.1 两床之间气体管路的压降

气体管路压降 Δp_g 包括两部分：气体与管道的摩擦压降 Δp_{gf} 及在垂直管道中所存在的气体本身重力所造成的压降 Δp_{gh}（水平管道 $\Delta p_{gh} = 0$），即：

$$\Delta p_g = \Delta p_{gf} + \Delta p_{gh} \tag{9.44}$$

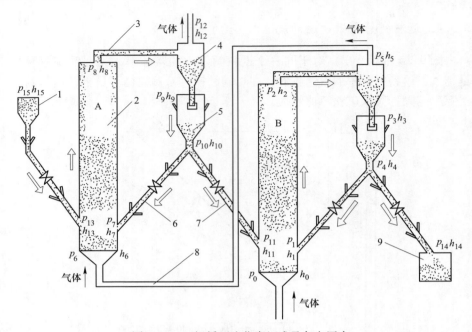

图 9.24　双级循环流化床组成及各点压力

1—加料仓；2—提升管；3—主副床连接管；4—旋风分离器；5—返料装置；
6—返料斜管；7—流化床 B 进料斜管；8—流化床 A 进气管；9—出料仓

Δp_{gf} 可用费林（Fanning）方程求解，其表达式为[16]：

$$\Delta p_{gf} = \lambda_g \frac{L}{D} \frac{\rho_g u_g^2}{2} \tag{9.45}$$

式中，λ_g 为气体摩擦阻力系数。它是雷诺数 Re 的函数，计算公式如下：

层流区（$Re \leqslant 2320$）　　　　　$\lambda_g = \dfrac{64}{Re}$ 　　　　　　　　（9.46）

紊流区（$Re > 2320$）　　　　　$\lambda_g = \dfrac{0.3146}{Re^{0.25}}$ 　　　　　　　（9.47）

式中，L 为管长；$Re = \dfrac{\rho_g u_g D}{\mu_g}$，$\mu_g$ 为气体动力黏性系数。

Δp_{gh} 与气体的密度和输送高度 H 有关（H 对向上输送取正号，对向下则取负号），即：

$$\Delta p_{gh} = \rho_g g H \tag{9.48}$$

空气在弯管内的压降：

$$\Delta p = \xi \frac{\rho_g u_g^2}{2g} \tag{9.49}$$

式中，ξ 为气体流动时的阻力系数，可通过查莫迪图求得。

9.4.2 两床之间加料斜管的压降

两床之间加料斜管中的铁矿粉处于负压差状态，通过循环流化床 A 的返料器将铁矿粉输送到循环流化床 B 提升管过程中的压降与单级循环流化床返料斜管中的压差计算相同，其压降值可以通过式（9.27）得出。

至此双级循环流化床各组成部分的压降值都可以通过计算得到，将各压降值计算出，就可以设计出使用条件下的压头。

9.5 循环流化床体系的压力平衡模型

9.5.1 单回路循环流化床的压力平衡

9.5.1.1 循环流化床闭合单回路描述

在单级循环流化床中，循环流化床铁矿粉颗粒的闭合回路由提升管、旋风分离器、锥形斗-立管和返料斜管组成。从循环流化床提升管出来的铁矿粉颗粒经旋风分离器分离，分离下来的铁矿粉颗粒经锥形斗-立管和返料斜管送入提升管内，见图9.25。铁矿粉颗粒在闭合回路系统中循环的推动力是闭合回路两侧不同的静压头。

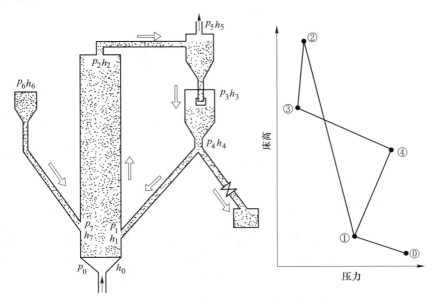

图 9.25　铁矿粉颗粒单回路循环及其压降示意图

在单级循环流化床内，铁矿粉颗粒和气体的流动方式如下。

铁矿粉颗粒循环回路：提升管→顶旋风分离器→顶旋风分离器料腿→锥形斗-

立管返料器→返料斜管→提升管。

气体路线：布风板→提升管→旋风分离器分出口。

这种流化床的铁矿粉颗粒循环回路属于 DaizoKunii，Octave Levenspiel 的单回路单气路系统，铁矿粉颗粒流动只有一个循环回路，气体流动只有一个进口和出口。

9.5.1.2　循环流化床闭合单回路压力平衡模型

无论压力如何改变，锥形斗-立管总是与提升管、旋风分离器等组成一个循环回路。单循环回路简图见图 9.25，在图示的铁矿粉颗粒循环回路中，它的一个基本规律是循环回路所有部分的压降和等于零，其压力平衡关系式可表示为：

$$(p_1 - p_2) + (p_2 - p_3) + (p_3 - p_4) + (p_4 - p_1) = 0 \tag{9.50}$$

即：
$$\Delta p_{1,2} + \Delta p_{2,3} + \Delta p_{3,4} + \Delta p_{4,1} = 0 \tag{9.51}$$

如果规定①点高为 h_1，铁矿粉与空气混合平均密度为 $\rho_{1,2}$ 摩擦损失包括加速损失，$\Delta p_{1-2损} > 0$。则根据能量守恒方程式有：

$$\Delta p_{1-2损} = p_1 - p_2 - \rho_{1,2} g(h_2 - h_1) \tag{9.52}$$

同样可以写出以下公式

$$\Delta p_{2-3损} = p_2 - p_3 - \rho_{2,3} g(h_3 - h_2) \tag{9.53}$$

$$\Delta p_{3-4损} = p_4 - p_5 - \rho_{3,4} g(h_4 - h_3) \tag{9.54}$$

$$\Delta p_{4-1损} = p_4 - p_1 - \rho_{4,1} g(h_1 - h_4) \tag{9.55}$$

对于①→④回路，式（9.52）~式（9.55）之和为：

$$\sum_{i=1}^{3} \left[\rho_{i,i+1} g(h_{i+1} - h_i) + \Delta p_{i-(i+1),损} \right] + \Delta p_{4-1,损} + \rho_{4,1} g(h_4 - h_1) = 0$$

$$\tag{9.56}$$

在循环流化床中，满足压力平衡关系式（9.56）时，认为循环处于正常状态。这说明铁矿粉颗粒以一定质量流率循环的条件是静压力之和等于所有摩擦力之和（包括铁矿粉颗粒加速、转弯）。

9.5.1.3　铁矿粉闭合单回路的压力平衡

考察图 9.26 中任一装料量下的回路可知，随着装料量的增加，在底部浓相区压力明显降低，在上部稀相区压力降低不明显。从图中还可以发现铁矿粉颗粒上行和下行构成的循环回路压力曲线必在某标高处相交，即有一个压力等值点，该点在稀、浓相交界面以下，使回路曲线呈“8”字形。

循环回路中的提升管、旋风分离器和返料斜管的压降在各种装料量下均靠锥形斗-立管料腿的压降来平衡。当装料量增加时，循环流化床提升管的压降和返料斜管均增大，此时锥形斗-立管料腿的压降将会自动调节随之增加，以达到循

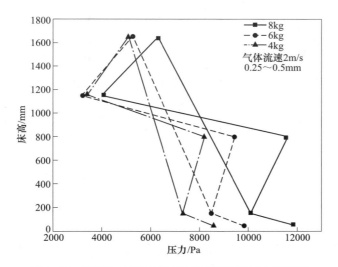

图 9.26 不同装料量下循环流化床系统的压力平衡图

环回路的压力平衡。这种压力平衡关系是循环流化床系统所具有的共同特性。

循环流化床内存在压力平衡分布，随着存料量和流化风速的变化，料腿的压降将会自动调节随之变化，以达到循环回路的压力平衡。

9.5.2 双级循环流化床系统回路压力平衡

9.5.2.1 双级循环流化床铁矿粉闭合回路描述

双级循环流化床由循环流化床 A 和循环流化床 B 串联起来形成的，循环流化床 A 和 B 中都有各自的铁矿粉回路循环，同时铁矿粉颗粒又在两个床之间流动。双级循环流化床中铁矿粉回路循环见图 9.27。

在双级循环流化床内，铁矿粉颗粒和气体的流动方式如下。

双级循环流化床内铁矿粉颗粒的进料到出料流向为：进料仓→循环流化床 A 的提升管→循环流化床 A 的顶旋风分离器→循环流化床 A 的顶旋风分离器料腿→循环流化床 A 的锥形斗-立管返料器→循环流化床 A 的出料斜管→循环流化床 B 的提升管→循环流化床 B 的顶旋风分离器→循环流化床 B 的顶旋风分离器料腿→循环流化床 B 的锥形斗-立管返料器→循环流化床 B 的出料斜管→出料仓。

双级循环流化床内气体的流向为：循环流化床 B 的布风板→循环流化床 B 的提升管→循环流化床 B 的旋风分离器分出口→循环流化床 A 的布风板→循环流化床 A 的提升管→循环流化床 A 的旋风分离器分出口。

循环流化床 A 和 B 中各自的铁矿粉颗粒循环回路相同：提升管→顶旋风分离器→顶旋风分离器料腿→锥形斗-立管返料器→返料斜管→提升管。

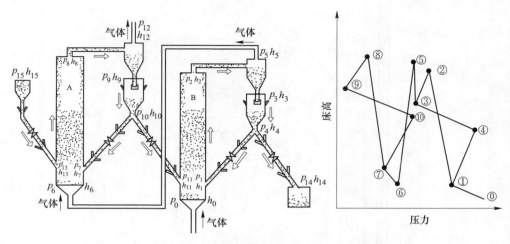

图 9.27　双级循环流化床回路循环系统及其压降示意图

循环流化床 A 和 B 中各自的气体路线：布风板→提升管→旋风分离器分出口。

9.5.2.2　双级循环流化床闭合单回路压力平衡模型

根据铁矿粉颗粒循环回路中所有部分的压降和等于零，则有，

流化床 A 中的压力平衡关系式可表示为：

$$(p_7 - p_8) + (p_8 - p_9) + (p_9 - p_{10}) + (p_{10} - p_7) = 0 \tag{9.57}$$

即

$$\Delta p_{7,8} + \Delta p_{8,9} + \Delta p_{9,10} + \Delta p_{10,7} = 0 \tag{9.58}$$

流化床 B 中的压力平衡关系式可表示为：

$$(p_1 - p_2) + (p_2 - p_3) + (p_3 - p_4) + (p_4 - p_1) = 0 \tag{9.59}$$

即

$$\Delta p_{1,2} + \Delta p_{2,3} + \Delta p_{3,4} + \Delta p_{4,1} = 0 \tag{9.60}$$

根据能量守恒方程式，循环流化床 A 中⑦→⑩回路的压力平衡如下：

$$\sum_{i=7}^{9} \left[\rho_{i,i+1} g(h_{i+1} - h_i) + \Delta p_{i-(i+1),\text{损}} \right] + \Delta p_{10-7,\text{损}} + \rho_{10,7} g(h_7 - h_{10}) = 0 \tag{9.61}$$

根据能量守恒方程式，循环流化床 B 中①→④回路的压力平衡如下：

$$\sum_{i=1}^{3} \left[\rho_{i,i+1} g(h_{i+1} - h_i) + \Delta p_{i-(i+1),\text{损}} \right] + \Delta p_{4-1,\text{损}} + \rho_{4,1} g(h_1 - h_4) = 0 \tag{9.62}$$

在双级循环流化床中，循环流化床 A 和循环流化床 B 分别满足式（9.61）和式（9.62），同时满足循环流化床 B 中的压力 p_B 大于循环流化床 A 中的压力，即 $p_B > p_A$，认为双级循环流化床的循环处于正常运行状态。

9.5.2.3 双级循环流化床铁矿粉闭合回路的压力平衡试验验证

图 9.28 为不同流化风速下，双级循环流化床循环回路的压力平衡关系。各个点的压力值由试验压差测量值和绝对压力值计算得到。随着流化风速的降低，双级循环流化床循环回路各段的压力下降。流化速度降低后曲线变化的趋势未变，但两级循环床的旋风分离器入口的压力明显降低了。流化速度的减小使旋风分离器的入口浓度降低，系统的颗粒循环量下降。循环流化床 B 中的压力明显降低，在循环流化床 A 中的压力降低不明显。在每一级循环流化床中铁矿粉颗粒上行和下行构成的循环回路压力曲线必在某标高处相交，即有一个压力等值点，两级循环流化床的回路曲线呈上下双"8"字形。

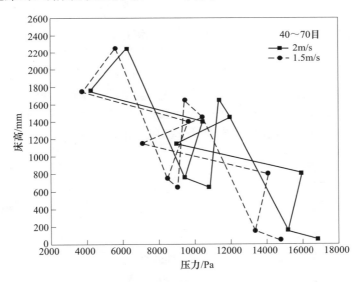

图 9.28 不同流化风速下循环流化床系统的压力平衡图

双级循环流化床内存在着压力平衡分布，随着流化风速的变化料腿的压降将会自动调节随之变化，以达到各个循环回路的压力平衡。

9.5.3 循环流化床回路压力平衡讨论

铁矿粉颗粒循环回路压力平衡曲线表明锥形斗-立管料腿上部的压力低于同标高处提升管的压力，但下部的压力高于同标高处提升管的压力。提升管上部的气流进入旋风分离器产生压降，同时旋风分离器内的旋转气流又在锥形斗-立管料腿上部形成一段低压区，而在料腿下部沉降下来的铁矿粉颗粒形成了密相移动床，压力逐渐增大，这提供了铁矿粉颗粒返回提升管的压力，同时也起到料封作用。

在循环回路中，锥形斗-立管料腿起着重要的作用，它使铁矿粉颗粒从压力较低的区域输送到压力较高的区域，使循环回路的压力达到平衡。循环回路任何部分的压力发生变化，锥形斗-立管内产生的压降就会自动调节，以维持回路的压力平衡。这种压力平衡关系是循环流化床循环回路系统所具有的共同特性。

　　循环回路压力平衡曲线还表明铁矿粉颗粒上行和下行构成的循环回路压力曲线必在某标高处相交，即有一个压力等值点，该点在稀、浓相交界面以下，使回路曲线呈"8"字形。从提升管和锥形斗-立管料腿的压力分布与流化速度的关系曲线看，随着流化速度的增加，系统内的压力也增加。

9.6　宽粒度分布铁矿粉流化反应器

9.6.1　锥形流化床反应器

　　将处理宽粒度分布铁矿粉的流化床设计成锥形流化床，其示意图见图 9.29。由于锥形的作用，床中流体的表观速度沿轴向（从下向上）是递减的（图 9.30），可使粗颗粒铁矿粉在床层底部有高流速所悬浮，而细颗粒铁矿粉分布在床层的上部，处于较低速的流场中，避免了大量细颗粒铁矿粉被带出床层，减少了夹带量。更细的铁矿粉颗粒经过内置旋风分离器分离后，重新回落到床层中，最后粗细铁矿粉颗粒混合通过溢流管排出锥形流化床床外。

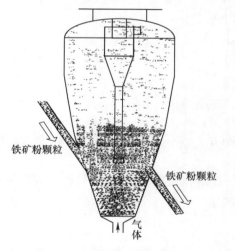

图 9.29　锥形床反应器示意图

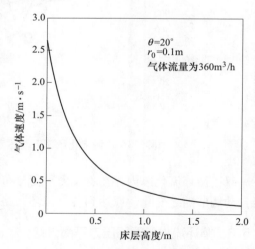

图 9.30　锥形流化床中气体速度随轴向高度的变化

　　锥形床内沿床高的表观气体速度 u_g 通过下式来计算[17]：

$$u_g = \frac{Q_g}{\pi\left[r_0 + H\tan(\theta/2)\right]^2} \tag{9.63}$$

式中，Q_g 为进入锥形流化床的气体流量，m^3/h；r_0 为锥形流化床底部半径，m；

H 为锥形流化床的床层高度，m；θ 为锥形流化床的锥角，（°）。

从图 9.30 可以看出随着床层高度的增加，锥形流化床内的表观气速 u_g 下降。在锥形流化床中下部形成高气速区，而锥形流化床顶部的气体流速相对较低。高气速区，可以实现较粗铁矿粉颗粒的流化，顶部低气速区可防止较细铁矿粉颗粒的气流夹带损失。这样选用适当的锥形角度和床层高度，就可以在锥形床内形成底部较高气速区和顶部较低气速区。

9.6.2 混合流化床反应器

锥形流化床在某种程度上可以作为宽粒度分布铁矿粉的流化反应器，将宽粒度的矿粉都流化起来。另外一种思路是混合流化床反应器，宽粒度分布铁矿粉中粒度较大的颗粒以移动床的形式从反应器下部排出，另一方面粒度较小的铁矿粉颗粒被流化通过溢流管流出。混合流化床的好处是反应器结构较为简单，能够很好地解决宽粒度矿粉的流化与移动问题，见图 9.31。

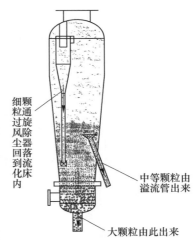

细颗粒通过旋风除尘器回落到流化床内

中等颗粒由溢流管出来

大颗粒由此出来

图 9.31 混合床多级矿粉流化模式

9.6.3 锥形流化床内压力匹配

铁矿粉在锥形流化床系统内的运动流化过程中，正压差操作和负压差流动同时存在。正压差操作包括锥形流化床内铁矿粉颗粒和气体的流动，旋风分离器内含铁矿粉颗粒气流的旋转向下运动以及溢流管的排料过程；负压差操作包括锥形流化床的加料过程等。

正压差操作与锥形流化床内铁矿粉颗粒量有关，通过研究锥形流化床内的压差变化，可以知道锥形流化床内铁矿粉的流动情况，同时通过计算/测量内置旋风分离器内的压差，确定旋风分离器的性能。

9.6.3.1 锥形流化床内正压差的压降分析

锥形流化床内的压降主要包括：铁矿粉和气体重力引起的压降，铁矿粉颗粒加速引起的压降，气固与管壁的摩擦压降以及内置旋风除尘器的压降。

$$\Delta p_z = \Delta p_{hs} + \Delta p_{ac,s} + \Delta p_{fs} + \Delta p_{in} \qquad (9.64)$$

与气固重力引起的压降相比，铁矿粉颗粒加速引起的压降和气固与管壁的沿程摩擦损失很小，可忽略不计，这样式（9.64）改写成为：

$$\Delta p_z = \Delta p_{hs} + \Delta p_{in} \qquad (9.65)$$

（1）铁矿粉和气体重力引起的压降。当锥角为 α 的锥形床内宽粒度分布铁矿粉处于流化状态时，其重力压降用下式计算[18]：

$$\Delta p_{hs} = (1 - \varepsilon_f)(\rho_s - \rho_g)gH \qquad (9.66)$$

其中床层的空隙率按下式计算[19]：

$$\varepsilon_f = Ar^{-0.21}(18Re + 0.36Re^2)^{0.21} \qquad (9.67)$$

式中，Δp 为床层的压降，Pa；H 为床层高度，m；ε_f 为操作速度下锥形床层的空隙率；ρ_g 为气体的密度，kg/m^3；ρ_s 为铁矿粉颗粒的密度，kg/m^3；g 为重力加速度，$9.81m/s^2$。

从图 9.32 可以看出，流化气速越高，锥形流化床床层的空隙率越大；铁矿粉颗粒的平均粒度越大，流化床层的空隙率越小。

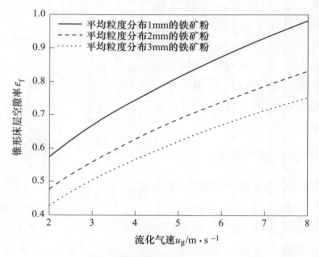

图 9.32　操作速度下锥形床层的空隙率

（2）内置旋风分离器的压降。内置旋风分离器与外置旋风分离器的作用和结构相同。由于内置旋风分离器是设置在流化床里面的，所以可以将其看作为主体设备的一部分。

内置旋风分离器的压降可以根据式（9.68）计算：

$$\Delta p_{in} = (K/2)(ab/d_e^2)u_0^2\rho_g(1 - 0.0198\sqrt{C_i}) \qquad (9.68)$$

则锥形流化床内的压降可通过下式计算：

$$\Delta p_z = \Delta p_{hs} + \Delta p_{in} = (1 - \varepsilon_f)(\rho_s - \rho_g)gH + (K/2)(ab/d_e^2)u_0^2\rho_g(1 - 0.0198\sqrt{C_i})$$
$$(9.69)$$

根据式（9.69）即可求得锥形流化床内正压差操作下的流化铁矿粉时压损，从而可以估算出所需的风机压头。

（3）铁矿粉通过溢流管排出时的压差计算。铁矿粉通过溢流管排出时是处于正压差状态。排料段压差主要包括气固混合物下降引起的压差、铁矿粉颗粒与管壁的摩擦压降、铁矿粉颗粒的动能。铁矿粉通过溢流管排出时的压差可由式（9.27）计算得出。

9.6.3.2 锥形流化床内负压差的压降分析

单级锥形流化床内的负压差操作主要是锥形流化床的加料过程，加料装置中压差可参照 9.3.1 节进行分析计算。

9.6.3.3 双级锥形流化床的组成及其压力匹配

双级锥形流化床是由两个单体锥形流化床串联起来形成的，其组成及各点压力如图 9.33 所示。

双级锥形流化床内气体的流向为：锥形床 B 的布风板→锥形流化床 B→锥形床 B 的旋风分离器出口→锥形床 A 的布风板→锥形流化床 A→锥形床 A 的旋风分离器出口。

铁矿粉颗粒的流向为：加料仓→锥形流化床 A→两床之间的溢流管→锥形床 B→出料溢流管→出料仓

如图 9.33 所示，双级锥形流化床中各点的压力计算如下。

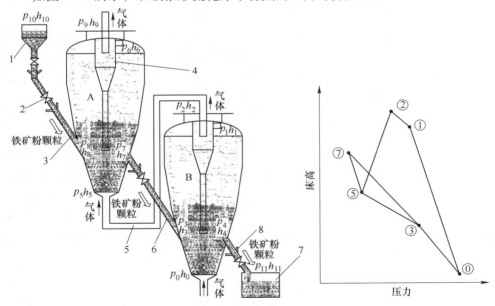

图 9.33 双级锥形流化床系统及各点压力示意图

1—加料仓；2—铁矿粉流量控制阀；3—锥形流化床 A；4—内置旋风分离器；

5—锥形床 A 进气管；6—锥形床 B 进料斜管；7—出料仓；8—松动气进口

正压差操作：

$$p_0 = \Delta p_{0-1} + p_1 \tag{9.70}$$

$$p_1 = \Delta p_{1-2} + p_2 \tag{9.71}$$

$$p_2 = \Delta p_{2-5} + p_5 \tag{9.72}$$

$$p_4 = \Delta p_{4-11} + p_{11} \tag{9.73}$$

$$p_5 = \Delta p_{5-6} + p_6 \tag{9.74}$$

$$p_6 = \Delta p_{6-9} + p_9 \tag{9.75}$$

则：

$$p_0 = p_9 + \Delta p_{0-1} + \Delta p_{1-2} + \Delta p_{2-5} + \Delta p_{5-6} + \Delta p_{9-7} \tag{9.76}$$

负压差操作：

$$p_8 = \Delta p_{8-10} + p_{10} \tag{9.77}$$

$$p_7 = \Delta p_{7-3} + p_3 \tag{9.78}$$

每一级锥形流化床的压力分布与前面分析的单级锥形流化床大致相同，这里将不再赘述。双级锥形流化床同时还要考虑气体从锥形床 B 的旋风分离器出口至锥形流化床 A 布风板之间输送管路的正压差和铁矿粉颗粒从锥形流化床 A 的溢流斜管流至锥形流化床 B 中的负压差。

锥形流化床两床之间气体管路的压降可参考 9.4.1 节进行分析计算，在此不再赘述。

双级锥形流化床之间溢流管中的铁矿粉处于负压差操作状态，通过溢流管将第一级锥形流化床中的铁矿粉输送到第二级锥形流化床中，可以通过单阀门的立-斜溢流管以及双阀门立-斜溢流管三种方式进行输送，每种方式的压差分析计算详见 9.3.1 节。至此双级锥形流化床系统流化铁矿粉过程中各部分的压差值都可以通过计算得到，通过计算各部分的压降值，就可以对各部分进行相应的设计，同时计算出所需的风机压头。

9.6.4　混合流化床内压力匹配

根据混合流化床内气固两相流动理论，为了保证粒度较大铁矿粉颗粒以移动床的形式排出，粒度较小的铁矿粉颗粒被流化通过溢流管流出，需要计算混合流化床内的压差，以预测需要提供的压头。

混合流化床内的压降主要可分为三部分：较粗铁矿粉颗粒以移动床的形式排出造成的压降损失、较小的铁矿粉颗粒被流化造成的压降损失以及内置旋风除尘器的压降。

在忽略气体重力的影响下，可采用如下的计算公式：

$$\Delta p_h = \Delta p_y + \Delta p_1 + \Delta p_{in} \tag{9.79}$$

式中，Δp_y 为矿粉颗粒以移动床的形式排出造成的压降，Pa；Δp_1 为铁矿粉颗粒被流化造成的压降损失，Pa；Δp_{in} 为内置旋风除尘器的压降，Pa。

单级混合流化床运行过程中，正压差操作和负压差流动同时存在。正压差操作包括铁矿粉颗粒被流化，旋风分离器内含铁矿粉颗粒气流的旋转向下运动以及粒度较小的铁矿粉颗粒被流化通过溢流管流出过程；负压差操作包括混合流化床的加料过程、粗颗粒铁矿粉在混合床内向下移动过程等。

9.6.4.1　混合流化床内正压差的压降分析

（1）细粒度铁矿粉在混合床中流化的压力计算。混合流化床上部流化起来的较细铁矿粉颗粒的流体动力特性为鼓泡床或湍流床，其总压力损失可有下式计算：

$$\Delta p_1 = \Delta p_{ac,s} + \Delta p_{fs} + \Delta p_{hs} \tag{9.80}$$

其重力引起的压降可按下式计算：

$$\Delta p_{hs} = \rho_s (1 - \varepsilon) gh \tag{9.81}$$

其空隙率按下述模型计算：

$$\varepsilon = \delta_b + (1 - \delta_b) \varepsilon_{mf} \tag{9.82}$$

式中，δ_b 为密相区内气泡所占的份额，即：

$$\delta_b = 0.3 f_b d_b^{0.5} \tag{9.83}$$

其中气泡频率 f_b、气泡直径 d_b 为：

$$f_b = 1.74 (u_0 - u_{mf})^{0.725} h^{-0.434} \tag{9.84}$$

$$d_b + 0.9 u_{mf} d_b^{0.5} - 0.862 (u_0 - u_{mf})^{0.275} h^{-0.434} = 0 \tag{9.85}$$

铁矿粉颗粒加速压降 $\Delta p_{ac,s}$ 可按式（9.11）计算；铁矿粉颗粒沿程摩擦损失采用式（9.12）计算。

根据以上关系式即可求得混合流化床上部流化起来的较细铁矿粉颗粒的床层压降。

（2）内置旋风分离器的压力计算。混合流化床中的内置旋风分离器与锥形流化床中的旋风分离器作用和结构相同。内置旋风分离器的压降可以参照 9.2.3 节进行分析计算。

（3）铁矿粉通过溢流管排出时的压差计算。对于单级混合床来说，铁矿粉通过溢流管排出时是处于正压差状态。与锥形床中铁矿粉通过溢流管排出时的压差相同可由式（9.27）计算得出。

9.6.4.2　混合流化床内负压差的压降分析

（1）加料装置中的压差分析。单级混合流化床内的负压差操作主要是加料过程，加料装置中压差可参照 9.3.1 节进行分析计算。

（2）粗粒度铁矿粉以移动床排出的压力计算。粗铁矿粉颗粒呈移动床向下流动，流化气体与较粗铁矿粉颗粒是逆流接触的，由于粗粒度的铁矿粉在装置中是朝一个方向运动的，空隙率基本不变。

对于一个具有空隙率为 ε_m 的铁矿粉颗粒固定床，粗铁矿粉颗粒床层以速度 u_s 向下运动，设气体向上运动的速度为 u_g ；气体表观上升速度为 $u_0 = \varepsilon_m u_g$ ；那么气体对粗铁矿粉颗粒的相对速度为：

$$\Delta u = u_g + u_s = \frac{u_0}{\varepsilon_m} + u_s \tag{9.86}$$

式中，Δu 为气体对于粗铁矿粉颗粒的相对速度，m/s；u_g 为气体上升速度，m/s；u_s 为粗铁矿粉颗粒向下运动的速度，m/s。

在下降管中任意两点之间的摩擦压力降，对均匀颗粒固定床层 Ergun 压降关系式加以修改，得到下式[19]：

$$\frac{\Delta p_y}{H} = 150 \frac{(1 - \varepsilon_m)^2}{\varepsilon_m^2} \cdot \frac{\mu \Delta u}{(\phi_s d_p)^2} + 1.75 \frac{(1 - \varepsilon_m)}{\varepsilon_m} \cdot \frac{\rho_g \Delta u^2}{\phi_s d_p} \tag{9.87}$$

式中，H 为粗颗粒铁矿粉床层高度，m。

由于在式（9.87）中 Δp_y 和 Δu 不是线性关系，已知 Δp_y 求 Δu 时需解二次方程或进行试算。通过计算可知，移动床中的流动状态是属于 $Re < 10$ 的层流范围，式（9.87）中右边第二项的动能损失可以忽略不计。因此式（9.87）可以简化为：

$$\frac{\Delta p_y}{H} = 150 \frac{(1 - \varepsilon_m)^2}{\varepsilon_m^2} \cdot \frac{\mu \Delta u}{(\phi_s d_p)^2} \tag{9.88}$$

图 9.34 为三种不同平均粒度的铁矿粉以移动床的方式排出时，摩擦压降随气固相对速度的变化。随着气固相对速度的增大，气固之间的摩擦压降增大；在相同的气固相对速度下，铁矿粉平均粒度越大，气体与铁矿粉之间的摩擦压降越小。

图 9.35 为三种不同的粗铁矿粉颗粒床层高度下，气体与铁矿粉之间的摩擦

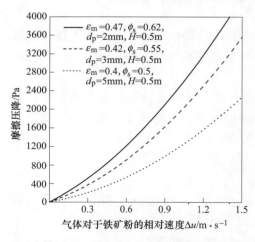

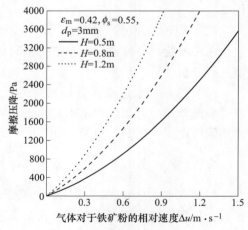

图 9.34　不同粒度铁矿粉的摩擦压降随 Δu 的变化　　图 9.35　不同床高下摩擦压降随 Δu 的变化

压降随气固相对速度的变化。粗铁矿粉颗粒床层高度越大，气体与铁矿粉之间的摩擦压降越大。研究粗颗粒铁矿粉以移动床方式排出所造成的压差，对于设计混合流化床移动床段的高度，以及流化气速的设定有着重要的意义。

至此单级混合流化床系统流化铁矿粉过程中各部分的压差值都可以通过计算得到，通过计算各部分的压降值，就可以对各部分进行相应的设计，同时计算出所需的风机压头。

9.6.4.3 双级混合流化床的组成及压力匹配

双级混合流化床是以两个混合流化床为主体串联起来形成的，其组成及各点压力如图9.36所示。

双级混合流化床内气体的流向为：混合床 B 的布风板→混合流化床 B→混合床 B 的旋风分离器出口→混合床 A 的布风板→混合流化床 A→混合床 A 的旋风分离器出口。

铁矿粉颗粒的流向为：加料仓→混合流化床 A→$\left\{\begin{array}{l}\text{细铁矿粉通过溢流管排出}\\\text{粗铁矿粉出料斜管}\end{array}\right\}$→

混合流化床 B→$\left\{\begin{array}{l}\text{细铁矿粉通过溢流管排出}\\\text{粗铁矿粉出料斜管}\end{array}\right\}$→出料仓。

如图9.36所示，双级混合流化床中各点的压力计算如下。

正压差操作

$$p_0 = \Delta p_{0-1} + p_1 \tag{9.89}$$
$$p_1 = \Delta p_{1-2} + p_2 \tag{9.90}$$
$$p_2 = \Delta p_{2-6} + p_6 \tag{9.91}$$
$$p_6 = \Delta p_{6-7} + p_7 \tag{9.92}$$
$$p_7 = \Delta p_{7-8} + p_8 \tag{9.93}$$
$$p_4 = \Delta p_{4-14} + p_{14} \tag{9.94}$$
$$p_5 = \Delta p_{5-14} + p_{14} \tag{9.95}$$

则
$$p_0 = p_8 + \Delta p_{0-1} + \Delta p_{1-2} + \Delta p_{2-6} + \Delta p_{6-7} + \Delta p_{7-8} \tag{9.96}$$

负压差操作：

$$p_9 = \Delta p_{9-3} + p_3 \tag{9.97}$$
$$p_{11} = \Delta p_{11-3} + p_3 \tag{9.98}$$
$$p_{12} = \Delta p_{12-10} + p_{10} \tag{9.99}$$

每一级混合流化床的压力分布与前面分析的单级混合流化床大致相同，除此之外，双级混合流化床同时还要考虑气体从第一级混合床的旋风分离器出口至第二级混合流化床的入口之间输送管路的正压差、细铁矿粉颗粒从第二级混合流化床通过溢流管出料至第一级混合床中的负压差和粗铁矿粉颗粒从第二级混合流化床通过斜管出料至第一级混合床中的负压差。

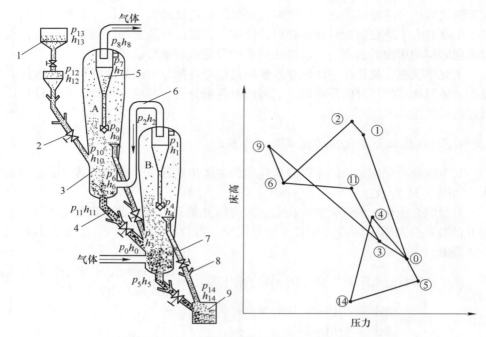

图 9.36 双级混合流化床系统及其压降示意图
1—加料仓；2—铁矿粉流量控制阀；3—混合流化床 A；4—粗铁矿粉出料管；5—内置旋风分离器；
6—混合床 A 进气管；7—细铁矿粉出料溢流管；8—松动气进口；9—出料仓

混合流化床两床之间气体管路的压降可参考 9.4.1 节进行分析计算，在此不再赘述。

两床之间溢流管中的铁矿粉处于负压差状态，第一级混合流化床中细铁矿粉通过溢流管将铁矿粉输送到第二级混合流化床中，可以通过无阀门的立-斜混合管、单阀门的立-斜混合管以及双阀门立-斜混合管三种方式进行输送，每种方式的压差分析机计算详见 9.3.1 节。

双级混合流化床粗铁矿粉在输送管中处于负压差状态，粗铁矿粉在非机械式输送过程中，容易造成架桥堵塞，同时由于粗铁矿粉之间的缝隙较大，很容易出现窜气现象。因此在粗颗粒的输送过程中，常采用机械式输送。

参 考 文 献

[1] 庞建明. 铁矿粉气固两相流行为及低温还原动力学研究 [D]. 北京：钢铁研究总院，2009.

[2] 庞建明. 万吨级多级流化床的研制与运行规律研究 [P]. 北京：钢铁研究总院博士后出

站报告，2011.

［3］ Basu P, Large J F. Circulating Fluidized Bed Technology Ⅱ ［M］. Pergamon Press, 1988.

［4］ Wang X S, Gibbs B M. Preprints for 3rd Int Conf on CFB ［M］. Nagoya Japan, 1990：15~18.

［5］ 白丁荣，金涌，俞芷青，杨启业. 快速流化床截面平均空隙率轴向分布及其影响因素
　　 ［J］. 化学反应工程与工艺，1990，6（1）：63~71.

［6］ 张殿印，王纯. 除尘器手册 ［M］. 北京：化学工业出版社，2005.

［7］ 于才渊，王宝和，王喜忠. 干燥装置设计手册 ［M］. 北京：化学工业出版社，2005.

［8］ 岑可法. 气固分离理论及技术 ［M］. 浙江：浙江大学出版社，1999.

［9］ 冯流. 气相非均一系分离 ［M］. 北京：化学工业出版社，1997.

［10］ Zhao Bingtao. Development of a new method for evaluating cyclone efficiency ［J］. Chemical En-
　　 gineering & Processing, 2005, 44（4）：447~452.

［11］ 陈汉平. 循环流化床气固分离的理论与应用 ［D］. 武汉：华中理工大学，2000.

［12］ 金国森，等. 除尘设备 ［M］. 北京：化学工业出版社，2002.

［13］ Atakan Avci, Irfan Karagoz. Effects of flow and geometrical parameters on the collection efficien-
　　 cy in cyclone separators ［J］. Aerosol Science, 2003：34~38.

［14］ 徐景洪. 旋风分离器流场与浓度分布 ［J］. 大庆石油学院学报，2002，26（3）：19~23.

［15］ 祝京旭，魏飞. 气固下行流化床反应器气固两相的流动规律 ［J］. 化学反应工程与工
　　 艺，1996，12（3）：323~325.

［16］ 原田幸夫，成井浩，岛田克彦，福岛辙也. 粒群の终速度 ［A］. 日本枫械学会论文集
　　 （第2部）［C］，1965，30（210）：231~235.

［17］ 森川敬信，迁裕，深尾吉照，等. 倾斜管固气两相流に关する实验（第1报，上向き流
　　 ね）［A］. 日本机械学会论文集（B编）［C］，1979，45（399）：1632~1640.

［18］ 森川敬信，迁裕，深尾吉照，等. 倾斜管固气两相流に关する实验（第2报，下向き流
　　 ね）［A］. 日本机械学会论文集（B编）［C］，1980，46（405）：2015~2020.

［19］ 张远君，王慧玉，张振鹏. 两相流体动力学基础理论及其应用 ［M］. 北京：北京航空学
　　 院出版社，1987.

10　铁粉处理与测试分析

<<<<<<<<<<<<<<<<<<<<<<<<<<<<<<<<<<<<<<<<<<<<<<<<<<<<<<<<<<<<<<<<

　　本章主要介绍还原后海绵铁的处理与分析方法，包括海绵铁的钝化处理、热压块、熔化分离、磁选分离以及海绵铁样品的物相分析方法。

10.1　常温钝化

10.1.1　铁粉常温钝化现状

　　超细铁粉是粉末冶金工业的基础原料之一，它的粒度一般为数十微米、数个微米、甚至更细，具有较大的比表面积及活性。超细铁粉主要用于粉末冶金、制造机械零件、生产摩擦材料、减摩材料、超硬材料、磁性材料、润滑剂及其制品。其次超细铁粉广泛应用于化工、切割、发热材料、焊条等。近年来，超细铁粉还在电磁、生物、医学、光学等诸多领域也具有广阔的应用前景[1~5]。超细铁粉具有很高的活性，在空气中极易自燃。为了保存超细铁粉，通常采用如下几种方法：（1）将铁粉放在真空或氮气条件下保存；（2）将超细铁粉放在有机溶剂中保存；（3）将有机表面活性剂包覆在超细铁粉的表面；（4）高温烧结再经球磨；（5）使用弱氧化气氛对铁粉的表面进行钝化处理。方法（1）适合实验室制备及自用，难以进行运输。方法（2）也适宜在实验室自用。方法（3）适宜运输，但超细铁粉会受到一定的污染。方法（4）利用烧结原理使铁粉的晶粒长大，从而降低了铁粉的活性，因此改变了超细铁粉的物理化学属性。方法（5）利用弱的氧化气氛在超细铁粉的表面形成一层致密的 Fe_3O_4 保护膜，阻止铁粉进一步被氧化。方法（5）适合较大规模的生产应用，便于储存、运输。钝化气体一般使用蒸汽、蒸汽与氧气的混合物、惰性气体（如氮气、氩气等）与氧气的混合物，或者使用蒸汽、氮气与氧气三者之间的混合物。因此钝化的核心是控制适宜的氧含量、水蒸气量与钝化操作条件，钝化气体中氧含量过高，铁粉过度氧化；氧含量过低，钝化时间过长。过多使用水蒸气，还将涉及铁粉表面蒸汽脱除问题。可见，目前使用的钝化气体条件要求苛刻，稍有不当将会影响铁粉钝化效果。

10.1.2　钝化热力学

10.1.2.1　O_2 钝化

　　氧气能与金属铁发生氧化反应，当控制氧气含量时，在金属铁表面有可能形成一层致密氧化膜,阻止空气中氧进一步氧化。氧气与铁的相图见图 10.1[6]。随着氧含量增加,会出现 FeO、Fe_3O_4、Fe_2O_3。低温下钝化,氧气将与金属铁发生如下反应:

$$3/2Fe + O_2(g) \Longrightarrow 1/2Fe_3O_4 \qquad \Delta G^{\ominus} = -563320 + 169.24T \qquad (10.1)$$

$$4Fe_3O_4 + O_2(g) \Longrightarrow 6Fe_2O_3 \qquad \Delta G^{\ominus} = -586770 + 340.20T \qquad (10.2)$$

低温下,铁被氧化成 Fe_3O_4 是钝化反应所需要的,然而进一步氧化成 Fe_2O_3,则对钝化有害。根据式(10.2),得到氧分压对 Fe_2O_3 与 Fe_3O_4 间相转变的影响。

$$\ln(p_{O_2}/p^{\ominus}) = \Delta G^{\ominus}/RT \qquad (10.3)$$

根据式(10.3)可得到图 10.2,可见在低温下,稍微有氧气存在,稳定相为 Fe_2O_3。通常在钝化过程中,氮气中氧含量在 0.5% 左右,从热力学上稳定相为 Fe_2O_3。但是实际上,在反应动力学上,Fe_3O_4 也能形成。不过这种方法,钝化风险较大,操作不当,钝化结果将变差。

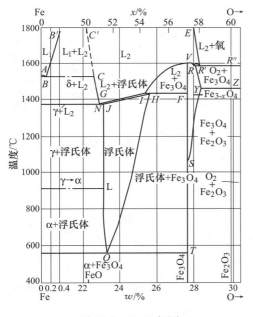

图 10.1 Fe-O 相图

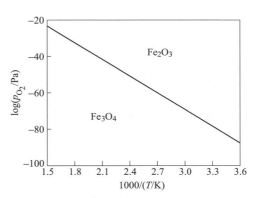

图 10.2 Fe_2O_3-Fe_3O_4 体系氧分压

10.1.2.2 H_2/H_2O 钝化

使用蒸汽也可钝化,从图 10.3 氢气还原氧化铁的平衡图上可见,低温下存在 Fe_3O_4 的稳定区,因此,利用蒸汽可以将金属铁表面形成 Fe_3O_4 保护膜,起到阻止空气对金属铁的进一步氧化,并且在钝化过程不存在氧化成 Fe_2O_3 的风险。蒸汽钝化的缺点是担心少量蒸汽存在金属铁表面,为以后的电化学腐蚀金属铁留下了隐患。

10. 1. 2. 3　CO/CO₂钝化

从 CO 还原氧化铁的平衡图（图 10.4）可见，低温段存在 Fe_3O_4 稳定存在的区间。利用低温区间，使用 CO_2 气氛即可实现钝化[8]。它的优点在于较为快速地将超细铁粉的表面氧化成 Fe_3O_4 保护膜，而不必担心氧气存在过氧化问题，CO_2 在低温下的扩散能力明显小于氧分子，因此表面钝化层的厚度较薄，超细铁粉因钝化引起的二次氧化率较低。水蒸气钝化的主要问题是防止水蒸气存留在铁粉的表面引发的二次氧化。第二个主要问题是水蒸气的钝化温度较高，对于水蒸气的循环使用设备与技术比较复杂。氮气中掺入少量氧气也可以实现超细铁粉的钝化，但对氮气中氧气含量及相应的操作制度比较严格。

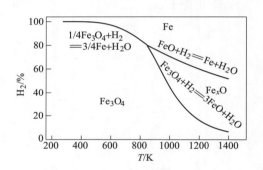

图 10.3　氢气还原氧化铁的
平衡成分与温度的关系

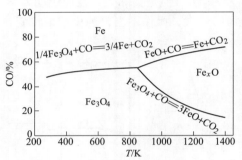

图 10.4　CO 还原氧化铁的平衡图

10. 1. 3　钝化动力学

钝化动力学模型是典型的一界面 Fe/Fe_3O_4 的氧化动力学。氧化气氛为 CO_2 或水蒸气，将金属铁球形成一层 Fe_3O_4 膜，见图 10.5。反应式为：

$$3/4Fe + CO_2(H_2O) \rule[0.5ex]{2em}{0.4pt}\!\!\!\rule[0.5ex]{2em}{0.4pt} 1/4Fe_3O_4 + CO(H_2)$$

浓度为 c_0（mol/m³）的弱氧化气体以一定速度向球表面流动，通过内扩散层到达 Fe/Fe_3O_4 界面，在界面的浓度为 c，反应的平衡浓度为 c_1，在钝化过程中不考虑球的体积变化，并假定反应是一级可逆的。钝化反应温度低，反应速度慢，通常钝化气体过量很多，因此可以不考虑外扩散以及钝化气体成分的变化，同时为了公式简单，也忽略了气体产物的向外扩散。

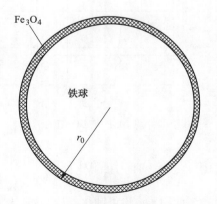

图 10.5　金属铁球的钝化示意图

Fe_3O_4层内扩散

$$\overline{r_1} = 4\pi D_e \frac{r_0 r}{r_0 - r}(c_0 - c) \tag{10.4}$$

界面化学反应

$$\overline{r_2} = 4\pi r^2 k\left(1 + \frac{1}{K}\right)(c - c_1) \tag{10.5}$$

式中，D_e 为内扩散系数；$\overline{r_1}$，$\overline{r_2}$ 分别为内扩散、反应的速率；k 为反应速率常数；K 为反应平衡常数；r 为反应界面的半径。

利用准稳态原理，使各环节的速率相等，并等于总反应的速率：$\overline{r} = \overline{r_1} = \overline{r_2}$，可得：

$$\overline{r} = \frac{4\pi r_0^2(c_0 - c_1)}{\dfrac{r_0}{D_e} \cdot \dfrac{r_0 - r}{r} + \dfrac{K}{k(1 + K)} \cdot \dfrac{r_0^2}{r^2}} \tag{10.6}$$

金属铁球的增氧速率与半径的关系为：

$$\overline{r} = -\frac{dn}{d\tau} = -\frac{d}{d\tau}\left(\frac{4}{3}\pi r^3 \frac{4}{3}\rho_{Fe}\right) = -\frac{16}{3}\pi r^2 \rho_{Fe}\frac{dr}{d\tau} \tag{10.7}$$

式中，n 为氧的摩尔量；ρ_{Fe} 为金属铁球中铁的摩尔密度；τ 为钝化时间。

令氧化率为 O，则 $r = r_0(1 - O)^{1/3}$，将其代入式（10.7），可得：

$$\overline{r} = -\frac{16}{3}\pi r_0^2(1 - O)^{2/3}\rho_{Fe}\frac{d}{d\tau}[r_0(1 - O)^{1/3}] = \frac{16}{9}\pi r_0^3 \rho_{Fe}\frac{dO}{d\tau} \tag{10.8}$$

将 $r = r_0(1 - O)^{1/3}$ 同时代入式（10.6），可得：

$$\overline{r} = \frac{4\pi r_0^2(c_0 - c_1)}{\dfrac{r_0}{D_e} \cdot \left[\dfrac{1}{(1 - O)^{1/3}} - 1\right] + \dfrac{K}{k(1 + K)} \cdot \dfrac{1}{(1 - O)^{2/3}}} \tag{10.9}$$

联立式（10.8）和式（10.9）可得：

$$\frac{4\rho_{Fe}r_0}{9(c_0 - c_1)} \cdot \frac{dO}{d\tau} = \frac{1}{\dfrac{r_0}{D_e} \cdot \left[\dfrac{1}{(1 - O)^{1/3}} - 1\right] + \dfrac{K}{k(1 + K)} \cdot \dfrac{1}{(1 - O)^{2/3}}} \tag{10.10}$$

对式（10.10）积分可得：

$$\tau = \frac{\rho_{Fe}r_0}{c_0 - c_1}\left\{\frac{r_0}{4.5D_e}[3 - 2O - 3(1 - O)^{2/3}] + \frac{4K}{3k(1 + K)}[1 - (1 - O)^{1/3}]\right\} \tag{10.11}$$

低温下 CO_2、H_2O 等扩散系数在 $0.1 \times 10^{-4} \sim 1 \times 10^{-4}\ m^2/s$，而化学反应速率常数小于 $10^{-8}\ m/s$，对于细微粉体，钝化时间可简单地看做与界面化学相关。

$$\tau = \frac{\rho_{Fe}r_0}{c_0 - c_1} \cdot \frac{4K}{3k(1 + K)}[1 - (1 - O)^{1/3}] \tag{10.12}$$

    以 5μm 的还原铁粉，纯 CO 0.1MPa 进行钝化，假定金属铁的表面钝化量为1%，在不同化学反应速率常数下的钝化时间见图 10.6。可见钝化时间需要数小时，这与钝化温度相关，选择适宜的钝化温度和时间很重要。

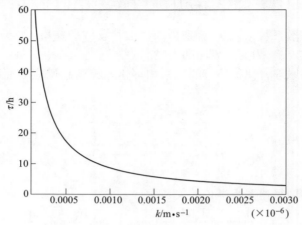

图 10.6   化学速率常数对钝化时间的影响

    在低温钝化过程中，一般钝化膜的厚度为几至十几纳米，因此 $r = r_0$，式（10.6）可近似简化为：

$$\bar{r} = 4\pi r_0^2 k \left(1 + \frac{1}{K}\right)(c_0 - c_1) \tag{10.13}$$

    因此，对于低温钝化，反应速率取决于界面化学速度，它与原始金属球粒度、钝化温度、钝化气体成分相关。由于低温反应速度慢，一般钝化时间需要数十小时。图 10.7 和图 10.8 分别为常温下使用 CO_2 气氛钝化的铁相以及粒度分析结果。可见，钝化后，铁的主相依然为金属铁，在干燥的室温条件下，存放数月依然不发生二次氧化。

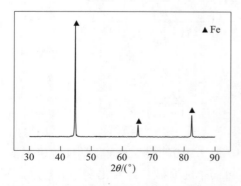

图 10.7   超细铁粉钝化后的 X 射线衍射图

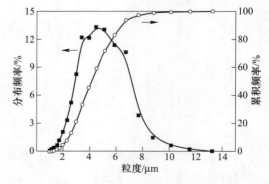

图 10.8   超细铁粉钝化后的粒度分布
（使用激光粒度分析仪）

10.2 高温固态钝化技术

上节研究了细微金属铁粉的相关理论。可以看出，使用低温钝化可以使金属铁不受二次氧化，但是耗时过长，另外，金属铁的热能回收相对困难。因此，低温钝化更适合附加值高的细微铁粉等产品。在铁矿粉或球团还原过程中，为了保证还原后的铁粉热能回收和生成的连续性，一般采用热压块方法在高温下直接钝化，将多孔的金属铁密度增大，降低了二次氧化，同时铁产品密度的增加，有助于在后序工艺中的使用。

10.2.1 金属铁球氧化动力学

离开竖炉或流化床的金属铁温度一般在 750~850℃ 之间，在热压过程，采用氮气保护，因此，金属铁的氧化量与氮气的保护效果以及热压时间相关。由于空气泄漏，部分金属铁会氧化成 Fe_3O_4 和 Fe_2O_3。以生成 Fe_2O_3 为例（图 10.9）：

$$4/3Fe + O_2(g) \Longrightarrow 2/3Fe_2O_3 \quad \Delta G^{\ominus} = -565925 + 188.2T \quad (10.14)$$

浓度为 $c_0(\mathrm{mol/m^3})$ 的含氧氮气以一定速度向球表面流动，通过内扩散层到达 Fe/Fe_2O_3 界面，在界面的浓度为 c，在氧化过程中不考虑球的体积变化，并假定反应是一级不可逆的。反应速度较快，应考虑外扩散的影响，为了公式简单，忽略了气体产物的向外扩散。

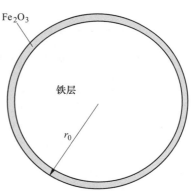

图 10.9 金属铁球的钝化示意图

气相边界层扩散

$$\overline{r_1} = 4\pi r_0^2 \beta(c_0 - c_i) \quad (10.15)$$

氧化层内扩散

$$\overline{r_2} = 4\pi D_e \frac{r_0 r}{r_0 - r}(c_i - c) \quad (10.16)$$

界面化学反应

$$\overline{r_3} = 4\pi r^2 k\left(1 + \frac{1}{K}\right)c \quad (10.17)$$

利用准稳态原理，使各环节的速率相等，并等于总反应的速率：$\overline{r} = \overline{r_1} = \overline{r_2} = \overline{r_3}$，可得：

$$\overline{r} = \frac{4\pi r_0^2 c_0}{\dfrac{1}{\beta} + \dfrac{r_0}{D_e} \cdot \dfrac{r_0 - r}{r} + \dfrac{K}{k(1 + K)} \cdot \dfrac{r_0^2}{r^2}} \quad (10.18)$$

式中，β 为气体在金属球外的传质系数，可通过下式计算：

$$\frac{2\beta r_0}{D} = 2 + 0.6 Re^{1/2} Sc^{1/3} \quad (10.19)$$

$$Re = \frac{2r_0 u_g \rho_g}{\eta_g} \tag{10.20}$$

$$Sc = \frac{\eta_g}{\rho_g D} \tag{10.21}$$

式中，Re、Sc 为准数；u_g、ρ_g、η_g 为气体的流速、密度、黏度；D 为外扩散系数；c_i、c 分别为 r_0、r 处氧的摩尔浓度。

将 $r = r_0 (1 - O)^{1/3}$ 同时代入式（10.18），可得：

$$\bar{r} = \frac{4\pi r_0^2 c_0}{\dfrac{1}{\beta} + \dfrac{r_0}{D_e} \cdot \left[\dfrac{1}{(1 - O)^{1/3}} - 1 \right] + \dfrac{K}{k(1 + K)} \cdot \dfrac{1}{(1 - O)^{2/3}}} \tag{10.22}$$

以原子氧为对象，金属铁球的增氧速率与半径的关系为：

$$\bar{r} = - \frac{dn}{d\tau} = - \frac{d}{d\tau} \left(\frac{4}{3} \pi r^3 \frac{3}{2} \rho_{Fe} \right) = - 6\pi r^2 \rho_{Fe} \frac{dr}{d\tau} \tag{10.23}$$

将 $r = r_0 (1 - O)^{1/3}$ 同时代入式（10.18），可得：

$$\bar{r} = - 6\pi r_0^2 (1 - O)^{2/3} \rho_{Fe} \frac{d}{d\tau} [r_0 (1 - O)^{1/3}] = 2\pi r_0^3 \rho_{Fe} \frac{dO}{d\tau} \tag{10.24}$$

联立式（10.22）和式（10.24）可得：

$$\frac{r_0 \rho_{Fe}}{2c_0} \frac{dO}{d\tau} = \frac{1}{\dfrac{1}{\beta} + \dfrac{r_0}{D_e} \cdot \left[\dfrac{1}{(1 - O)^{1/3}} - 1 \right] + \dfrac{K}{k(1 + K)} \cdot \dfrac{1}{(1 - O)^{2/3}}} \tag{10.25}$$

式（10.25）积分可得：

$$\tau = \frac{\rho_{Fe} r_0}{c_0} \left\{ \frac{O}{2\beta} + \frac{r_0}{4D_e} [3 - 2O - 3(1 - O)^{2/3}] + \frac{3K}{2k(1 + K)} [1 - (1 - O)^{1/3}] \right\} \tag{10.26}$$

铁被氧气氧化，700~800℃，K 值很大，因此，上式可以简化成：

$$\tau = \frac{\rho_{Fe} r_0}{c_0} \left\{ \frac{O}{2\beta} + \frac{r_0}{4D_e} [3 - 2O - 3(1 - O)^{2/3}] + \frac{3}{2k} [1 - (1 - O)^{1/3}] \right\} \tag{10.27}$$

金属铁的氧化是迅速的，因此式（10.27）还可简化成：

$$\tau = \frac{\rho_{Fe} r_0}{c_0} \left\{ \frac{O}{2\beta} + \frac{r_0}{4D_e} [3 - 2O - 3(1 - O)^{2/3}] \right\} \tag{10.28}$$

外扩散传质系数 β 可通过式（10.19）~式（10.21）计算。计算条件是 750℃，氮气氛保护，常压，见图 10.10，再比较 $1/2\beta$ 与 $r_0/4D_e$，见图 10.11。

式（10.28）中氧的浓度与粒度对氧化非常重要，将不同的氧含量的氮气对金属化铁氧化 2% 所需的时间见图 10.12。可见矿粉的氧化速度很快，为了降低氧化率，应控制好保护气氛，同时要快速热压块，缩短金属铁氧化时间。

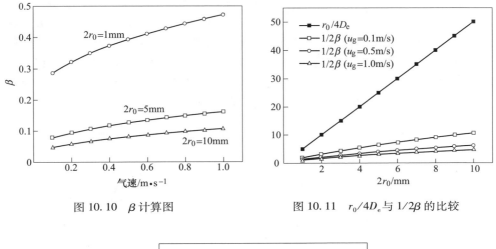

图 10.10 β 计算图

图 10.11 $r_0/4D_e$ 与 $1/2\beta$ 的比较

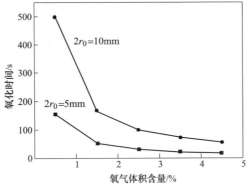

图 10.12 氮气氧含量对氧化时间的影响

10.2.2 热压条件与装备

热压块工艺对金属铁的温度有要求。根据铁粉的黏结温度约为 800℃，在此温度压球，需要的压力小，容易成球或块。当温度低于 700℃ 以下，金属铁之间的热黏结性很小，压球困难，温度高，压辊的热负荷加重，通常热压块的范围会选择 750～850℃，极端范围为 680～900℃。压块后，还原铁的密度可从 1.2～1.4g/cm³ 提高到 2.4～2.8g/cm³。

在还原反应器中，一者为还原气氛，二者有一定压力（一般在 0.3MPa），而热压环境是在常压下进行的，因此，需要有过渡缓冲装置。图 10.13 分别为金属球团和金属粉的热压块过渡方式。对于金属球团，可采用串罐方式过渡到低压氮气氛；对于细微铁粉（<1mm），采用串罐方式，阀门容易损坏，可通过氮气输送方式进入压块料仓，以实现连续化操作，并延长了阀门寿命。热压块装置由压块料仓、热压机（图 10.14）、分离器和热筛分等环节组成；一般采用一个压块料仓对两台热压机（热态压球机的作业率只有 80% 左右）；分离器初步分离压成灰铁和尚未压成块的球团或金属粉，对于金属粉末，还需添加热筛分进一步筛分离器未分离的铁粉。在热压过程和后序的分离中也需通入氮气保护，以降低金属铁的氧化。对于粒度小于 8mm 的金属化铁，不能采用图 10.13（a）的过渡方式，可采用类似图 10.13（b）的方式，在热压块分离后还需添加热筛分。

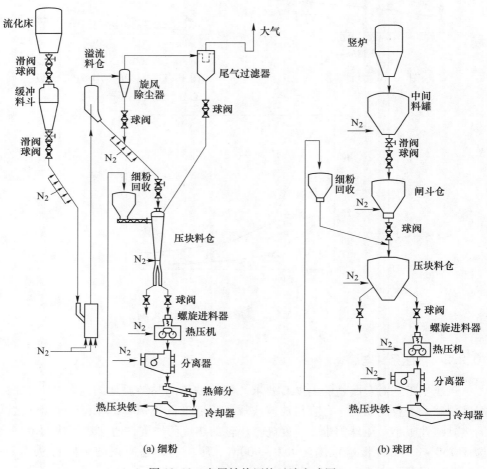

图 10.13　金属铁热压块过渡方式图

对于生产直接还原铁，需要进一步冷却，对于热装送电炉或进入熔融气化炉的中间金属铁产品，就不必增添冷却系统。

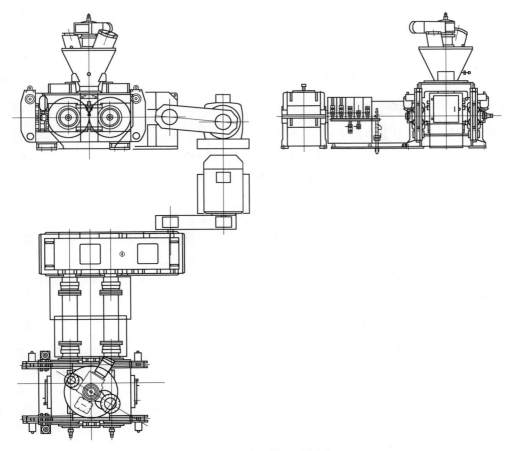

图 10.14 热压块机平面图

10.3 电炉熔化分离

铁矿中含有脉石,对于高品位的进口矿,脉石含量约在 10% 左右;对于我国的含铁 65% 的精矿粉,脉石含量约在 10% 左右;对于直接还原铁所选的氧化铁原料,品位可达 68% 以上,此时脉石含量将低于 6%。除了气基直接还原铁外,还有煤基直接还原铁,气基直接还原铁脉石少,而煤基直接还原铁由于存在煤,脉石含量高。本节将讨论分离脉石的途径。

熔化是最为简单的一种方式,直接还原铁主要用于电炉冶炼,作为二步法预还原的中间直接还原铁,还需在熔融还原炉中熔化。

直接还原铁在电炉中使用具有的优点包括:(1)化学成分合适且成分稳定,能够提高钢的成分控制准确度;(2)有害金属杂质少,稀释废钢中的有色元素;(3)可以与价格低的轻废钢搭配使用,降低钢的原料成本;(4)运输及转载、装卸方便；（5）能自动连续加料，有利于节电和增产；（6）熔化期噪声较小。当然与废钢相比，直接还原铁存在的缺点有：（1）还原不充分，炉料中 FeO 高，影响电炉炉衬寿命；（2）酸性脉石含量高，调碱度，电炉渣量增加，影响电耗。本节将研究不同条件下的海绵铁对电炉炼钢的影响。

10.3.1　高金属化率海绵铁

直接还原铁中金属铁、FeO、SiO$_2$、CaO、MgO、Al$_2$O$_3$、碳的质量含量分别为 $w(\mathrm{Fe})$、$w(\mathrm{FeO})$、$w(\mathrm{SiO_2})$、$w(\mathrm{CaO})$、$w(\mathrm{MgO})$、$w(\mathrm{Al_2O_3})$、$w(\mathrm{C})$。电炉炼钢过程中也添加部分石灰或白云石等碱性氧化物，因此，脉石中的 CaO、MgO 不会对电炉炼钢产生负面影响。直接还原铁中的碳可以降低铁的熔点，提高了铁的熔化速度，同时在吹氧助熔时，可以发热（1kg 碳的发热值为 9167kJ）。酸性氧化物 SiO$_2$ 和 Al$_2$O$_3$ 是有害成分，造炉渣需要配加碱性氧化物，增加了炉渣量，FeO 能够侵蚀炉衬。

电弧炉熔化废钢钢液熔清时的温度约为 1600℃，此时，炉渣的物理焓为 1950kJ/kg 渣。钢液的物料焓 ΔH 与温度、碳含量相关，可用下式计算[7]：

$$\Delta H = \left[c_1(t_r - t_0) + \Delta H_r + c_2(t - t_r) \right] \tag{10.29}$$

式中，c_1 为固体钢的比热，其值随钢中含碳量变化，当 $w(\mathrm{C}) = 0.3\%$，$c_1 = 0.700\mathrm{kJ/(kg \cdot ℃)}$；当 $w(\mathrm{C}) = 0.8\%$，$c_1 = 0.684\mathrm{kJ/(kg \cdot ℃)}$；当 $w(\mathrm{C}) = 1.5\%$，$c_1 = 0.653\mathrm{kJ/(kg \cdot ℃)}$；$c_2$ 为液体钢比热，$c_2 = 0.792 \sim 0.834\mathrm{kJ/(kg \cdot ℃)}$；$\Delta H_r$ 为熔化潜热，$\Delta H_r = 271\mathrm{kJ/(kg \cdot ℃)}$；$t_r$ 为钢的熔点，$t_r = 1538 - 90(\%\mathrm{C})℃$；$t_0$ 为室温，常取 25℃。

海绵铁的碳含量正常在 0.8% ~ 1.5%，使用天然气自重整直接还原铁或含碳球团直接还原铁碳含量达到 3% ~ 4% 甚至更高。

在电炉中添加部分直接还原铁，考虑造渣调节碱度，以不同的炉渣碱度（SR）计算，由于脉石中以酸性氧化物成分为主，此时的炉渣质量成分：

$$w(\mathrm{slag}) = w(\mathrm{FeO}) + (1 + SR)(w(\mathrm{SiO_2}) + w(\mathrm{Al_2O_3}))$$

电炉炼钢，假定海绵铁配加的金属铁量为 $x\%$，则废钢配加量为 $(100-x)\%$，假定熔化期间无二次氧化出现，废钢含碳量为 0.3%，熔化温度为 1600℃。则总的热量为：

$$Q = 10 \times (100 - x) \times \Delta H_s + 10 \times x \times \Delta H_{\mathrm{Fe}} +$$

$$10 \times x \times \frac{w(\mathrm{slag})}{w(\mathrm{Fe})} \times \Delta H_{\mathrm{sl}} - 10 \times x \times \frac{\Delta w(\mathrm{C})}{w(\mathrm{FeO})} \times \Delta H_{\mathrm{C}} \tag{10.30}$$

式中，ΔH_s 为废钢物理热；ΔH_{Fe} 为海绵铁中金属铁物理热；$\Delta w(\mathrm{C})$ 为吹氧烧损的碳质量含量；ΔH_{sl} 为海绵铁中炉渣物理热。

为了研究酸性脉石对电炉熔化时所需能量的影响，假定海绵铁（表 10.1）的金属化率为 94%，CaO、MgO 与 C 不变，海绵铁配加量与酸性成分变化对电炉能耗影响见图 10.15 和图 10.16，分别采用了调节炉渣碱度与不采用调节炉渣碱度方式进行计算，总的趋势是调节炉渣碱度（$SR=1.1$）的熔化能耗高，随着炉渣碱度的提高，电耗还将增加。对于优质海绵铁 A，加入电炉炼钢，不会增加吨钢电耗；随着脉石含量增加，吨钢能耗增加，特别是脉石含量超过 10% 的 D 样，相对能耗明显提高，对于电炉炼钢，应限制其兑入量。对于铁品位低的海绵铁，最好使用专门熔分电炉，或者使用熔融还原炉进行熔分。

表 10.1 假定的海绵铁成分 （%）

项目	金属铁含量	$w(FeO)$	金属化率	$w(CaO+MgO)$	$w(SiO_2+Al_2O_3)$	$w(C)$
A	88	7	94	2	1.5	1.5
B	86	6.5	94	2	4	1.5
C	83	6	94	2	7.5	1.5
D	80	5.5	94	2	11	1.5

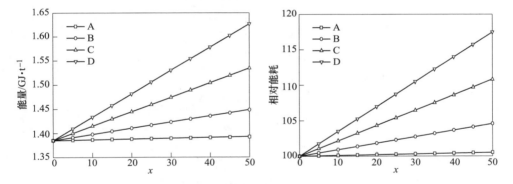

图 10.15 不同海绵铁成分下电炉冶炼所需的能量（调节碱度至 1.1）

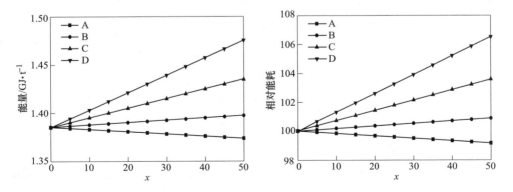

图 10.16 不同海绵铁成分下电炉冶炼所需的能量（不调节碱度）

10.3.2　不同金属化率的海绵铁

　　海绵铁所选的矿粉成分见表 10.2。改变金属化率得到不同金属化率的金属化球团，球团碳含量为 1.5%，其他成分见表 10.3。随着金属化率的下降，海绵铁中残余的 FeO 含量明显增加，在作为废钢的补充原料加入电炉时，由于采用的吹氧助熔制度，海绵铁中的 FeO 是难以被还原的，造成了铁资源的浪费，同时过高的 FeO 会影响电炉炉衬。图 10.17 是不调节碱度的冶炼能耗，可见，海绵铁的金属化率下降，电炉能耗将明显增加。因此，对于金属化率低的海绵铁，在电炉中应少加，可以作为转炉炼钢的冷却剂加入，也可采用专门的熔分电炉进行冶炼，对于二步法的熔融还原工艺，应采用熔融还原炉进行熔化与进一步还原。

表 10.2　海绵铁成分　　　　　　　　　　　　　（%）

TFe	$w(FeO)$	$w(CaO+MgO)$	$w(SiO_2+Al_2O_3)$
68	29.1	2	4.1

表 10.3　不同金属化率海绵铁成分　　　　　　　（%）

金属铁含量	$w(FeO)$	金属化率	$w(CaO+MgO)$	$w(SiO_2+Al_2O_3)$	$w(C)$
84.76	5.74	95	2.62	5.38	1.5
79.27	10.32	90	2.59	5.31	1.5
73.93	16.77	85	2.56	5.24	1.5
68.71	22.09	80	2.53	5.18	1.5

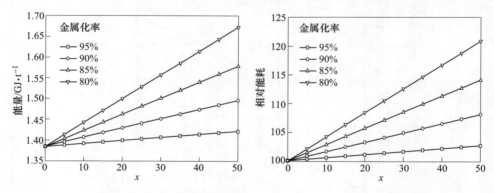

图 10.17　不同金属化率海绵铁在电炉冶炼所需的能量（不调节碱度）

10.3.3　含碳球团

　　含碳球团目前应用在转底炉上，重点处理含锌粉尘或钢厂含铁废弃物，现在也有使用转底炉处理钒钛磁铁矿或钛铁矿等矿种。低品位的矿种，不宜大量在废钢电炉中使用，应该配备专门熔分电炉。转底炉由于采用高温氧化气氛热辐射供热方式，一般配碳量过剩 10%～20%，金属化率在 70%～85%，为了便于计算热量，将金属化率从 90%～75% 之间波动。矿种以钒钛磁铁矿为例，还原煤采用低灰分的无烟煤，成分见表 10.4 和表 10.5。经过转底炉还原后的球团成分见表 10.6。

表 10.4　钒钛磁铁矿成分　　　　　　　（%）

TFe	FeO	Fe$_2$O$_3$	TiO$_2$	V$_2$O$_5$	MnO	SiO$_2$	CaO	MgO	Al$_2$O$_3$
59.76	29.5	52.59	7.99	0.60	0.68	1.22	0.572	2.93	3.69

表 10.5　还原煤干基成分　　　　　　　（%）

灰分	灰分成分				固定碳	挥发分
	SiO$_2$	CaO	MgO	Al$_2$O$_3$		
10	50	5	4	40	80	10

表 10.6　1t 干基钒钛磁铁矿采用转底炉得到的含碳金属化球团成分　　（%）

金属化率	Fe	FeO	TiO$_2$	V$_2$O$_5$	MnO	SiO$_2$	CaO	MgO	Al$_2$O$_3$	C	总重/kg
90	63.95	9.14	9.50	0.71	0.81	2.82	0.82	3.59	5.48	3.19	841.09
85	59.32	13.46	9.33	0.70	0.79	2.77	0.80	3.53	5.38	3.91	856.33
80	54.85	17.63	9.17	0.69	0.78	2.72	0.79	3.47	5.29	4.61	871.56
75	50.54	21.66	9.01	0.68	0.77	2.67	0.77	3.41	5.20	5.29	880.94

从表 10.6 可见，随着含碳球团的金属化率下降，金属化球团中金属铁含量明显下降，FeO 含量明显增加。此时熔分球团应采用专门熔分电炉。

由于球团中脉石主要是酸性成分，因此熔分球团，需要配碱度，通过加石灰调节炉渣碱度至 1.1 左右。配加石灰的方式有两种，一种是在加工含碳球团时配入石灰，一种是在电炉中配入石灰。调整碱度后的炉渣成分见表 10.7。炉渣中存在大量 FeO，可以通过碳将部分 FeO 还原出来。高温下（FeO）与碳的还原为：

$$(FeO) + C \rightleftharpoons [Fe] + CO(g) \qquad \Delta G^{\ominus} = 134129 - 141.4T$$

表 10.7　1t 干基钒钛磁铁矿采用转底炉并配加石灰得到的含碳金属化球团成分（%）

金属化率	Fe	FeO	TiO$_2$	V$_2$O$_5$	MnO	SiO$_2$	CaO	MgO	Al$_2$O$_3$	C	总重/kg
90	55.52	7.93	8.25	0.62	0.70	2.45	13.88	3.12	4.76	2.77	968.70
85	51.63	11.71	8.12	0.61	0.69	2.41	13.67	3.07	4.69	3.40	983.93
80	47.85	15.38	8.00	0.60	0.68	2.37	13.46	3.02	4.62	4.02	999.17
75	44.18	18.94	7.88	0.59	0.67	2.34	13.26	2.98	4.55	4.62	1014.41

因此在考虑熔分时的能耗，还应考虑 FeO 的还原吸热量。假定终点炉渣 FeO 含量为 7%，可以计算出 1t 钒钛磁铁矿熔分所需的能量以及相应的铁水产量（578kg）。从图 10.18 可见，随着金属化球团金属化率的下降，所需理论能耗明显增加。若电炉不采用吹氧助熔方式，仅仅采用单一的电加热方式，在假定电的综合热效率为 70% 的条件下，可以得到吨矿与吨钢所对应的能耗，见图 10.19。即使是高金属化率球团，吨钢的电耗也将突破 1100kWh，而金属化率为 75% 的金属化球团，吨钢电耗则超过 1400kWh。

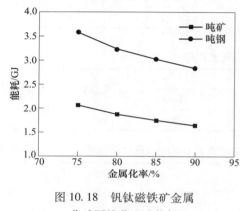
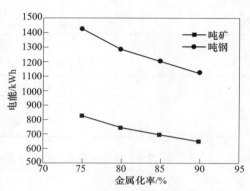

图 10.18   钒钛磁铁矿金属
化球团熔分理论能耗

图 10.19   钒钛磁铁矿金属化球团熔分电耗

上述计算是基于冷料进入电炉，如果采用热装热送，就可以减少部分物理热，从而有利于电炉能耗的降低。

10.4   磁选分离

除了渣铁熔分方式以外，磁选分离也是直接还原铁经常选用的方式，特别在一些煤基还原中加入了磁选分离残煤的工序。

10.4.1   杂质的来源与分布

10.4.1.1   杂质来源

金属化铁粉或球团的杂质来源与冶炼工艺相关。对于气基直接还原铁，选用高品位的铁矿为原料，杂质来源为铁矿中固有的脉石；对于煤基直接还原铁，由于工艺中涉及煤与矿粉的混合，混合最充分的为含碳球团，煤矿通过黏结剂充分混合并通过压球固结在一起；次之的为回转窑工艺，部分煤与铁矿机械混合在一起，在窑内自上而下沿斜坡旋转移动，另一部分为煤作外燃料，完全燃尽或未完全燃烧的煤渣；在隧道窑工艺中，采用环行布料，存在煤层与矿层相互接触。除了矿与煤带来的杂质，还有需要调整碱度或脱硫用的石灰与白云石等。

10.4.1.2　杂质分布

　　单个金属铁粒中杂质与金属铁的分布示意图见图 10.20。由于矿中本身就存在一定杂质，由于铁占主要分数，还原后的杂质在金属铁中的分布大致有 3 种：一种是弥散分布在金属铁相间的缝隙中，如图中（a）；一种是分布在金属相内，如图中（c）；一种是与金属铁相相互接触，如图中（b）。

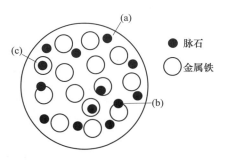

图 10.20　金属铁中脉石分布

　　对于回转窑或隧道窑直接还原铁，煤残渣与金属铁粒没有发生固结反应，因此，一般与铁粒以独立状态混合在一起，用于脱硫的石灰与残煤渣相似，与铁粒也以独立状态混合在一起，此时分离煤残渣和石灰比较容易。

　　对于转底炉还原后的含碳金属化球团，煤渣、添加剂与金属铁中的脉石部分发生烧结，此时脉石与金属铁相的分布也与图 10.20 类似，是否容易分离，还要根据具体的显微结构来决定。

10.4.2　杂质去除与能耗分析

　　根据杂质与铁的分布形态可以确定是否应该磁选还是直接进入电炉熔分。磁选工艺的能耗包括三个部分。第一部分为球团破碎或细磨的能耗；第二部分为磁选过程的能耗（考虑磁选率）；第三部分为压球能耗。能否进行磁选的标准是磁选的能耗能否折回电炉熔分所多耗的电能。

　　从 10.4.1 节可知，气基直接还原铁磁选价值不大，原因有两个，气基直接铁品位高，脉石含量可以控制在 15% 以下（包括残余的 FeO，见表 10.1 中 B 样），即使调整碱度至 1.1，吨钢电耗增加 5%（海绵铁添加量为 50%），以目前的吨钢能耗 400kWh，即吨钢电耗增加 20kWh；气基直接还原铁在不考虑磁选分离的难度条件下，其中耗能较大的为球磨，直接还原铁的球磨电耗约为 30kWh/t，磁选机能耗相当较低，约为 5kW，1t 气基直接还原铁的球磨、磁选总能耗估计在 50kWh。可见，气基直接还原铁磁选价值不大。

　　回转窑直接还原铁，存在煤灰和白云石，以优质煤计算（灰分假定为 10%），因此，煤灰与白云石的质量可得 150kg/t DRI，加之矿中的杂质，1t 海绵铁产生的脉石含量可达 270kg，这可是电炉炼钢不允许的。从图 10.21 可见，煤灰和白云石等与金属铁是分开的，因此，磁选时无需球磨，综合电耗约在 35kWh 左右。因此，回转窑直接还原铁是可以通过磁选的。

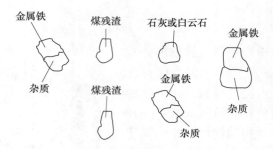

图 10.21　回转窑或隧道窑中金属铁粒与煤渣、石灰等分布

隧道窑直接还原铁，也存在部分煤灰和脱硫剂，影响海绵铁质量。由于煤灰和脱硫剂与金属铁是以物理方式混合的，比较容易去除的。目前主要采用破碎、磁选和冷压块，吨铁电耗在 40kWh。

10.4.3　高含量杂质的铁粉杂质分离

对于低品位铁矿、钒钛磁铁矿、钛铁矿等矿种，铁含量低于 60%，甚至低于 40% 以下，如何低能耗、经济地处理这些矿种成为研究的热点之一。矿中的氧化铁还原可通过含碳球团、隧道窑等方式进行处理，现在的问题是直接用电炉熔分，还是先使用磁选方式出去部分脉石？

含碳球团中煤渣、金属铁交错在一起，见图 10.21，这时能否容易分离的是含碳球团中金属铁的微观粒度与煤渣微观粒度。目前球磨的水平，考虑到金属铁的延展性，球磨粒度可以做到 40μm 左右，因此，含碳球团铁的微观粒度应能控制在 40μm 以上，理想的金属铁粒度保持在 100μm 以上。

对于钒钛磁铁矿、钛铁矿等矿种，杂质主要来自矿的本身，其显微结构氧化铁与杂质相互交错在一起，最小单相粒度在 20μm 以下，有的更是低于 10μm 以下，这就给选矿造成了很大难度。含碳球团中煤的灰分质量较低，虽然通过黏结剂固结在一起，但是煤的原始粒度约在 200 目左右水平，因此，含碳球团中的煤灰是比较容易去除的，通过破碎、磨细至 200 目左右，大部分煤灰即可去除。

由于杂质去除所需要的能耗较大，如果仅仅除去含碳球团中的煤灰，而更多的矿中内含杂质去除不掉，通过磁选这种方式在能耗是不值当的。因此，要想去除矿中的内含杂质，则应该让生成的铁晶粒长大。铁晶粒长大的动力学条件包括晶粒长大温度和晶粒长大时间。用转底炉生成金属化球团，炉内停留时间在 30min 左右，除去预热和还原实际，给还原后的金属铁晶粒再长大的时间较短，这也是目前的含碳球团通过磁选方式不易去除脉石的重要原因。为了在转底炉中促使晶粒长大，主要的手段是提高转底炉内温度，日本和美国等国家的 ITmk3 法，就是将温度提高到 1450℃ 以上，促使含碳球团中的金属铁和碳形成生铁，促使铁渣分离，这样在常温下铁与杂质就容易分离了。转底炉提高温度，对于杂质分离是有利的，但是给转底炉工艺带来了更多的困难，包括高温燃气的获得、半固态球团的出料与炉底黏结、耐材寿命、高温废气的换热等等。

另外一种方式就是延长高温时间，目前冶炼时间较长的工艺有隧道窑和回转窑方法。由于钒钛磁铁矿、钛铁矿等矿种的还原温度要高于普通的铁矿，而回转窑和隧道窑对温度是有要求的，隧道窑一般不超过1200℃，回转窑一般不超过1150℃。不过通过低温还原技术，可以将这些矿种实现低温还原，仍然可以使用隧道窑和回转窑进行生产，通过铁的晶粒长大，有望实现通过磁选方式分离铁与杂质，详见第11章。

10.5 铁粉定量分析

通过传统的化学分析法可计算出样品的还原率及金属化率，但所给予的信息量少，测量周期长。本节将通过粉末 X 射线衍射法研究得到含铁相的各种赋存形态（Fe_2O_3、Fe_3O_4、FeO、Fe_3C、铁素体、奥氏体）的定量强度关系，并提出铁矿还原率和金属化率的计算方法[9]，为铁矿粉及钒钛磁铁矿等还原反应的定量相分析提供依据，更大的好处是采用这种方法便于对氧化铁还原和再氧化进行系统深入的机理研究。

10.5.1 各物相强度的定量关系

10.5.1.1 Fe_3O_4/Fe_2O_3 物相强度关系

Fe_3O_4 和 Fe_2O_3 的重量比与它们衍射强度成正比，即：

$$\frac{W_{Fe_3O_4}}{W_{Fe_2O_3}} = K_{Fe_3O_4}^{Fe_2O_3} \cdot \frac{I_{Fe_3O_4}}{I_{Fe_2O_3}} \tag{10.31}$$

式中，$W_{Fe_2O_3}$，$W_{Fe_3O_4}$ 分别为 Fe_2O_3 和 Fe_3O_4 的质量分数；$I_{Fe_2O_3}$，$I_{Fe_3O_4}$ 分别为 Fe_2O_3 和 Fe_3O_4 的衍射主峰强度；$K_{Fe_3O_4}^{Fe_2O_3}$ 为常数。

在计算还原率和金属化率时，使用摩尔量更方便，因此将式（10.31）转换成摩尔比形式：

$$\frac{m_{Fe_3O_4}}{m_{Fe_2O_3}} = K_{Fe_3O_4}^{Fe_2O_3} \cdot \frac{I_{Fe_3O_4}}{I_{Fe_2O_3}} \cdot \frac{160}{232} \tag{10.32}$$

利用国际衍射数据中心提供的标准 X 射线衍射数据（卡片号：33-0664 及 19-0629），$K_{Fe_3O_4}^{Fe_2O_3} = \frac{2.4}{4.9}$，$Fe_3O_4$ 和 Fe_2O_3 的摩尔比与衍射强度的定量关系为：

$$\frac{m_{Fe_3O_4}}{m_{Fe_2O_3}} = 0.34 \cdot \frac{I_{Fe_3O_4}}{I_{Fe_2O_3}} \tag{10.33}$$

10.5.1.2　α-Fe 与 γ-Fe 的定量强度关系

在固态还原中，铁的形态主要有铁素体 α-Fe 和奥氏体 γ-Fe，在 900℃ 以下，γ-Fe 中的碳含量低于 1%，因此假定 α-Fe 和 γ-Fe 强度比为 1，即：

$$\frac{\alpha\text{-Fe}}{\gamma\text{-Fe}} = \frac{I_{\alpha\text{-Fe}}}{I_{\gamma\text{-Fe}}} \tag{10.34}$$

10.5.1.3　γ-Fe 与 Fe$_3$C 的定量强度关系

Fe$_3$C 与 γ-Fe 的体积比计算公式如下：

$$\frac{V_{Fe_3C}}{V_{\gamma\text{-Fe}}} = 2.972 \cdot \frac{I_{Fe_3C}}{I_{\gamma\text{-Fe}}} \tag{10.35}$$

将其转换成摩尔比：

$$\frac{m_{Fe_3C}}{m_{\gamma\text{-Fe}}} = 2.972 \cdot \frac{\rho_{Fe_3C}}{\rho_{\gamma\text{-Fe}}} \cdot \frac{M_{Fe_3C}}{M_{\gamma\text{-Fe}}} \cdot \frac{I_{Fe_3C}}{I_{\gamma\text{-Fe}}} = 0.92 \cdot \frac{I_{Fe_3C}}{I_{\gamma\text{-Fe}}} \tag{10.36}$$

式中，V_{Fe_3C}，$V_{\gamma\text{-Fe}}$ 分别为 Fe$_3$C 与 γ-Fe 的体积分数；M_{Fe_3C}，$M_{\gamma\text{-Fe}}$ 分别为 Fe$_3$C 与 γ-Fe 的分子量。

10.5.1.4　根据 H$_2$ 还原计算 Fe$_x$O 与 α-Fe 及 Fe$_3$O$_4$ 与 Fe$_x$O 的定量强度关系

从 H$_2$ 还原氧化铁的样品的 X 射线衍射图（图 10.22）可知，含铁的物相有 α-Fe、Fe$_x$O、Fe$_3$O$_4$。令：

$$\frac{m_{Fe_3O_4}}{m_{Fe_xO}} = k_1 \frac{I_{Fe_3O_4}}{I_{Fe_xO}} \qquad \frac{m_{\alpha\text{-Fe}}}{m_{Fe_xO}} = k_2 \frac{I_{\alpha\text{-Fe}}}{I_{Fe_xO}}$$

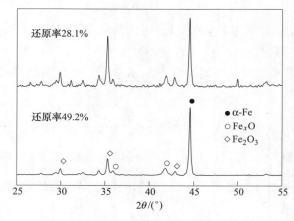

图 10.22　氢气还原氧化铁时的粉末衍射图

设样品中含有 1mol Fe_xO，则样品中含有 $k_1 \dfrac{I_{Fe_3O_4}}{I_{Fe_xO}}$ mol Fe_3O_4、$k_2 \dfrac{I_{\alpha\text{-}Fe}}{I_{Fe_xO}}$ mol α-Fe。根据反应前后样品的铁平衡，可得反应前原料氧含量为：

$$1.5 \times \left(3k_1 \frac{I_{Fe_3O_4}}{I_{Fe_xO}} + k_2 \frac{I_{\alpha\text{-}Fe}}{I_{Fe_xO}} + x \right) \tag{10.37}$$

反应后产物的氧含量为：

$$4k_1 \frac{I_{Fe_3O_4}}{I_{Fe_xO}} + 1 \tag{10.38}$$

则反应后的失氧量为：

$$0.5k_1 \frac{I_{Fe_3O_4}}{I_{Fe_xO}} + 1.5k_2 \frac{I_{\alpha\text{-}Fe}}{I_{Fe_xO}} + 1.5x - 1 \tag{10.39}$$

则还原率的计算公式为：

$$\frac{0.5k_1 \dfrac{I_{Fe_3O_4}}{I_{Fe_xO}} + 1.5k_2 \dfrac{I_{\alpha\text{-}Fe}}{I_{Fe_xO}} + 1.5x - 1}{1.5 \times \left(3k_1 \dfrac{I_{Fe_3O_4}}{I_{Fe_xO}} + k_2 \dfrac{I_{\alpha\text{-}Fe}}{I_{Fe_xO}} + x \right)} \tag{10.40}$$

式中，x 取 0.947，将 H_2 还原氧化铁的结果代入上式中可求得：$k_1 = 0.87$，$k_2 = 0.56$。因此 Fe_xO 与 α-Fe 及 Fe_3O_4 与 Fe_xO 的定量强度关系为：

$$\frac{m_{Fe_3O_4}}{m_{Fe_xO}} = 0.87 \frac{I_{Fe_3O_4}}{I_{Fe_xO}} \tag{10.41}$$

$$\frac{m_{\alpha\text{-}Fe}}{m_{Fe_xO}} = 0.56 \frac{I_{\alpha\text{-}Fe}}{I_{Fe_xO}} \tag{10.42}$$

10.5.1.5　根据 CO 还原计算 Fe_xO 与 α-Fe 及 Fe_3O_4 与 Fe_xO 的定量强度关系

根据 CO 还原氧化铁试验，选择含铁相只有 Fe_xO 和 α-Fe 的样品（图 10.23），也能计算出 Fe_xO 与 α-Fe 的定量强度关系。

令样品中含有 1mol Fe_xO，则样品也含有 $k_2 \dfrac{I_{\alpha\text{-}Fe}}{I_{Fe_xO}}$ mol α-Fe。根据全铁平衡，还原率（y）如下式所示：

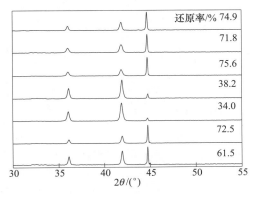

图 10.23　CO 还原氧化铁时的粉末衍射图

$$y = \frac{1.5k_2 \dfrac{I_{\alpha\text{-Fe}}}{I_{\text{Fe}_x\text{O}}} + 0.421}{1.5k_2 \dfrac{I_{\alpha\text{-Fe}}}{I_{\text{Fe}_x\text{O}}} + 1.421}$$

k_2的计算式如下式所示：

$$k_2 = \frac{1.421y - 0.421}{1.5(1-y)\dfrac{I_{\alpha\text{-Fe}}}{I_{\text{Fe}_x\text{O}}}}$$

将 k_2 计算公式中的分母及分子作图（图 10.24），可计算出 $k_2 = 0.60$，与使用 H_2 还原计算结果相近。由此可见，用 H_2 还原法及 CO 还原法得到的结果是相近的。利用 H_2 还原法得到的 Fe_3O_4 与 Fe_xO 的定量强度关系计算用 CO 还原时得到的还原率（图 10.25 和图 10.26），与用化学法测得的还原率也是相近的。

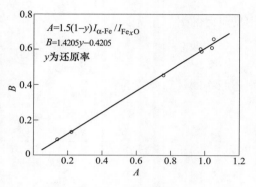

图 10.24　k_2 计算图

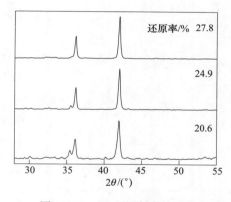

图 10.25　CO 还原氧化铁时的
粉末衍射图（Fe_3O_4-Fe_xO）

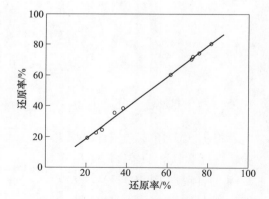

图 10.26　两种计算还原率方法的比较

10.5.2　复杂体系相关系的定量计算

利用上面得到的两相间强度定量关系，可计算出复杂体系的定量关系。以 Fe_xO 作为参照物。则其他物相与它的强度关系如下：

$$\frac{m_{\alpha\text{-Fe}}}{m_{\text{Fe}_x\text{O}}} = 0.56 \frac{I_{\alpha\text{-Fe}}}{I_{\text{Fe}_x\text{O}}}, \frac{m_{\gamma\text{-Fe}}}{m_{\text{Fe}_x\text{O}}} = 0.56 \frac{I_{\gamma\text{-Fe}}}{I_{\text{Fe}_x\text{O}}}, \frac{m_{\text{Fe}_3\text{C}}}{m_{\text{Fe}_x\text{O}}} = \frac{m_{\text{Fe}_3\text{C}}}{m_{\gamma\text{-Fe}}} \cdot \frac{m_{\gamma\text{-Fe}}}{m_{\text{Fe}_x\text{O}}} = 0.52 \frac{I_{\text{Fe}_3\text{C}}}{I_{\text{Fe}_x\text{O}}}$$

$$\frac{m_{\text{Fe}_3\text{O}_4}}{m_{\text{Fe}_x\text{O}}} = 0.87 \frac{I_{\text{Fe}_3\text{O}_4}}{I_{\text{Fe}_x\text{O}}}, \frac{m_{\text{Fe}_2\text{O}_3}}{m_{\text{Fe}_x\text{O}}} = \frac{m_{\text{Fe}_2\text{O}_3}}{m_{\text{Fe}_3\text{O}_4}} \frac{m_{\text{Fe}_3\text{O}_4}}{m_{\text{Fe}_x\text{O}}} = 2.57 \frac{I_{\text{Fe}_2\text{O}_3}}{I_{\text{Fe}_x\text{O}}}$$

设样品中含有 α-Fe 、γ-Fe 和 Fe_3C 等金属铁相，同时也含有 Fe_2O_3、Fe_3O_4 和 Fe_xO 等铁的氧化物物相。则各相的摩尔含量为：

$$m_{\text{Fe}_x\text{O}} = \frac{1}{1 + 0.87 \frac{I_{\text{Fe}_3\text{O}_4}}{I_{\text{Fe}_x\text{O}}} + 2.57 \frac{I_{\text{Fe}_2\text{O}_3}}{I_{\text{Fe}_x\text{O}}} + 0.56 \frac{I_{\alpha\text{-Fe}}}{I_{\text{Fe}_x\text{O}}} + 0.56 \frac{I_{\gamma\text{-Fe}}}{I_{\text{Fe}_x\text{O}}} + 0.52 \frac{I_{\text{Fe}_3\text{C}}}{I_{\text{Fe}_x\text{O}}}}$$

$$m_{\text{Fe}_3\text{O}_4} = \frac{0.87 \frac{I_{\text{Fe}_3\text{O}_4}}{I_{\text{Fe}_x\text{O}}}}{1 + 0.87 \frac{I_{\text{Fe}_3\text{O}_4}}{I_{\text{Fe}_x\text{O}}} + 2.57 \frac{I_{\text{Fe}_2\text{O}_3}}{I_{\text{Fe}_x\text{O}}} + 0.56 \frac{I_{\alpha\text{-Fe}}}{I_{\text{Fe}_x\text{O}}} + 0.56 \frac{I_{\gamma\text{-Fe}}}{I_{\text{Fe}_x\text{O}}} + 0.52 \frac{I_{\text{Fe}_3\text{C}}}{I_{\text{Fe}_x\text{O}}}}$$

依次类推。

样品的金属化率的计算公式为：

$$金属化率 = \frac{m_{\alpha\text{-Fe}} + m_{\gamma\text{-Fe}} + 3m_{\text{Fe}_3\text{C}}}{m_{\alpha\text{-Fe}} + m_{\gamma\text{-Fe}} + 3m_{\text{Fe}_3\text{C}} + 2m_{\text{Fe}_2\text{O}_3} + 3m_{\text{Fe}_3\text{O}_4} + 0.947}$$

$$= \frac{m_{\alpha\text{-Fe}} + m_{\gamma\text{-Fe}} + 3m_{\text{Fe}_3\text{C}}}{\sum \text{Fe}}$$

还原率的计算和原料中氧化铁的失氧率（ε）有关：当原料中氧化铁全部为 Fe_2O_3 时，$\varepsilon = 0$；当原料中氧化铁全部是 Fe_3O_4 时，$\varepsilon = 1/9$，当原料中氧化铁为 Fe_2O_3 和 Fe_3O_4 的混合物时，ε 介于 $0 \sim 1/9$ 之间。还原率的计算公式为：

$$还原率 = \frac{1.5(1 - \varepsilon) \sum \text{Fe} - 3m_{\text{Fe}_2\text{O}_3} - 4m_{\text{Fe}_3\text{O}_4} - 1}{1.5(1 - \varepsilon) \sum \text{Fe}}$$

10.5.3 衍射峰的选择

由于各相的衍射峰可能存在叠加现象，造成所得的衍射峰强度失真，例如，当样品中同时存在 Fe_3O_4 和 Fe_2O_3 时，Fe_3O_4 的主峰（３１１）与 Fe_2O_3 的衍射峰（１１０）发生叠加，此时应选择没有与 Fe_2O_3 衍射峰叠加的衍射峰作为参照，另外，此衍射峰还应具有一定的强度，以降低背底噪声的影响。对于 Fe_3O_4，可替换的衍射峰有（２２０），其强度为主峰（３１１）的30%。

当样品中存在多相时，衍射峰叠加现象较多，更应选择具有一定强度且与其他峰无叠加的衍射峰。下面给出一些可供选择的衍射峰。

α-Fe：主衍射峰（１１０），可替代的衍射峰为（２００），强度为主衍射峰的 20%。

γ-Fe：主衍射峰（１１１），可替代的衍射峰（２２０），强度为主衍射峰的 50%。

Fe_3C：主衍射峰（０３１），可替代的衍射峰为（１１２），强度为主衍射峰的 53%，或衍射峰（１２３），强度为主衍射峰的 17%等。

Fe_3O_4：主衍射峰（３１１），可替代的衍射峰为（２２０），强度为主衍射峰的 30%。

当然，若样品中的物相主衍射峰与其他衍射峰无叠加时，比如 Fe_xO、α-Fe、γ-Fe 三相组成的样品，应选择主衍射峰作为参照，这样可最大限度降低噪声强度的影响。

另外，在选择衍射靶时，最好选择钴靶，这样衍射峰的噪声小，对定量分析有利。

参 考 文 献

[1] 吴玲，张传福，樊友奇. 超细铁粉的制备和应用 [J]. 湖南有色金属，2007（3）：37~41.

[2] 杨婷. 粉末冶金用铁粉的生产及发展前景 [N]. 世界金属导报，2016-04-05（B03）.

[3] 郭培民，赵沛，孔令兵，王磊，刘云龙. 一种低温碳氢双联还原制备超细铁粉的方法 [P]. 申请号 201711340876.0，申请日期 2017-12-14.

[4] 孔令兵，郭培民，赵沛，王磊. 碳热预还原及二次氢还原试制超细铁粉研究 [J]. 粉末冶金工业，2020，30（2）：21~25.

[5] 方建锋，郭培民，孔令兵，庞建明，赵志民. 超纯铁精矿粉直接还原制备超细铁粉 [J]. 粉末冶金材料科学与工程，2016，21（3）：421~426.

[6] 黄希祜. 钢铁冶金原理 [M]. 北京：冶金工业出版社，1990.

[7] 陈家祥. 钢铁冶金学（炼钢部分）[M]. 北京：冶金工业出版社，1990.

[8] 郭培民，赵沛. 超细铁粉的钝化方法 [P]. 专利号 ZL200610113861.6，授权日期 2009-05-20.

[9] 郭培民，张殿伟，赵沛. 氧化铁还原率及金属化率的测量新方法 [J]. 光谱学与光谱分析，2007，27（4）：816~818.

11　低铁原料晶粒聚集长大分离

铁含量低的原料广泛存在，其铁含量一般低于40%，一类是天然的，一类是冶炼过程产生的。天然的低铁原料包括低品质赤铁矿、菱铁矿、高磷铁矿、红土镍矿、钛铁矿等，冶炼过程产生的低铁原料包括冶金含铁粉尘及其他冶炼炉渣，如铜渣、赤泥、镍渣、残钒渣等。这些原料的特点是铁含量低，其他成分含量高。从铁的还原角度相对比较容易，但是较难的是低成本分离还原后的金属铁以及炉渣。

目前能够促进渣铁分离的工艺属于高温工艺，如高炉冶炼红土矿或矿热炉法冶炼红土矿，均通过高温（1500~1700℃左右）来分离渣铁，这两种工艺使用焦炭冶炼或属于电冶金，能耗过高，分离经济性不高。这也就客观地限制了低铁原料的广泛应用。

著者经过数年研究，提出了铁晶粒聚集长大的方式，并找到适宜的冶炼路线，能够低成本得到金属铁。本章将介绍著者在这方面的研究工作。

11.1　含铁原料低温还原基础

含铁原料的晶粒长大技术前提是含铁原料的低温还原。含铁相主要包括氧化铁相（Fe_2O_3、Fe_3O_4、FeO）以及复合铁相（常见的有 Fe_2SiO_4、$FeTiO_3$、$CaFe_2O_4$、$FeCO_3$）。含铁原料中也存在其他一些物质（如含锌粉尘中含有 ZnO，红土镍矿中含有 NiO、Ni_2SiO_4，钛铁矿中含有 TiO_2，高磷铁矿中含有 $Ca_3(PO_4)_2$ 等），这些物相均有可能在碳热还原过程中发生反应。因此，根据含铁属性的不同和冶炼的目的选择适宜的冶炼路线与温度[1-4]。

11.1.1　氧化铁的低温还原

根据氧化铁的还原热力学规律，氧化铁最难还原的为 FeO，其与碳的反应为：

$$FeO + C \rightleftharpoons Fe + CO(g) \quad \Delta G^\ominus = 147904 - 150.2T \quad t^* = 710℃$$

虽然在标准状态下，FeO 的还原温度只有720℃，但实际上，反应受到碳气化反应（$C+CO_2 \rightleftharpoons 2CO$）的限制，碳气化反应需要在1050℃以上反应速度比较快。因此，通常的煤基还原反应器均在1050℃以上完成 FeO 的还原。例如，高炉主要在1500℃以上的温度完成直接还原，回转窑选择1050~1100℃（防止结圈），转底炉选择（1250~1350℃），隧道窑选择 1100~1180℃。

　　通过粉体细化和改善传热及还原气氛等措施，能够使反应的温度进一步降低。对于含铁高的原料，温度降得越低，有利于节能，因为含铁高的原料脉石含量很少，二次熔分耗能较低。但对于本章含铁低的原料，还原温度没有必要下降的过低，因为还需进一步实现还原铁的晶粒长大，实现低温分离渣和铁，降低高温熔分渣的能耗[5~7]。

11.1.2　复合铁相的低温还原

11.1.2.1　Fe_2SiO_4

$$Fe_2SiO_4 + 2C \xlongequal{\hspace{1em}} 2Fe + SiO_2 + 2CO(g) \quad \Delta G^\ominus = 332041 - 321.5T \quad t^* = 760℃$$

　　在标准状态下，Fe_2SiO_4 的碳热还原温度要比 FeO 的碳热还原温度高 50℃（图 11.1），但是实际反应难度大得较多，因为对反应环境要求更高，以 1200℃ 还原为例，FeO 还原所需的还原势 $\dfrac{\%V_{CO}}{\%V_{CO} + \%V_{CO_2}} > 73\%$，而 Fe_2SiO_4 的碳热还原所需的还原势大于 82%。

　　通过粉体细化等低温快速还原措施，能够将 Fe_2SiO_4 的碳热还原温度控制在 1100~1150℃ 水平[8]。

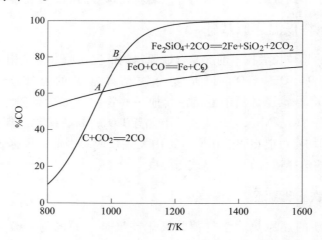

图 11.1　FeO、Fe_2SiO_4 间接还原平衡曲线

11.1.2.2　$FeTiO_3$ 低温还原

$$FeTiO_3 + C \xlongequal{\hspace{1em}} Fe + TiO_2 + CO(g) \qquad \Delta G^\ominus = 181454 - 167.35T \quad t^* = 811℃$$

　　在标准状态下，$FeTiO_3$ 的碳热还原温度要比 FeO 的碳热还原温度高 100℃，但

是实际反应难度大的较多，因为对反应环境要求更高，以 1200℃ 还原为例，FeO 还原所需的还原势 $\dfrac{\%V_{CO}}{\%V_{CO} + \%V_{CO_2}} > 73\%$，而 $FeTiO_3$ 的碳热还原所需的还原势大于 86%。因此反应需要的环境条件非常严格，否则钛铁矿中的铁难以充分还原[8]。

随着反应的温度提高，从 $FeTiO_3$ 还原出来的 TiO_2 有可能进一步被还原成 Ti_3O_5，其反应式如下：

$$3TiO_2 + C \xrightarrow{\hspace{1cm}} Ti_3O_5 + CO(g) \qquad \Delta G^\ominus = 278088 - 201T$$

将上式转成气基间接反应：

$$3TiO_2 + CO(g) \xrightarrow{\hspace{1cm}} Ti_3O_5 + CO_2(g) \qquad \Delta G^\ominus = 112531 - 29.8T$$

从图 11.2 可见，碳的气化反应（$C + CO_2 = CO$）与 TiO_2 间接还原的曲线的交点为 C 点，温度大约为 1000℃，表明在 1000℃ 以上碳在热力学上是能够还原 TiO_2 的。对比 A、B、C 三点位置可以发现，TiO_2 还原是最为困难的。从 TiO_2、$FeTiO_3$、FeO 与 CO 反应曲线可见，平衡成分中，TiO_2 与 CO 还原需要更高的还原势（更高的 CO 浓度，几乎 99%CO），但随着反应温度的进一步提高，还原势浓度有所下降。

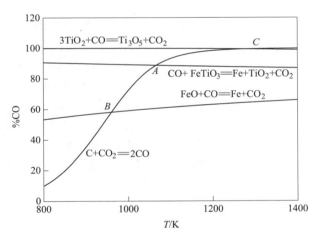

图 11.2 FeO、$FeTiO_3$ 间接还原平衡曲线

随着反应温度的提高 Ti_3O_5 还能进一步被碳还原成 Ti_2O_3、TiO 等含钛氧物相。

$$2Ti_3O_5 + C \xrightarrow{\hspace{1cm}} 3Ti_2O_3 + CO(g) \qquad \Delta G^\ominus = 251516 - 153T \quad T^* = 1644K = 1371℃$$

$$Ti_2O_3 + C \xrightarrow{\hspace{1cm}} 2TiO + CO(g) \qquad \Delta G^\ominus = 315567 - 166T \quad T^* = 1901K = 1628℃$$

在正常的电炉冶炼过程中，TiO_2 很容易被还原到 Ti_3O_5 与 Ti_2O_3，在温度低于 1300℃ 还原，TiO_2 有可能被还原到 Ti_3O_5，若使用低温还原（<1200℃），TiO_2 很可能不被还原到 Ti_3O_5。

11.1.2.3　$CaFe_2O_4$

$$CaFe_2O_4 + 3C = CaO + 2Fe + 3CO(g) \quad \Delta G^{\ominus} = 508850 - 513.7T \quad t^* = 717℃$$

在标准状态下，$CaFe_2O_4$的碳热还原温度与 FeO 的碳热还原温度相当，表明 $CaFe_2O_4$ 是比较容易的一种复合铁相。容易在低温下实现还原。

11.1.2.4　$FeCO_3$

$$FeCO_3 = FeO + CO_2(g) \quad \Delta G^{\ominus} = 114537 - 171.8T \quad t^* = 394℃$$

碳酸铁不稳定，在较低的温度下就能分解成 FeO 和 CO_2，然后 FeO 继续被碳还原成金属铁。

11.1.3　非铁氧化物的低温还原可能性

含铁原料中，除了铁外，还有其他一些金属氧化物，有的金属氧化物容易还原，有的则较难还原。

11.1.3.1　镍氧化物

常见的镍氧化物有 NiO 和 Ni_2SiO_4，它们与碳的反应如下[8]：

$$NiO + C = Ni + CO(g) \quad \Delta G^{\ominus} = 121470 - 173T \quad t^* = 429℃$$
$$Ni_2SiO_4 + 2C = 2Ni + SiO_2 + 2CO(g) \quad \Delta G^{\ominus} = 254680 - 352T \quad t^* = 450℃$$

可见，在低温下，碳很容易还原镍氧化物，其中 Ni_2SiO_4 的还原温度略微高一些。但是碳热还原的限制性环节是碳的气化反应，而碳的气化反应需要在 1050℃以上反应速度比较快。实际上在各种反应器内，都存在气体还原区，例如高炉，下部产生 CO 煤气，在上部发生气基还原，回转窑在窑头产生 CO 气体，在较低的温度段发生气基还原。因此镍氧化物的主要反应来自气基还原：

$$1/2Ni_2SiO_4 + CO(g) = Ni + 1/2SiO_2 + CO_2(g) \quad \Delta G^{\ominus} = -44790 + 1.5T$$

假定气体成分为 CO/CO_2 气体（N_2为惰性气体，不参与反应），则：

$$\frac{V_{CO_2}}{V_{CO}} = \exp\left(\frac{-\Delta G^{\ominus}}{RT}\right)$$

利用上式得到平衡气体成分。从图 11.3 可见，即使 $V_{CO}/(V_{CO} + V_{CO_2}) < 0.01$，$Ni_2SiO_4$依然能够被 CO 还原成金属镍。

钴氧化物的性质与镍氧化物的性质相似，也能通过简单的气基还原即可，其还原气中 CO 含量要求很低。

11.1.3.2　锌氧化物

ZnO 与 C 的反应如下[8]：

$$ZnO + C = Zn(g) + CO(g) \quad \Delta G^{\ominus} = 363841 - 297T \quad t^* = 952℃$$

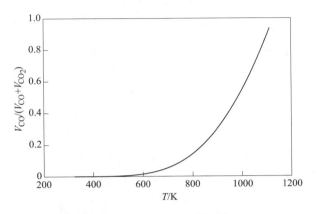

图 11.3　Ni_2SiO_4气基还原的平衡浓度

在煤气加热条件下，存在CO_2等氧化性气氛，此时使用间接还原表达方式更恰当。

ZnO 与还原气体 CO 的反应如下[8]：

$$ZnO + CO(g) = Zn(g) + CO_2(g) \quad \Delta G^{\ominus} = 192437 - 121.7T$$

当反应达到平衡时：

$$\Delta G^{\ominus} = -RT\ln K = -RT\ln \frac{p_{Zn}p_{CO_2}}{p_{CO}p^{\ominus}}$$

$$\frac{p_{Zn}p_{CO_2}}{p_{CO}p^{\ominus}} = \exp\left(\frac{121.7T - 192437}{RT}\right)$$

式中，K 为反应平衡常数；T 为反应温度；R 为气体常数；$\Delta G^{\ominus}$ 为反应标准吉布斯自由能；J/mol；p_i 为气相 i 的压力，Pa；$p^{\ominus}$ 为标准压力，101325Pa。

令 $p_{总} = p_{Zn} + p_{CO} + p_{CO_2}$，则：

$$\frac{\%V_{Zn}\%V_{CO_2}p_{总}}{100\%V_{CO}p^{\ominus}} = \exp\left(\frac{121.7T - 192437}{RT}\right)$$

式中，$\%V_{Zn}$为由 Zn(g)、CO、CO_2组成的气体中的 Zn(g) 体积百分含量；$\%V_{CO}$为由 Zn(g)、CO、CO_2组成的气体中的 CO 体积百分含量；$\%V_{CO_2}$为由 Zn(g)、CO、CO_2组成的气体中的CO_2体积百分含量。

当 $p_{总} = p^{\ominus}$ 时：

$$\frac{\%V_{CO}}{\%V_{CO} + \%V_{CO_2}} = \frac{\%V_{Zn}}{100\exp\left(\frac{121.7T - 192437}{RT}\right)}$$

假定气相中 $\%V_{Zn} = 1$、5、10、20，可以得到不同温度下的 $\dfrac{\%V_{CO}}{\%V_{CO} + \%V_{CO_2}}$，见图 11.4。将 $C+CO_2 = 2CO$ 反应平衡曲线加入图 11.4。从图中可见，$C+CO_2 = 2CO$ 反应曲线与 $ZnO+CO = Zn(g)+CO_2$ 曲线有交点，在交点左侧，$C+CO_2 = 2CO$ 反应平衡时的 CO 体积分数低于 $ZnO+CO = Zn(g)+CO_2$ 反应平衡时的 CO 体积分数，因此 $C+CO_2 = 2CO$ 优先反应，但 $ZnO+CO = Zn(g)+CO_2$ 后进行或难以进行；当反应温度在交点右侧时，$C+CO_2 = 2CO$ 反应平衡时的 CO 体积分数高于 $ZnO+CO = Zn(g)+CO_2$ 反应平衡时的 CO 体积分数，因此 $ZnO+CO = Zn(g)+CO_2$ 优先进行，而 $C+CO_2 = 2CO$ 后进行；当温度高于 1400K 时，$C+CO_2 = 2CO$ 反应中 CO 平衡浓度几乎为 100%，表明高温下只要反应区存在固定碳，就会产生 CO，也就保证了 $ZnO+CO = Zn(g)+CO_2$ 的反应进行。可见当温度在 1050~1150℃，能够保证 ZnO 的充分还原。

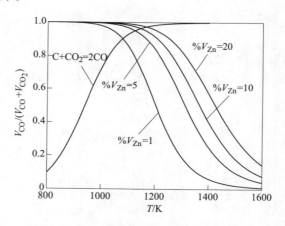

图 11.4　ZnO 碳热还原平衡曲线与温度关系

11.1.3.3　铅氧化物

PbO 与 C 还原，首先发生[8]：

$$PbO + C = Pb(l) + CO(g) \quad \Delta G^{\ominus} = 102867 - 180T \quad t^{*} = 298℃$$

然后液态金属铅在较高温度下挥发。

因此 PbO 的碳热还原也可分解成间接还原方式，即 PbO 与 CO 反应及碳的气化反应组成。由于 PbO 的熔点较低，因此 PbO 的间接还原反应与温度相关。当温度高于 1159K 时：

$$PbO(l) + CO(g) = Pb(g) + CO_2(g) \quad \Delta G^{\ominus} = 100452 - 86T$$

当温度低于 1159K 时：

$$PbO + CO(g) = Pb(g) + CO_2(g) \quad \Delta G^{\ominus} = 125214 - 109.8T$$

与 ZnO 间接还原相似，可以得到：

$$\frac{\%V_{CO}}{\%V_{CO} + \%V_{CO_2}} = \frac{\%V_{Pb}}{100\exp\left(\dfrac{-\Delta G^{\ominus}}{RT}\right)}$$

从图 11.4 和图 11.5 可见，在相同的反应温度下，PbO 还原所需的 CO 平衡成分远低于 ZnO 还原所需的 CO 平衡成分；在相同的 CO-CO₂ 成分下，PbO 被 CO 还原的温度约比 ZnO 还原低 400K。

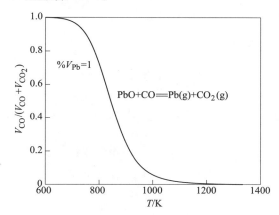

图 11.5　PbO 还原气相成分与温度关系

11.1.3.4　铬氧化物

红土镍矿中含有少量的 Cr_2O_3，铬铁矿中 Cr_2O_3 可超过 40%。

$Cr_2O_3 + 3C \stackrel{}{=\!=\!=} 2Cr + 3CO(g)$　　$\Delta G^{\ominus} = 781690 - 511T$　$t^* = 1260℃$

单纯的碳热还原，在标准状态下 Cr_2O_3 的还原温度需要 1260℃，实际动力学反应温度要高于 1260℃，难以实现 1200℃ 以下温度的还原。如果还原铁量较多，则可能发生下列反应：

$Cr_2O_3 + 3C + 2Fe \stackrel{}{=\!=\!=} 2CrFe + 3CO(g)$　　$\Delta G^{\ominus} = 786914 - 585.8T$　$t^* = 1070℃$

铬溶于铁后，反应温度会有明显下降，因此在合适的条件下，完全能够实现铬的低温还原。

11.1.3.5　SiO_2

低铁原料中不少杂质是 SiO_2，SiO_2 与碳的反应为：

$SiO_2 + 2C \stackrel{}{=\!=\!=} Si + 2CO(g)$　　$\Delta G^{\ominus} = 669297 - 341.4T$　$t^* = 1687℃$

SiO_2 在低温下很难与碳反应形成金属硅，但在有金属铁的条件下，可发生如下反应：

$SiO_2 + 2C \stackrel{}{=\!=\!=} [Si] + 2CO(g)$　　$\Delta G^{\ominus} = 579513 - 365.9T$　$t^* = 1240℃$

这样还原温度会大幅度下降，即使如此，在 1200℃ 以下，也难以还原 SiO_2。但在后续的晶粒长大中（适度提高温度），则会出现少量 SiO_2 还原。

11.2　铁晶粒聚集长大分离条件

实现了铁的低温还原后，对于低品位铁原料，还得找到经济分离方式。根据第 10 章的渣铁熔分能量，低品位铁不适宜采用高温直接熔分方式。通过铁晶粒长大的方式将反应产生的细小铁晶粒从炉渣中聚集到一定粒度，这样通过破碎和简单磁选就可以得到含铁品位高的金属料[8]。

11.2.1　铁晶粒长大热力学

还原后的细微金属铁，粒度细微，其长大成较大粒度的铁晶粒在热力学上属于自发过程，一个是晶界表面能的变化，另一个是缺陷等造成的畸变能。

假定新鲜产生的铁粉的晶粒度为 d_0，其具有的晶界能 ΔG_{s0} 为：

$$G_{s0} = 4\gamma V_m / d_0$$

式中，γ 为铁晶粒的界面张力；V_m 为铁粉的摩尔体积。

而当铁晶粒长大后，晶粒度为 d_1。则此时的晶界能 ΔG_{s1} 为：

$$G_{s1} = 4\gamma V_m / d_1$$

则铁晶粒长大前后的晶界能量变化为：

$$\Delta G_s = G_{s1} - G_{s0} = 4\gamma V_m (1/d_1 - 1/d_0) < 0$$

另外新鲜铁粉的缺陷较多，这些能量在晶粒长大过程，也逐渐降低，这个过程也属于能量降低过程。

因此，还原后的铁粉长大过程是自发过程。

11.2.2　铁晶粒长大动力学

金属铁的晶粒长大过程比较复杂的。总的说来，晶粒长大速度与温度有关[8]：

$$v = v_0 \exp(-E/RT)$$

式中，v 为晶粒长大速度；v_0 为常数；E 为长大活化能。

温度越高，铁晶粒长大速度越高，晶粒长大时间越短。纯金属铁在 800℃ 左右就可以发生烧结现象。铁晶粒长大在非高炉炼铁中经常出现：竖炉球团还原，还原温度在 800~850℃ 左右，操作 1~2 个月，炉壁结圈厉害，就要清理；流化床还原采用粉料，还原温度 800~850℃，操作 1 个月将会结瘤；在隧道窑内还原直接还原铁，采用精矿粉，得到的铁比较纯净，窑内温度为 1100~1180℃，经过 10h 的还原和 10h 的冷却，最终得到的是比较致密的铁锭（见图 11.6）。

通常来说，较纯的铁的晶粒长大时间是比较长的，在 1100℃ 停留数小时，能够看到明显的铁晶粒聚集。对于含铁低的原料，脉石或杂质含量高，分布在还原得到的铁晶粒周围，会严重阻碍铁的晶粒长大。1100℃停留数小时，也仅仅得到0.05~0.1mm 水平的铁晶粒，需要通过磨到 200 目的水平，才能部分分离渣与铁。温度越高，越有利于铁晶粒的长大，但也需要长大时间，时间短了，晶粒长大效果不明显。例如，转炉尘泥含碳球团在 1350℃还原 30min，也未发现铁相聚集现象，铁弥散分布在球团内（图 11.7）。因此，对于含铁低的原料，发生黏结现象是比较困难的，需要想办法将细小的铁晶粒从炉渣中聚集且长大到可分离尺寸。

图 11.6 隧道窑还原得到的铁锭

图 11.7 含碳球团 1350℃还原 30min

11.3 低铁原料铁晶粒聚集长大分离方法

由于铁晶粒长大的粒度是分离的关键因素，铁晶粒越小，分离难度越大，表现在球磨得更细，铁的收得率下降和金属铁的二次氧化加重。铁晶粒越大，越容易分离，且铁的收得率提高和铁的二次氧化变少。著者经过研究，有如下途径可以提高含铁低的原料的铁低温晶粒长大效果[8]。

11.3.1 降低金属铁的熔点

为了促进低铁原料中铁的聚集和长大，需要改变金属铁的物理性质。金属铁的熔点为 1538℃，通过一些元素，可以明显降低铁的熔点，见表 11.1。降低最为显著的元素为 C。P、S、O 降低幅度也较大，但会影响铁的质量。从 Fe-C 相图（图 11.8）可见，如果铁中渗碳达到 4.3%，铁的熔点就可下降到 1150℃水平。

表 11.1 铁液中元素降低纯铁熔点的温度   （℃/%）

Al	C	Cr	Mn	Ni	O	P	Si	S
5.1	90	1.6	1.7	2.9	65	28	6.2	40

渗碳反应可以表述为：

$$C \rule[0.5ex]{1em}{0.4pt} [C] \qquad \Delta G^{\ominus} = 22590 - 42.26T$$

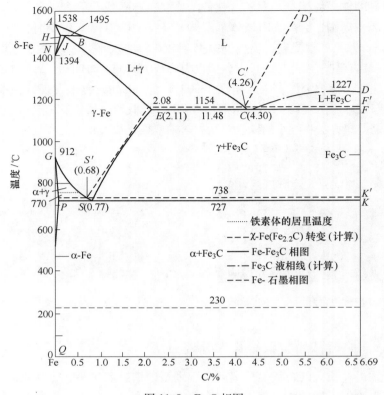

图 11.8　Fe-C 相图

　　虽然铁中渗碳是自发过程，但在实际冶炼过程中，铁是先还原出来的，然后出现渗碳。然而渗碳在正常情况下是比较难进行的，需要高温作为保证才能生产生铁。这也是目前各种生铁冶炼工艺均需要高温的重要原因。

　　为了促进低温渗碳，关键是反应动力学问题。渗碳反应不涉及气固或气液反应，属于典型的固固反应。

　　固固反应中扩散往往是限制性环节。为了克服扩散的限制，需要铁原料和碳质还原剂均非常细小；同时细小的铁原料和碳质还原剂要充分混匀，实现碳与铁需要充分接触，让它们在最短的距离实现反应，同时具有大的接触面积，利用表面积的优势弥补低温渗碳温度不高所带来的影响。

　　铁充分渗碳后，熔点降低，得以熔化后形成液滴，铁液滴在炉渣中聚集的难度远小于固体金属铁在渣中的扩散长大难度。

　　高炉含锌粉尘天然具有原料粒度细小和充分还原等特点，因此，在 1200~1300℃ 即可实现铁的聚集和铁的长大（保留一定时间）。作为冶金二次原料的，如残钒渣、赤泥、铜渣（选铜后）等本身具有细小粒度（200 目左右水平），需要混匀细小的碳质还原剂，也能在 1200~1300℃ 即可实现铁的聚集和铁的长大。对于原生含铁低的原料，如细晶粒赤铁矿、褐铁矿等，以及部分冶金渣，如铜渣（未选铜），则需要进行破碎和球磨，否则很难实现低温渗碳反应。

11.3.2　炉渣性质的改变

11.3.2.1　降低炉渣熔化性温度

各种含铁原料的性质差异很大，有的适宜通过调整炉渣调节，有的不适宜炉渣调整。应根据冶炼原料及工艺的特点决定是否调整炉渣性质。

有的原料炉渣熔点较高，不利于金属铁的聚集长大，此时可调整炉渣成分，降低炉渣的熔化性温度和黏度，则有利于铁的聚集和长大。以红土镍矿为例，脉石中主要成分为 SiO_2 和 MgO（见表 11.2），熔点高且很黏。因此通过调节 CaO 含量，将主要成分调节到图 11.9 中的 B 区，则炉渣的熔化性温度可降低到 1320~1400℃，再考虑炉渣中的辅助矿种的其他杂质氧化物，如 FeO、MnO、Al_2O_3 等，完全能够得到熔化性温度在 1250℃ 左右的炉渣成分。炉渣与金属铁成分都靠近熔化性温度区域，有利于铁晶粒在炉渣中聚集长大。

高炉含锌灰的炉渣则主要以 CaO、SiO_2 为主，比较接近低熔化性温度炉渣，如果炉渣成分有所波动，则可根据 $CaO\text{-}SiO_2\text{-}MgO\text{-}Al_2O_3$ 四元相图调整炉渣成分，营造低熔化性炉渣渣系，便于铁晶粒在炉渣中聚集长大。这种半熔化的铁与炉渣在一起，经过一定时间，便可分离金属与炉渣。但是这种分离思路，也是有风险的，这种半熔态的混合物，一旦炉况不顺，特别是炉温突发变低，大批炉料就会成团固结或黏结在炉壁上不易清除，影响工艺顺行。

表 11.2　红土镍矿成分　　　　　　　　　　（%）

TFe	Ni	SiO_2	Al_2O_3	CaO	MgO	MnO	S	P	Cr	烧损
20~25	1.5~2.0	20~30	~1.0	~0.2	15~20	~0.5	~0.02	~0.01	~0.2	30~40

11.3.2.2　黏度控制

半熔化的铁与炉渣在一起，熔渣是不均匀的，经常出现不溶解的高熔点组分，例如残余的碳，或者是部分高熔点组分未能充分溶于炉渣中而产生难溶的细微的固相质点。此时的炉渣实际上是不均匀的多相炉渣，其黏度要比均匀性炉渣的黏度大得多，不服从牛顿黏滞定律。这种炉渣的黏度称为"表观黏度"。

温度对黏度的影响很大，温度的提高有助于炉渣黏度的下降。从图 11.10 可见，不同的炉渣表现出两种类型的温度曲线，一种称作"稳定性炉渣"，这种炉渣随温度变化黏度变化比较缓慢，通常为酸性渣；一种称作"不稳定性炉渣"，这种炉渣的黏度对温度变化黏度比较敏感，通常为碱性渣。

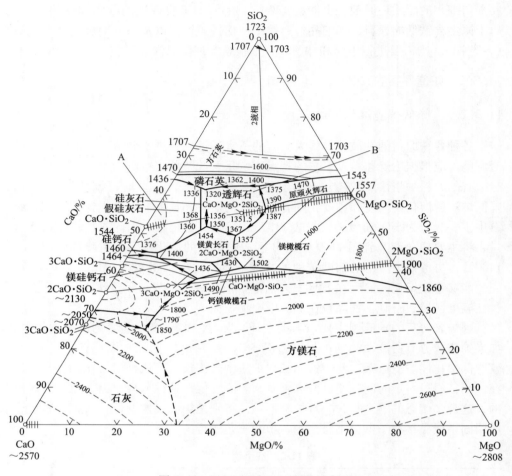

图 11.9   CaO-MgO-SiO$_2$ 三元炉渣相图

对于铁含量低的铁原料，为了满足铁晶粒聚集和长大需要，应选择稳定性炉渣，要以酸性炉渣为主。另外，也要关注少量组分的调节炉渣黏度性能，各种铁原料的性质差距很大，应该根据试验来选择适宜的炉渣成分。

11.3.2.3 微调或不调整炉渣成分

有些情况，如高钛渣冶炼，则不允许调整炉渣，因为调整炉渣，加入过多的组分，会降低炉渣中 TiO$_2$ 的含量。这时主要是利用铁的

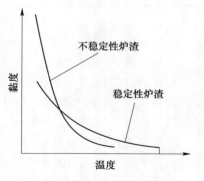

图 11.10   不同性质炉渣与温度关系示意图

渗碳，逐步在固态炉渣中聚集和长大。此时有两种处理办法。一种办法是适当提高铁晶粒聚集和长大的温度，可以缩短冶炼时间。将常规铁晶粒聚集和长大的温度 1200~1300℃调高到 1300~1400℃，能够保证金属铁在钛渣中的聚集和长大。虽然温度适度提高，但仍比高钛渣正常冶炼温度 1800℃低得多，具有很好的节能效果。另一种办法是延长铁晶粒聚集和长大时间，如果在主冶炼设备上进行，冶炼效率会大幅下降，此时可以把冶炼后的渣铁混合物放在渣包中缓慢冷却，完全可以不影响主设备的冶炼时间和效率。

11.3.3 外场作用

外场一般指非直接接触到物料的波，在冶金行业常见的包括电磁感应、微波等。可以将这些外场施加到铁含量低的原料还原和晶粒聚集及长大装备上，发挥特殊的效果。

11.3.3.1 电磁感应

感应炉是利用电磁感应在金属内部形成的感应电流来加热和熔化金属见图 11.11。除了金属容易感应加热外，石墨、碳化硅等也能感应加热，通常它们作为非感应加热材料用来加热坩埚。感应炉采用的交流电源有工频（50/60Hz）、中频（150~10000Hz）和高频（高于 10000Hz）3 种。感应炉的主要部件有感应器、炉体、电源、电容和控制系统等。在感应炉中的交变电磁场作用下，物料内部产生涡流从而达到加热或者熔化的效果。

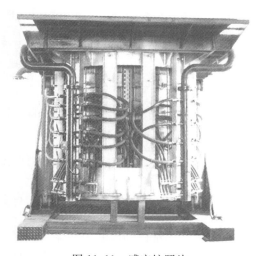

图 11.11　感应炉照片

对于铁含量低的铁原料，采用感应加热的方式有利于铁晶粒聚集和长大。铁含量低的原料还原后，多余的碳、金属铁及炉渣混在一起，采用感应加热，碳和金属铁能够接受感应电流发热，而炉渣则不被加热，因此热量集中到碳与金属铁，有利于铁的渗碳、聚集和长大，而大部分炉渣则充当保温材料。

对于处理量较小的原料，可直接采用感应加热方式，实现低温还原和铁晶粒聚集长大，得到需要的铁产品和渣料。对于处理量大的原料，有以下两种处理思路。

（1）采用两套装备，一套为低温还原装备，另一套为感应加热炉，在低温还原装备上实现铁含量低的原料低温还原，再转移到感应加热炉上实现铁晶粒聚集和长大。

（2）在一套装备上实现低温还原与感应加热，在低温还原装备的后段，施加电磁感应场，帮助铁晶粒聚集和长大。

11.3.3.2　微波

微波是一种高频电磁波，其频率为 0.3~300GHz，波长 1~0.01m。微波加热是利用直流电源使磁控管产生微波功率，通过波导输送到加热器中，以电磁波的形式将电能输送给被加热物质，并被其转变为热能。微波与物质的作用表现为热效应、化学效应、极化效应和磁效应。微波与物质相互作用，会产生反射、吸收和穿透现象。这取决于材料本身的几个主要特性：介电常数、介电损耗因子、比热容、形状和含水量的大小等。因此不是所有的物质都能与微波能产生热效应，一般物质按其微波作用效果大致可以分为 3 类，见图 11.12。这就是微波对物质加热的选择性效应，理论上说，只有极性分子（偶极子）才能被微波极化而产生热效应。

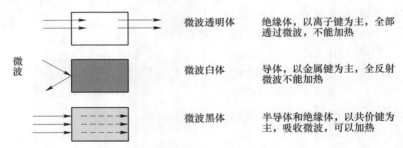

图 11.12　物料模型与物料电学性质的关系

碳是一种非常好的微波吸波体，CaO、MgO、SiO_2、Al_2O_3 等是非常好的微波透明体，铁等过渡金属元素的氧化物也是良好的微波吸波体。金属铁块是微波白体，微波接触金属铁块会反射，但铁粉会接受微波发热。

因此，在铁含量低的铁原料经过低温还原后，采用微波作用，能够帮助细微金属铁在渣中聚集和长大。主要作用包括：

（1）碳和细微铁粉是良好的吸波体。如前所述，碳和细微铁粉是良好的吸波体，它们很容易吸波被加热，而周围的炉渣大部分是微波透明体，吸波很少，因此，高温处于炭粉和细微铁粉上，而炉渣充当耐火材料起到被动加热和保温作用。

（2）具备的高温有助于渗碳反应进行。提高炭粉与原料的细化和混匀，保证了反应的面积。同时，碳与铁晶粒局部温度的提高，加速了渗碳反应进行，从而有助于提高渗碳反应效果。

（3）有助于铁粒聚集和长大。铁表面的渗碳，降低了铁的熔点，因此，铁的聚集和熔化加快。微波还能帮助渣铁分离，有利于铁的聚集，这可能与微波作用后渣铁周围的温度场发生变化有关。温度场的变化产生了热能梯队，有利于对流的进行。

（4）微波有可能降低渗碳反应活化能。有的报道说微波能够降低部分反应的活化能。这也许是对的，但这是比较复杂的问题，因为温度的提高同样提高了反应速度，而渣铁化合物本身的温度是不均匀的，如果以渣温来考察计算，确实是降低了反应活化能。但若考虑到铁的温度升高效益，可能反应活化能的降低将会非常有限。因此，这方面的研究还需深入开展。

与感应加热相类似，对于处理量较小的原料，可直接采用微波加热方式，实现低温还原和铁晶粒聚集长大，得到需要的铁产品和渣料。对于处理量大的原料，也有以下两种处理思路：

（1）可采用两套装备，一套为低温还原装备，一套为微波作用炉，在低温还原装备上实现铁含量低的原料低温还原，再转移到微波作用炉上实现铁晶粒聚集和长大。

（2）在一套装备上实现低温还原与微波加热，在低温还原装备的后段，施加微波，帮助铁晶粒聚集和长大。

11.4 典型铁原料的低温还原与晶粒聚集长大

11.4.1 红土镍矿

红土镍矿成分见表 11.2。从物相分析可见，其主要以一水赤铁矿 $Fe_2O_3 \cdot H_2O$、正硅酸镁 $(Mg,Fe)_2SiO_4$、硅酸镁 $MgSiO_3$、蛇纹石 $Mg_3Si_2O_5(OH)_4$ 等组成。红土镍矿原料含水很高，总水量达原矿质量的 30%~40%。水分为物理水和结晶水，物理水大约为 15%~25%，结晶水大约为 10%~20%，来自一水赤铁矿和含水蛇纹石。典型的镍铁合金成分见表 11.3，典型炉渣成分见表 11.4。

表 11.3 典型的镍铁合金成分 （%）

C	Si	Mn	P	S	Ni	Cr	Mn
3.02	3.32	0.12	0.026	0.21	7.67	2.7	0.12

表 11.4 典型炉渣成分 （%）

Cr	Ni	Fe	CaO	MgO	SiO$_2$
0.05	0.009	0.44	11.09	19.09	53.9

首先将红土镍矿干燥和磨细到 200 目水平，焦粉也磨到 200 目水平，同时将主要的造渣剂 CaO 粉按照一定比例混匀，压成含碳球团，试验经历 3 个阶段，第一阶段，小试验研究，每次放 1~2 个球，约 10~20g。在电阻加热炉内进行，见图 11.13；第二阶段在实验室千克级装备上进行，样品量 1~2kg/次，见图 11.14；第三阶段，放大更大规模的试验，一次 200kg 原料，样品连续从室温加热到 1100℃，保温 1h，然后继续升温至 1200~1300℃，保温 30~60min，见图 11.15。几种规格试验均得到成分合格的镍铁合金，镍铁合金颗粒在 1cm 左右，见图 11.16。通过 3 个阶段，试验成功得到粒状镍铁合金。这比常规得到镍铁合金所需的温度低 200~300℃。主要研究见文献 [15~20]。

图 11.13　第一阶段试验装置图

图 11.14　千克级第二阶段设备

(a) 压球设备

(b) 低温快速还原反应器

图 11.15　第三阶段试验

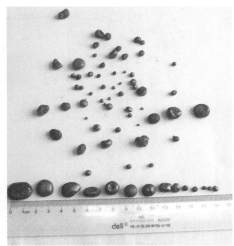

图 11.16　镍铁产品

11.4.2　钛铁矿

钛铁矿的典型成分见表 11.5。冶炼的难点在于有两个产品（金属铁和钛渣），都是重点。过分强调快速反应，如通过添加剂的方式，会降低了钛渣品位；如果过分强调铁的分离，可以通过降低炉渣熔点的方法，但是添加了熔剂，降低了钛渣品位；如果只关心钛渣分离，如锈蚀法，要以牺牲金属铁为代价。

表 11.5　钛铁矿粉的典型化学成分　　　　　　　　　　（%）

TiO_2	TFe	FeO	Fe_2O_3	MgO
44.76	30.92	34.68	5.38	5.20

因此，钛铁矿低能耗冶炼的关键在于如何在较低的温度下与不降低钛渣和金属铁品质的条件下，将金属铁充分与钛渣分离。电炉熔炼法可以实现金属铁与炉渣充分分离，但它是高温冶炼，能耗过高。而目前研究的其他还原方法，不能实现金属铁与钛渣充分分离。

通过差热天平（10mg 级），重点研究钛铁矿中铁的还原动力学。从图 11.17 可见，当使用普通粉体还原时，起始反应温度约为 800℃，当温度升至 980℃时，还原率不足 20%。因此普通粉体（100μm 左右）难以实现低温快速还原反应。只有将粉体变成超细粉后（10μm 左右时），才能出现明显的低温反应现象，反应起始温度可以降低到 200℃ 左右。当反应温度升到 700℃ 左右时，铁的还原基本结束，而当升温至 900℃ 以上时，出现 TiO_2 被还原成 Ti_3O_5 的还原反应。

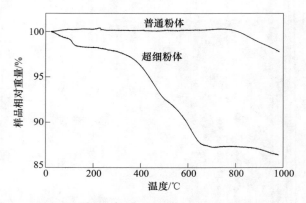

图 11.17　钛铁矿粉被碳粉还原的热重曲线

由上节分析可知，金属铁的渗碳有利于铁的晶粒长大，铁中的渗碳量越高，越有利于金属铁的聚集。低温渗碳的关键是碳与铁充分接触，有着较大的接触面积，利用表面积的优势弥补温度不足带来的影响，另一方面利用外场（微波）的加入强化铁的渗碳。在渗碳充分条件下，促进铁晶粒在钛渣中的低温聚集和长大规律，特别是外场对铁晶粒长大有明显作用，为金属铁与钛渣的充分分离提供了最佳条件。

在 1kW 微波反应器内进行钛铁矿还原及铁晶粒的聚集与长大试验。微波频率2450MHz，微波加热 2h，得到了金属铁

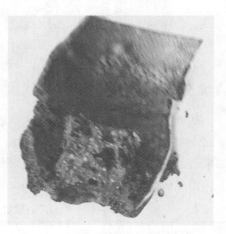

图 11.18　铁在钛渣中聚集照片

粒，约 1~2mm，这些铁粒嵌在钛渣中（图 11.18）。在 20kW 微波反应器内进行了放大试验，装料量在 20kg 水平，由于装料量变大，微波频率 2450MHz 的穿透深度不足，因此采用 915MHz 的微波磁控管。保证了炉内温度的均匀性，得到了粒度更大的铁粒。铁粒成分和钛渣成分见表 11.6 和表 11.7。主要研究见文献 [9~13]。

表 11.6　钛铁矿还原铁粒主要成分　　　　　　　　　（%）

C	Si	Mn	P	S
3.7	0.5	0.2	0.023	0.2

表 11.7　酸性钛渣化学成分　　　　　　　　　　　（%）

TiO₂	FeO	MgO	CaO	SiO₂	Al₂O₃
75.4	2.8	7.3	7.1	2.4	1.9

11.4.3 含锌粉尘

钢厂含锌粉尘综合利用新技术，能够有效利用含锌粉尘内的铁、碳、锌资源，将它们都充分分离，得到海绵铁及富锌料，提高产品的附加值，同时最大程度地降低外加燃料量，降低加工成本，因此具有较高的社会和经济价值。该技术已实现工业化。与其他含锌粉尘处理工艺相比，本工艺具有资源充分利用，产品附加值高，固定投资少和生产成本低等特点，特别适用于我国含锌、铅等高炉灰的处理。钢厂含锌粉尘综合利用工艺流程：将钢厂粉尘、焦粉（或煤粉）按照一定比例混匀，然后通过上料装置装入窑尾，随着回转窑自身的倾斜角及转动，混合料从窑尾逐步向窑头移动，从窑头过来的高温气体逐步降温完成混合料的干燥及预热；在窑头高温区，通过外加的助燃风来燃烧混合料内的碳以此产生热量，将物料的温度提高，完成氧化铁的还原以及锌、铅等还原，并产生 CO 保护气氛；还原产生的锌、铅蒸汽与高温物料分离，并随气流向窑尾移动，随着气流的移动，大部分锌和铅又被氧化成氧化锌和氧化铅，重新成为细微粉尘，并在布袋内回收，还原后的高温物料直接进行水冷，并经过破碎、磁选工序成为水泥原料和铁粉，铁粉再经过脱水后压块得到海绵铁，见图 11.19。

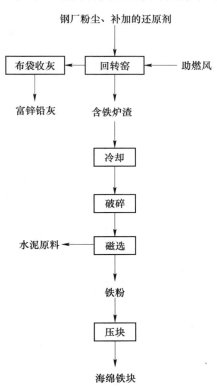

图 11.19 钢厂含锌粉尘提锌和生产海绵铁技术

为了提高铁产品的金属化率，反应器的选择很重要，从目前的反应器来看，转底炉难以保证还原气氛，因此本工艺选择回转窑作为冶炼装备。为了防止在回转窑内的二次氧化，使回转窑窑头的煤气中 CO 体积浓度满足 $CO/(CO_2+CO)>70\%$，能保证含锌粉灰内氧化铁的充分还原，得到高的金属化率，超过 85%。

除了控制窑头的还原气氛外，含锌粉尘内的碳及氧化铁等物料的粒度细小，同时充分接触，保证了含锌粉尘的快速还原。

正常的回转窑窑头还原温度低于1100℃，还原后得到的铁晶粒很细小，为了防止高炉含锌灰在回转窑内的扬尘，采用控制水分方法。研究表明，含锌粉尘的水分控制在 10%~30% 比较适宜。水分过少，扬尘量大；过湿，粉尘移动困难。

钢厂含锌粉尘在加热和还原过程中需要有足够质量的碳，研究表明，当进入回转窑炉的含锌粉尘碳含量达到 20% 以上水平时，不需要外加燃料；当进入回转窑炉的含锌粉尘碳含量不足 20% 时，应补充部分燃料，保证碳含量达到 20% 以上水平。补充的煤粉或焦粉等碳质燃料可与含锌粉尘混合后加入回转窑，也可单独从窑头喷入回转窑内。

在窑头高温区域，除了氧化铁的还原外，含锌粉尘内的锌也被碳还原成锌蒸气，随气流向窑尾移动，随着温度的降低，变成细微粉尘，最后在收灰系统中回收含锌粉尘得到富锌料。

磁选的试验表明：还原得到的金属铁与炉渣混合物的平均粒度只要破碎到 0.08~0.2mm，就可以保证金属铁与炉渣有效分离，铁的收得率超过 90%。主要研究见文献 [21~25]。

11.4.4　钒钛磁铁矿

钒钛磁铁矿低温还原与晶粒长大新流程见图 11.20。首先将一定比例的钒钛磁铁矿粉与还原剂粉混合，再在高效球磨机中充分混匀，然后将样品放入低温还原反应器内加热与还原，还原后的物料再在晶粒长大反应器内完成铁粒长大，冷却后破碎，通过磁选方式完成钛渣与铁粒分离。

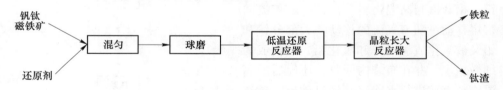

图 11.20　钒钛磁铁矿低温还原与晶粒长大新流程

新方法最大的优势是降低了反应温度，同时还取消了后续的电炉熔炼工艺，是一种资源与能源高效利用的新方法，固定投资少，生产成本低，从而获得更大的经济效益。

在研制的低温还原与晶粒长大中间放大反应器内进行了放大试验。一次试验用量为 200kg。使用普通焦粉为还原剂还原钒钛磁铁矿，通过低温还原与晶粒长大方法，得到了铁粒与含钛炉渣。铁粒与含钛炉渣的化学成分见表 11.8 与表 11.9。可见，通过著者提出的新方法，可以成功得到铁粒与含钛浓度高的炉渣[14]。

表 11.8　钒钛磁铁矿还原铁粒主要成分　　　　　　　　　　（%）

C	Si	V	Mn	P	S
3.5	0.4	0.6	0.15	0.025	0.22

表 11.9　钒铁磁铁矿还原后含钛炉渣成分　　　　　（%）

FeO	SiO$_2$	CaO	MgO	Al$_2$O$_3$	V$_2$O$_5$	TiO$_2$
5.0	12.9	11.6	9.9	15.2	0.9	42.7

11.4.5　铜渣

铜渣比普通铁矿还原温度要高，同时对气氛要求更高；另一方面，铜渣熔化性温度较低，在较高温度还原，还原剂将于炉渣分层，不利于还原。

低温冶金将还原温度降低到1100℃以下，保证铜渣还原，可以较好地解决铜渣还原的难题。若通过冷却后再熔分方式，由于炉渣多，能耗很高，而丧失经济价值。因此，除了低温还原外，需要晶粒聚集长大技术，将铜铁长大到一定粒度，保证冷却后磁选将炉渣与铜铁分离，这种方法能够最大程度地降低冶炼过程的能耗，也无需电炉熔分对耐火材料的严重侵蚀问题。

铜渣低温还原与晶粒长大生产铜铁工艺流程为：将铜渣、还原剂、黏结剂按照一定比例混合后造块或成球，在低温还原反应器内将铜、铁等还原，然后在晶粒长大反应器中促使铜铁合金的晶粒长大到5mm以上，冷凝破碎后，经过简单磁选即可得到铜铁合金。经过理论与技术攻关，得到了铜渣低温还原与晶粒长大的工艺参数，为进行大规模的中试放大试验与生产奠定了基础。新工艺流程表示见图11.21。

图 11.21　铜渣低温还原与晶粒长大生产铜铁合金流程

试验所用的铜渣原料成分见表11.10，铜铁主要成分见表11.11。从中试效果来看，通过低温还原方式，能够得到理想的铜铁合金[26,27]。

表 11.10　铜渣成分　　　　　（%）

Cu	S	Fe	SiO$_2$	Zn	Pb	As	Sb	Bi
1.150	1.0071	36.630	28.250	3.530	0.442	0.320	0.160	0.011

表 11.11　铜铁合金成分　　　　　（%）

C	Cu	S	Fe
3.3	3.1	0.22	91.8

参 考 文 献

[1] 刘云龙. 高杂质钛铁矿低温还原的基础研究 [D]. 北京：钢铁研究总院，2013.

[2] 王天明. 微细晶粒贫赤铁矿还原富集基础研究 [D]. 北京：钢铁研究总院，2014.

[3] 刘俊宝. 冶金工业高温窑炉锌平衡及其基础行为分析 [D]. 北京：北京科技大学，2014.

[4] 孔令兵. 铜渣在冶金窑炉内还原行为及分布规律研究 [D]. 北京：北京科技大学，2014.

[5] 王天明，郭培民，庞建明，王磊，赵沛. 微细粒贫赤铁矿碳热还原的动力学 [J]. 钢铁研究学报，2015，27（3）：5~8.

[6] 王天明，郭培民，庞建明，王磊，赵沛. 微细粒贫赤铁矿催化还原动力学研究 [J]. 钢铁钒钛，2014，35（5）：88~92.

[7] 王天明，郭培民，庞建明，赵沛. 某微细粒贫赤铁矿煤基直接还原试验研究 [J]. 矿冶工程，2014，34（2）：80~83.

[8] 郭培民，赵沛. 冶金资源高效利用 [M]. 北京：冶金工业出版社，2012.

[9] 刘云龙，郭培民，庞建明，赵沛. 高杂质钛铁矿固态催化还原动力学研究 [J]. 钢铁钒钛，2013，34（6）：1~7.

[10] 庞建明，郭培民，赵沛. 钛铁矿高效利用新技术研究和开发 [J]. 钢铁，2013，48（6）：85~89.

[11] 庞建明，郭培民，赵沛. 固态还原钛铁矿生产钛渣新技术 [J]. 中国有色冶金，2013（1）：78~82.

[12] 赵沛，郭培民. 低温还原钛铁矿生产高钛渣的新工艺 [J]. 钢铁钒钛，2005，26（2）：1~4.

[13] 刘云龙，郭培民，庞建明，赵沛. 钛铁矿磁化焙烧分离的热力学分析 [J]. 钢铁钒钛，2013，34（3）：8~12.

[14] 庞建明，郭培民，赵沛. 钒钛磁铁矿的低温还原冶炼新技术 [J]. 钢铁钒钛，2012，33（4）：30~33.

[15] Wang Lei, Guo Peimin, Kong Lingbing. A new process of smelting laterite by low-temperature reduction and microwave irradiation [A]. JCMME2018 [C]. Wellington, New Zealand, 2018.

[16] 郭培民，赵沛，王磊，孔令兵. 红土镍矿低温还原及半熔融态冶炼基础和技术探讨 [A]. 2018 红土镍矿行业大会暨 APOL 年会 [C]. 成都，2018.

[17] 郭培民. 印尼用高炉冶炼红土镍矿生产镍铁趋势 [A]. 2015Apol 镍冶炼峰会 [C]. 吉林，2015.

[18] 郭培民，庞建明，赵沛. 红土镍矿冶炼镍铁合金新技术 [A]. 亚洲金属网镍业大会 [C]. 太原，2012.

[19] 庞建明，郭培民，赵沛. 火法冶炼红土镍矿技术分析 [J]. 钢铁研究学报，2011，23（6）：1~4.

[20] 郭培民，赵沛，庞建明. 高炉冶炼红土矿生产镍铁合金关键技术分析与发展方向 [J]. 有色金属冶炼部分，2011（5）：3~6.

[21] 胡晓军，刘俊宝，郭培民，赵沛，周国治. 铁酸锌气体还原的热力学分析 [J]. 工程科

学学报，2015，37（4）：429~435.

[22] 郭培民，王磊，孔令兵. 钢厂含锌粉尘处理模式及环保探讨［A］. 2017 年冶金固废资源利用学术会议［C］. 马鞍山，2017.

[23] 郭培民，王磊，孔令兵. 钢厂含锌粉尘处理方式探讨［N］. 世界金属导报，2017-06-27：B12~B13.

[24] 庞建明，郭培民，赵沛. 回转窑处理含锌、铅高炉灰新技术实践［J］. 中国有色金属，2013（3）：19~24.

[25] 郭培民，庞建明，赵沛. 回转窑处理含锌铅高炉灰新技术及工业实践［A］. 2011 年重金属污染防治技术及风险评价研讨会［C］. 北京，2011.

[26] 庞建明，郭培民，赵沛. 铜渣低温还原与晶粒长大新技术［J］. 有色金属（冶炼部分），2013（3）：51~53.

[27] 孔令兵，郭培民，胡晓军. 高炉共处置铜渣中 Cu、Fe 元素还原的热力学分析［J］. 环境工程，2015，33（1）：109~112.

12 低磷铁水冶炼

磷是铁水中的有害元素，在高炉冶炼过程中铁矿石中的磷绝大部分（约95%）会被还原进入铁水中。需要在铁水预处理、转炉等设备中脱除磷。非高炉炼铁流程能否有效脱除磷，改变现有钢铁流程的脱磷方式？本章进行探讨。

12.1 含磷矿还原热力学

12.1.1 $Ca_3(PO_4)_2$ 的还原热力学

$Ca_3(PO_4)_2$ 与碳直接还原反应如下[1]：

$$Ca_3(PO_4)_2 + 5C === 3CaO + P_2(g) + 5CO(g) \tag{12.1}$$
$$\Delta G^{\ominus} = 1792827 - 1035.7T \quad t^* = 1458℃$$

在标准状态下，该反应开始温度为1458℃，表明反应难以进行，也就是在固态条件下，碳难以将 $Ca_3(PO_4)_2$ 还原形成磷蒸气。

$Ca_3(PO_4)_2$ 与 CO 的反应如下：

$$Ca_3(PO_4)_2 + 5CO === 3CaO + P_2(g) + 5CO_2(g) \tag{12.2}$$
$$\Delta G^{\ominus} = 941195 - 167.1T$$

在平衡状态下，反应标准自由能与气体成分的关系如下：

$$\Delta G^{\ominus} = -RT\ln\left(\frac{\frac{p_2}{p^{\ominus}}V_{CO_2}^5}{V_{CO}^5}\right) \tag{12.3}$$

推导可得：

$$\frac{V_{CO_2}}{V_{CO}} = \left[\frac{\exp(\frac{-\Delta G^{\ominus}}{RT})}{\frac{p_2}{p^{\ominus}}}\right]^{1/5} \tag{12.4}$$

假定气相成分仅有 CO、CO_2、P_2，则：

$$V_{CO_2} + V_{CO} + V_{P_2} = 100$$

令气相中 P_2 浓度为 0.0001%，则根据式（12.1）和式（12.2）得到图12.1。可见，$Ca_3(PO_4)_2$ 很难被 CO 还原，反应需要碳的直接参与。

在有液态铁相存在条件下，$Ca_3(PO_4)_2$ 还原反应产生的 P_2 会溶解于铁液中。

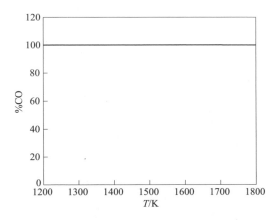

图 12.1 $Ca_3(PO_4)_2$ 间接还原所需要的 CO 浓度

$$P_2(g) = 2[P] \quad \Delta G^\ominus = -24340 - 38.5T \tag{12.5}$$

式（12.5）属于放热反应，很容易进行，且反应动力学条件好，一旦有铁液产生，其内部或附近产生的 P_2 将会溶解于铁液内。这也就是高炉这种炼铁方式，磷几乎进入铁液中的原因。将式（12.5）和式（12.1）、式（12.5）和式（12.2）分别联合，可得：

$$Ca_3(PO_4)_2 + 5C = 3CaO + 2[P] + 5CO(g) \tag{12.6}$$
$$\Delta G^\ominus = 1768487 - 1074.2T \quad t^* = 1373℃$$

$$Ca_3(PO_4)_2 + 5CO = 3CaO + 2[P] + 5CO_2(g) \tag{12.7}$$
$$\Delta G^\ominus = 916855 - 205.6T$$

在标准状态下，式（12.6）反应开始温度为 1373℃，要比式（12.1）低 85℃。表明式（12.6）反应要比式（12.1）要容易进行，即在有铁液存在条件下，$Ca_3(PO_4)_2$ 还原容易进行。

虽然式（12.7）反应要比式（12.2）容易一些，但是平衡气相成分中 CO_2 体积分数很小，表明即使存在铁浴，CO 还原 $Ca_3(PO_4)_2$ 的能力依然较差，还原反应的推进需要碳的直接参与。

在有固态铁存在条件下，$Ca_3(PO_4)_2$ 还原反应产生的 P_2 会在固态铁表明形成 Fe_2P 相（见图 12.2[2]）。

$$4Fe + P_2(g) = 2Fe_2P \quad \Delta G^\ominus = -472922 + 185.4T \tag{12.8}$$

式（12.8）也属于放热反应，且容易发生。根据反应动力学规律，产生的 P_2 气体在离开反应区的过程中，存在两个可能，一是在铁界面发生界面化学反应产生 Fe_2P，二是未完全反应的 P_2 气体离开反应体系被脱除。磷分子属于大分子，在固态铁内部的扩散会成为限制环节，因此界面反应很难在铁粒内部进行。

因此，对于 $Ca_3(PO_4)_2$ 还原及气化脱磷，温度很重要。温度高了，形成液态

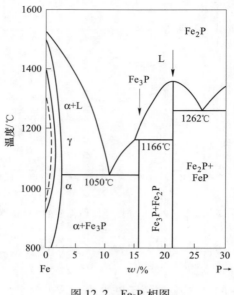

图 12.2　Fe-P 相图

铁相，则还原产生的磷将进入铁液内，如果反应温度较低，在固态铁存在条件下，会有部分磷气化脱除。

12.1.2　碱度对 $Ca_3(PO_4)_2$ 还原影响

从 12.1.1 节可知，$Ca_3(PO_4)_2$ 的还原温度是比较高的，但是铁矿内存在的 SiO_2 质量含量要明显多于 CaO 的质量，且这些物质粒度很细小，容易发生反应。随着 SiO_2 与 CaO 的比例不同，可以发生如下反应[1]：

$$Ca_3(PO_4)_2 + 5C + 3SiO_2 = 3CaSiO_3 + P_2(g) + 5CO(g) \qquad (12.9)$$
$$\Delta G^{\ominus} = 1459600 - 990.7T \qquad t^* = 1200℃$$

$$Ca_3(PO_4)_2 + 5C + 1.5SiO_2 = 1.5Ca_2SiO_4 + P_2(g) + 5CO(g) \qquad (12.10)$$
$$\Delta G^{\ominus} = 1559818 - 1020.4T \qquad t^* = 1256℃$$

从图 12.3 可见，在无 SiO_2 的情况下，在标准状态下，碳热还原最高，达到 1458℃，随着 SiO_2 的加入，形成了 Ca_2SiO_4、$CaSiO_3$，大幅度降低了还原反应温度，分压温度分别降为 1256℃ 和 1200℃。这样高磷铁矿中的磷更易还原了，根据条件控制，既可以实现气化脱磷，也可以让磷更容易进入铁内。

考虑到铁矿内铁对磷的作用，高磷铁矿内的反应温度还会进一步降低。以磷溶入铁液为例：

$$Ca_3(PO_4)_2 + 5C + 3SiO_2 = 3CaSiO_3 + 2[P] + CO(g) \qquad (12.11)$$
$$\Delta G^{\ominus} = 1435260 - 1029.2T \qquad t^* = 1122℃$$

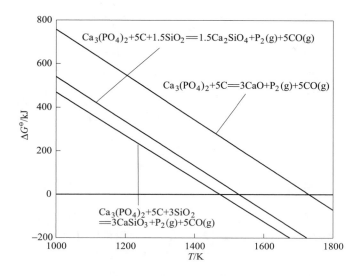

图 12.3 SiO_2 对 $Ca_3(PO_4)_2$ 碳热还原温度的影响

$$Ca_3(PO_4)_2 + 5C + 1.5SiO_2 =\!=\!= 1.5Ca_2SiO_4 + 2[P] + 5CO(g) \quad (12.12)$$
$$\Delta G^{\ominus} = 1535478 - 1058.9T \qquad t^* = 1177℃$$

从式（12.11）和式（12.12）可见，在铁液存在条件下，磷的还原温度可以降低到1200℃以下。

12.1.3 Na_2O 对 $Ca_3(PO_4)_2$ 还原影响

Na_2O 与磷酸根的结合力要强与 CaO 与磷酸根的结合力。它们之间的反应如下[1]：

$$Ca_3(PO_4)_2 + 3Na_2O =\!=\!= 3CaO + 2Na_3PO_4 \qquad (12.13)$$
$$\Delta G^{\ominus} = -608446 + 199.6T$$

Na_2O 添加到铁矿中，还将与其中的 SiO_2 反应，形成硅酸钠，降低了矿中 SiO_2 的活度，有利于提高 $Ca_3(PO_4)_2$ 的还原温度。另外，Na_2O 还是碳气化反应以及铁基还原反应的催化剂，有利于降低高磷铁矿中铁的还原温度。综上所述，铁矿中添加 Na_2O 更适合将磷固定在炉渣中，不利于气化脱磷。

12.2 铁浴法冶炼过程铁水磷的控制

12.2.1 铁水中磷的氧化反应

造碱性渣氧化反应是目前铁水脱磷的主要反应[3]：

$$2[P] + 5(FeO) + 4(CaO) \Longrightarrow (4CaO \cdot P_2O_5) + 5[Fe] \quad (12.14)$$
$$\Delta G^{\ominus} = -767166 + 288.3T$$

也有的将渣中的磷酸钙写成（$3CaO \cdot P_2O_5$），表现在反应标准自由能上有所差别。

$$[\%P] = a_{4CaO \cdot P_2O_5}^{0.5} a_{FeO}^{-5/2} a_{CaO}^{-2} f_P^{-1} \sqrt{\exp\left(\frac{\Delta G^{\ominus}}{RT}\right)} \quad (12.15)$$

12.2.2　对铁水中磷含量的影响因素

12.2.2.1　温度的影响

从式（12.14）可见，造碱性渣氧化脱磷属于强放热反应，降低反应温度有利于使反应的平衡常数变大。从图 12.4 可见，当温度为 1650K 时，平衡常数的数量级达到 9，当反应温度上升到 1850K 时，平衡常数的数量级降为 6，相差接近 3 个数量级。正常冶炼铁水的温度为 1450~1500℃，此时对应的平衡常数为 $1.5×10^8 \sim 3.4×10^7$，温度低于转动炼钢温度，但高于铁水预处理脱磷的温度。

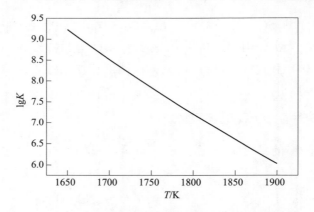

图 12.4　反应温度对脱磷反应平衡常数的影响

12.2.2.2　炉渣碱度的影响

炉渣碱度影响炉渣中各组分的活度。特别影响炉渣中 CaO、SiO_2、FeO 及 P_2O_5 等的活度。总的规律是随着 CaO 活度的提高，FeO 的活度提高，SiO_2 的活度明显下降，P_2O_5 的活度下降，炉渣的氧化性则会出现一个峰值。在炉渣中 CaO 充足的情况下，$4CaO \cdot P_2O_5$ 的活度系数接近 1。对于典型的高炉渣，质量碱度为 1.2，MgO 质量含量在 8%~10% 之间，Al_2O_3 质量含量约为 15%。$(x_{CaO} + x_{MgO})/x_{SiO_2} = 1.6$，从图 12.5，近似得到 CaO 的活度为 0.15。

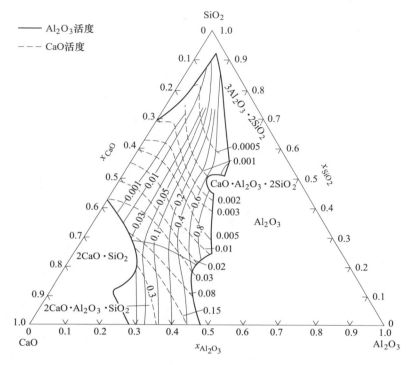

图 12.5　CaO-SiO$_2$-Al$_2$O$_3$ 相图中 CaO 的活度

12.2.2.3　渣中 FeO 含量影响

渣中 FeO 对脱磷反应至关重要[3]。根据式（12.15），铁水中磷含量与 FeO 活度的 2.5 次方成反比。例如，当炉渣中 FeO 的活度从 0.01 提高到 0.05 水平，铁水中磷含量下降 56 倍，相当明显。根据表 12.1 的成分，FeO 的活度接近峰值，如果 $x_{FeO}=0.05$，则 FeO 的活度约为 0.2（见图 12.6）。

表 12.1　典型高炉渣成分　　　　　　　　　　　　　　（%）

成分	CaO	SiO$_2$	Al$_2$O$_3$	MgO	P$_2$O$_5$
质量浓度	40	35	14	9	2
摩尔浓度	42.7	34.8	8.2	13.4	0.8

FeO 还能促进炉渣熔点的下降，并改善流动性，有利于脱磷反应动力学的进行。

12.2.2.4　铁水成分的影响

铁水中 C、O、P、Si、N、S 含量能够促进 f_P，因此它们的存在有利于降低

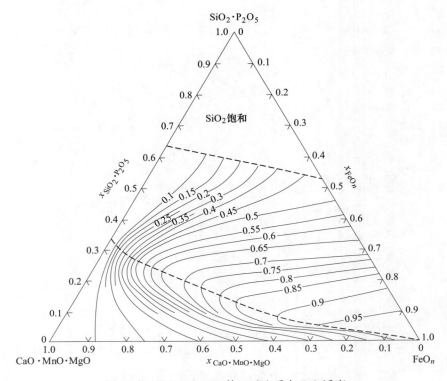

图 12.6   CaO-FeO-SiO$_2$ 伪三元渣系中 FeO 活度

铁水中的磷含量[1]。

$$\lg f_P = \sum e_i^j [\%j] = e_P^P[\%P] + e_C^C[\%C] + e_P^{Si}[\%Si] + e_P^S[\%S] + e_P^O[\%O] + e_P^N[\%N]$$
$$= 0.062[\%P] + 0.13[\%C] + 0.12[\%Si] + 0.028[\%S] + 0.13[\%O] + 0.094[\%N]$$

铁水中的 O、N 溶解度很低，忽略它们的作用，则上述变为：

$$\lg f_P \approx 0.062[\%P] + 0.13[\%C] + 0.12[\%Si] + 0.028[\%S] \quad (12.16)$$

假定铁水成分中含碳 4%、P 0.1%、Si 0.5%、S 0.2%，则 $f_P = 3.9$，利于磷的脱除。

12.2.2.5   渣量的影响

增加渣量意味着稀释炉渣中 P$_2$O$_5$ 的浓度，从而有利于铁水中的磷向炉渣中转移。针对式（12.15），渣量增加，则降低了 4CaO·P$_2$O$_5$ 的活度，从而降低了铁水中磷的含量。与转炉炼钢相比，渣量大是铁水冶炼过程的鲜明特点。虽然碱度、炉渣氧化性不利于铁水中的磷向炉渣中转移，但是渣量大则有利于铁水中的磷向炉渣中转移。

12.2.3　铁水冶炼过程磷的控制

假定冶炼铁水过程中炉渣主要成分不变，可以改变的条件包括炉渣中 FeO 含量的变动，磷酸钙浓度的变化、铁水温度微量变化。

假定反应温度为 1500℃，$4CaO \cdot P_2O_5$ 的摩尔分数为 0.01，FeO 的质量分数为 0.05，CaO、SiO_2、MgO、Al_2O_3 比例参考表 12.1。此时铁水中磷的平衡值为 $[\%P] = 0.01$，完全达到正常铁水磷含量要求。

从图 12.7 可见，炉渣中氧化性对铁水中磷平衡值影响很大，因此，适度地提高炉渣中 FeO 含量将有助于磷转向炉渣内。炉渣中 P_2O_5 量对铁水中磷平衡值影响也较大（图 12.8），这相当于用大量炉渣稀释 P_2O_5 浓度。冶炼温度也强烈影响铁水中磷平衡值（图 12.9）。

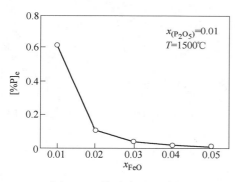

图 12.7　炉渣中 FeO 含量
对铁水磷平衡值影响

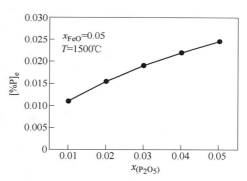

图 12.8　炉渣中 P_2O_5 含量
对铁水磷平衡值影响

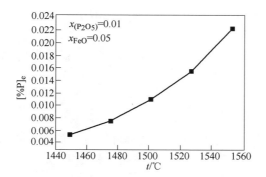

图 12.9　反应温度对铁水磷平衡值影响

12.2.4　铁水冶炼磷控制实例

从第 1 章炼铁新工艺中提到 HIsmelt 工艺[4,5]，它是典型在炼铁过程中将磷控制在较低水平的炼铁工艺。1t 铁水炉渣 330kg，熔池温度 1450℃，熔渣温度 1500℃。

表 12.2　澳矿成分　　　　　　　（%）

Fe$_2$O$_3$	SiO$_2$	P$_2$O$_5$	Al$_2$O$_3$	CaO	MgO
93.65	3.1	0.39	1.5	0.3	0.3

表 12.3　炉渣成分　　　　　　　（%）

CaO	MgO	Al$_2$O$_3$	SiO$_2$	P$_2$O$_5$①	FeO	S①
35.0	9.0	16.2	29.4	2.2	5.9	2.3

① 假定 P$_2$O$_5$、S 全部进入炉渣中，然后再调整。

FeO 的摩尔分数为 0.049，P$_2$O$_5$ 的摩尔分数为 0.0093。则磷的质量守恒为：

（%P$_2$O$_5$）× 吨铁渣量 /100 + [%P] × 2.29 × 1000/100 = 2.2 × 330/100 = 7.26

渣中磷与铁水中满足下式：

$$[\%P] = a_{4CaO \cdot P_2O_5}^{0.5} a_{FeO}^{-5/2} a_{CaO}^{-2} f_P^{-1} \sqrt{\exp\left(\frac{\Delta G^{\ominus}}{RT}\right)}$$

联立化学平衡及磷质量守恒可以得到：[%P] = 0.0104，（%P$_2$O$_5$）= 2.13，脱除率达到 96.7%。

12.2.5　脱磷与铁矿还原关系

当铁矿与煤粉（焦炭）在高温下反应时，分为以下几种情况。

碳与固态 FeO 还原，这主要发生在喷吹铁矿粉和煤粉过程中：

$$FeO + C \Longrightarrow Fe + CO(g) \qquad \Delta G^{\ominus} = 147904 - 150.22T$$

还原得到的铁在迅速熔入铁水中。

在高炉反应或间接还原比较充分的反应体系，熔化后的 FeO 与固体碳反应：

$$(FeO) + C \Longrightarrow [Fe] + CO(g) \qquad \Delta G^{\ominus} = 121390 - 132.95T$$

如果反应不充分，铁水中的碳也会与（FeO）发生反应：

$$(FeO) + [C] \Longrightarrow [Fe] + CO(g) \qquad \Delta G^{\ominus} = 98800 - 90.69T$$

上述这几种反应在高温状态下是完全可以进行的，反应速度与具体的反应动力学条件相关。如果碳过剩，最终的平衡状态将是 FeO 几乎完全被碳还原生产金属铁液。

在氧化铁的还原过程中，铁矿中的 Ca$_3$(PO$_4$)$_2$ 也会与固态碳或铁水中的碳反应：

$$Ca_3(PO_4)_2 + 5C + 3SiO_2 \Longrightarrow 3CaSiO_3 + 2[P] + CO(g)$$

$$\Delta G^{\ominus} = 1435260 - 1029.2T$$

$$Ca_3(PO_4)_2 + 5[C] + 3SiO_2 \rightleftharpoons 3CaSiO_3 + 2[P] + CO(g)$$
$$\Delta G^{\ominus} = 1322310 - 817.9T$$

对比氧化铁还原与磷酸钙，不管是固态碳的还原，还是铁水中碳的还原，FeO 比磷酸钙容易还原。既然在碳过剩的地方，磷酸钙能被还原，FeO 也自然能够被还原。这也就是高炉等强还原势气氛下炉渣中氧化铁低，同时磷几乎进入铁水中的根本原因。

如果渣中存在 FeO，将会发生脱磷反应：

$$2[P] + 5(FeO) + 4(CaO) \rightleftharpoons (4CaO \cdot P_2O_5) + 5[Fe]$$
$$\Delta G^{\ominus} = -767166 + 288.3T$$

前面分析可知，在正常高炉渣碱度和成分下，渣中存在 5% 左右的 FeO，就能够保证铁水中的磷含量较低。

但是氧化铁的碳热还原与氧化铁作为氧化剂脱磷是矛盾的。在碳充足的地方，FeO 优先被碳还原，难以发生氧化铁氧化[P]的反应。因此为了实现铁水冶炼过程中冶炼低磷铁水，应该将氧化铁的还原与氧化铁的氧化脱磷反应分开在不同的反应区域：在铁水区域实现铁矿的还原，而在炉渣区域实现氧化脱磷。在铁水区域，碳过剩，铁矿中的铁充分还原，从而保证铁水的充分渗碳，得到一个低熔点和流动性好的铁水；在炉渣区域，通过吹氧（或吹富氧热风），将裹入炉渣中的铁水氧化，形成具有一定氧化性的炉渣，在此区域，缺碳富氧，就像炼钢一样利用渣金反应脱除铁水中的磷（图 12.10）。

因此，像 HIsmelt 等采用铁浴法冶炼，可以得到低磷铁水。

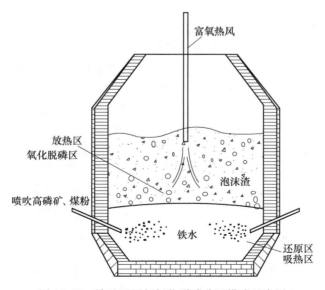

图 12.10　铁矿还原与氧化脱磷分开模式示意图

12.3　低温还原+熔分过程磷的控制

在上一节中谈到了铁矿冶炼铁水过程中磷的控制问题,其核心是铁水中碳的过量程度控制着磷的走向,碳过量,则磷进入铁水中。要将磷重新转入炉渣中,则必须在其他区间产生氧化性炉渣脱磷,HIsmelt 采取了这种方式,但是在冶炼过程出现了若干难题。另一种是欠碳冶炼,目前还没有成型的工艺设想。如果将含磷铁矿的还原与熔化分开在两个装备上进行,可能会直接得到低磷钢水(图12.11)。在含磷铁矿的低温还原阶段,磷依然以磷酸钙形式与金属铁、脉石、未反应的部分 FeO 混合在一起;在电炉阶段,由于碳低,磷酸钙将不被还原依然保留在炉渣中。

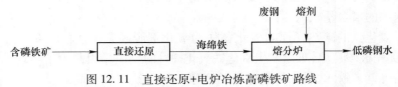

图 12.11　直接还原+电炉冶炼高磷铁矿路线

12.3.1　直接还原中磷的走向

低温还原方法较多,目前普遍采用的是天然气基方法,如 MIDREX、HYL-Ⅲ等,还原温度低于 1000℃。煤基工业化方法有回转窑、隧道窑方法,温度控制在1150℃以下。

对于气基氧化铁还原理论可参考本书前几章内容,对于磷酸钙的气基还原反应,主要还原剂为 H_2、CO:

$$Ca_3(PO_4)_2 + 5H_2(g) = 3CaO + P_2(g) + 5H_2O(g)$$
$$\Delta G^{\ominus} = 1114458 - 325.3T$$
$$Ca_3(PO_4)_2 + 5CO(g) = 3CaO + P_2(g) + 5CO_2(g)$$
$$\Delta G^{\ominus} = 941195 - 167.1T$$

从上述反应自由能来看, 在固态条件下, H_2、CO 难以还原磷酸钙。

对于碳的固态还原, 特别在 1100℃ 以下, 根据 12.1 节内容, 磷酸钙依然稳定存在。因此在低温铁矿的还原过程, 磷酸钙稳定存在。

上述这些还原工艺中, 金属化率正常在 92% 左右, 因此存在较高的 FeO。而碳含量较低, 正常低于 1%, 在气基渗碳条件下, 可超过 2% 水平。而产品中的脉石及磷含量基本上来自铁矿石, 对于煤基还原, 产品中可能存在少量煤渣。

12.3.2　熔分过程磷的控制

从表 12.4 可见, 海绵铁中的碳较低, 而 FeO 高。将 FeO、SiO_2 等计算成炉渣, 则原始炉渣成分见表 12.5。可见, FeO 是炉渣中主要成分, 另外炉渣中 CaO

很低。因此，为了将渣中的磷固定中，需要补充部分 CaO，将碱度调整至 1.5~2 即可。例如以碱度 1.7 调整，需要补加部分生石灰，见表 12.6。虽然电炉的冶炼温度要高于铁水冶炼与铁水预处理的冶炼温度，脱磷的平衡常数不如铁水冶炼与铁水预处理高，但是电炉冶炼废钢和海绵铁过程是处于缺碳条件，高氧化性的炉渣不仅消耗一部分钢水中的碳，同时还因为高氧化性、适度碱度的炉渣，海绵铁中的磷酸钙大部分难以还原进入到钢液中。

表 12.4　典型直接还原铁成分　　　　　　　　　　（%）

成分	TFe	FeO	C	SiO$_2$	Al$_2$O$_3$	CaO	P
MIDREX Ⅰ	92.0	8.0	1.30	1.60		0.1	0.045
MIDREX Ⅱ	91.2	7.0	2.43	1.14	0.36	0.3	0.037
回转窑	90.8	7.6	0.05	2.43	1.30	0.5	0.051

表 12.5　直接还原铁的脉石成分　　　　　　　　　　（%）

成分	FeO	SiO$_2$	Al$_2$O$_3$	CaO	P$_2$O$_5$
MIDREX Ⅰ	81.6	16.3	0.0	1.0	1.1
MIDREX Ⅱ	78.8	12.8	4.1	3.4	1.0
回转窑	63.6	20.3	10.9	4.2	1.0

表 12.6　调碱度后的炉渣成分　　　　　　　　　　（%）

成分	FeO	SiO$_2$	Al$_2$O$_3$	CaO	P$_2$O$_5$	MgO	CaO/SiO$_2$
MIDREX Ⅰ	63.70	13.03	0.10	22.16	0.86	0.15	1.70
MIDREX Ⅱ	65.98	10.95	3.51	18.61	0.84	0.11	1.70
回转窑	48.54	15.60	8.43	26.50	0.76	0.16	1.70

　　国外不少公司的研究也表明，电炉使用直接还原铁可以冶炼低磷钢[6]。因此在用电炉冶炼高磷海绵铁时，应适时调整原料碱度，创造高氧化性、适度碱度的炉渣，保证海绵铁中的磷不被还原，同时还可能脱除废钢中的磷。

　　从以上分析可知，直接还原+熔分炉冶炼低磷铁水是可行的，为了降低整体流程能耗，应实现直接还原铁热送热装技术，降低直接还原铁二次加热能耗。

参 考 文 献

[1] 黄希祜. 钢铁冶金原理 [M]. 北京：冶金工业出版社，1990.

[2] 陈家祥. 炼钢常用图表数据手册 [M]. 北京：冶金工业出版社，1984.

[3] 陈家祥. 钢铁冶金学（炼钢部分）[M]. 北京：冶金工业出版社，1990.

［4］Hardie G J, Hoffman G E, Burke P D. Hismelt®—An interim progress report ［A］. Ironmaking Conference Proceedings ［C］. 1995：507~512.

［5］Dry R J, Bates C P, Price D P. HIsmelt®—The future in direct ironmaking ［A］. Ironmaking Conference Proceedings ［C］. 1999：361~366.

［6］Christopher Manning. Behavior of phosphorus in DRI HBI during electric furnace steelmaking ［D］. Pittsburgh：Carnegie Mellon University, 2000.

13 低温冶金新技术开发

从粉末冶金着手，开发了超细金属铁粉低温还原技术，充分利用超细铁矿粉的优良还原性能，将氧化铁的碳热还原温度从高于1000℃降低到850℃水平。在此基础上，又开发了普通粒度粉末冶金金属铁粉碳热还原新技术。除此之外，还提出了基于循环流化床的矿粉低温预还原+熔融气化新工艺流程、焦炉煤气自重整还原直接还原铁和基于熔融还原炉煤气改性的还原新技术等低温冶炼技术，合计授权发明专利10项[1~10]，另两项申请中[11,12]。

13.1 粉末冶金

13.1.1 碳氢联合还原制备超细金属铁粉

13.1.1.1 概述

在现有技术中，微米级铁粉是粉末冶金工业的基础原料之一，粒度为1~10μm。微米级铁粉具有较大的比表面积及活性，主要用于粉末冶金，制造机械零件，生产摩擦材料、减摩材料、超硬材料、磁性材料、润滑剂及其制品等领域。近年来，在电磁、生物、医学、光学等诸多领域也具有广阔的应用前景。

传统铁粉大部分通过两步还原法生产，即先采用隧道窑还原，得到还原率约为97%~98%的铁锭，通过破碎和球磨变成100~200目的铁粉，再通过氢还原将铁粉的氧含量降低到0.5%左右。超细铁粉工艺采用球磨普通铁粉加多级分级，这种工艺的产量低，电耗高，收得率低，经济性不好。

少量的铁粉工艺采用雾化法，首先用中频感应炉熔化工业纯铁，再在旋转的雾化装备上制备100~200目的铁粉，而得不到超细铁粉。雾化法适合做合金粉。

以下几种方法可以制备超细铁粉。

(1) 羰基法。羰基铁粉的制取方法一般为普通热分解法，即让$Fe(CO)_5$在一定温度下直接分解制取铁粉。激光热解法的原理是利用连续激光流动体系，将羰基化合物$Fe(CO)_5$裂解来制备超细铁粉。但由于羰基法系统成本较高，且$Fe(CO)_5$为有毒易爆物质，整个工艺流程的操作复杂、加工成本高，目前已经可以批量生产，形成规模化生产。

(2) 气相还原法。气相还原法一般是将$FeCl_2$等铁盐在高温下蒸发，在气相中用H_2或NH_3作还原剂制备超细铁粉。反应过程分为铁盐脱水、蒸发以及气相还原三个步骤。气相还原法中 α-Fe 瞬间成核，成核温度较低，铁粉粒径小、粒度分布集中；但因其在气相时反应，反应过程精细，容易受装置等的影响，稳定性不好，目前尚未见大批量生产。

（3）固相还原法。固相还原法一般指的是在 H_2 气氛下，将 $FeC_2O_4 \cdot 2H_2O$ 或 $FeOOH$ 等前驱体分解、还原以制备超细铁粉。还原温度在 510℃ 比较合适。此法对前驱体的制备要求极高，目前还难以大规模制得。

（4）真空蒸发法和溅射法。真空蒸发法是指在真空中使金属蒸发，然后将其蒸气冷却和凝结，得到金属超细粉的方法。溅射法是利用溅射现象代替蒸发来制备高熔点的超细金属粉，可用于金属铁粉的制备。这类方法的优点是制备的超细粉粒度分布集中、颗粒均匀，缺点是工业生产时真空环境难以实现。

（5）高能球磨法。高能球磨法是利用球磨机的转动或振动，使硬球对金属铁进行强烈的撞击、碾磨和搅拌，把粉末粉碎为超细微粒的方法。由于金属铁具有金属延展性，制备微米级、亚微米级铁粉难度大，能耗高。

（6）氧化铁高能球磨机同时氢还原。将纯的氧化铁原料放在球磨机内球磨细化，并在 200~350℃ 下通氢气还原得到超细铁粉。这种方法能够得到超细铁粉，但由于氢气在低温下的转换率偏低，导致氢气使用量偏高。

13.1.1.2　工艺流程

为了制备高纯超细铁粉，著者开发了一种低温碳氢双联还原制备超细铁粉的制备方法[3,4,11,13]，工艺流程见图 13.1。第 1 步球磨，将全铁 71.0% 以上的纯铁精矿粉（酸不溶解物小于 0.2%）通过球磨机磨细到 d_{50} 约 6μm 左右，$d_{90}<10\mu m$，纯炭粉（灰分小于 3%，挥发分+水分小于 8%）磨细到 $d_{50}<10\mu m$，$d_{90}<20\mu m$，催化剂磨细到 325 目以下。第 2 步配料、混匀，将磨细的铁精矿粉、炭粉、催化剂按照质量比 100∶15%~20%∶0.5%~1.5% 配料，然后混匀。第 3 步碳还原，将混匀后的物料放在气氛保护加热炉（氮气或氩气）内加热还原，温度 800~850℃，加热时间 2~3h，铺料厚度 10~30mm，还原冷却后得到一次还原铁。第 4 步一次还原铁球磨，在球磨机内将一次还原铁粉磨细到 325 目。第 5 步氢还原，将磨细后的一次还原铁粉放到气氛保护加热炉内用氢气进行终还原，还原温度 750~800℃，物料厚度 10~30mm，还原时间 1~3h，还原后铁粉经过加热炉的冷却段冷却后出炉。第 6 步氢还原铁粉球磨，将氢还原后的铁粉经过球磨机磨细到 $d_{50}<7\mu m$，$d_{90}<12\mu m$ 的超细铁粉。

本方法结合了气基还原法、碳热还原与球磨法的优势，氧化铁属于脆性物质，而铁粉属于塑性物质，因此氧化铁更容易破碎到微米级水平。由动力学可知，粒度越细，反应速度越快或所需要的反应温度越低，因此本发明的超细铁精矿粉碳热还原温度仅为 800~850℃，在此温度下，反应铁晶粒不易长大。反应温度过高，铁粉

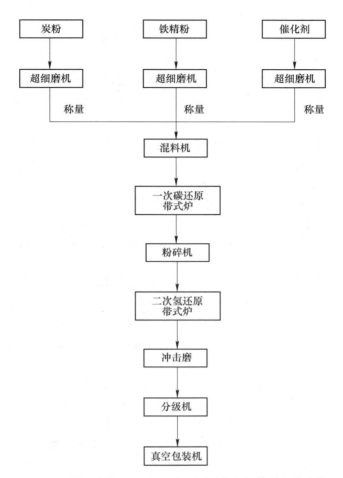

图 13.1　低温碳热还原+氢二次还原制备超细铁粉工艺流程

容易烧结成硬块，得不到超细铁粉。还原时间 2~3h 比较适宜，物料厚度较薄时，还原时间选择短一些，反之亦然。过长的还原时间，铁粉容易烧结。

添加少量催化剂，能够加速氧化铁的低温反应性能，但过多加入会使铁粉品位降低，加入量以铁精矿粉质量的 0.5%~1.5% 为宜。

因为要制备纯铁粉，还原剂炭粉中的杂质含量不宜过高，否则金属铁粉品位受到影响。研究表明，炭粉中灰分小于 3%，炭粉中的水、挥发分等含量要小于8%，因为含量过高，相当于加入的炭粉总量变高，使杂质含量超标。炭粉主要目的是降低氢还原氢气的消耗量。碳加入量过少，对工艺过程减少氢气量意义不大，而且增加了一个工序，增加了成本；碳加入量过高，容易使铁粉中碳含量超标，研究表明碳的加入量是铁精粉质量的 15%~20% 为宜。

还原炉的物料厚度不宜过厚，因为超细铁精矿粉、炭粉等混合堆密度小，传热差，过厚热量不宜传到物料中心。研究表明，10~30mm 物料比较适宜。

经过碳还原的铁粉经过磨细后，相当于将物料又混匀了一次，便于后续的氢还原产品质量更均匀。

氢还原由于一次铁粉粒度细，还原温度不宜过高。过高，铁粉易烧结；过低，反应不透彻。研究表明，本一次还原铁粉适宜的氢还原条件为：一次还原铁粉厚度 10~30mm、加热时间 1~3h、加热温度 750~800℃。

氢还原后的铁粉形成软块，堆密度约为 0.5~0.7g/cm³，需要磨细到指定的产品要求。

一次还原铁粉制备与隧道窑工艺相比，本发明将隧道窑的还原温度 1150℃ 降低到 800~850℃，加热时间从 48h 降低到 2~3h。更重要的是本发明采用如此冶炼条件可以保证一次还原铁粉粒度细微，而隧道窑还原则烧结严重，成为铁锭了。通过本超细铁粉的低温双联制备工艺，可以降低 80% 左右的氢气消耗量，大幅度降低超细铁粉制备成本。

连续钢带还原试验装备见图 13.2。试验用的钢带炉，加热段 4.5m，过渡段 0.5m，水冷套 3.5m，带宽 0.35m。前段有进料仓及进料口，钢带炉配两个流量计（1 个是通氮气的，1 个是通氢气与氮气混合气的，来自液氨分解）和压力表。附属设备包括铁精矿粉超细化设备、炭粉超细化设备以及混料器等、破碎机等。实际上，可根据产量选择适合的反应制备。

本产品的化学成分见表 13.1。残碳、酸不溶物、残氧等都低于同类的其他超细铁粉。并可根据用户要求，得到全铁 99%，酸不溶物小于 0.1%，残氧小于 0.3% 的超纯超细铁粉。本产品利用课题组多年技术研发的超细铁粉产品，具有粒度细、均匀，化学成分中残氧低，酸不溶物低，残碳低等特点，能广泛应用于金刚石刀具等多个粉末冶金行业的添加剂。

进料仓

加热区

混料器

钢带炉全貌图

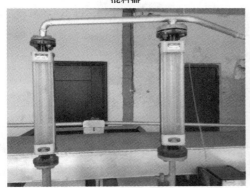

水套与流量计

压力表

前轮

后轮

　　　　纯铁精矿细化　　　　　　　　　　　　　炭粉细化

图 13.2　连续钢带还原试验装备

表 13.1　超细铁粉化学成分　　　　　　　　　　　（％）

TTe	残氧	酸不溶物	C	Si	Mn	P	S
≥98.3	<0.30	<0.15	<0.05	<0.15	<0.1	<0.02	<0.02

　　本产品的 D_{50} 可控制在 $5\sim6\mu m$（2400～3000 目），D_{90} 可控制在 $10\sim12\mu m$（1200～1500 目），完全通 $20\sim22\mu m$（约 700 目）。并可根据用户特殊要求，将 D_{50} 控制在更低的水平。本产品的松装密度在 $1.2\sim1.5g/cm^3$。本产品的粒度分布见图 13.3，形貌见图 13.4。

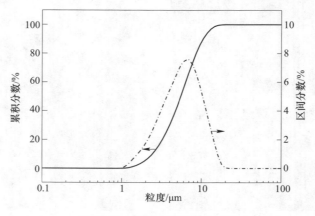

图 13.3　本产品的粒度分布图

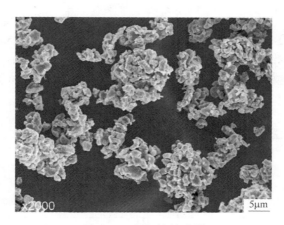

图 13.4　超细铁粉形貌

13.1.2　碳还原制备粉末冶金铁粉

13.1.2.1　概述

粉末冶金行业是我国新材料领域的重要行业之一，每年需要各种铁粉近 50 万吨。还原铁粉通常是利用固体或气体还原剂（焦炭、木炭、无烟煤、水煤气、转化天然气、分解氨、氢等）还原铁的氧化物（铁精矿、轧钢铁鳞等）来制取海绵状的铁。还原过程中分为（固体碳还原）一次还原和二次还原，一次还原就是固体碳还原制取海绵铁，一次还原主要流程是：（铁精矿、轧钢铁鳞等）→烘干→磁选→粉碎→筛分→装罐→进入一次还原炉→海绵铁。二次精还原流程是：海绵铁→清刷→破碎→磁选→二次还原炉→粉块→解碎→磁选→筛分→分级→混料→包装→成品。用还原法所生产的优质铁粉，各项参数达标，$Fe \geqslant 98\%$，$C \leqslant 0.1\%$，磷和硫都小于 0.03%，氢损失为 $0.1\% \sim 0.2\%$。还原铁粉的主要用途有：粉末冶金制品还原铁粉，此行业耗用还原铁粉总量的 $60\% \sim 80\%$；电焊条用还原铁粉，在药皮中加入 $10\% \sim 70\%$ 铁粉可改进焊条的焊接工艺并显著提高熔敷效率；化工用还原铁粉，主要用于化工催化剂，贵金属还原，合金添加，铜置换等；切割不锈钢铁粉，在切割钢制品时，向氧-乙炔焰中喷射铁粉，可改善切割性能，扩大切割钢种的范围，提高可切割厚度。我国粉末冶金行业技术不断提高，目前粉末冶金零件广泛应用于飞机、枪械、摩托车、家庭轿车、汽车、农机、矿山、电动工具、机床、运输等各种机械行业。

由于隧道窑冶炼工艺能耗高、成本高，经过多年研究，著者开发了不用隧道窑还原的粉末冶金粉体制备新工艺流程[1,12,21]。

13.1.2.2　碳热粗还原+氢还原两段还原新流程

针对粉末冶金铁粉对纯度的要求（表 13.2），纯氧化铁的 TFe 含量大于 71.5%，采用普碳钢或低合金钢生产过程中产生的氧化铁皮为原料，或者使用选矿方式得到的纯磁铁精矿粉为原料。对煤粉的要求，灰分含量要低于 5%。添加剂要采用工业纯以上的原料。

表 13.2　粉末冶金行业铁粉标准

牌号	级别	化学成分（质量分数）							（%）
		不小于	Mn	Si	C	S	P	盐酸不溶物	氢损
		TFe	不大于						
FHY80·240	—	98.00	0.50	0.15	0.07	0.030	0.030	0.40	0.50
FHY80·255	I	98.50	0.45	0.15	0.05	0.025	0.025	0.40	0.45
	II	98.00	0.50	0.15	0.07	0.030	0.030	0.40	0.50
FHY80·270	I	98.50	0.40	0.15	0.05	0.025	0.030	0.40	0.45
	II	98.00	0.45	0.15	0.07	0.030	0.030	0.40	0.50
FHY100·240	—	98.00	0.50	0.15	0.07	0.030	0.030	0.40	0.50
FHY100·255	I	98.50	0.40	0.12	0.05	0.020	0.020	0.35	0.35
	II	98.00	0.45	0.15	0.07	0.025	0.025	0.40	0.40
FHY100·270	I	98.50	0.35	0.10	0.05	0.020	0.020	0.30	0.25
	II	98.00	0.40	0.12	0.07	0.025	0.025	0.35	0.30
FHY200	—	98.00	0.45	0.15	0.10	0.030	0.030	0.50	0.50

注：1. 用铁精矿所制还原铁粉的盐酸不溶物含量可由供需双方商定。
　　2. 表中的"—"表示该牌号还原铁粉无级别要求。

从图 13.5 可以看出，冶炼分为两段，一段是碳还原，采用开发的新型碳热还原反应装置进行还原。首先将氧化铁粉、煤粉及添加剂按照一定比例混匀，然后连续送入还原炉内，炉内温度低于 1050℃，还原 1~3h，得到金属化率为 92%~95% 的一次铁粉。冷却后，铁精粉经过球磨、磁选将残余煤粉或煤灰去除，然后经过脱水、干燥后，在二次氢还原炉上进一步还原将金属铁粉中的残氧含量控制到 0.5% 以下。再经过破碎、磁选和筛分得到各种粒度的铁粉。

碳热还原炉内产生的煤气温度约 300~500℃，进行冷却、脱油、除尘，与冷却后的煤气发生炉煤气一起进入脱硫塔脱硫，最后送入煤气柜储存，作为缓冲。该煤气作为主要热源加热碳热还原炉。

碳热还原装备及工艺有以下特点：

（1）采用上下双向加热。在带式反应器耐热钢内腔的物料从上、下两个方向接受热量，物料加热更均匀、更快。

（2）物料区始终保持还原气氛和欠碳还原。物料在耐热金属腔体内移动，不与耐热钢腔体外的加热烟气接触，因此反应腔内始终保持还原气氛，产品金属化率能够达到较高水平。同时碳氧比无需过剩，反应区内产生的CO还原气体在运动过程中能够间接还原铁精矿粉，实现欠碳还原。

（3）化学热及物理热充分利用。带式反应器内腔产生的CO气体在移动过程中参与换热及间接还原，离开带式炉变成了小于300℃的富CO煤气，经过除尘后在热风炉内燃烧产生热烟气供给带式炉加热，实现了煤化学热的充分利用。加热烟气在带式反应器的加热区和预热区的充分换热，离开带式反应器的烟气温度小于300℃，同时剩余的300℃气体的热能还进行换热，将热量转移给助燃空气。

（4）节能、环保。本工艺使用煤气发生炉作为辅助热源，主加热燃料为炉内产生的富CO煤气，因此，外来热源非常少。同时结合上述（1）~（3）的优点，冶炼过程能耗低、清洁、环保。1t金属铁粉，需要煤500kg，远远低于隧道窑的水平。氢还原炉采用传统的带式还原炉，一台设备产出1万吨金属铁粉。

碳热反应原理及氢还原原理已在本书前面章节详细阐述了。

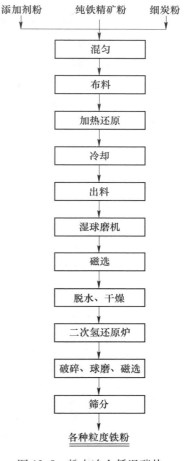

添加剂粉　　纯铁精矿粉　　细炭粉

混匀

布料

加热还原

冷却

出料

湿球磨机

磁选

脱水、干燥

二次氢还原炉

破碎、球磨、磁选

筛分

各种粒度铁粉

图13.5　粉末冶金低温碳热
还原+氢二次还原新流程

13.2 直接还原铁工艺

13.2.1 焦炉煤气生产直接还原铁

气基还原铁广泛研究，集中在天然气重整富氢煤气竖炉还原或流化床还原工艺，并已在天然气丰富、价格低廉的地方投入海绵铁生产。著者研究采用不同的气体来源，如氢还原或焦炉煤气还原，或采用不同性质的矿粉进行还原[14~17]。本工艺的主要目的为：（1）高效利用焦炉煤气，有效地解决独立焦化厂焦炉煤气排放浪费能源、污染环境的问题；（2）对现有焦化工艺与竖炉直接还原进行有效的对接，使其成为高效利用能源、清洁炼铁新工艺；（3）开发和构建新的焦炉煤气自重整竖炉直接还原新工艺，使其成为具有我国自主知识产权的钢铁生产新工艺、新技术。

　　焦炉煤气自重整竖炉还原生产海绵铁工艺流程见图13.6。该工艺使用的原料主要是氧化球团，也可以使用部分块矿。球团或块矿从竖炉顶部加入，经过预热、均热和还原过程，金属化率将达到90%以上，由排料装置排出。如果经惰性气体冷却到200℃以下直接排出就获得直接还原铁。如果先经过热压块再经冷却就获得热压块（HBI）铁。直接还原竖炉的操作温度控制在950℃以下，炉顶煤气温度控制在250℃以下，还原气的入口压力300kPa左右，炉顶压力150~200kPa。

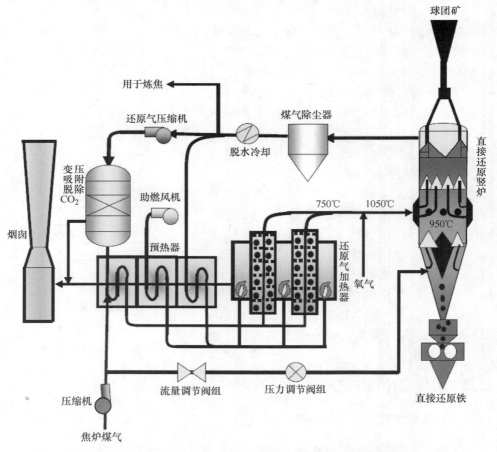

图13.6　焦炉煤气自重整竖炉还原生产海绵铁工艺流程

　　竖炉用还原气为焦炉煤气。焦炉煤气经过预热和加热至750℃，在进入竖炉前经过喷入一定量的氧气，发生局部燃烧，并使温度升高到1050℃左右，然后进入竖炉。燃烧产物中的CO_2和H_2O与还原气中的CH_4在直接还原铁的催化作用下，发生$CH_4+CO_2（H_2O）=2CO+2H_2$的反应。此时，还原气中的$CO+H_2$的含量已大于95%以上，温度降至950℃左右，与含铁氧化物逆流换热，并进行还原反应。还原煤气上升至竖炉炉顶时的温度降至 250℃ 以下，排出后经过布袋除尘，使气体含尘量降至 10mg/Nm³ 以下，再进行脱水。脱水后的净煤气分成三路；一路输送到焦炉用于焦化过程；一路用于直接还原工艺的加热还原煤气；剩余部分循环利用，经过变压吸附脱除其中的 CO_2 后，与补充的焦炉煤气混合再通过预热器和加热器进入直接还原竖炉。

用焦炉煤气对竖炉下部的直接还原铁进行冷却。在冷却过程中，焦炉煤气中的 CH_4 将与直接还原铁渗碳反应生成 Fe_3C，直接还原铁总的含碳量将达到 3%~4%，这样可以有效地避免再氧化。冷却气与高温的直接还原铁逆流换热后获得一定的高温，进入竖炉高温区后与来自加热器的还原混合参与自重整和还原反应。

焦炉煤气自重直接还原工艺的能量采用梯级利用方式，加热炉的废烟气经过预热器来预热还原煤气和助燃空气，最后与变压吸附脱除的 CO_2 从烟囱中排走。

部分燃烧过程所发生的化学反应见图 13.7。

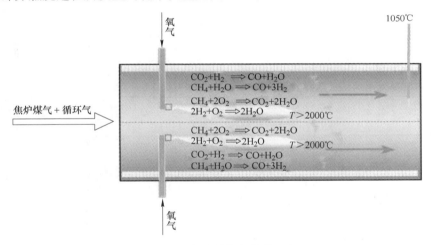

图 13.7　部分燃烧的化学反应

竖炉内发生的自重整化学反应：

$$CH_4 + CO_2 = 2H_2 + 2CO$$
$$CH_4 + H_2O = 3H_2 + CO$$

竖炉内发生的还原反应：

$$3Fe_2O_3 + H_2 = 2Fe_3O_4 + H_2O$$
$$3Fe_2O_3 + CO = 2Fe_3O_4 + CO_2$$
$$Fe_3O_4 + H_2 = 3FeO + H_2O$$
$$Fe_3O_4 + CO = 3FeO + CO_2$$
$$FeO + H_2 = Fe + H_2O$$
$$FeO + CO = Fe + CO_2$$

冷却区发生的化学反应：

$$3Fe + CH_4 \rightleftharpoons Fe_3C + 2H_2$$

煤气的自重整规律见本书的第 3 章相关内容。焦炉煤气生产海绵铁的消耗见表 13.3。

表 13.3　焦炉煤气自重整竖炉直接还原能耗

序号	能源名称	吨铁消耗		折算标煤系数		折合标煤
		单位	指标	单位	数值	MJ/t
一	炼铁工序					
1	电力	kWh	86	MJ/kWh	22.67	1017.04
2	新水	t	1.5	MJ/t	7.52	11.28
3	氧气	Nm³	52	MJ/Nm³	10.538	547.98
4	压缩空气	Nm³	4	MJ/Nm³	1.054	4.22
5	蒸汽	kg	3	MJ/kg	3.513	10.54
6	氮气	Nm³	2	MJ/Nm³	1.260	2.52
7	焦炉煤气	Nm³	580	MJ/Nm³	11.56	9940.93
	小计					11534.51
二	回收煤气	Nm³	−330	MJ/Nm³	4.807	−3172.62
	小计					−3172.62
总计（工序能耗）						8361.89

13.2.2　煤基低温还原生产海绵铁

低温碳热生产海绵铁工艺流程见图 13.8。本工艺流程与 13.1.2 节粉末冶金新工艺的第一段碳热还原相似。由于生产海绵铁，原料的要求及产品的质量要求都有所下降[2,18]。如铁矿粉，只要铁含量大于 62% 就可以了。海绵铁的还原温度可以适度高一些，高温区停留时间会缩短到 0.5~1h。与粉末冶金铁粉相比，同样尺寸的反应装备，产量可提高1 倍。因此，燃烧系统要相应地提高负荷。预计生产 1t 海绵铁，还原煤耗300kg，天然气消耗 50m³，相当具有竞争力。由于产量变大，原料最好先预处理，如压球和干燥。

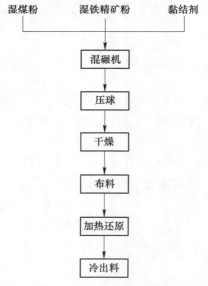

图 13.8　低温碳热生产海绵铁工艺流程

13.3 铁水冶炼新工艺

13.3.1 水煤气变换 COREX 尾气制富氢预还原粉矿工艺

结合目前熔融还原炉产生的富 CO 高热值煤气，提出了水煤气变换 COREX 尾气制富氢预还原粉矿工艺流程。这个新工艺流程，基于如下 3 点考虑：

（1）研究表明，氢气还原动力学明显优于富 CO 气体，因此，基于煤以碳为主的相关属性，通过水煤气变换方式得到富氢气体；

（2）研究表明，原矿粉粒度分布广，一种气速难以满足不同粒度矿粉流化需求，本工艺方案提出以更均匀的粒度，以简化流化床结构，提高还原效率；

（3）预还原床采用循环流化床，还原气体为富氢气体，金属化率控制在 70%~80%，终还原使用熔融气化炉。

通过上述三点创新，流化床反应器可以实现高效生产[17]，减轻熔融气化炉的负担。

13.3.1.1 工艺描述

水煤气变换 COREX 尾气制取富氢气体预还原粉矿工艺流程见图 13.9。

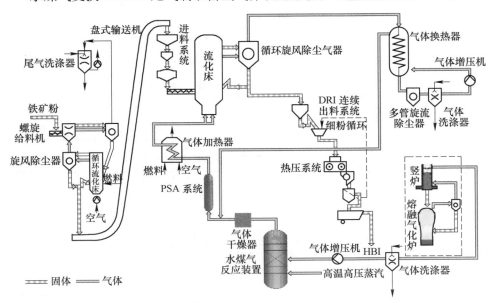

图 13.9 利用 COREX 尾气水煤气变换制氢预还原粉矿工艺流程

该工艺使用的原料主要是细矿粉，粒度小于 1mm。新工艺分成若干工序，首先是水煤气变换工序，使用的原料气为 C-3000 竖炉还原出来的经过洗涤净化的煤气，将煤气增压到 500~600kPa，与高压高温水蒸气混合到 300~350℃，在水煤气变换装置中将煤气中的 CO 转成 H_2，达到一定要求的变换气经脱水后，与还原流化床的经过净化与增压处理的尾气混合，然后在变压吸附装置内脱除 CO_2，得到的富氢气体经过预热与加热到 800~850℃，送入还原流化床内。

将小于 1mm 的矿粉送入快速预热炉中加热到 850~900℃，然后将预热好的矿粉，放入三级料仓中。其过程如下：首先将矿粉放入第一级料仓，然后将矿粉导入缓冲罐，关闭阀门后，先通入氮气，将空气干完后，在换成氢气氛。将矿粉移至第三个料罐。再通过螺旋给料气将矿粉送入还原流化床内。

在还原流化床内，气体将矿粉还原到金属化率 75% 左右，床内压力 200~300kPa，矿粉温度为 700℃，通过热压块机将铁粉压成热压块铁，供给 C-3000 熔融气化炉。

离开还原流化床的尾气，经过换热将热量传给经净化洗涤与增压的返回气，降温后的尾气经过除尘、脱水与增压后，与高温快速床的尾气换热后，送入气体加热炉。

13.3.1.2　工艺流程的物质与能量平衡

矿粉的全铁应大于 62%，按 65% 计，产品直接还原铁的金属化率按 75% 计算，1t 全铁按 95% 计（适合铁水成分），则生产 1t 铁水，需要矿粉量为 1.461t。

COREX 尾气成分见表 13.4，水煤气变换后的成分见表 13.5，经过变压吸附后的成分见表 13.6。

表 13.4　C-3000 尾气的化学成分　　　　（体积分数/%）

H_2	CO	CH_4	CO_2	N_2	H_2O
20.08	44.74	1.59	28.86	3.67	饱和

表 13.5　水煤气变换后的化学成分　　　　（体积分数/%）

H_2	CO	CO_2	CH_4	N_2	H_2O
38	13	44	1	2.9	饱和

表 13.6　变压吸附后的煤气成分　　　　（体积分数/%）

H_2	CO	CO_2	CH_4	N_2
69	23	0.7	2	5.3

由于矿粉为细矿粉，可认为从 Fe_3O_4 到 FeO 还原是充分的，而从 FeO 到金属铁是不充分的。而从 Fe_2O_3 到 Fe_3O_4 可在矿粉预热过程完成。

$$H_2 + Fe_3O_4 = 3FeO + H_2O \quad \Delta H = 71940J$$

$$H_2 + FeO = Fe + H_2O \quad \Delta H = 23430J$$

$$CO + Fe_3O_4 \Longrightarrow 3FeO + CO_2 \quad \Delta H = 35380J$$
$$CO + FeO \Longrightarrow Fe + CO_2 \quad \Delta H = -13160J$$

采用 75%H_2-25%CO 还原气体，可行的办法是利用矿粉的物理热与气体的物理热共同满足反应化学热的要求。若矿粉的预热过程采用强氧化气氛，则产物为 Fe_2O_3。在流化床内所需的化学热量为 0.462GJ/t 铁。需要矿粉的入炉温度为 800℃，气体的温度为 800℃，耗气量为 2600Nm³，气体的利用率为 22%。

离开流化床的尾气成分见表 13.7。

表 13.7 离开还原流化床尾气成分 （体积分数/%）

H_2	H_2O	CO	CO_2	CH_4	N_2
53.68	15.32	17.89	5.81	2.0	5.3

700℃ 还原流化床气体所具有的物理热为 2.64GJ/t 铁。

矿粉物理热 850℃，矿粉（折算每吨铁）所需的热熔为 1.09GJ，预热矿粉所使用的燃料为 C-3000 竖炉出来的尾气，使用量为 240Nm³/t。

气体加入炉所需气体的物理热为 2.857GJ/t 铁，利用 700℃ 流化床的尾气，可将气体换热到 450~500℃，再加热至 800℃，需要 C-3000 竖炉出来的尾气 270m³。其综合消耗见表 13.8。

表 13.8 物料及能量平衡

序号	能源名称	吨铁消耗		折算标煤系数		折合标煤
		单位	指标	单位	数值	MJ/t
1	电力	kWh	205	MJ/kWh	12	2460
2	新水	t	1	MJ/t	7.52	7.5
3	压缩空气	Nm³	4	MJ/Nm³	1.054	4.2
5	蒸汽	kg	185	MJ/kg	3.513	650
6	氮气	Nm³	70	MJ/Nm³	1.260	88.2
7	C-3000 尾气	Nm³	1390	MJ/Nm³	8.39	11662.1
	小计					14872
	折合标煤					508kg

13.3.2 基于铁精矿粉还原的新型熔融还原工艺

13.3.2.1 基于低温快速预还原的熔融还原炼铁流程

基于低温快速预还原的熔融还原炼铁流程（Fast Reduction Ore at Low Temperature and Smelting Process，简称 FROLTS，图 13.10）由三部分组成[5,6,20,21]，一部分为熔融气化炉，主要功能是熔化海绵铁和产生预还原所需的还原煤气；第二部分为预还原部分，由两级快速循环床和一级矿粉预热床组成，主要功能是将矿粉转变成高金属化率的铁粉，金属化率大于 85%；第三部分是煤气处理，包括尾气换热、煤气洗涤、煤气增压、脱除 CO_2 等工序，功能是调节预还原所需的煤气成分、煤气量与温度。

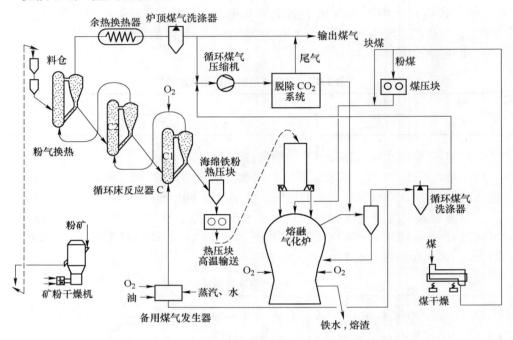

图 13.10　基于低温快速预还原的熔融还原炼铁流程

新流程描述为：精矿粉或粒度小于 1mm 的赤铁矿（褐铁矿等）首先进行干燥脱水后进入料仓，在矿粉预热床内进行换热，将出口煤气温度降低到 450℃ 左右；矿粉温度升至 450℃ 左右后进入第二级快速循环还原反应器，被还原气体还原到浮氏体，温度升至 700℃ 左右；进入第一级快速循环床反应器，还原得到金属化率超过 85% 的海绵铁粉，温度为 750℃ 左右；然后进入热压块工序，热压成海绵铁块进入熔融气化炉海绵铁缓冲仓，与块煤、型煤、熔剂等进入熔融气化炉。

在熔融气化炉风口区吹入纯氧，燃烧从气化炉上部逐步移动到下部的半焦（也可以从风口吹入部分煤粉），用此热量还原、熔化海绵铁和熔剂，形成炉渣和铁水，定期排放，产生的高温煤气穿过半焦（块煤、型煤高温分解产物）、海绵铁块、块煤与型煤以及熔剂时，与它们进行热交换，离开熔融气化炉时煤气温度降至 1050~1100℃。

1050~1100℃ 的高温含尘煤气，与经过脱除 CO_2 的冷煤气相混合，调至温度为 700~750℃、氧势为 10%~15% 的煤气；经过热旋风后，大部分煤气进入第一级低温快速循环床反应器，少量煤气经洗涤返回至煤气脱除 CO_2 工序，其主要作用是调节煤气成分与煤气温度；经过热旋风收集的热态粉尘再喷吹至熔融气化炉内。

进入第一级低温快速反应器的 700~750℃、氧势为 10%~15% 的煤气还原进入反应器的浮氏体，将其还原到金属化率超过 85%，离开第一级反应器的煤气补入少量氧气，以提高煤气温度，进入到第二级反应器，将 450℃ 左右的矿粉加热和还原到 700℃ 左右的浮氏体，离开第二级反应器的煤气，进入矿粉预热床预热冷矿粉，离开矿粉预热床的煤气温度降至 450℃ 左右，经过预热换热器降低到 150~200℃ 左右，经过洗涤后，一部分煤气输出，一部分煤气与从高温经过冷却洗涤的煤气合并，经过增压与脱除 CO_2 后，调节熔融气化炉高温煤气的温度与成分，而含 CO_2 的尾气因含有少量 CO、H_2 等需要返回煤气输出管道。

熔融气化炉保留喷煤特点，以进一步降低块煤与型煤的用量。

13.3.2.2　新工艺的特点

（1）高效的预还原反应器：

1）炼铁原料为细矿粉。可以直接使用精矿粉，国外进口的矿粉破碎到 1mm 以下，也可使用，细矿粉还原速度快，是低温快速还原的基础。彻底省去了烧结、氧化球团等原料造块工序以及相应的能耗和污染排放。

2）预还原煤气温度为 700~750℃。进入预还原反应器的煤气温度为 700~750℃，比 COREX、FINEX 的煤气温度（800~850℃）低 100℃，解决了预还原反应器的黏结问题以及带来的一系列问题，并且可以允许兑入更多的返回气，降低熔融气化炉煤气产生量。

3）接近平衡态还原。采用细矿粉还原，还原的煤气成分容易接近平衡态，这样就可最大限度地减少吨铁气体使用量。而 C-3000 所使用的竖炉，即使还原段高度达到 12m，煤气成分也偏离平衡态，这也是吨铁煤气量过高的重要原因。FINEX 的矿粉粒度大，CO 煤气还原离热力学平衡态也有一定距离。最大程度接近平衡态，有利于降低预还原过程的气量。

4）预还原得到金属化率超过 85% 的海绵铁。金属化率高的海绵铁进入熔融还原气化炉，是少用或者不使用焦炭的前提，是降低熔融气化炉吨铁燃料比的基础。由于竖炉大型化导致的黏结、顺行等问题，C-3000 竖炉的海绵铁金属化率只能维持在 60%~70% 之间，这是吨铁能耗过高的重要原因。高的金属化率可以最大程度降低熔融气化炉用煤量。

5）采用双级快速循环床为反应器。细矿粉还原速度快，需要的流化速度也较低，采用高气速的快速循环床作为反应器，可以大幅度提高生产效率。采用双级反应器，可以很好地提高还原气体的利用率，减少了吨铁矿粉还原所需的一次气体用量。FINEX 采用 0~8mm 的矿粉还原，由于反应速度慢，采用了 3 级鼓泡床还原反应器，固定投资大、生产效率低。

（2）采用三段式操作模式。以熔融气化炉、预还原反应器、煤气处理为核心的三段式工艺模式，通过煤气脱除 CO_2，具有很大的操作灵活性，减轻了熔融气化炉的负担，是低能耗、低排放熔融还原炼铁的保障。新工艺的吨铁燃料比可以达到 600kg，最低燃料比可以达到 520kg 左右。FINEX 的成功之处在于采用变压吸附为核心的煤气处理系统，熔融气化炉的煤气氧化度可以达到 15%。这就使得吨铁燃料比可以低于 800kg，预还原所需的煤气成分和煤气量，通过变压吸附工艺加以调节。COREX 采用两段式冶炼模式，缺少煤气处理手段，即使使用高金属化率的海绵铁，吨铁燃料比必然超过 900kg。

（3）熔融气化炉采用高金属化率海绵铁和一定限度的二次燃烧率。

COREX 的初衷是采用高金属化率的海绵铁，但由于大型化后预还原竖炉不能低气耗地产出高金属海绵铁，海绵铁的金属化率在 65% 左右，C-3000 初期焦比平均达 260kg 左右，经过攻关后目前的焦比仍然在 140kg 左右。新工艺海绵铁的金属化率可达 85% 以上，这样就可最大限度地降低焦炭使用量，甚至不用焦炭。

终还原采用一定限度的二次燃烧率，根据 CO 还原 FeO 的热力学平衡态，海绵铁不被氧化的煤气氧化度不应超过 23%，目前 COREX 煤气的氧化度约为 11%，FINEX 的煤气氧化度约为 15%。本流程由于预还原所需的煤气温度低于 FINEX 与 COREX 的煤气温度，这样熔融气化炉煤气可接受更多的返回煤气，因此熔融还原的煤气氧化度可以控制在 15%~20%，同时还可以节省一部分燃料。

三段式熔融还原流程从根本上解决了传统两段式熔融还原煤耗居高不下难题。

从图 13.11 可见，在一定焦比与相同氧化度条件下，熔融气化炉所产煤气与还原竖炉所需的煤气量均有交点，氧化度为 5% 时为 A 点，氧化度为 10% 时交点为 B，氧化度为 15% 时的交点为 C。在交点右侧，预还原所需气量要高于熔融气化炉所产的煤气量，体系无法达到平衡，因此，COREX 所选的操作点在交点左侧，即熔融气化炉所产煤气量要高于预还原所需的煤气。无论煤气的氧化度，二段式还原所需的煤气量均超过 1800Nm³/t 铁，即熔融还原所产的煤气量最少的燃料比必定高于 900kg，目前，C-3000 的燃料比在 1030kg 左右，即富余煤气量很有限，给操作带来困难。

基于低温快速预还原的熔融还原炼铁流程，采用了脱除预还原所过剩煤气的 CO_2 工序，这样在交点右侧虽然熔融气化炉所产煤气不足，但可以通过预还原尾气加以补充；煤气脱除 CO_2 后，可以稀释熔融气化炉煤气的氧化度，例如，熔融气化炉所产煤气的氧化度为15%时，通过脱除煤气CO_2调节煤气成分，煤气氧化度可以降低到12%，这样就可以降低预还原所需的煤气量。因此，通过尾气脱除CO_2调节煤气，不仅可以增加煤气量，同时还因为通过降低煤气氧化度减少预还原反应器所需的煤气量，一举两得。

　　基于低温快速预还原的熔融还原炼铁流程，熔融气化炉产生煤气操作点在图13.12中 A 点区域，预还原所需煤气点在 B 点区域。通过三段操作，吨铁燃料比即可降低到600kg左右。因此，通过三段式操作，即可打破两段式操作熔融气化炉产生煤气量必需高于预还原所需煤气量的限制。

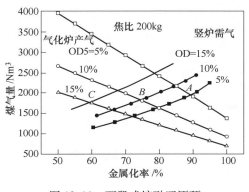

图 13.11　两段式熔融还原预
还原与气化炉的煤气平衡

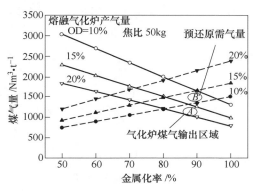

图 13.12　FROLTS 需要的煤气平衡

13.3.2.3　新工艺的预期效果

　　本流程成功吸收了目前熔融还原工艺的优点，同时也解决了目前熔融还原流程预还原与整个流程衔接不顺导致燃料比过高的重大难题。其实施的效果预期如下：

　　（1）吨铁的燃料比在600kg左右，随着工艺与操作的熟练，以及后期喷煤技术的发展，预期燃料比可以进一步降低。

　　（2）省去铁原料造块，可直接使用我国的精矿粉，对于进口粉矿，也仅需经过破碎即可使用，彻底消除氧化球团或烧结带来的环境与能量负荷。我国吨矿的烧结净能耗在65kg标准煤左右，相当于吨铁100kg标准煤左右，1t氧化球团的净能耗在50kg标准煤左右，相当于吨铁80kg左右标准煤。

　　（3）最大程度地降低了焦炭的使用量。大型高炉的吨铁焦炭在300kg左右，C-3000的吨铁焦炭目前使用量在150kg左右，新工艺可以得到高金属化率的海绵铁，吨铁焦炭使用量在50kg左右，也可以不使用焦炭。这样就可以最大限度地减少吨铁焦炭使用量，不仅降低了焦炭工艺带来的环境污染与能耗问题（吨焦净能耗 140kg 标准煤），而且可以使紧缺的焦煤资源生产更多的铁水。

（4）工艺顺行得以保证。目前熔融还原的限制性环节是预还原工序，其中黏结事故占很大比例，新流程预还原温度比目前的熔融还原流程低 100℃，可以很好地减少黏结所带来的事故。采用三段式操作，使得操作具有更多地灵活性。

13.3.3　煤基低温还原+熔分冶炼半钢工艺

13.2.2 节提出了低温碳热还原生产海绵铁新流程，得到金属还原大于 90% 以上的海绵铁[2]。在此基础上，将冷却海绵铁改为热出、热送及热装，进入熔分电炉熔化得到半钢水[18]，再转入精炼炉进一步脱硫、脱碳及去除杂质、脱氧和调节钢水成分，得到合格的钢水成分。最后进行连铸、连轧，得到合格的钢材。碳热还原+熔分快节奏炼钢新流程见图 13.13。

本工艺流程的几大优点如下：

（1）低温碳热还原海绵铁的物理热得到充分利用。低温还原+海绵铁热出、热送、热装+电熔分三者有机结合，将物料的能量最大程度的利用，显著降低了后续熔分炉的能耗。

（2）生产低硫、低磷、低硅半钢水。通过还原碳量的控制，钢水中含碳量约 2%，在熔分炉内熔分即可得到低磷、低硫、低硅半钢水。改变了目前高炉冶炼高碳生铁工艺，降低了后续脱碳成本。

（3）快节奏连续生产。从矿粉、煤粉压球开始，到干燥、还原炉还原、热出热送热装进熔分炉、熔分炉熔分、精炼炉、连铸、连轧，实现连续化生产，生产效率大幅度提高。

（4）低成本、低碳和环保炼铁和炼钢。从铁矿粉和煤粉配料成型开始，到精炼后合格钢水，原燃料消耗见表 13.9。1t 合格钢水

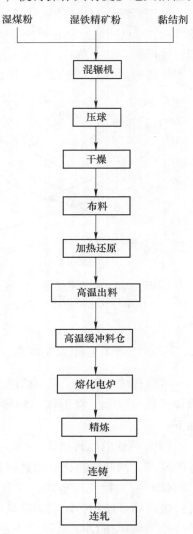

图 13.13　碳热还原+熔分快节奏炼钢新流程

还原煤消耗仅 300kg、天然气 53m³、总电耗 557kWh。环保指标，粉尘浓度小于 10mg/m³、SO_2 浓度小于 30mg/m³，NO_x 浓度小于 50mg/m³。

表 13.9　从铁矿粉到合格钢水消耗

铁矿粉（干基）	1.49t/t 钢水
无烟煤（干基）	0.302t/t 钢水
天然气	52.8m^3/t 钢水
总电耗（包括冶炼、系统运转、环保及公辅等）	557kWh/t 钢水

除了炼铁流程，本低温还原+熔分冶炼工艺思想还能推广至钒钛磁铁矿、铁合金等领域。例如铬矿粉碳热预还原+熔分矿热电炉冶炼高碳铬铁工艺，1t 高碳铬铁电耗有望降低到 2000kWh 左右。当然，具体矿种的还原条件会发生变化。铬矿粉含碳球团的还原温度可控制在 1200~1350℃。

参 考 文 献

[1] 赵沛，郭培民. 一种生产铁产品的制备方法［P］. 专利号 ZL20041009264.4，授权日期 2006-08-23.

[2] 赵沛，郭培民. 采用低温还原铁矿粉生产铁产品的制备方法［P］. 专利号 200410000815.6，授权日期 2006-08-23.

[3] 郭培民，赵沛. 超细铁粉的钝化方法［P］. 专利号 ZL200610113861.6，授权日期 2009-05-20.

[4] 赵沛，郭培民. 一种微米级、亚微米级铁粉的制备方法［P］. 专利号 ZL200710063632.2，授权日期 2009-05-20.

[5] 郭培民，赵沛. 熔融还原快速预还原细微铁矿粉的方法［P］. 专利号 ZL200710121639.5，授权日期 2009-06-17.

[6] 赵沛，李明克，郭培民，等. 一种直接使用精矿粉的熔融还原炼铁方法［P］. 专利号 ZL200810104847.9，授权日期 2010-09-29.

[7] 赵沛，郭培民，庞建明. 用红土镍矿低温冶炼生产镍铁合金的方法［P］. 专利号 ZL201210248416.6，授权日期 2013-11-06.

[8] 赵沛，郭培民，庞建明，等. 利用高炉含锌灰生产海绵铁及富锌料的方法［P］. 专利号 ZL201210258693.5，授权日期 2013-11-27.

[9] 郭培民，赵沛，庞建明，等. 钢厂脱锌炉共处理含锌浸出渣的方法［P］. 专利号 ZL201510626327.4，授权日期 2017-11-03.

[10] 赵沛，倪向荣，庞建明，等. 一种红土镍矿微波低温冶炼装置［P］. 专利号 ZL201610009131.5，授权日期 2017-12-15.

[11] 郭培民，赵沛，孔令兵，王磊，刘云龙. 一种低温碳氢双联还原制备超细铁粉的方法［P］. CN201711340876.0，申请日期 2017-12-14.

[12] 郭培民，赵沛，王磊，孔令兵. 一种降低铁原料中酸不溶物含量的铁粉制备方法［P］. CN201910244338.4，申请日期 2019-03-28.

［13］孔令兵，郭培民，赵沛，王磊．碳热预还原及二次氢还原试制超细铁粉研究［J］．粉末冶金工业，2020，30（2）：21~25.

［14］郭培民，赵沛，张殿伟．低温快速还原炼铁新技术特点及理论研究［J］．炼铁，2007，26（1）：57~60.

［15］赵沛，郭培民．低温气基快速还原冶金新工艺［A］．2007 中国钢铁年会［C］．成都，2007.

［16］赵沛，郭培民．纳米冶金技术的研究及前景［A］．2005 中国钢铁年会［C］．北京，2005.

［17］曹朝真，郭培民，赵沛，庞建明．流化床低温氢冶金技术分析［J］．钢铁钒钛，2008，29（4）：1~6.

［18］郭培民，王磊，孔令兵．低碳和低成本炼铁流程的开发［A］．中国金属学会炼铁年会［C］．杭州，2018.

［19］曹朝真，郭培民，赵沛，庞建明．高温熔态氢冶金技术研究［J］．钢铁钒钛，2009，30（1）：1~5.

［20］赵沛，郭培民．基于低温快速预还原的熔融还原炼铁流程［J］．钢铁，2009，44（12）：12~16.

［21］赵沛，郭培民，庞建明，曹朝真．FROLTS 炼铁理论与技术研究进展［A］．2009 中国钢铁年会［C］．北京，2009.

附录　与本书相关的课题

纵向课题

［1］国家自然基金委钢铁联合基金重点项目，"带式低温碳热直接还原铁工艺的关键技术基础研究"，2016~2019.

［2］国家十二五公益性行业重点项目，"工业窑炉共处置危险废物环境风险控制技术研究"，2012~2015.

［3］国家十二五科技支撑课题，"我国主要排放行业减排的支撑技术研究"，2012~2015.

［4］国家十一五科技支撑课题，"钢铁厂烟尘与尘泥资源化利用技术研究"，2009~2012.

［5］国家十一五科技支撑课题，"大型焦炉煤气高效转换技术"，2006~2010.

［6］国家十一五科技支撑课题，"基于氢冶金的熔融还原炼铁新工艺开发"，2006~2010.

［7］国家自然科学基金项目，"低温快速还原炼铁的热力学"，2005~2007.

横向课题

［1］"粉末冶金铁粉制备新技术"，2016~2019.

［2］"超细金属铁粉制备技术"，2015~2016.

［3］"红土镍矿非高炉冶炼技术开发"，2010~2014.

［4］"钢厂含锌粉尘综合利用技术"，2009~2011.

［5］"基于低温快速预还原的熔融还原工艺开发"，2008~2010.

［6］钢铁研究总院科技基金，"高效富氢冶金反应器研究"，2008~2009.

［7］钢铁研究总院科技基金，"含钛矿渣新型富集技术研发"，2007~2008.

［8］"低温隧道窑直接还原铁技术开发"，2007~2008.

［9］先进钢铁流程及材料国家重点实验室项目，"低温还原实验室及氢冶金实验室建设"，2006~2009.

［10］钢铁研究总院科技基金，"低温快速还原炼铁新型反应器研制"，2006~2007.

［11］钢铁研究总院科技基金，"低温快速还原炼铁新工艺的研究"，2004~2005.